国家骨干高职院校建设
机电一体化技术专业（能源方向）系列教材

机械图样识读与绘制

张秀玲　李风光　主　编
田晓燕　成图雅　副主编
朱泽阳　主　审

化学工业出版社
·北京·

本书由校企合作开发，大量素材源于企业生产实际，以任务形式编写，突出读图、绘图综合能力的培养。全书共分4个模块，7个单元，26个任务，内容包括尺规绘图、投影基础训练、机械制图、几何量测量等。并且全面贯彻最新的《机械制图》和《技术制图》国家标准。

本书可以作为高职高专机电一体化技术、矿山机电、数控技术、冶金技术、材料工程等专业的特色教材，也可作为成人高校同类专业的通用教材。

图书在版编目(CIP)数据

机械图样识读与绘制/张秀玲，李风光主编. —北京：化学工业出版社，2014.5（2021.9重印）

国家骨干高职院校建设机电一体化技术专业（能源方向）系列教材

ISBN 978-7-122-19914-0

Ⅰ.①机… Ⅱ.①张…②李… Ⅲ.①机械图-识别-高等职业教育-教材②机械制图-高等职业教育-教材 Ⅳ.①TH126

中国版本图书馆CIP数据核字（2014）第037626号

责任编辑：韩庆利　　装帧设计：张　辉

责任校对：吴　静

出版发行：化学工业出版社（北京市东城区青年湖南街13号　邮政编码100011）

印　　装：三河市延风印装有限公司

787mm×1092mm　1/16　印张17¼　字数434千字　2021年9月北京第1版第4次印刷

购书咨询：010-64518888　　售后服务：010-64518899

网　　址：http://www.cip.com.cn

凡购买本书，如有缺损质量问题，本社销售中心负责调换。

定　　价：39.00元

前　言

本教材是校企合作共同开发的特色教材。它源于企业生产实际的大量素材，以培养高职高专机电类专业技术应用型人才为目的，由教材开发团队结合多年的教学经验编写而成。

本教材在编写过程中充分考虑了高职高专教育的特色，本着联系实际够用为度的原则，以任务教学为主线，以学生为主体，在任务中渗透知识，突出读图、绘图综合能力的培养。从选图上遵循学生的思维原则，由浅入深，实用性强，并且全面贯彻最新的《机械制图》和《技术制图》国家标准，内容适度、标准全新。

本教材可以作为高职高专机电一体化技术、矿山机电、数控技术、冶金技术、材料工程等专业的特色教材，也可作为成人高校同类专业的通用教材，参考学时100～130学时。

本教材由内蒙古机电职业技术学院张秀玲、李风光担任主编，田晓燕、成图雅担任副主编，李亚楠、胡春芳参编，并由聘请的神东天隆集团公司专家朱泽阳担任主审。

由于时间仓促，在编写过程中难免有不当之处，恳请批评指正。

编者

目　录

绪　论

在现代化的工业生产中，制造各种机器设备、仪器仪表、建筑房屋和进行水利施工等都是依照图样来生产或施工的。在设计机器时，设计者要通过图样来表达设计思想和意图；加工零件时，在制作毛坯、加工零件、检验和装配等各个环节，都离不开图样。因此，图样是生产过程中的重要技术文件，是进行技术交流和指导生产的重要工具。人们通常把图样形象地比喻为“工程界的技术语言”。作为一名工程技术人员，必须懂得和掌握这门技术语言。

一、课程的研究对象和任务

按一定的投影方法和有关标准规定，来表达机器及其零件的形状和大小等内容的图称为机械图样。

“机械图样的识读与绘制”是研究阅读和绘制机械图样的理论及应用的一门技术基础课。其主要任务是培养学生具备一定的识图和绘图能力，以及空间想象和思维能力。

常用的机械图样有零件图和装配图。

零件图是生产中用于制造零件和检验零件的主要图样，它包括一组视图、尺寸标注、技术要求和标题栏等内容，如图 0-1 带轮零件图所示。

装配图也是机械设计和机械制造过程中不可缺少的重要技术文件，它是表达机器或部件的工作原理及装配关系的技术图样，一般包括一组视图、必要的尺寸、技术要求、零部件序号、标题栏和明细表等内容，如图 0-2 滑动轴承总成装配图所示。

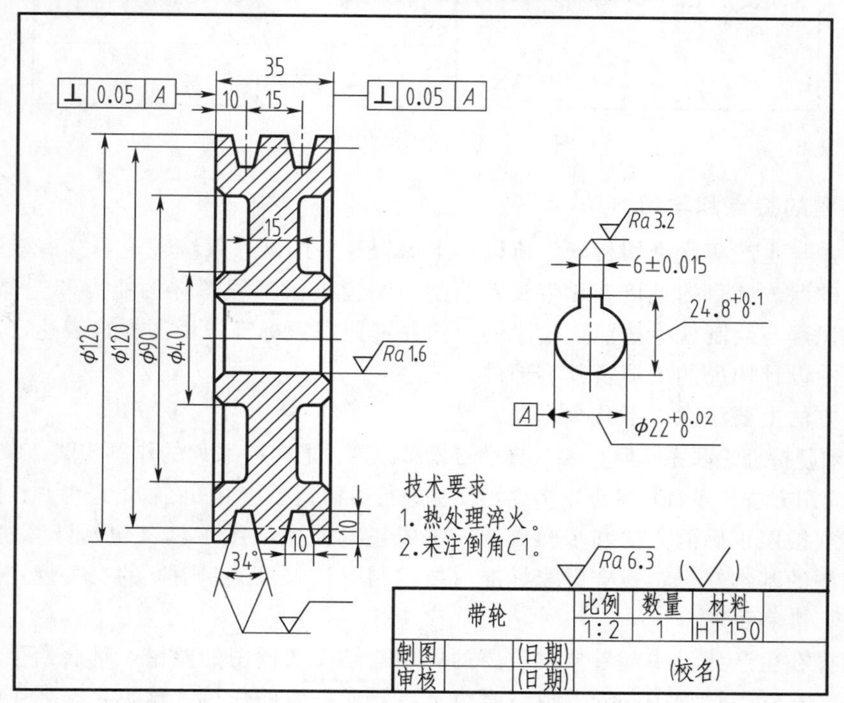

图 0-1　带轮零件图

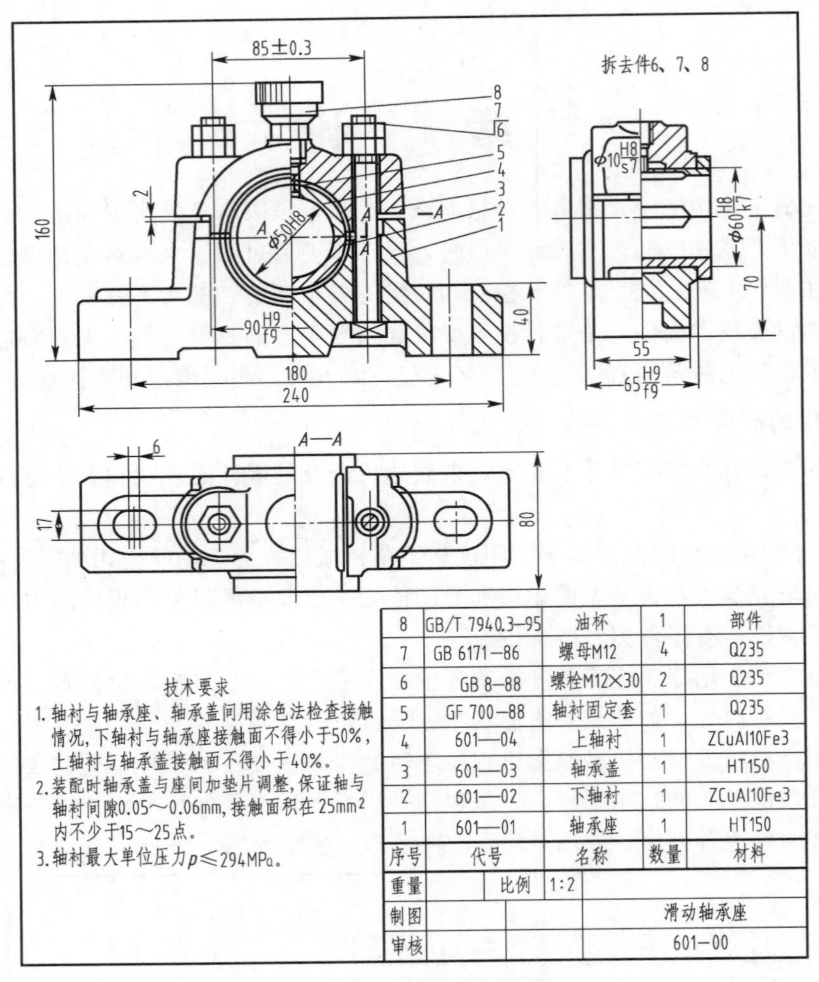

图 0-2 滑动轴承总成装配图

二、课程的特点和学习方法

由于图样与生产实践密切相联，所以，本课程是一门既有系统理论、又有较强实践性的重要技术基础课。其目的是培养学生具备绘制、阅读机械工程图样的能力和空间想象能力。机械图样的识读与绘制就是按照正投影的方法并遵照国家标准，用图样来表达已经存在或正在人们头脑中设计构思的机器及其零部件。

在学习方法上要注意以下几个方面。

(1) 必须坚持理论联系实际。要认真学习投影原理，通过一系列的作图实践，掌握投影的基本概念及其应用方法。多看，多画，多想，反复进行由物到图和由图到物的思考和作图实践。

(2) 必须按照正确的方法和步骤作图，养成正确使用绘图工具（包括计算机）的习惯。认真掌握制图的基本知识，遵守国家标准《技术制图》、《机械制图》的有关规定，学会查阅和使用有关标准和手册。

(3) 图样在生产建设中起着非常重要的作用，绘图或读图的差错，都会给生产带来很大损失，所以，在学习过程中必须养成认真负责、严谨细致的作风，这也是一名工程技术人员最基本的素质。

尺规绘图模块

单元一　制图基本知识与技能训练

任务一　线 型 练 习

任务目标

① 掌握《机械制图》国家标准对图幅、图框、标题栏、线型及尺寸的基本规定，并能正确应用。

② 能正确使用绘图工具进行绘图。

任务内容与要求

① 绘制图框和标题栏。

② 按 A4 图纸，竖放，绘制图线并标注尺寸，如图 1-1-1 所示。比例 1∶2。

③ 要求任务所示图形的图幅、图框、标题栏、线型、字体及尺寸标注必须符合相关的国家标准规定。

④ 要求掌握绘图工具的正确使用方法。

相关知识

- 有关制图标准的基本规定
- 绘图工具的基本操作方法和技能

一、制图的基本规定

国家标准《技术制图》是一项基础技术标准，国家标准《机械制图》是一项机械专业制图标准，它们是图样的绘制与使用的准绳。我们必须认真学习和遵守。

本节主要介绍《技术制图》（GB/T 14689—2008、GB/T 14690—1993、GB/T 14691—1993 和 GB/T 16675.2—2012）和《机械制图》（GB 4457.4—2002 和 GB 4458.4—2003）一般规定中的主要内容。

国家标准的代号为“GB”，如 GB/T 14689—2008，其中“GB”为“国家”、“标准”两词的汉语拼音第一个字母，“T”表示“推荐”，“14689”为标准的编号，“2008”表示该标准是 2008 年颁布的。

1. 图纸幅面及图框格式、标题栏

（1）图纸幅面尺寸（GB/T 14689—2008）

绘制技术图样时，应优先采用表 1-1-1 所规定的基本幅面（幅面尺寸）。必要时允许加长幅面，但加长量必须符合（GB/T 14689—2008）的规定。

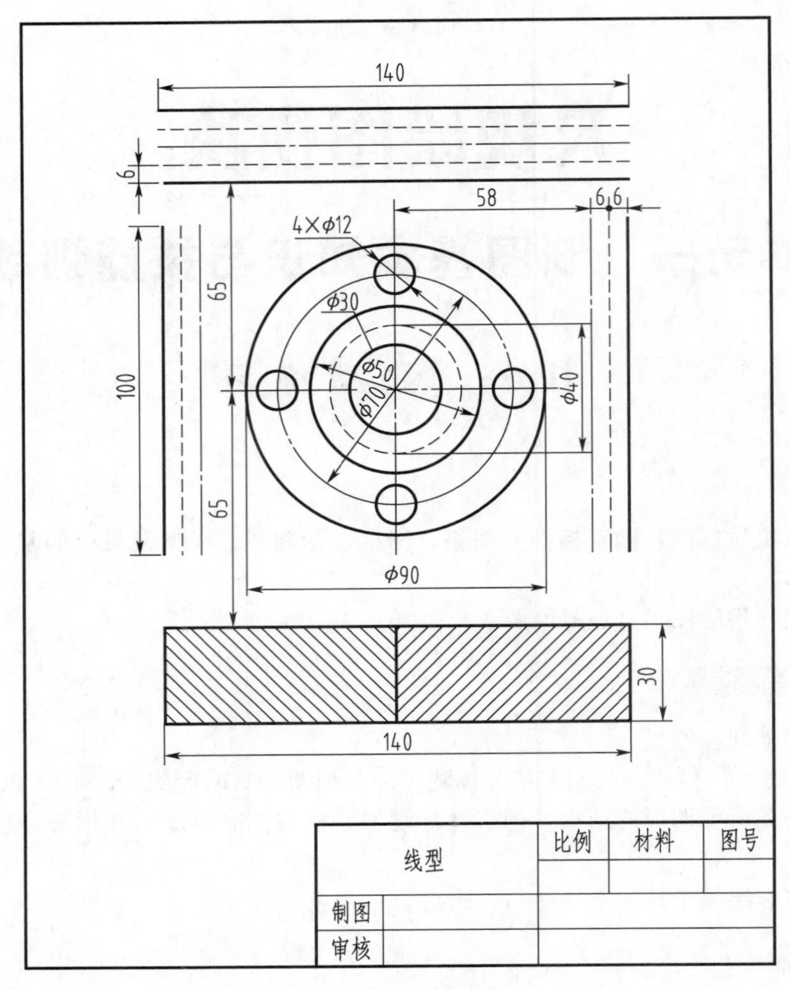

图 1-1-1 零件图

表 1-1-1 图纸幅面及图框尺寸 mm

幅面代号		A0	A1	A2	A3	A4
幅面尺寸 $B \times L$		841×1189	594×841	420×594	297×420	210×297
周边尺寸	a	25				
	c	10			5	
	e	20		10		

(2) 图框格式

图框格式分为不留装订边格式和留有装订边格式两种，但同一产品的图样只能采用一种格式。在图纸上要用粗实线画出图框。不留装订边的图纸，其图框格式如图 1-1-2 所示。留有装订边的图框格式如图 1-1-3 所示。

(3) 标题栏（GB/T 10609.1—2008）

为了使图样便于管理和查阅，每张图必须有标题栏，标题栏一般位于图框的右下角，标题栏内的文字方向应为看图方向。若标题栏的长边置于水平方向并与图纸的长边平行时，构成 X 型图纸，若标题栏的长边与图纸的长边垂直时，则构成 Y 型图纸。如图 1-1-2 和图

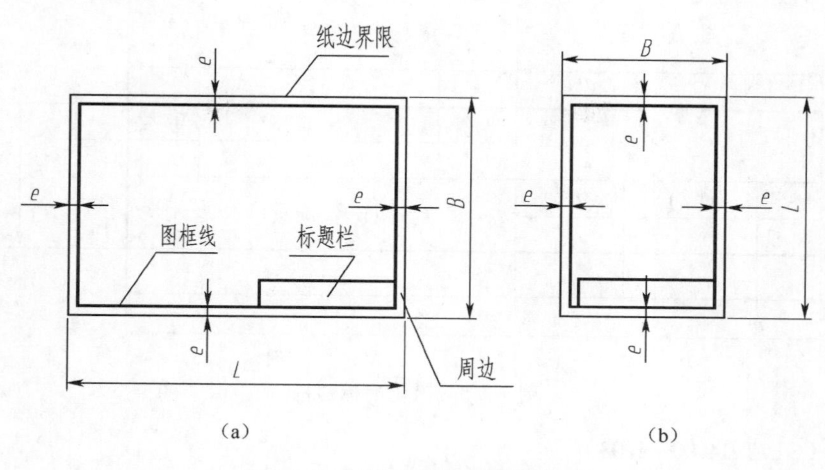

图 1-1-2　不留装订边的图框格式

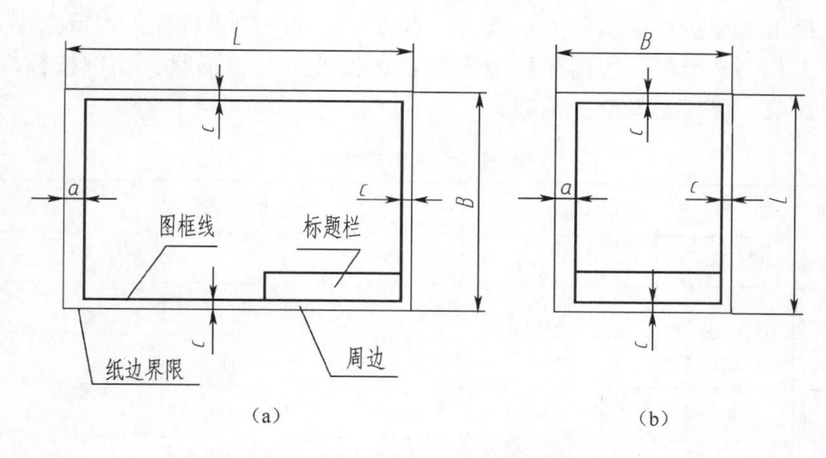

图 1-1-3　留有装订边的图框格式

1-1-3所示。

国家标准规定的标题栏格式（GB/T 10609.1—2008）如图 1-1-4 所示，标题栏的外框为粗实线，里边是细实线，其右边线和底边线应与图框线重合。学生绘图时建议采用图 1-1-5 的格式。

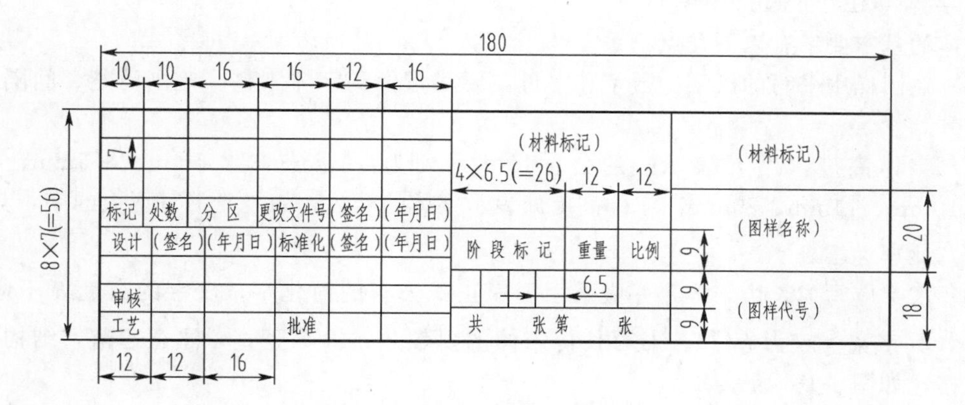

图 1-1-4　标题栏的尺寸和格式

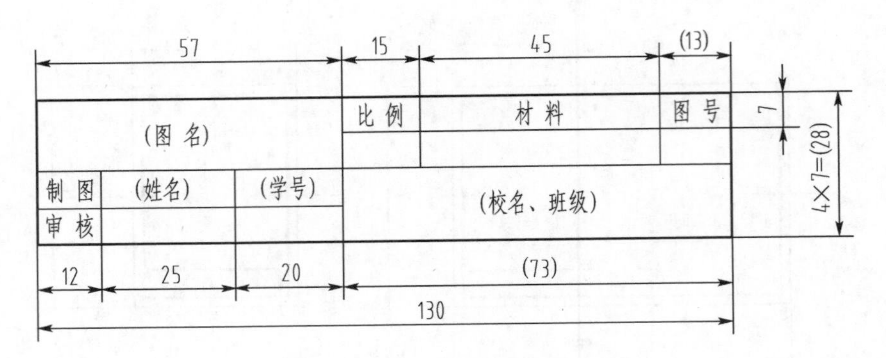

图 1-1-5　简化的标题栏

2. 比例（GB/T 14690—1993）

比例是指图样中图形与其实物相应要素的线性尺寸之比（即图形尺寸比实物尺寸）。绘制图样时，应尽可能按机件的实际大小画出，以方便看图。如果机件太大或太小，常常缩小几分之一或放大几倍来绘制，使图样能清晰地表达机件的结构形状。比例按标准从表 1-1-2 所示的系列中选取。优先选择第一系列。

表 1-1-2　绘图的比例

种类		比例
原值比例		1∶1
放大比例	第一系列	2∶1,5∶1,1×10^n∶1,2×10^n∶1,5×10^n∶1
	第二系列	2.5∶1,4∶1,2.5×10^n∶1,4×10^n∶1
缩小比例	第一系列	1∶2,1∶5,1∶1×10^n,1∶2×10^n,1∶5×10^n
	第二系列	1∶1.5,1∶2.5,1∶3,1∶4,1∶6,1∶1.5×10^n,1∶2.5×10^n,1∶3×10^n,1∶4×10^n,1∶6×10^n

图样无论放大或缩小，图形上所注尺寸数字必须是实物的实际大小；对于图中的角度，无论该图形放大或缩小，应按物体实际角度绘制。

比例一般标注在标题栏的比例栏内。

3. 字体（GB/T 14691—1993）

字体的基本要求有以下几点：

（1）在图样中书写的汉字、数字和字母，要尽量做到字体工整、笔画清楚、间隔均匀、排列整齐。

（2）字体高度（用 h 表示）的公称尺寸系列为：1.8mm、2.5mm、3.5mm、5mm、7mm、10mm、14mm、20mm。字体高度即表示字体的号数。如需要书写更大的字，其字体高度按$\sqrt{2}$比率递增。

（3）汉字应写成长仿宋体，并应采用国家正式公布的简化字，汉字的高度 h 不应小于 3.5mm，其字宽一般为 $h/\sqrt{2}$。书写长仿宋体的要领是：横平竖直，注意起落，结构匀称，填满方格，如图 1-1-6 所示。

（4）字母和数字分 A 型和 B 型。A 型字体的笔画宽度为字高的 1/14，B 型字体的笔画

三号字

字体端正、笔画清楚、排列整齐

四号字

字体端正、笔画清楚、排列整齐

五号字

字体端正、笔画清楚、排列整齐

图 1-1-6　长仿宋体汉字示例

宽度为字高的 1/10。

在同一张图样上，只允许选用一种型式的字体。

（5）字母和数字可写成斜体或直体。斜体字字头向右倾斜，与水平线成 75°，如图 1-1-7 所示。

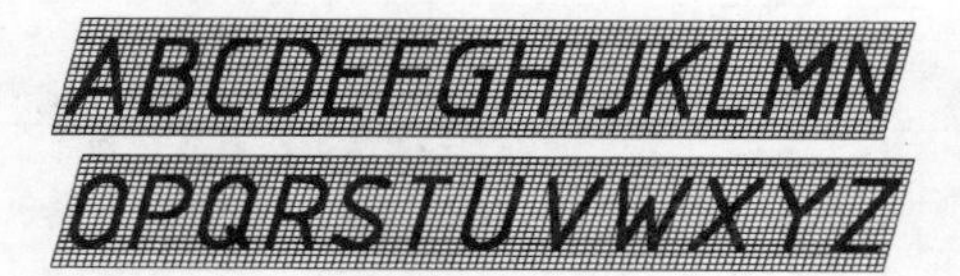

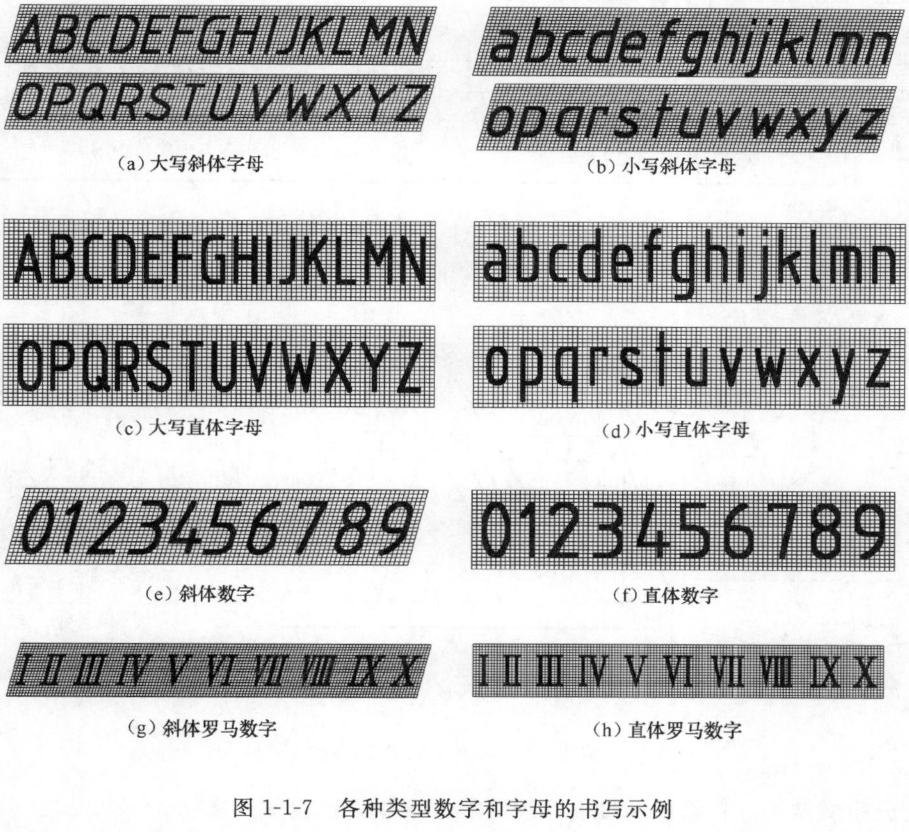

ABCDEFGHIJKLMN
OPQRSTUVWXYZ
（a）大写斜体字母
abcdefghijklmn
opqrstuvwxyz
（b）小写斜体字母
ABCDEFGHIJKLMN
OPQRSTUVWXYZ
（c）大写直体字母
abcdefghijklmn
opqrstuvwxyz
（d）小写直体字母
0123456789
（e）斜体数字
0123456789
（f）直体数字
I II III IV V VI VII VIII IX X
（g）斜体罗马数字
I II III IV V VI VII VIII IX X
（h）直体罗马数字

图 1-1-7　各种类型数字和字母的书写示例

4. 图线及其画法（GB/T 4457.4—2002）

GB/T 4457.4—2002《机械制图　图样画法　图线》中规定了机械图样中采用的各种线型及其应用场合。如表 1-1-3 所示列出的是机械图样中常采用的 8 种线型及其主要用途，分别是粗实线、细实线、波浪线、双折线、虚线、粗点画线、细点画线、细双点画线。主要应用如图 1-1-8 所示。

表 1-1-3 图线的名称、型式、宽度及其用途

名称	线型	宽度	用途
粗实线	————	b	1. 可见轮廓线 2. 可见相贯线
细实线	————	约 $b/2$	1. 尺寸线及尺寸界线 2. 剖面线 3. 过渡线、指引线 4. 重合断面的轮廓线等
虚线	– – – –	约 $b/2$	1. 不可见轮廓线 2. 不可见相贯线
细点画线	—·—·—	约 $b/2$	1. 轴线 2. 对称中心线 3. 孔系分布的中心线 4. 剖切线等
波浪线	～～～	约 $b/2$	1. 断裂处的边界线 2. 视图与剖视图的分界线
双折线	—\/\—\/\—	约 $b/2$	1. 断裂处的边界线 2. 视图与剖视图的分界线
细双点画线	—··—··—	约 $b/2$	1. 极限位置的轮廓线 2. 相邻辅助零件的轮廓线等
粗点画线	—·—·—	b	限定范围的表示线

注：b 约 0.5～2mm。

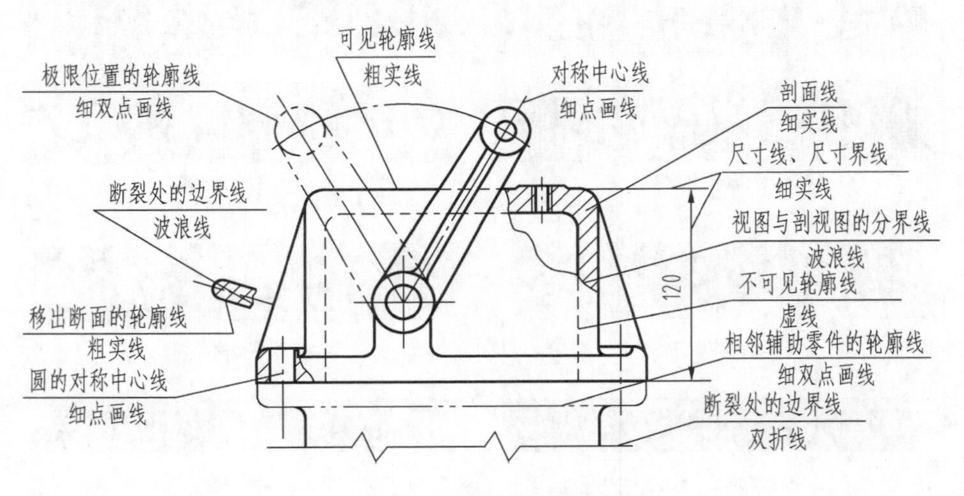

图 1-1-8 各种图线应用举例

图线分粗细两种。粗线的宽度 b 应按图的大小和复杂程度，在 0.5～2mm 之间选取，细线的宽度约为 $b/2$。图线宽度的推荐系列为：0.18mm、0.25mm、0.35mm、0.5mm、0.7mm、1mm、1.4mm、2mm。

绘制图线时应该注意的问题：

(1) 同一图样中同类图线的宽度应基本一致。虚线、点画线及双点画线的线段长度和间隔应各自大致相等。

(2) 两条平行线（包括剖面线）之间的距离应不小于粗实线的两倍宽度。其最小距离不

得小于 0.7mm。

(3) 点画线和双点画线的首末两端应是线段而不是短画。

(4) 点画线应超出相应图形轮廓 2～5mm。

(5) 绘制圆的对称中心线时，圆心应为线段的交点。在较小的图形上绘制点画线或双点画线有困难时，可以用细实线代替。

5. 尺寸标注（GB/T 4458.4—2003）

(1) 基本规则

尺寸标注的基本规则如下：

① 机件的真实大小应以图样上所注的尺寸数值为依据，与图形的大小及绘图的准确度无关。

② 图样中（包括技术要求和其他说明）的尺寸，以毫米为单位时，不需标注计量单位的代号或名称。如采用其他单位，则必须注明相应的计量单位的代号或名称。

③ 图样中所标注的尺寸，为该图样所示机件的最后完工尺寸，否则应另加说明。

④ 机件的每一尺寸，一般只标注一次，并应标注在反映该结构最清晰的图形上。

(2) 尺寸组成

一个完整的尺寸由尺寸界线、尺寸线、尺寸线终端和尺寸数字四个部分组成，如图 1-1-9所示。

① 尺寸界线用细实线绘制，长度要超出尺寸线约 2mm，一般由图形的轮廓线、轴线或对称线引出，如图 1-1-10 所示的水平方向尺寸。

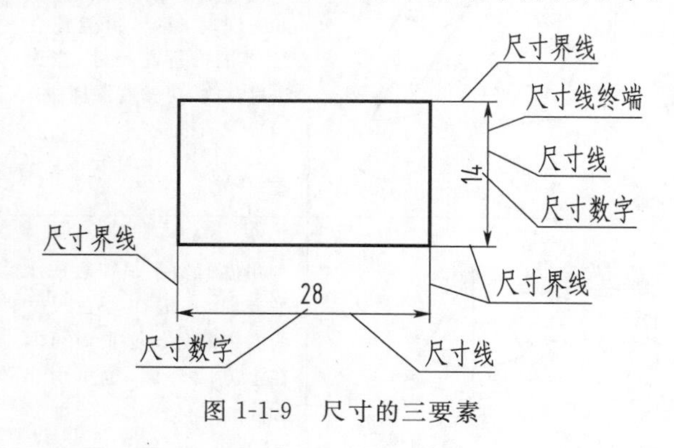

图 1-1-9　尺寸的三要素

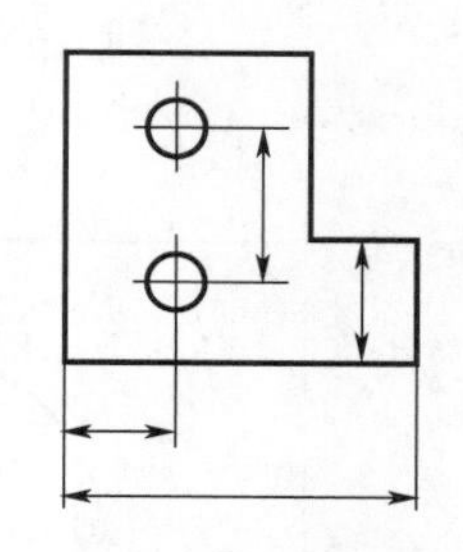

图 1-1-10　尺寸界线的引出

尺寸界线也可用轮廓线、轴线或对称中心线代替。

尺寸界线一般应与尺寸线垂直，必要时才允许倾斜。当在光滑过渡处标注尺寸时，必须用细实线将轮廓线延长，从它们的交点处引出尺寸界线，如图 1-1-11 所示。

② 尺寸线用细实线绘制，不能用其他图线代替，也不能与其他图线重合或画在其延长线上，尺寸线相互间应尽量避免相交。尺寸线一般应与尺寸界线垂直。标注线性尺寸时，尺寸线必须与所标注的线段平行，尺寸线与轮廓线的距离以及相平行的尺寸线间的距离应尽量保持全图一致。

③ 尺寸线的终端有两种形式，即箭头和斜线。在同一张图样中只能采用一种尺寸线终端形式。工程上使用箭头较多。尺寸箭头应画成如图 1-1-12 所示的一个以尺寸线为对称轴的狭长等腰三角形，其尾部向内成弧形，长约 $4b$，宽约 b（b 为粗实线线宽）。箭头尖端应指到尺寸界线上，不应超出或不到尺寸界线，同一图样中的箭头大小应一致。

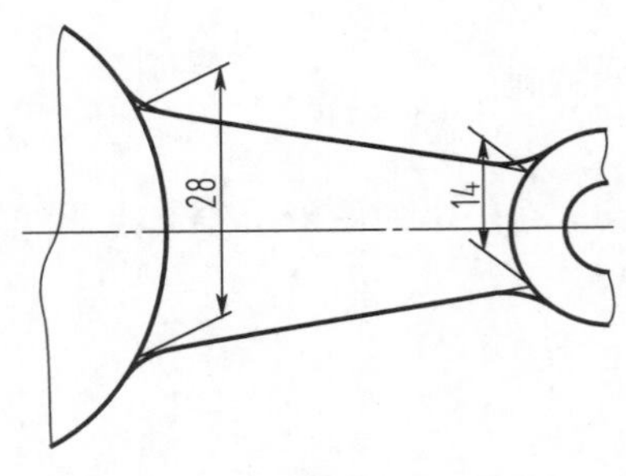

图 1-1-11 倾斜的尺寸界线画法

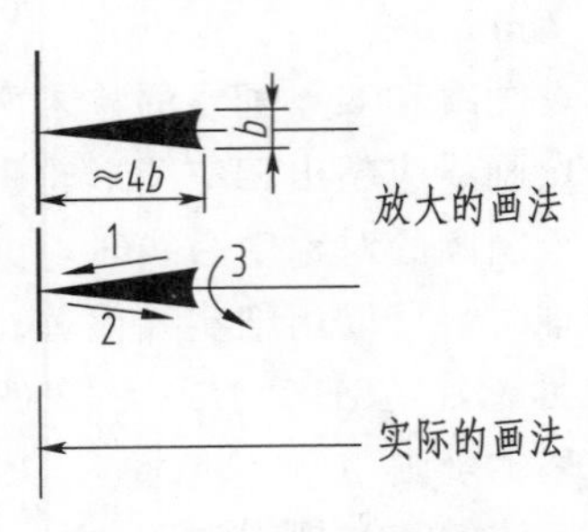

图 1-1-12 尺寸箭头的画法

④ 线性尺寸的数字一般应注写在尺寸线的上方或左方，也允许注写在尺寸线的中断处。在同一图样上，数字的注法应一致。当尺寸线为水平方向时，尺寸数字规定由左向右书写，字头向上；当尺寸线为竖直方向时，尺寸数字由下向上书写，字头朝左；在倾斜的尺寸线上注写尺寸数字时，必须使字头方向有向上的趋势。线性尺寸、角度尺寸、圆、圆弧、小尺寸等尺寸的标注方法如表 1-1-4 所示。

表 1-1-4 常见尺寸标注方法

标注内容	图例	说明
线性尺寸的数字方向	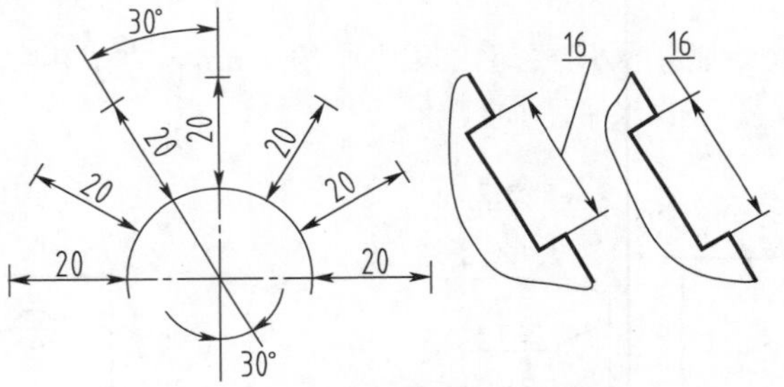	尺寸数字应按左图中的方向注写，并尽量避免在30°范围内标注尺寸；当无法避免时，可按右图标注
角度	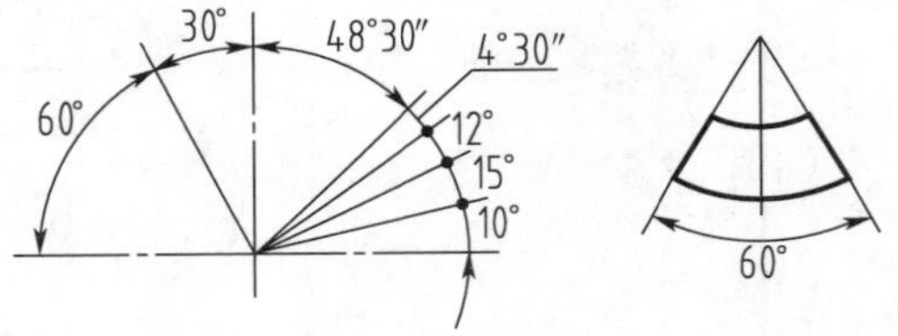	角度的数字一律写成水平方向，一般注写在尺寸线的中断处。必要时可写在上方或外面，也可引出标注
圆和圆弧	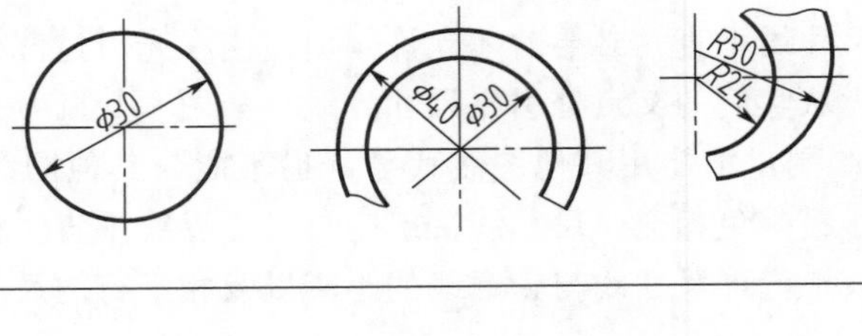	直径、半径的尺寸数字前应加注符号“ϕ”或“R”，尺寸线按图例标出
大圆弧	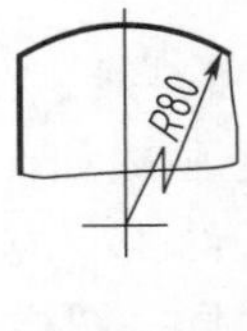	大圆弧无法标注出圆心位置时，可按图例采用折线标注

续表

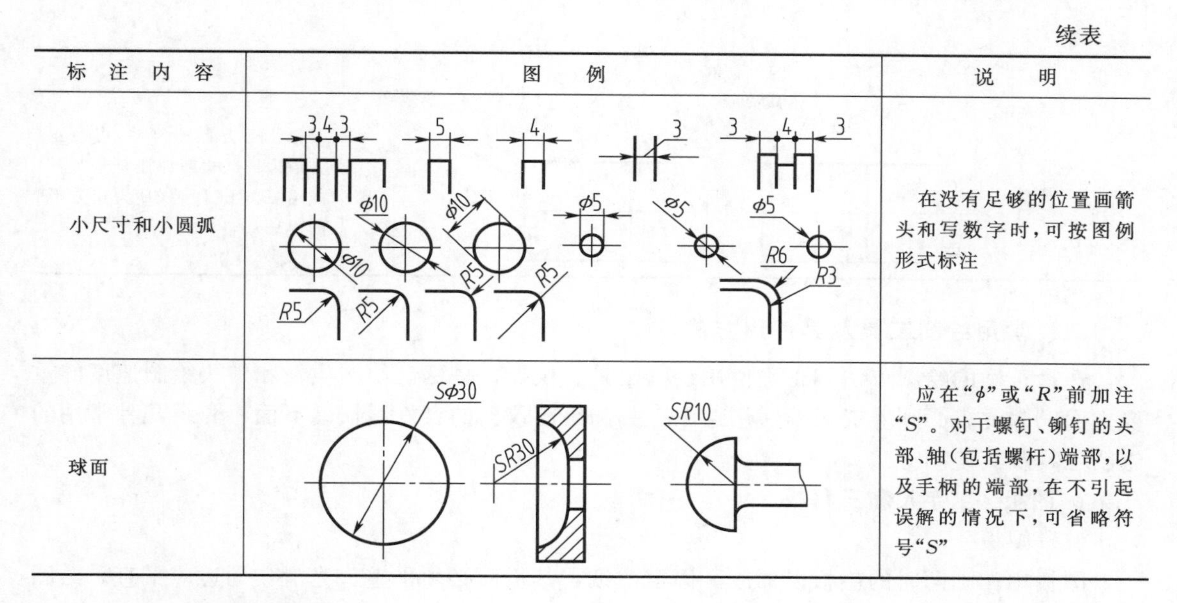

标注内容	图例	说明
小尺寸和小圆弧		在没有足够的位置画箭头和写数字时，可按图例形式标注
球面		应在“φ”或“R”前加注“S”。对于螺钉、铆钉的头部、轴（包括螺杆）端部，以及手柄的端部，在不引起误解的情况下，可省略符号“S”

(3) 尺寸简化注法

表 1-1-5 列出了尺寸简化注法，摘自 GB/T 16675.2—2012《技术制图—尺寸简化注法》。采用本标准时，GB 4458.4—2003《机械制图—尺寸注法》同样有效。

表 1-1-5 尺寸简化注法

图例	说明
φ φ M φ φ 12×φ10 φ120 φ90 φ60	简化标注尺寸时，可使用单边箭头，可采用带箭头的指引线，也可采用不带箭头的指引线
R14,R20,R30,R40 R40,R30,R20,R14 R12,R22,R30 φ60,φ90,φ120 1 2 3 4	第 1、2 图为一组同心圆弧，第 3 图为一组圆心位于同一直线上的多个不同圆弧，第 4 图为一组同心圆。简化标注尺寸时，可用公用尺寸线、箭头依次表示
15° 8×φ6 EQS φ48 8×φ6 φ48	在同一图形中，对于尺寸相同均布的孔、槽等组成要素，可仅在一个要素上注出尺寸和数量，并用缩写词“EQS”表示均布。当组成要素的定位及均布情况在图中已明确时，可不标注其角度，并省略“EQS”

续表

图　例	说　明
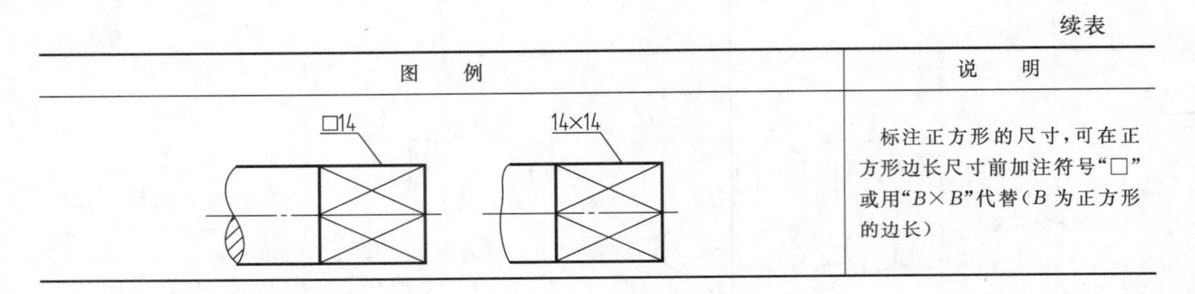	标注正方形的尺寸，可在正方形边长尺寸前加注符号“□”或用“$B\times B$”代替（B 为正方形的边长）

二、常用绘图工具及其使用方法

选择正确的绘图方法和正确使用绘图工具、仪器，是保证绘图质量和加快绘图速度的重要方面。因此，必须养成正确使用绘图工具和绘图仪器的良好习惯。下面将介绍几种常用的绘图工具及其使用方法。

1. 图板、丁字尺和三角板

（1）图板

图板用作画图时的垫板以铺放、固定图纸，其板面必须平整、光滑，周边应平直，绘图时用胶带纸将图纸固定在图板上。当图纸较小时，应将图纸铺贴在图板靠近左上方的位置，如图 1-1-13 所示。

（2）丁字尺

丁字尺由尺头和尺身组成，与图板配合使用，主要用来画水平线。使用时左手握尺头，使内侧边紧靠图板的左边上下滑动，沿尺身工作边由左向右画水平线，用三角板与丁字尺配合画垂直线，铅笔前后方向应与纸面垂直，而与画线前进方向倾斜约 30°，如图 1-1-14 所示。

（3）三角板

一副三角板有两块，一块是 45°等腰直角三角形，另一块是 30°和 60°直角三角形。三角板与丁字尺配合使用，可画竖直线和 15°、30°、45°、60°、75°的倾斜线，如图 1-1-14 所示。此外，利用一副三角板，还可以画出已知直线的平行线和垂直线，如图 1-1-15 所示。

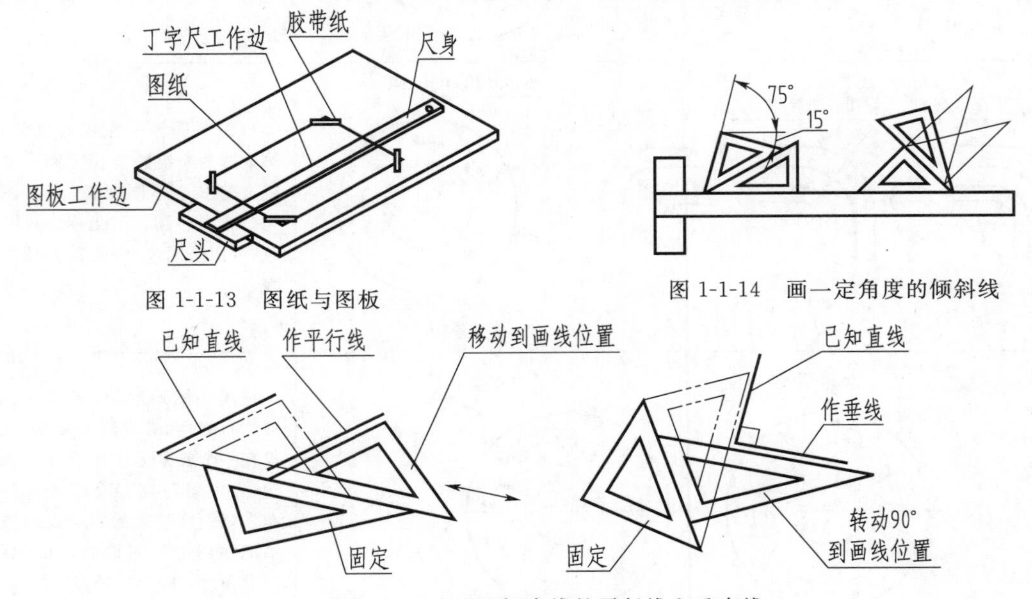

图 1-1-13　图纸与图板

图 1-1-14　画一定角度的倾斜线

图 1-1-15　画已知直线的平行线和垂直线

2. 圆规和分规

圆规用来画圆和圆弧。画图时应尽量使钢针和铅芯都垂直于纸面，钢针的台阶与铅芯尖应平齐，使用方法如图 1-1-16 所示。

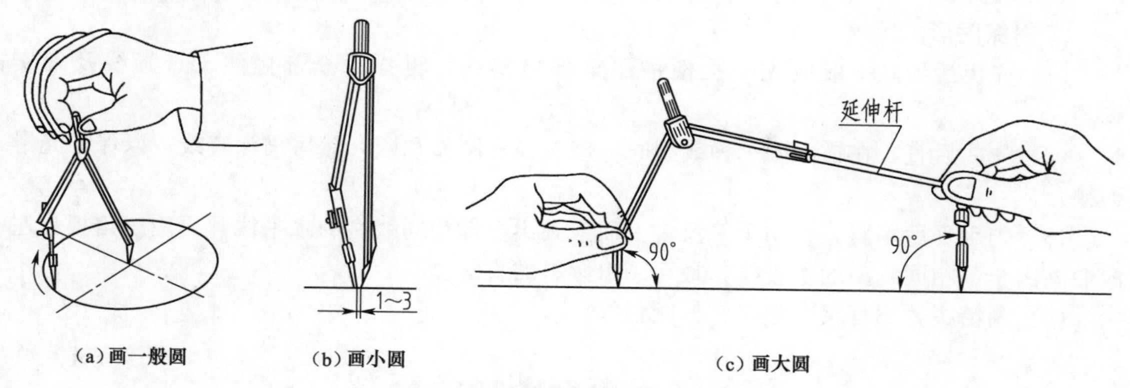

(a) 画一般圆　(b) 画小圆　(c) 画大圆

图 1-1-16　圆规的用法

分规主要用来量取线段长度或等分已知线段。分规的两个针尖应调整平齐。从尺子上量取长度时，针尖不要正对尺面，应使针尖与尺面保持倾斜。用分规等分线段时，通常要用试分法。分规的用法如图 1-1-17 所示。

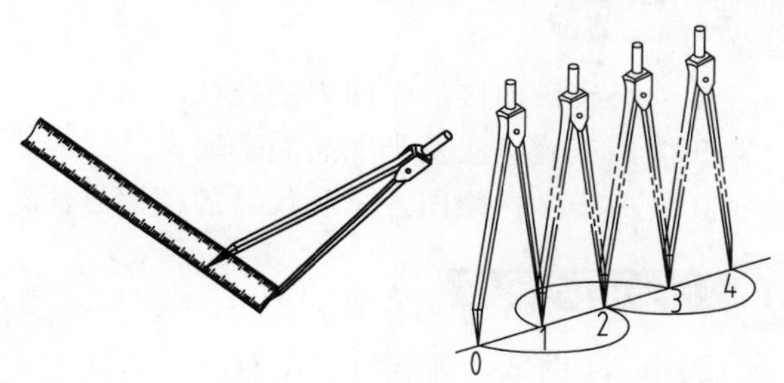

图 1-1-17　分规的用法

3. 绘图铅笔

绘图铅笔一般根据铅芯的软硬不同，分为 H～6H、HB、B～6B 共 13 种规格，H 前的数字越大，表示铅芯越硬；B 前的数字越大，表示铅芯越软；HB 的铅芯软硬适中。一般底稿用 2H、H，加深图线用 B、2B。

铅笔的铅芯可削磨成两种，如图 1-1-18 所示。锥形适用于画实线和写字，楔形适用于加深粗实线。注意：削铅笔时，一定要从不带标记的一端开始。

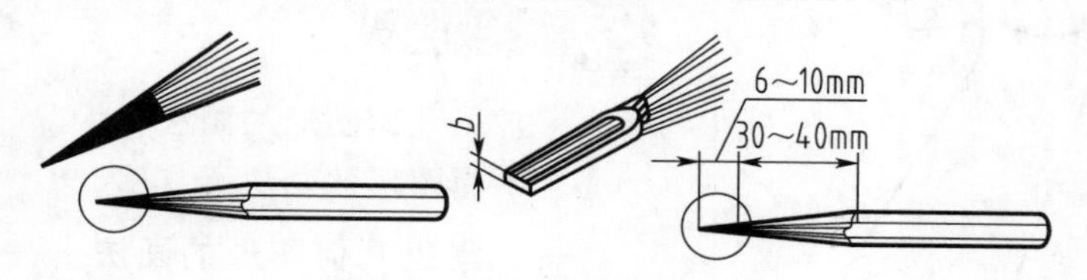

图 1-1-18　铅芯的形状图

4. 其他绘图用品

除了以上介绍的绘图仪器、工具外，手工绘图时还要用到擦图片、点圆规、橡皮、小刀、砂纸、量角器、扫灰屑用的小刷、胶带纸等。

绘图步骤

1. 画底稿

（1）画图框和标题栏。

(2) 布图，画基准线。

(3) 按图形所注尺寸作图，标注尺寸。

(4) 检查校对。

2. 加深图形

(1) 先粗后细。一般应先一次性描深全部粗实线，再描深全部虚线、点画线及细实线等。

(2) 先曲后直。在描深同一种线型时，应先描深圆弧和圆，然后描深直线，以保证光滑连接。

(3) 先水平后垂斜。先用丁字尺自上而下画出全部相同线型的水平线，再用三角板自左向右画出全部相同线型的垂直线，最后画出倾斜的直线。

(4) 画箭头，填写尺寸数字、标题栏等。

任务二　平面图形的绘制

任务目标

① 学会线段连接的作图方法及技巧。

② 能用正确方法及步骤绘制平面图形。

③ 进一步掌握绘图工具和仪器的使用方法。

任务内容与要求

① 用 A4 图纸，确定绘图比例。

② 如图 1-2-1 所示，绘制平面图形，并标注尺寸。

③ 要求掌握线段连接的作图方法及技巧。

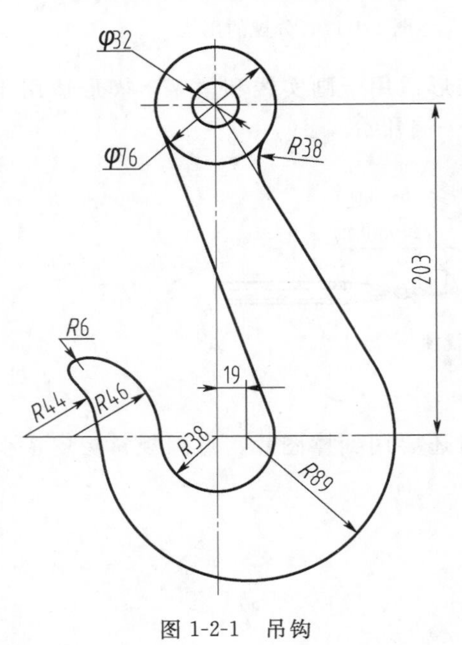

图 1-2-1　吊钩

相关知识

• 常见几何图形的画法

• 平面图形的画法

一、常见几何图形的画法

机械图样中机件的图形轮廓多种多样，但它们都是由各种基本几何图形组成。因此，绘制机械图样时，应当掌握常见几何图形的作图原理和作图方法。

1. 等分线段

等分线段常用比例分线法，如图 1-2-2 所示。用比例分线法将线段 AB 进行 4 等分的步骤如下。

(1) 画辅助线：过待等分直线段的任一端点画辅助线。

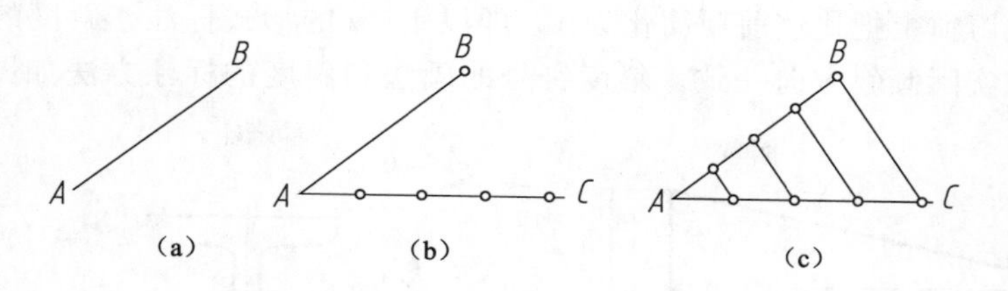

图 1-2-2　直线段的等分

(2) 标记等分点：利用圆规或直尺在辅助线上按要求的等分数量标记等分点。

(3) 画连线：连接辅助线上的等分终点和待等分直线段的另一端点，再过辅助线上其他标记等分点作此连线的平行线，使其与已知直线段相交。这些交点就是线段 AB 的等分点。

2. 等分圆周和画正多边形

(1) 五等分圆周和画正五边形

作图步骤如图 1-2-3 所示。

(2) 六等分圆周和画正六边形

根据正六边形的边长等于其外接圆半径，用圆规直接等分，如图 1-2-4 所示。

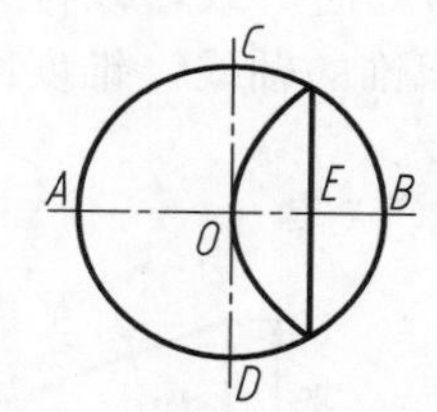

(a) 作 OB 的中点 E

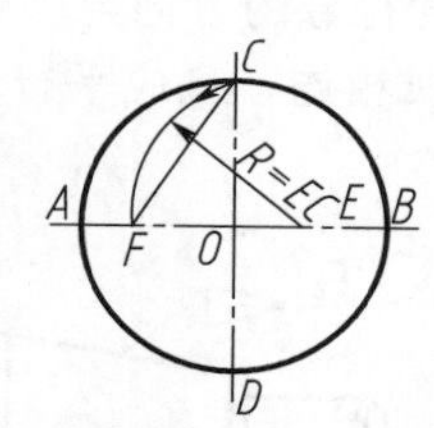

(b) 以 E 为圆心，EC 为半径作圆弧与 OA 交于点 F，线段 CF 即为圆周五等分的弦长

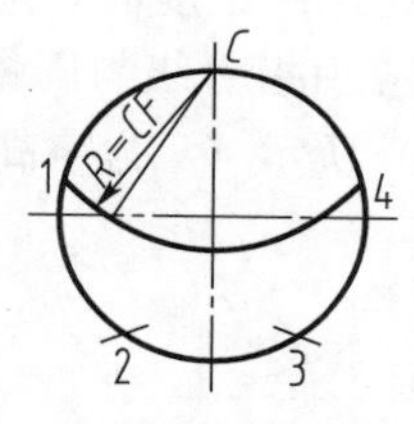

(c) 用 CF 长依次截取圆周得5个等分点

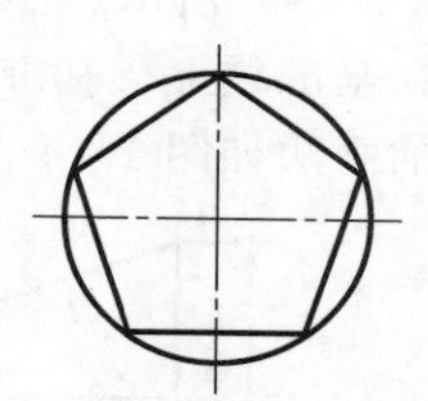

(d) 连接相邻各点，即得圆内接正五边形

图 1-2-3　圆规作图

也可用 30°～60°三角板和丁字尺配合作图法等分，如图 1-2-5 所示。

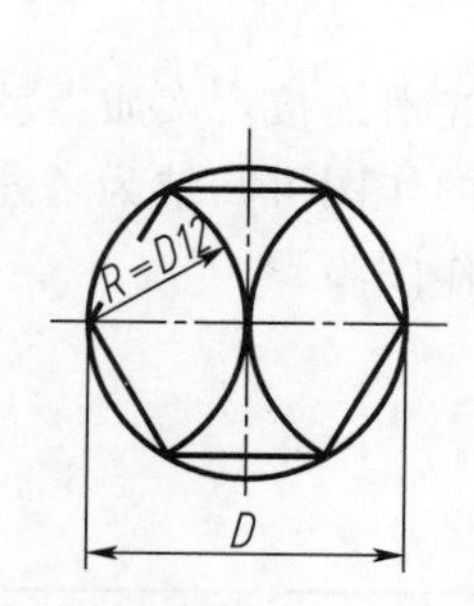

图 1-2-4　用圆规等分

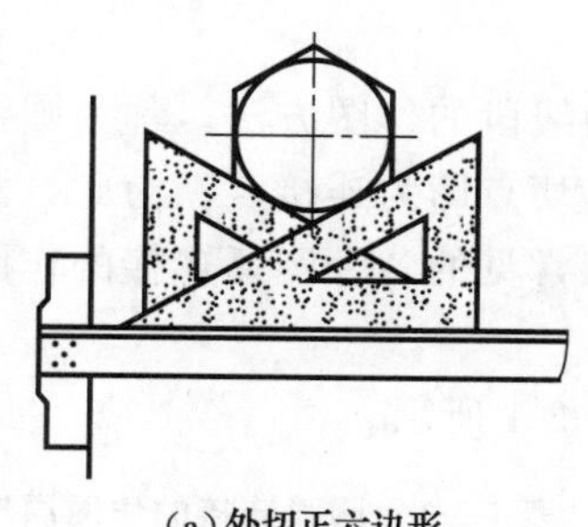

(a) 外切正六边形

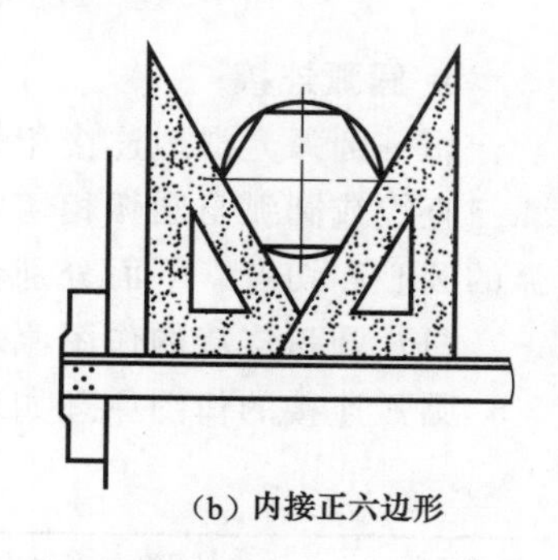

(b) 内接正六边形

图 1-2-5　丁字尺和三角板配合作图

3. 斜度和锥度

(1) 斜度

斜度是指一直线（或平面）对另一直线（或平面）的倾斜程度，斜度以两直线或平面的夹角的正切函数来表示，其代号为 S，如图 1-2-6 所示，计算关系式为

$$S=\tan\beta=(H-h)/l$$

斜度的标注习惯上把比例前项简化为1，即以1∶n的形式标注。斜度的符号为“∠”，其倾斜方向应与实际倾斜方向一致。斜度符号的画法和斜度的标注方法如图1-2-7所示（h为字高）。

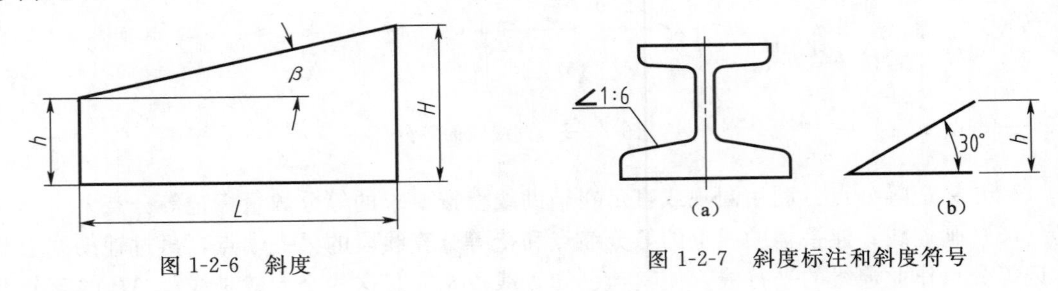

图1-2-6　斜度

图1-2-7　斜度标注和斜度符号

（2）锥度

锥度是对圆锥和圆台而言的，它是指正圆锥的底圆直径与圆锥高之比。如果是圆锥台，则为底圆顶圆直径的差与圆锥台高之比，如图1-2-8所示，代号用C表示，计算表达式为

$$C=2\tan(\alpha/2)=(D-d)/l$$

锥度符号用“◁”表示，锥度的标注形式为◁1∶n。锥度的画法和锥度的标注方法如图1-2-9（a）所示。注意在标注锥度时，应使锥度符号的方向与圆锥的方向一致，该符号应配置在基准线上。基准线应用指引线与圆锥轮廓线相连，且应平行于圆锥的轴线。锥度图形符号的画法如图1-2-9（b）所示（h为字高）。

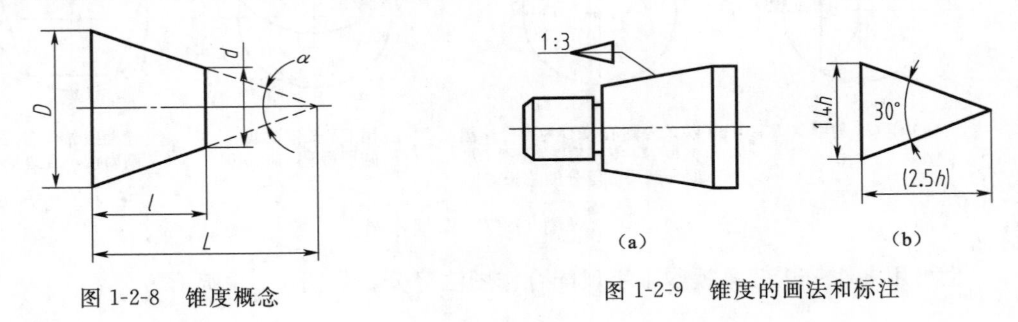

图1-2-8　锥度概念

图1-2-9　锥度的画法和标注

4. 圆弧连接

用一圆弧光滑地连接相邻两线段的作图方法，称为圆弧连接。光滑连接，实质上就是圆弧与直线或圆弧与圆弧相切，其切点即为连接点。为此，圆弧连接的作图可归结为求连接圆弧的圆心和切点。下面分别介绍常见的各种圆弧连接的作图原理及作图步骤。

（1）圆弧连接的作图原理

圆弧连接的作图原理如表1-2-1所示。

表1-2-1　圆弧连接的作图原理

类别	圆弧与直线连接	圆弧与圆弧外连接（外切）	圆弧与圆弧内连接（内切）
图例	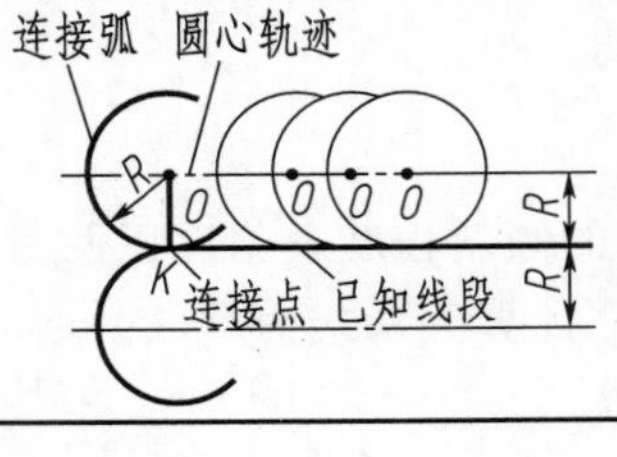 连接弧　圆心轨迹　R　O　O　O　O　R　R　K　连接点　已知线段	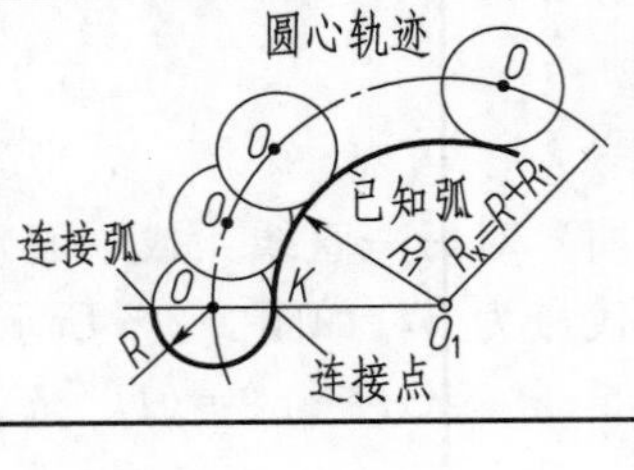 圆心轨迹　O　O　O　已知弧　连接弧　O　O　R　K　R_1　$R_x=R+R_1$　O_1　连接点	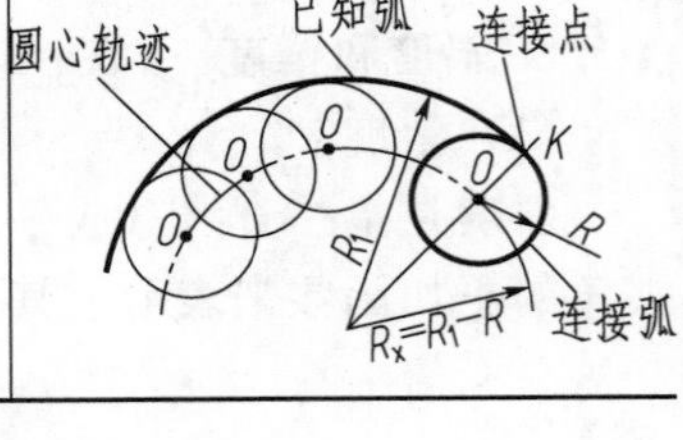 圆心轨迹　已知弧　连接点　O　O　O　K　O　R_1　R　$R_x=R_1-R$　连接弧

续表

类别	圆弧与直线连接	圆弧与圆弧外连接(外切)	圆弧与圆弧内连接(内切)
连接弧圆心轨迹及切点位置	连接弧圆心的轨迹是平行于已知直线且相距为 R 的直线 过连接弧圆心向已知直线作垂线,垂足 K 即为切点	连接弧圆心的轨迹是已知圆弧的同心圆弧,其半径为 R_1+R 两圆心连线与已知圆弧的交点 K 即为切点	连接弧圆心的轨迹是已知圆弧的同心圆弧,其半径为 R_1-R 两圆心连线的延长线与已知圆弧的交点 K 即为切点

(2) 用圆弧连接两条已知直线

用圆弧连接两条已知直线主要有 3 种情况，分别如图 1-2-10、图 1-2-11 和图 1-2-12 所示。

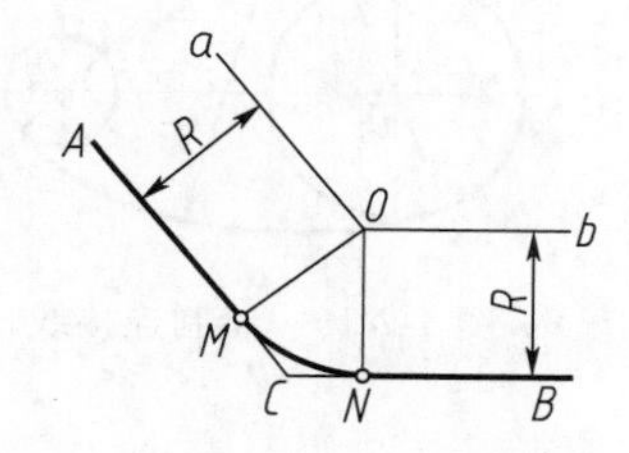

图 1-2-10　两直线成钝角

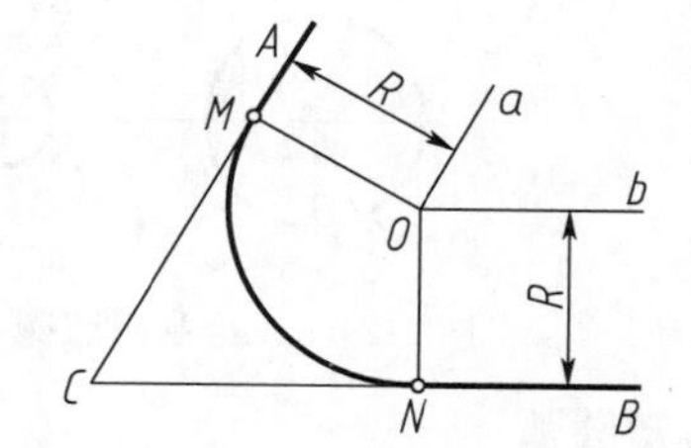

图 1-2-11　两直线成锐角

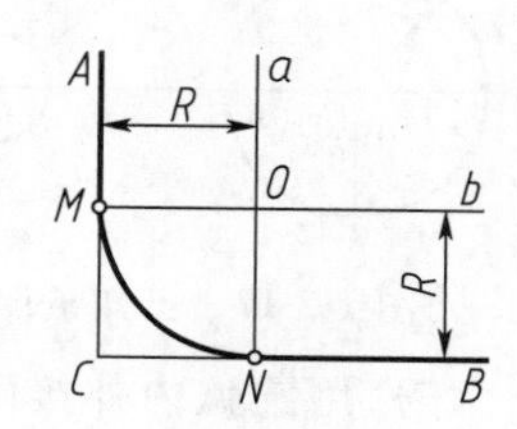

图 1-2-12　两直线成直角

作图步骤如下：

① 在与已知线段 AC、BC 距离为 R 处分别作两条线段的平行线交于 O 点，如图 1-2-10、图 1-2-11 和图 1-2-12 所示。

② 过 O 点作 $OM\perp AC$、$ON\perp BC$，垂足为点 M、N。

③ 以 O 点为圆心，R 为半径，连接点 M、N，则弧 MN 即为所求。

实例如图 1-2-13 所示。

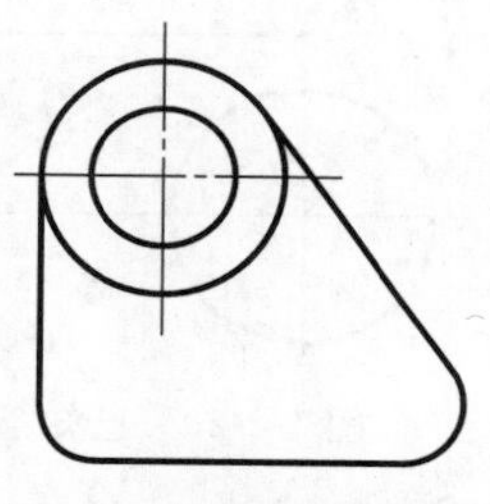
图 1-2-13　圆弧连接两已知直线实例

(3) 用圆弧外接两已知圆弧

如图 1-2-14～图 1-2-16 所示连接弧外切两已知圆弧。

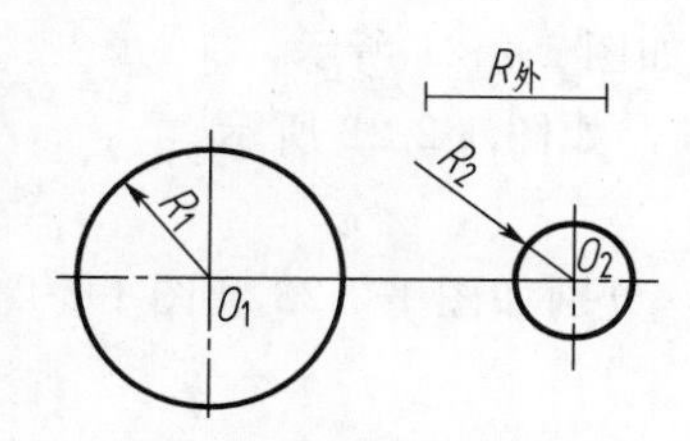

图 1-2-14　已知条件

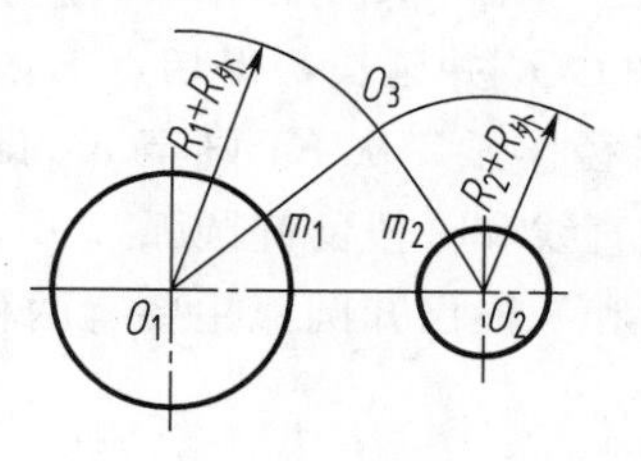

图 1-2-15　绘制圆弧圆心

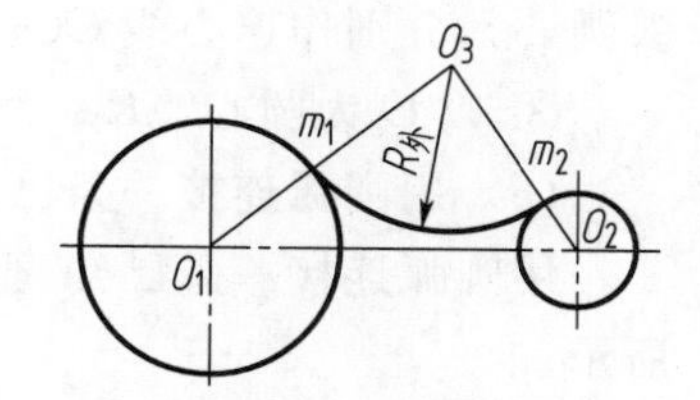

图 1-2-16　绘制连接线

作图步骤如下：

① 给定两个已知圆 O_1、O_2 及连接圆弧的半径 $R_外$，如图 1-2-14 所示。

② 分别以 O_1 和 O_2 为圆心，$R_1+R_外$ 和 $R_2+R_外$ 为半径作弧，两弧交点 O_3 即为连接圆弧的圆心，如图 1-2-15 所示。

③ 分别作连心线 O_3O_1 和 O_3O_2，得切点 m_1、m_2，再以 O_3 为圆心，$R_外$ 为半径作弧，从 m_1 画至 m_2 即为所求，如图 1-2-16 所示。

(4) 用圆弧内接两已知圆弧

如图 1-2-17～图 1-2-19 所示连接弧内切两已知圆弧。

作图步骤如下：

① 给定两个已知圆 O_1、O_2 及连接圆弧的半径 $R_内$，如图 1-2-17 所示。

② 分别以 O_1 和 O_2 为圆心，$R_内-R_1$ 和 $R_内-R_2$ 为半径作弧，两弧交点 O_4 即为连接圆弧的圆心，如图 1-2-18 所示。

③ 分别作连心线 O_4O_1 和 O_4O_2，得切点 n_1、n_2 再以 O_4 为圆心，$R_内$ 为半径作弧，从 n_1 画至 n_2 即为所求，如图 1-2-19 所示。

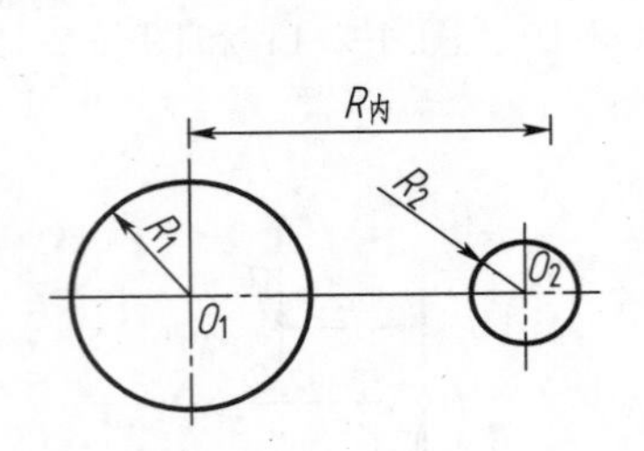

图 1-2-17 已知条件

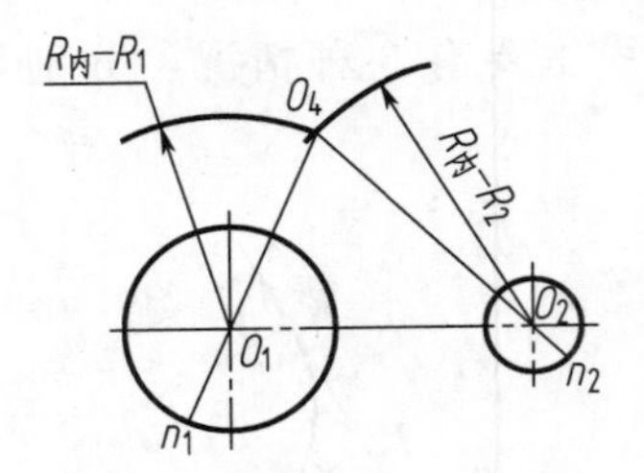

图 1-2-18 绘制圆弧圆心

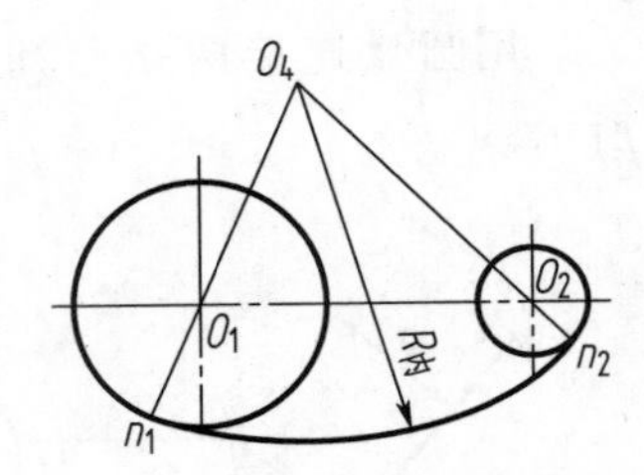

图 1-2-19 绘制连接线

(5) 用圆弧内外接两段已知圆弧

如图 1-2-20～图 1-2-22 所示连接弧内外接两已知圆弧。

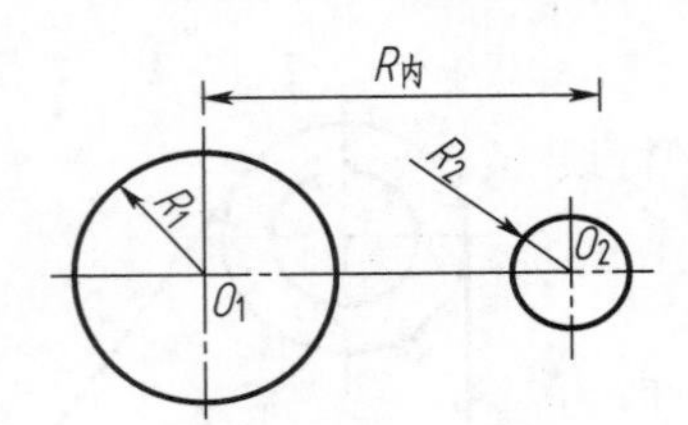

图 1-2-20 已知条件

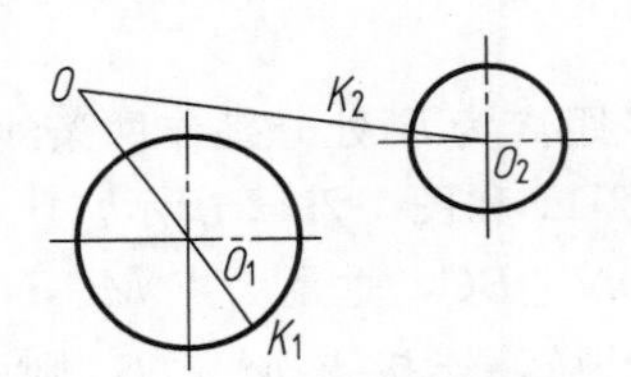

图 1-2-21 绘制圆弧圆心

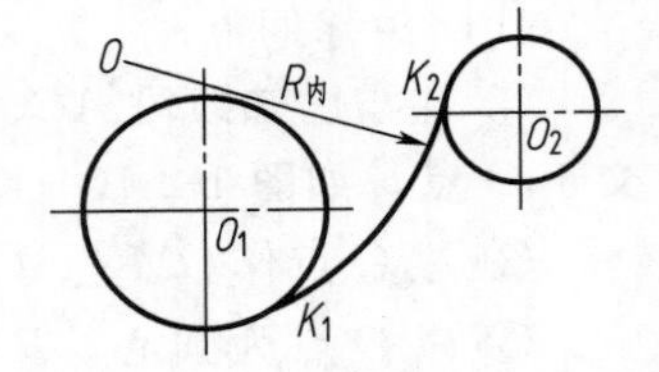

图 1-2-22 绘制连接线

作图步骤如下：

① 给定两个已知圆心 O_1、O_2 及连接圆弧的半径 $R_内$，如图 1-2-20 所示。

② 分别以 O_1 和 O_2 为圆心，$R_内-R_1$ 和 $R_内+R_2$ 为半径作弧，两弧交点 O 即为连接圆弧圆心，分别作连心线 OO_1 和 OO_2 并延长，得切点 K_1、K_2，如图 1-2-21 所示。

③ 以 O 为圆心，$R_内$ 为半径作弧，从 K_1 画至 K_2 即为所求，如图 1-2-22 所示。

(6) 用圆弧连接一条已知直线和一段已知圆弧

用圆弧连接一条已知直线和一段已知圆弧主要有两种情况，分别如图 1-2-23 和图 1-2-24 所示。

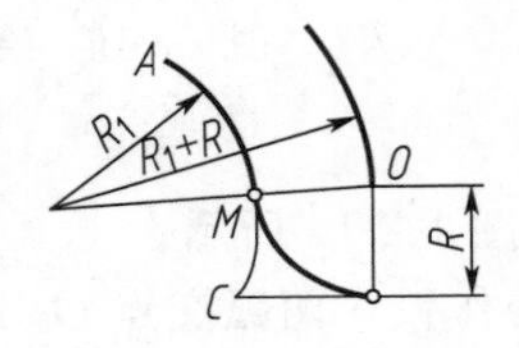

图 1-2-23 与已知圆弧外连接

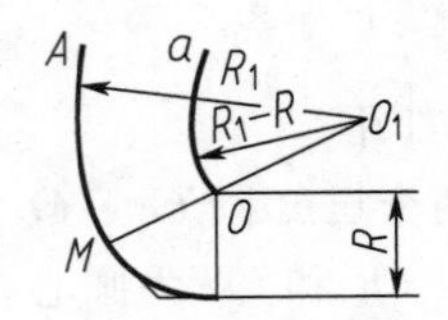

图 1-2-24 与已知圆弧内连接

5. 平面曲线

下面介绍椭圆的作图原理和方法。

椭圆是一种常用的非圆曲线，也是机件中常见的轮廓形状。下面介绍两种椭圆的常用画法。

（1）同心圆法：如图 1-2-25 所示，分别以长短轴 AB、CD 为直径画同心圆；过圆心 O 作一系列等分放射线与两圆相交，交点分别为Ⅰ、Ⅱ、…、Ⅷ，1、2、…、8，过点Ⅰ、Ⅱ、…、Ⅷ引垂线，与过点 1、2、…、8 作水平线相交于 P_1、P_2、…、P_8 各点；最后徒手连接 B，P_1，P_2、…、P_4，A，P_5，P_6、…、P_8，B 成光滑曲线，再用曲线板逐段连接成椭圆。

（2）四心圆法（四心近似法）：如图 1-2-26 所示，作长短轴 AB 及 CD 并连接其端点，如 AC；以 O 为圆心，OA 为半径作圆弧，与 OC 的延长线相交于 E 点；以 C 为圆心，CE 为半径作圆弧，与 AC 相交于 F 点；然后作 AF 的垂直平分线，交长轴、短轴于 O_1、O_2 点，再定出其对称点 O_3、O_4，连接 O_1O_2、O_1O_4、O_4O_3、O_2O_3 并延长；最后分别以 O_2、O_4 为圆心，$R=O_2C=O_4D$ 为半径，以 O_1、O_3 为圆心，$R=O_1A=O_3B$ 为半径画四段圆弧相切于 1、2、3、4 各点，即近似作出椭圆。

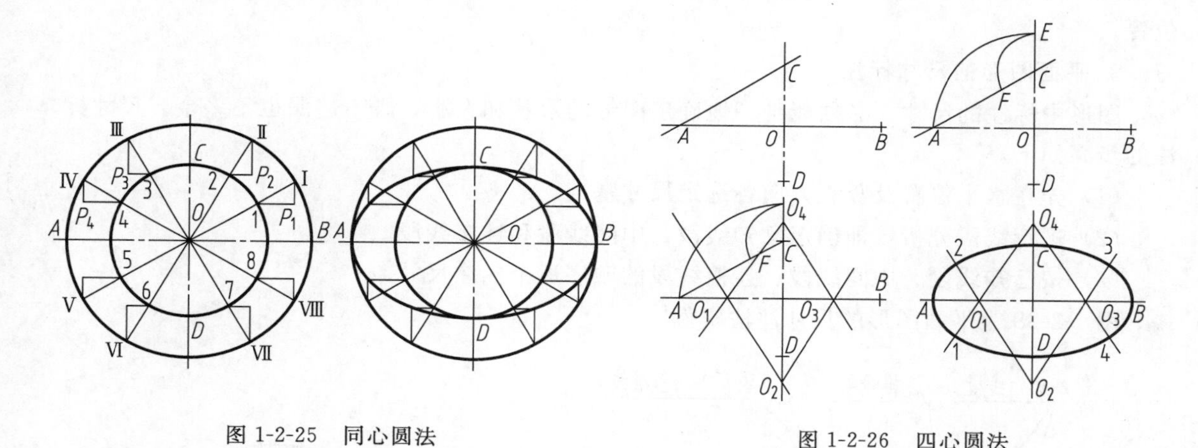

图 1-2-25　同心圆法　　　　图 1-2-26　四心圆法

二、平面图形的画法

平面图形是由各种线段连接而成的，这些线段之间的相对位置和连接关系靠给定的尺寸来确定。因此画平面图形首先要对图形进行尺寸分析、线段分析，才能正确安排作图顺序，完成作图。下面详细介绍画平面图形的分析方法和作图步骤。

1. 平面图形的尺寸分析

按平面图形中的尺寸的作用，可分为定形尺寸和定位尺寸两类。

（1）定形尺寸

用于确定组成平面图形的各线段的形状和大小的尺寸称为定形尺寸，如图 1-2-27 中的 $\phi20$、$\phi10$ 和 $R5$ 等。

（2）定位尺寸

用于确定线段在整个图形内位置的尺寸称为定位尺寸，如图 1-2-27 中的尺寸 20、6 和 10 等。

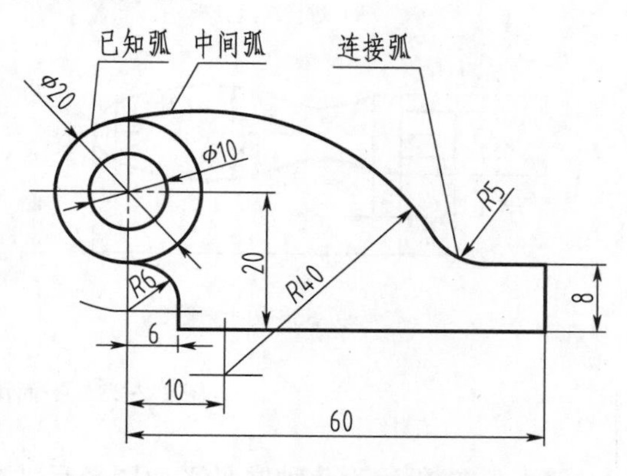

图 1-2-27　平面图形的尺寸与线段分析

2. 平面图形的线段分析

平面图形中的线段（直线或圆弧），根据其定位尺寸的完整与否，可分为已知线段、中间线段、连接线段3类。

（1）已知线段

具有定形尺寸和两个方向的定位尺寸，根据这些尺寸直接就能画出线段。如图1-2-27中的直线段54（60－6）、8、圆$\phi 10$和$\phi 20$均为已知线段。

（2）中间线段

具有定形尺寸和一个方向的定位尺寸。如图1-2-27中的$R40$圆弧，它只有一个定位尺寸10，在$\phi 20$圆作出后，根据它与已知弧（$\phi 20$圆）的相切关系（内切），可确定其圆心的位置。

（3）连接线段

只有定形尺寸、没有定位尺寸的线段，称为连接线段。如图1-2-27中的$R5$、$R6$都是连接线段。连接线段只有在与其相邻的线段作出后，根据两个相切关系才可确定其圆心的位置。

3. 平面图形的尺寸标注

图形中标注的尺寸，必须能唯一地确定图形的形状和大小，既不遗漏也不多余。尺寸标注的步骤如下。

（1）先在水平位置及竖直方向各选定尺寸基准。

（2）进行线段分析，即确定已知线段、中间线段和连接线段。

（3）按已知线段、中间线段、连接线段的顺序逐个标注尺寸。

图1-2-28为平面图形的尺寸注法实例。

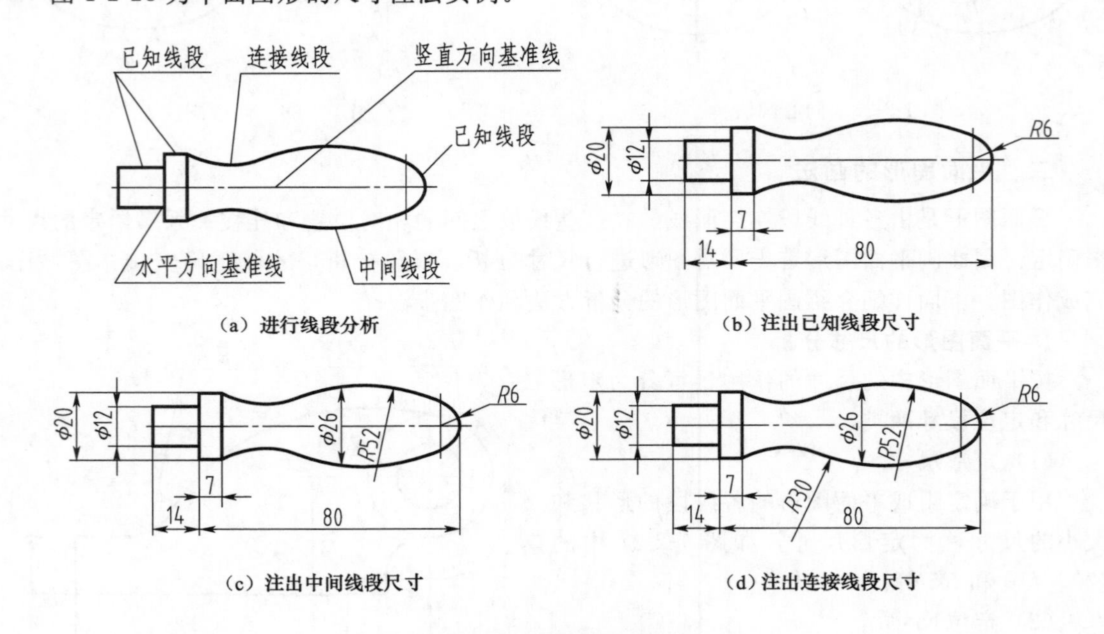

图1-2-28 平面图形的尺寸注法实例

图1-2-29所示为几种常见平面图形尺寸的注法实例。

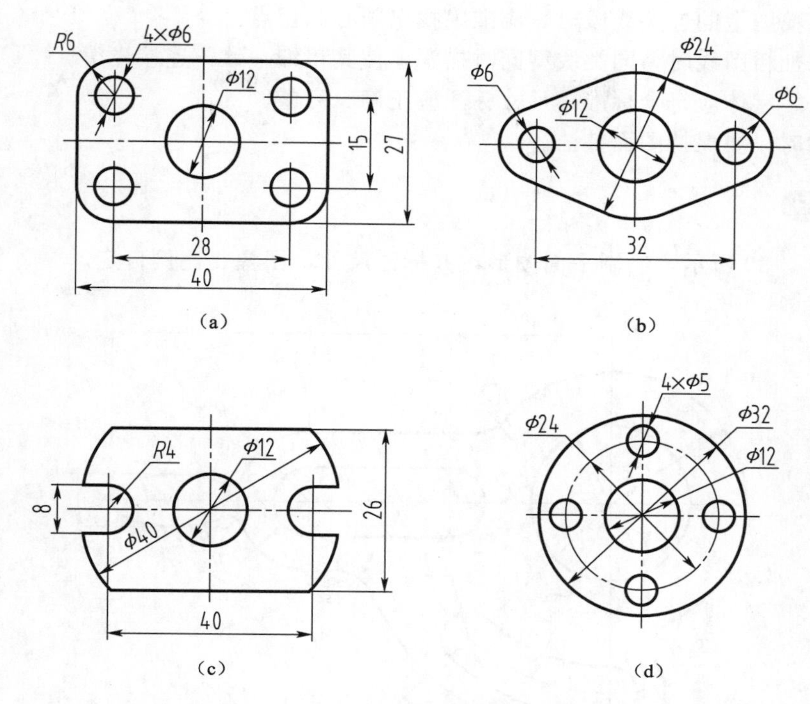

图 1-2-29　几种常见平面图形尺寸注法实例

任务指导

1. 平面图形画图前的准备工作

（1）准备好必需的制图工具和仪器。

（2）分析图形的尺寸及其线段。

（3）确定图形比例和图纸幅面的大小。

（4）将图纸固定在图板的适当位置，使绘图时丁字尺、三角板移动自如。

（5）拟定作图顺序。

2. 绘图步骤

（1）分析图形：读懂图形的构成，分析图形中的尺寸，确定线段性质和作图步骤。

（2）画底稿：

① 画图框和标题栏。

② 画出图中两个方向的作图基准线（常以对称中心线及圆的中心线为基准）。

③ 按已知线段、中间线段、连接线段的顺序画出图形。

④ 画尺寸界线、尺寸线、箭头、填写尺寸数字。

（3）检查底稿。

（4）用铅笔描深加粗，填写标题栏。

（5）校对修饰图面。

3. 注意事项

（1）图形布置匀称，布图时应根据图形横向、竖向总尺寸及留足标注尺寸位置确定图形在图幅中位置，画出两个方向作图基准线。

（2）画底稿图上的连接线段时，应准确找出圆心和切点。

（3）描深加粗图线时，同类线型同时描深，使其粗细一致，连接光滑。

（4）箭头、字体应符合标准，尺寸标注应正确、完整。

（5）画图时，要保持图面整洁。

任务延伸

1. 如图 1-2-30 所示，绘制平面图形，并标注尺寸，图幅、比例自定。

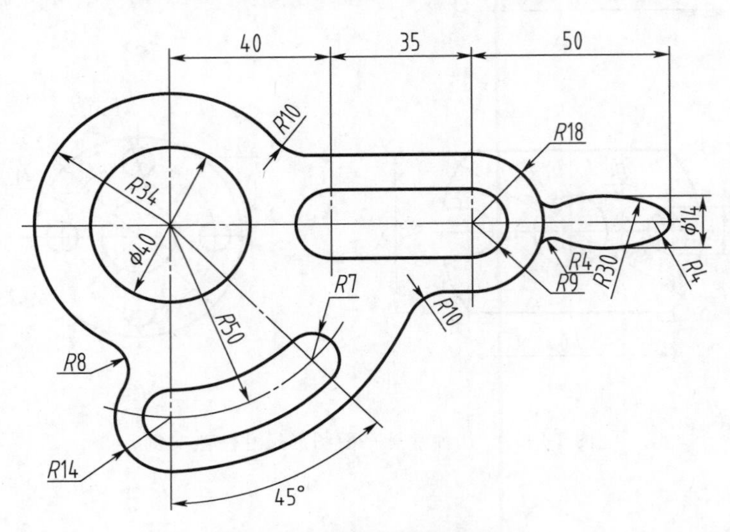

图 1-2-30　绘制平面图形（一）

2. 如图 1-2-31 所示，绘制平面图形，并标注尺寸，图幅、比例自定。

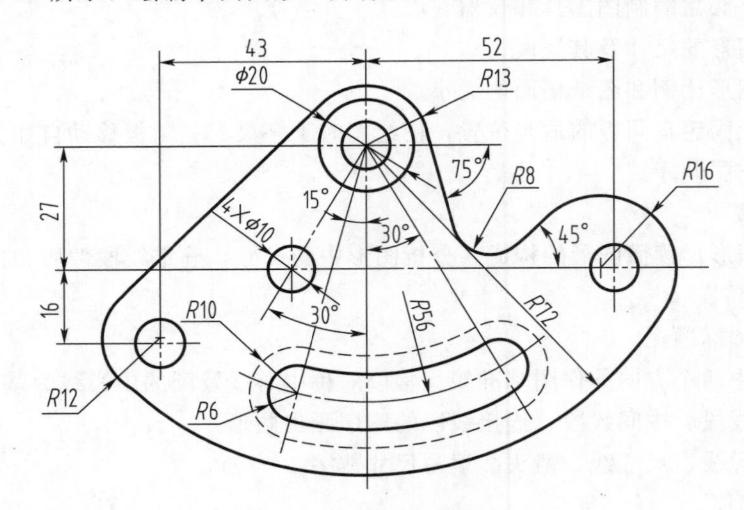

图 1-2-31　绘制平面图形（二）

投影基础训练模块

单元二 投影基础

任务一 根据轴测图画三视图

任务目标

① 掌握根据轴测图画三视图的方法。
② 掌握三视图之间的对应关系。

任务内容与要求

① 用 A4 图纸，横放，画出四个模型的三视图，如图 2-1-1 所示。
② 绘图比例自定。

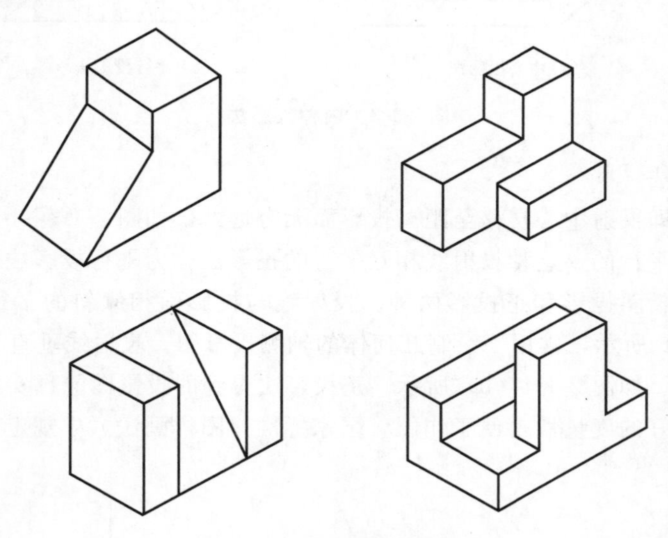

图 2-1-1 物体的正等轴测图

相关知识

- 投影的基本知识
- 三视图的形成原理和投影规律

一、投影的基本知识

将投射线通过物体，向选定的面投射，并在该面上得到图形的方法，称为投影法。通常

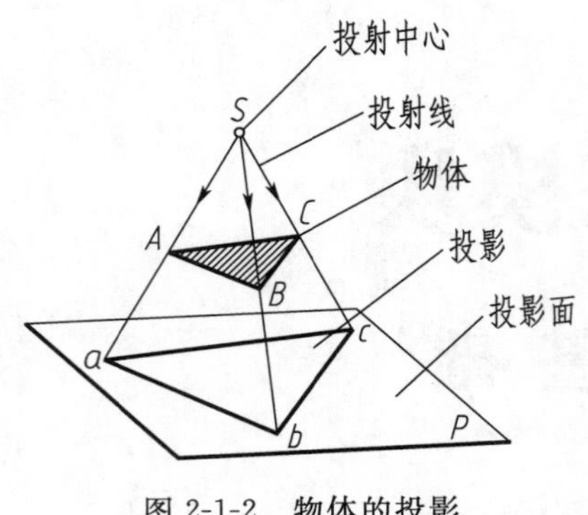

图 2-1-2 物体的投影

把光线或者人的视线称为投射线，形成影子的面称为投影面，在投影面内得到的图形称为该物体的投影，如图 2-1-2 所示。

1. 投影法的种类及应用

投影法分为两类：中心投影法和平行投影法。

（1）中心投影法

把光源抽象为一个点，如图 2-1-3（a）所示投射中心 S 点，这种投射线汇交于一点的投影方法称为中心投影法。显然，这种方法所得投影的大小与物体相对于投影面的距离有关，其投影特性为：投影不能反映物体的真实形状和大小，但有立体感。工程上常用这种方法绘制建筑物的透视图，机械图样较少采用。

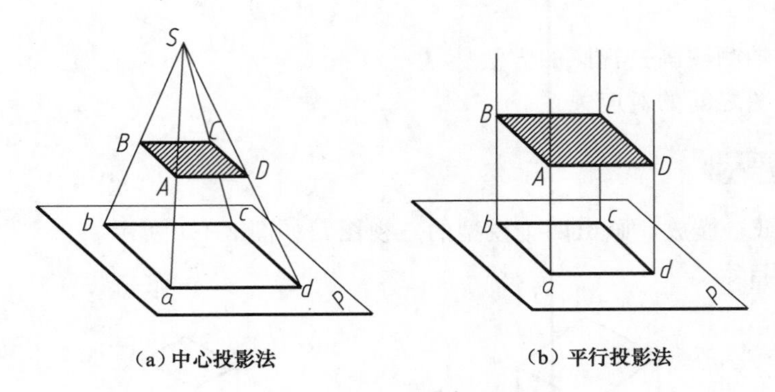

（a）中心投影法　　（b）平行投影法

图 2-1-3 两种投影法

（2）平行投影法

假设将光源（即投射中心）移至距离投影面无穷远处，如图 2-1-3（b）所示，这时投射线可以认为是相互平行的。这种投射线相互平行的投影法称为平行投影法。

平行投影法包括斜投影和正投影两种。投射线与投影面相倾斜的平行投影法称为斜投影，如图 2-1-4（a）所示，常用于绘制几何体的轴测投影图。投射线垂直于投影面的平行投影法称为正投影法，如图 2-1-4（b）所示。正投影法得到的投影图能真实地表达空间物体的形状和大小，有极好的度量性，便于作图。国家标准《图样画法》中规定，机件的图样按正投影法绘制。

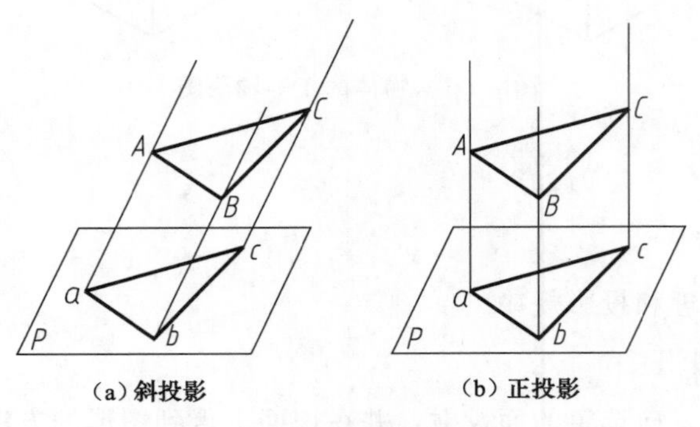

（a）斜投影　　（b）正投影

图 2-1-4 平行投影法

2. 正投影的基本特性

线段或平面与投影面有平行、垂直和倾斜 3 种位置关系，它们的投影分别具有如下特性。

(1) 真实性

当物体上的平面与投影面平行时，其投影反映平面的实形；当物体上的直线与投影面平行时，其投影反映直线的实长。如图 2-1-5 所示的平面 P 和直线 AB，这种投影特性称为真实性。

(2) 积聚性

当物体上的平面与投影面垂直时，其投影积聚成一条直线，平面上任意一个点、直线或一个图形的投影都积聚在该直线上；当物体上的直线与投影面垂直时，其投影积聚成一点，直线上任意一个点的投影均积聚在该点上。如图 2-1-6 所示的平面 Q 和直线 BC，这种投影特性称为积聚性。

(3) 类似性

当物体上的平面与投影面倾斜时，其投影为与原平面形状类似的平面图形，但小于原平面的实形；当物体上的直线与投影面倾斜时，其投影仍为直线，但小于原直线的实长，如图 2-1-7 所示的平面 R 和直线 AD，这种投影特性称为类似性。

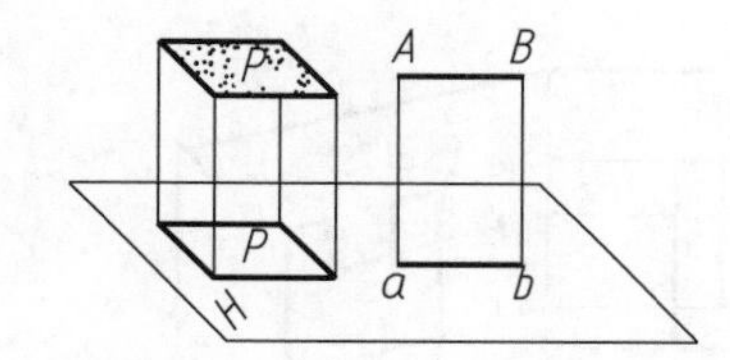

图 2-1-5　正投影的真实性

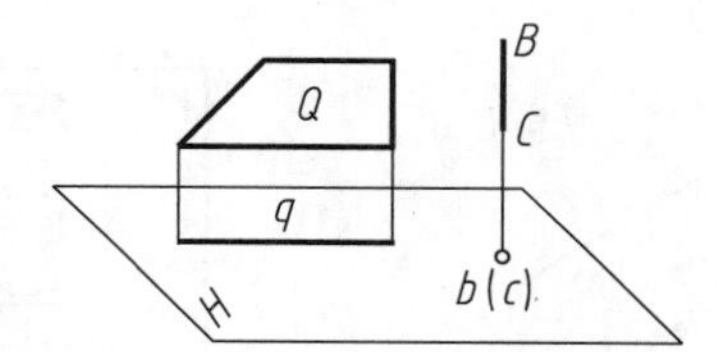

图 2-1-6　正投影的积聚性

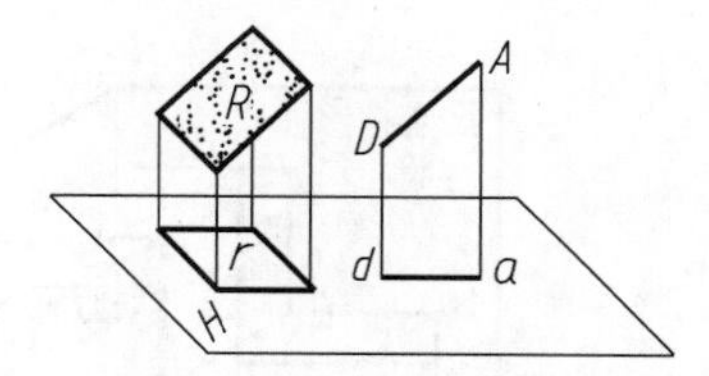

图 2-1-7　正投影的类似性

真实性、积聚性和类似性是正投影的 3 个重要特性，在绘图和识图中经常用到，必须牢固掌握。

二、三视图的形成及投影规律

如图 2-1-8 所示，两个不同形状的形体，它们在一个投影面上的投影完全相同。这说明形体的一个投影，一般不能确定该形体的空间形状和结构。因此，常采用该形体的 3 个或多个投影才能完整而清晰地表达形体的形状。

(1) 三投影面体系的建立

以 3 个相互垂直相交的平面作为投影面，称为三投影面体系。3 个投影面把空间分为 8 个分角，把形体放在第一分角中进行投影，称为第一角画法；把形体放在第三分角中进行投影，称为第三角画法。国家标准规定采用第一角画法。3 个投影面分别为：

正立投影面，用 V 表示，简称正面；

水平投影面，用 H 表示，简称水平面；

侧立投影面，用 W 表示，简称侧面。

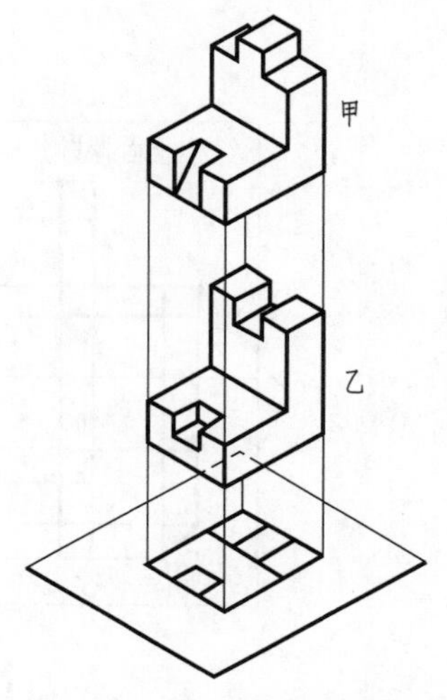

图 2-1-8　一个投影不能确定物体的空间形状和结构

3 个投影面之间的交线称为投影轴，分别用 OX、OY、OZ

表示，简称为 X 轴、Y 轴、Z 轴。X 轴代表左右长度方向，Y 轴代表前后宽度方向，Z 轴代表上下高度方向，3 根投影轴的交点称为原点，用字母 O 表示，如图 2-1-9 所示。

（2）三视图的形成

将物体置于三投影面体系中，并尽量使物体上的主要表面与投影面处于平行或垂直的位置关系，再按正投影法分别向 3 个投影面投影，即可得到物体的三视图，如图 2-1-9（a）所示。其中：

由前向后投影在 V 面上得到的视图叫主视图；

由上向下投影在 H 面上得到的视图叫俯视图；

由左向右投影在 W 面上得到的视图叫左视图。

为了便于画图，必须将空间 3 个投影面处于同一平面内，即将 3 个相互垂直的投影面展开摊平在同一个平面上。其展开方法规定：正面（V 面）不动，水平面（H 面）绕 OX 轴向下翻转 90°，侧面（W 面）绕 OZ 轴向右后翻转 90°，都翻转到与正面处在同一平面上，如图 2-1-9（b）和图 2-1-9（c）所示。

由于视图所表达的物体形状与投影面的大小、物体与投影面之间的距离无关，所以工程图样上通常不画投影面的边框和投影轴，各个视图的名称也无需标注，如图 2-1-9（d）所示。

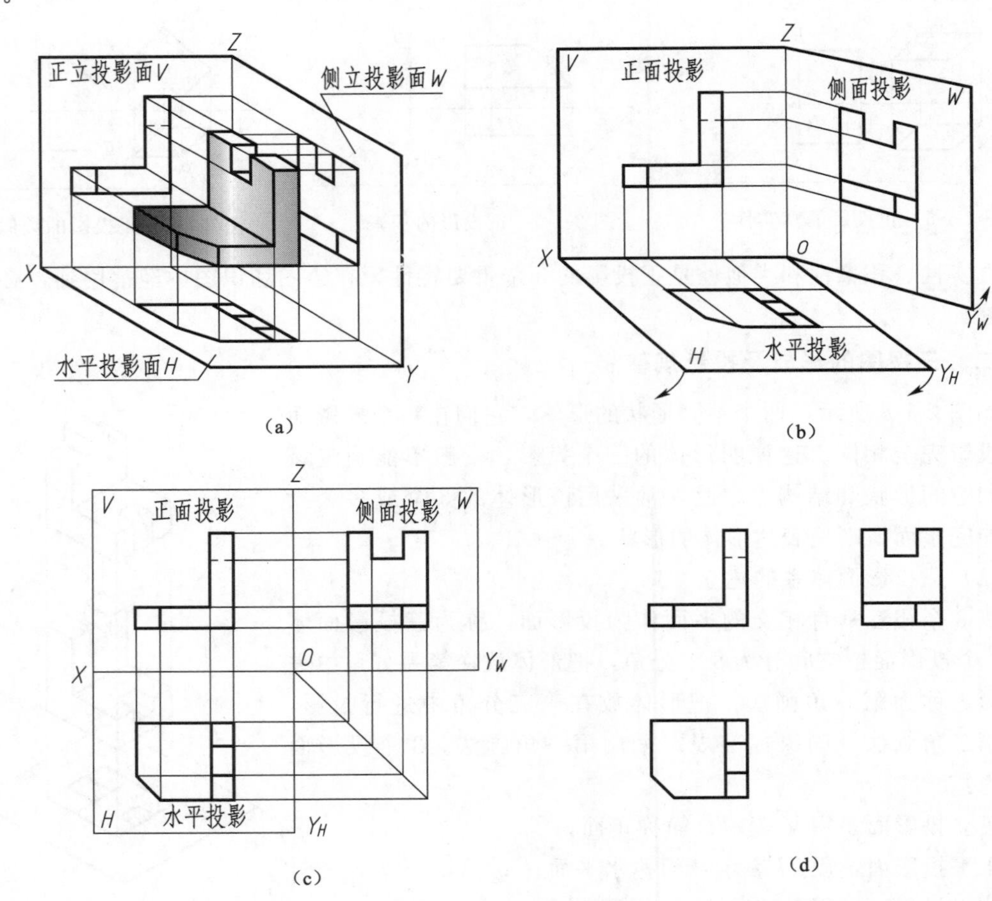

图 2-1-9　三面投影的形成

（3）三视图之间的对应关系

将投影面旋转摊平到同一平面上后，物体的三视图存在着下面的对应关系。

① 位置关系。以主视图为基准，俯视图配置在主视图的正下方，左视图配置在主视图的正右方，如图 2-1-9（d）所示。画三视图时必须按照这种位置关系配置 3 个视图的位置。

② 尺寸关系。物体有长、宽、高 3 个方向的尺寸，每个视图都反映物体的两个方向尺寸：主视图反映物体的长度和高度方向的尺寸；俯视图反映物体的长度和宽度方向的尺寸；左视图反映物体的宽度和高度方向的尺寸。

在这里应特别注意的是三视图有三等关系，如图 2-1-10 所示。总结为：

主、俯视图长对正；

主、左视图高平齐；

俯、左视图宽相等。

不仅 3 个视图在整体上要保持这种三等关系，而且每个视图中的组成部分也要保持这种三等关系。这种关系是绘制物体的视图和识读物体的视图时应遵循的最基本的准则。

在三等关系中，长对正和高平齐这两条在图纸上是直接表现出来的。而宽相等这一条，由于俯视图和左视图在图纸上没有直接对应在一起，不能明显地表现出来。但画图时不能违反这条准则，具体作图时，可以利用分规或一条 45°的辅助线来保证宽的相等，如图 2-1-10 所示。

③ 方位关系。物体有 6 个空间方位——上、下、左、右、前、后，如图 2-1-11 所示。其中：

主视图反映物体的上、下和左、右；

俯视图反映物体的左、右和前、后；

左视图反映物体的前、后和上、下。

注意在俯、左视图中，靠近主视图的一边，表示物体的后面，远离主视图的一边，表示物体的前面，如图 2-1-11 所示。

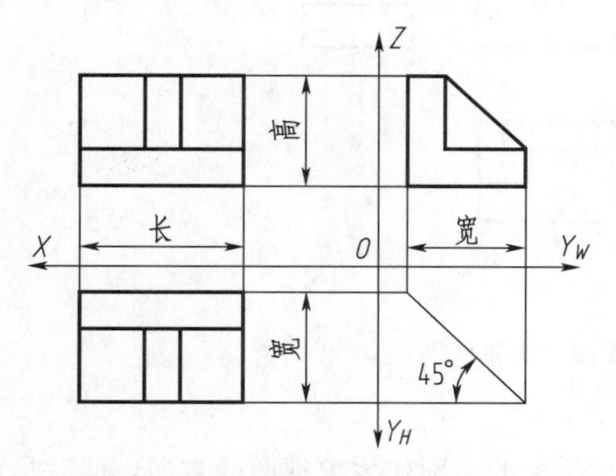

图 2-1-10　物体的三视图及投影规律

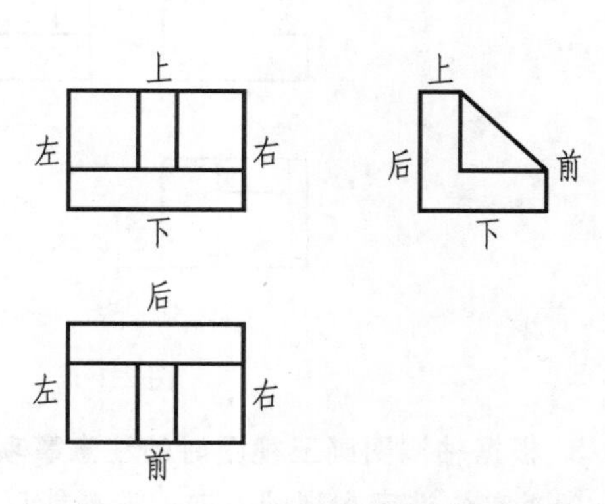

图 2-1-11　三视图的位置方位关系

1. 三视图的作图方法和步骤

通过模型练习画三视图，可以更好地理解和应用正投影法原理及三视图间的各种关系，（可以）使初学者将理性认识变成图示能力，从而形成初步的视图表达能力。

为了便于初学者想象，可把每一个视图都看作是垂直于相应投影面的视线所看到的物体的真实图像。若要得到物体的主视图，观察者设想自己置身于物体的正前方观察，视线垂直于正立投影面。为了获得俯视图，物体保持不动，观察者自上而下地俯视那个物体。左视图也可用同样的方法从左向右观察物体而得到。

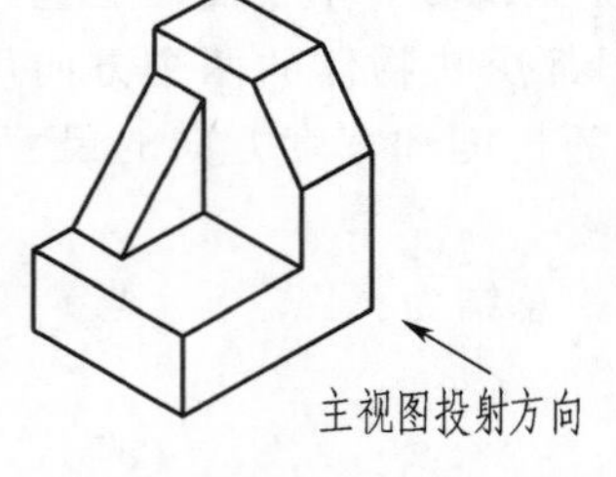

图 2-1-12 物体的轴测图

2. 实例分析

物体是由一块在右端上面切去了一个角的弯板和一个三棱柱叠加而成。为能清楚地表达物体的形状和结构，尽可能避免使用虚线，选用如图 2-1-12 所示方向为主视图的投射方向。

具体作图步骤：

(1) 根据三等关系，画弯板的三视图，如图 2-1-13 (a) 所示；

(2) 画三棱柱的三面投影，如图 2-1-13 (b) 所示，先从主视图入手；

(3) 画切角的三面投影，注意三等关系，如图 2-1-13 (c) 所示；

(4) 检查、整理图线、加深粗实线，完成全图，如图 2-1-13 (d) 所示。

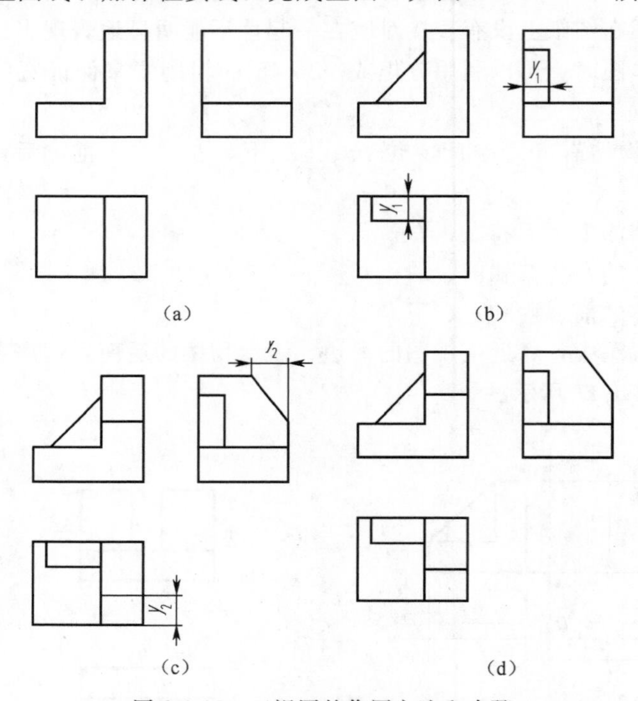

图 2-1-13 三视图的作图方法和步骤

3. 根据轴测图画三视图时的注意事项

(1) 首先选定主视图方向。选择能反映其形状特征的一面作为主视图的方向，同时尽可能考虑其余两视图简明好画，虚线少。

(2) 作图前，先画作图基准线，如中心线或某些边线，以确定各视图的位置。

(3) 作图的线型应按国标的规定。底稿应画得轻而细，以便修改，作图完成后再描粗加深。

如果不同的图线恰巧重合在一起，应以粗实线、虚线、细实线、点画线的次序画。例如，粗实线与虚线重合，应画出粗实线。

（4）分析轴测图上各部分形体的几何形状和位置关系，并根据其投影特性（真实性、积聚性、类似性等），画出各组成部分的投影。

（5）要注意作图次序，通常需要将几个视图配合起来绘制。先画其投影具有真实性或积聚性的那些表面。对于斜面，宜先画出斜线（即该斜面的积聚投影），然后画出斜面在另外两个视图中的类似投影。

（6）一般不需要画投影面的边框线和投影轴，采用无轴画法。

任务二 点、线、面投影训练

任务目标

① 通过习题训练，掌握点、线、面的投影规律。

② 掌握各种位置点、各种位置直线、各种位置平面的投影特性。

③ 掌握平面上直线和点的投影特性。

④ 逐步建立空间想象能力。

任务内容与要求

① 通过习题册进行练习。

② 掌握通过分析点、线、面进行作图的方法。

相关知识

• 点的投影

• 直线的投影

• 平面的投影

一、点的投影

由于点是组成空间物体最基本的几何元素，为了正确画出和读懂几何形体的三视图，必须首先掌握点的投影规律。

1. 点的三面投影图

如图 2-2-1 所示，将点 A 放在三投影面体系中，分别向 3 个投影面 V 面、H 面、W 面作正投影，即过 A 点分别向 3 个投影面作垂线，交得的 3 个垂足 a、a'、a''即为 A 点在 3 个投影面上的投影，如图 2-2-1（a）所示。三投影面体系展开后，得到了点的三面投影图，如

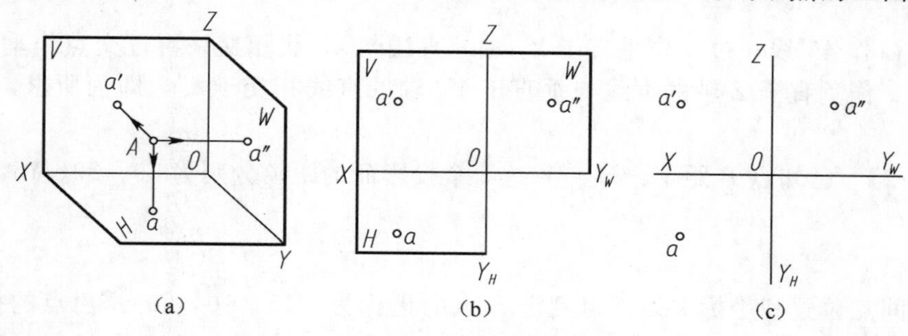

图 2-2-1 点的三面投影

图 2-2-1（c）所示。

机械制图中规定把空间点用大写字母 A、B、C 等标记，它们在 H 面上的投影用相应的小写字母如 a、b、c 等标记，在 V 面上的投影用相应的小写字母加一撇如 a'、b'、c' 等标记，在 W 面上的投影则用相应的小写字母加两撇如 a''、b''、c'' 等标记。点 A 在 H 面上的投影 a 叫做点 A 的水平投影；点 A 在 V 面上的投影 a' 叫做点 A 的正面投影；点 A 在 W 面上的投影 a'' 叫做点 A 的侧面投影。

2. 点的投影规律

从图 2-2-2（a）可以看出，当投影面展开时，投影连线 aa_X 随 H 面向下翻转 90°，在展开后的投影图中 a'、a_X、a 三点必在同一条直线上，并垂直于 OX 轴，即 $aa' \perp OX$。同理，投影连线 $a'a''$ 一定垂直于 OZ 轴，即 $a'a'' \perp OZ$。并且 $aa_X = a''a_Z$，如图 2-2-2（b）和图 2-2-2（c）所示。

不难证明，点的三面投影规律为：

（1）点的正面投影与水平投影的连线垂直于 OX 轴，即 $aa' \perp OX$；

（2）点的正面投影与侧面投影的连线垂直于 OZ 轴，即 $a'a'' \perp OZ$；

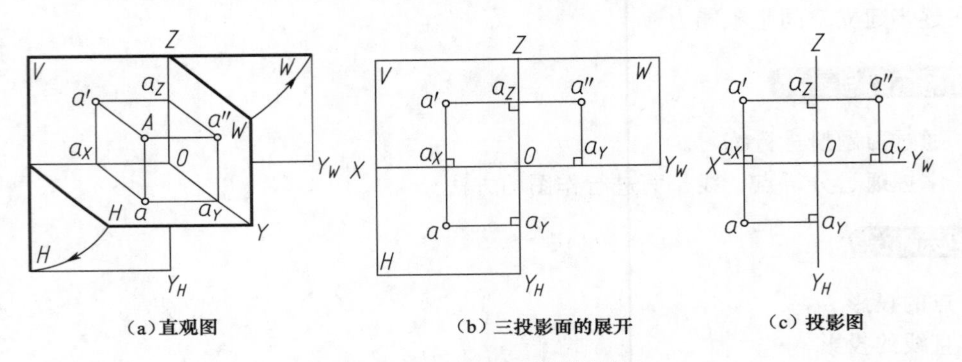

（a）直观图　（b）三投影面的展开　（c）投影图

图 2-2-2　点的三面投影规律

（3）点的水平投影到 OX 轴的距离等于点的侧面投影到 OZ 轴的距离，即 $aa_X = a''a_Z$。

另外，从图 2-2-2（b）和图 2-2-2（c）中还可以看出：

① $a'a_Z = aa_Y$ 表示点 A 到 W 面距离；

② $a''a_Z = aa_X$ 表示点 A 到 V 面距离；

③ $a'a_X = a''a_Y$ 表示 A 点到 H 面距离。

【例 2-2-1】　如图 2-2-3（a）所示，已知点 A 的 V 面投影 a' 和 H 面的投影 a，求 W 面投影 a''。

解：

过原点 O 作 45°线；过 a 作垂直于 Y_H 轴的直线与 45°线相交，再过交点作垂直于 Y_W 轴的直线；过 a' 作垂直于 Z 轴的直线与垂直于 Y_W 轴的直线相交于 a''，即为所求，如图 2-2-3（b）所示。

【例 2-2-2】　已知点 B 距 V、H、W 这 3 个投影面的距离分别为 10、20、15，求点 B 的三面投影。

解：

根据空间点位置和坐标关系，可判定 B 点的坐标为（15，10，20）。由点的投影与坐标的关系，在 X 轴上向右取 $x=15$，得 b_X，如图 2-2-4（a）所示；过 b_X 作 X 轴的垂线，上下

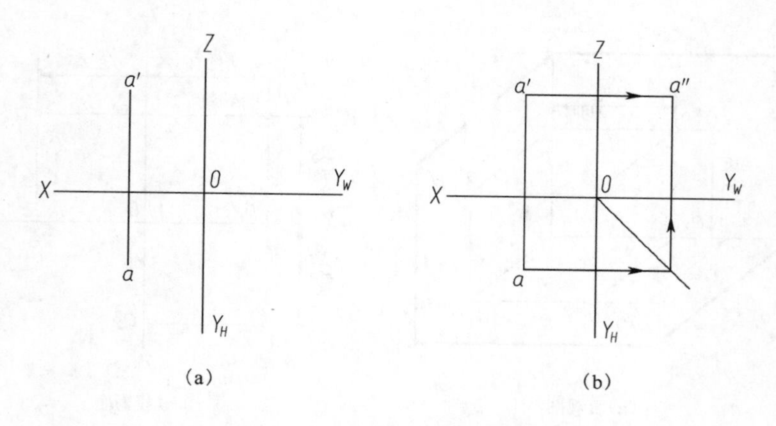

图 2-2-3　已知点的两面投影求第三面投影

分别取 $z=20$mm、$y=10$mm 得 b'和 b，如图 2-2-4（b）所示；最后根据点的投影规律，作出侧面投影 b''，如图 2-2-4（c）所示。

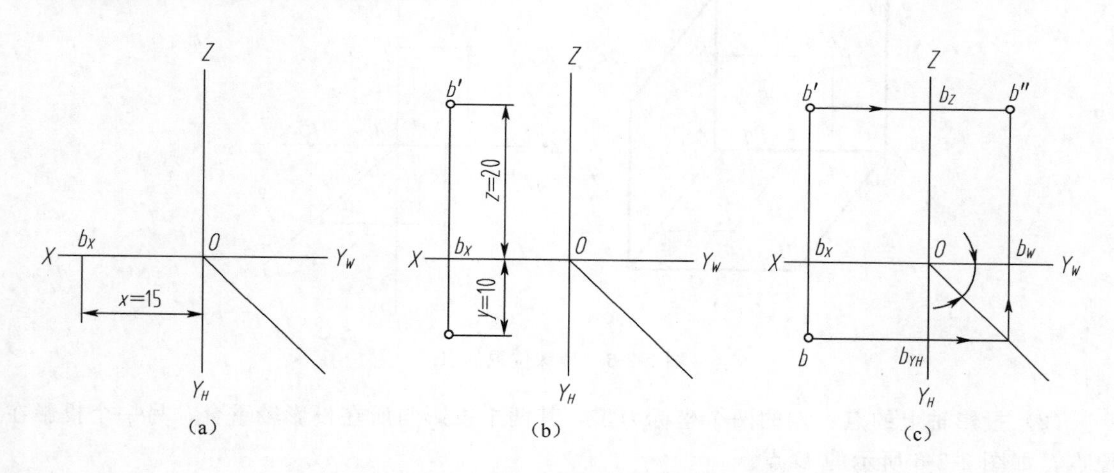

图 2-2-4　已知点的空间位置求点的三面投影

3. 点的三面投影与直角坐标

在三投影面体系中，3 根投影轴可以构成 1 个空间直角坐标系，空间点 A 到 3 个投影面的距离便是 A 点的坐标 x、y、z，一般采用下列的书写形式：A（x，y，z）。点的投影与直角坐标系如图 2-2-5 所示。因此，点的投影与点的坐标有如下关系：

A 点到 W 面的距离 $Aa''=a'a_Z=aa_Y=A$ 点的 x 坐标；

A 点到 V 面的距离 $Aa'=a''a_Z=aa_X=A$ 点的 y 坐标；

A 点到 H 面的距离 $Aa=a'a_X=a''a_Y=A$ 点的 z 坐标。

因此，若已知点的坐标 x、y、z，便可作出该点的投影图；反之，已知点的两个投影图，也就唯一地确定了该点的坐标值。

4. 特殊位置点的投影

空间点相对于投影面除一般位置点外，还有以下 3 种特殊位置的点。

(1) 投影面上的点：点的某一个坐标为零，其一个投影与投影面重合，另外两个投影分别在投影轴上，如图 2-2-6 所示的 B 点和 C 点。

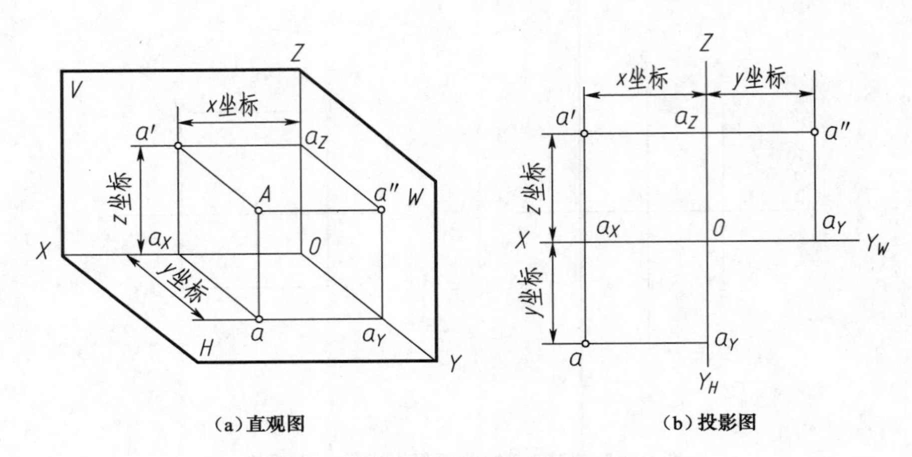

(a) 直观图　　　　(b) 投影图

图 2-2-5　点的投影与直角坐标系

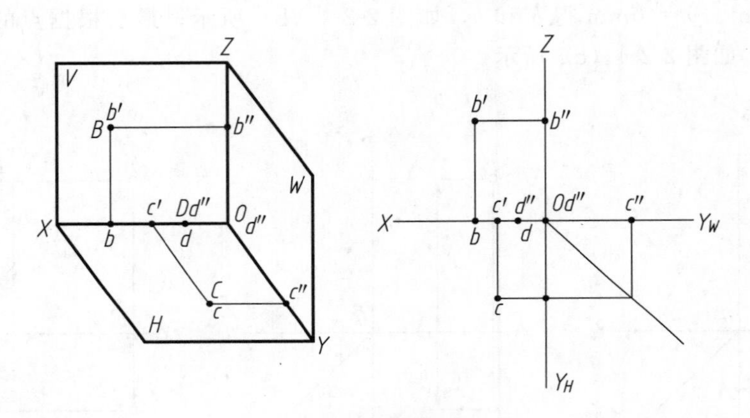

图 2-2-6　特殊位置的点

(2) 投影轴上的点：点的两个坐标为零，其两个投影与所在投影轴重合，另一个投影在原点，如图 2-2-6 所示的 D 点。

(3) 与原点重合的点：点的 3 个坐标为零，3 个投影都与原点重合。

5. 两点的相对位置

(1) 判断两点相对位置

两点的相对位置是指空间两个点的左右、上下、前后的位置关系，两点在空间的具体相对位置，由两点的坐标差来确定。

如图 2-2-7 所示，设点 A 和点 B 的坐标分别为 (x_A, y_A, z_A) 和 (x_B, y_B, z_B)，以点 A 为基准点，则点 B 对点 A 的一组坐标差为：

Δx（X 轴方向坐标差）$=x_B-x_A$，确定两点左右相对位置；

Δy（Y 轴方向坐标差）$=y_B-y_A$，确定两点前后相对位置；

Δz（Z 轴方向坐标差）$=z_B-z_A$，确定两点上下相对位置。

当 Δx、Δy、Δz 为正时，点 B 分别在点 A 的左方、前方、上方；当 Δx、Δy、Δz 为负时，点 B 分别在点 A 的右方、后方、下方。

【例 2-2-3】 已知如图 2-2-8（a）所示的点 A 在三面投影投影体系中的投影图，点 B 在其右方 14，上方 12，前方 8，作其投影图。

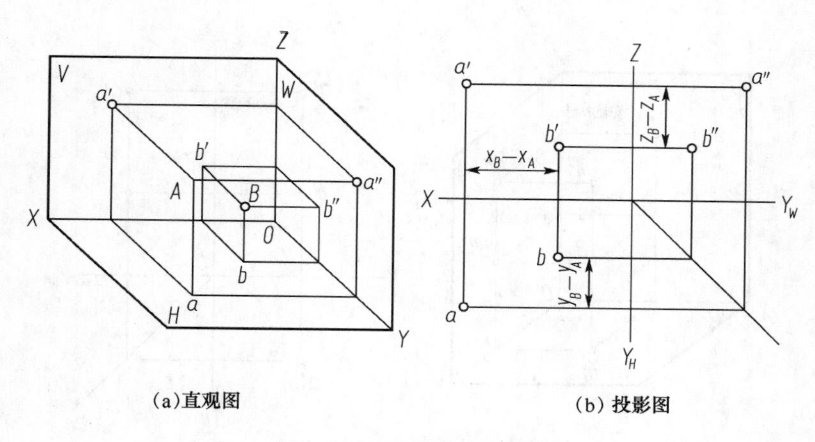

图 2-2-7　两点的相对位置

解:

在 X 轴上自 a_X 往右量 14 得点 b_X；过 b_X 作 X 的垂线，沿 OZ 方向量 $\Delta Z=12$，得点 b'；沿 Y 方向量 $\Delta Y=8$，得点 b，如图 2-2-8（b）所示。根据已知点 b、b' 求得 b''，如图 2-2-8（c）所示。

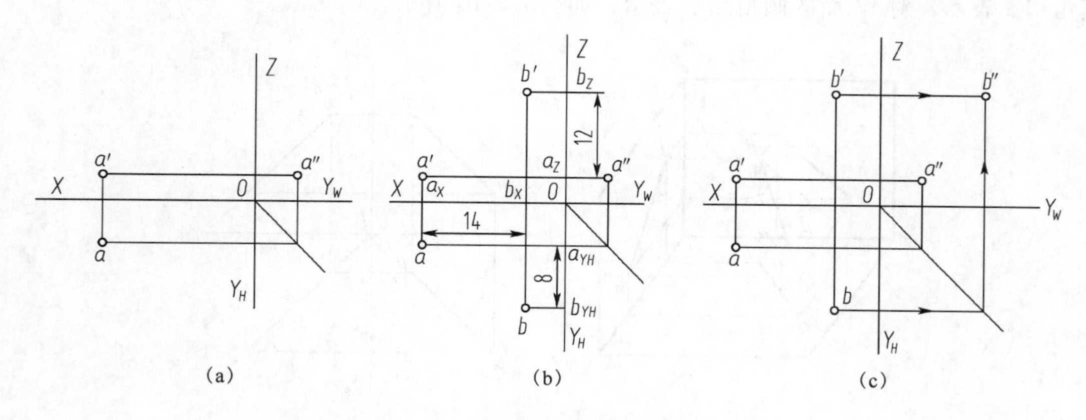

图 2-2-8　两点相对位置投影图

（2）重影点及可见性判断

如果空间两点位于某一投影面的同一条投射线上，则这两点在该投影面上的投影就会重合为一点，称之为对该投影面的重影点。如图 2-2-9 所示，A、B 两点的 x、y 坐标分别相等，而 z 坐标不等，从而它们的水平投影重合为一点，称为 A 点对 H 面的重影点。

类似地，也会有 V 面重影点和 W 面重影点。

重影点需判别各点的可见性。对于某面重影点，规定距离该投影面（距离）较远的那点，即坐标值大者为可见；反之，为不可见。如图 2-2-9 所示，因为 $z_a>z_b$，故水平投影上 a 可见，b 不可见。当需要标明可见性时，对不可见点的投影加上括号。

二、直线的投影

两点可以唯一确定一直线，而直线的投影一般仍为直线，所以在绘制直线的投影图时，只要作出直线上任意两点的投影，然后连接这两点的同面投影，即是直线的三面投影。因为

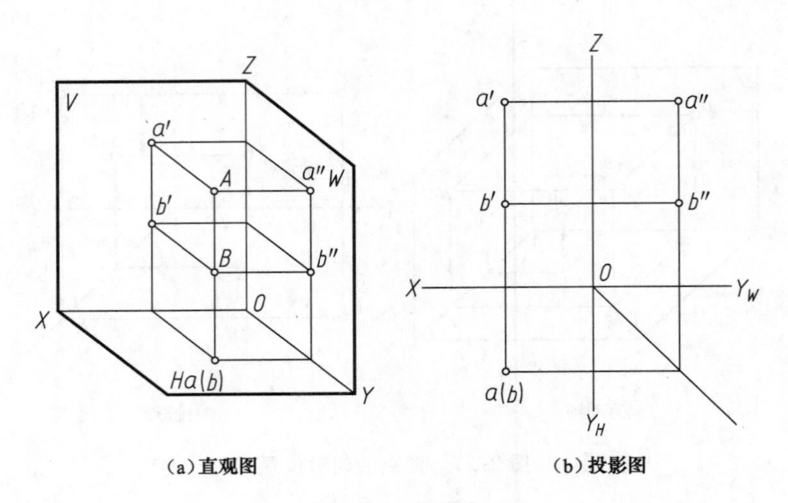

(a) 直观图　　(b) 投影图

图 2-2-9　重影点

已知点的两面投影就能唯一确定空间点的位置并能求出第三面投影，所以已知直线的两面投影，亦可以求出第三面投影。

直线与投影面的夹角称为直线对投影面的倾角。其对 H 面的倾角用 α 表示，对 V 面的倾角用 β 表示，对 W 面的倾角用 γ 表示，如图 2-2-10 所示。

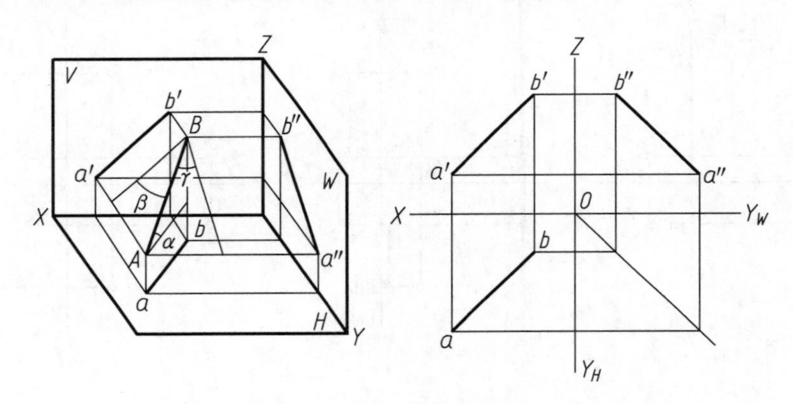

图 2-2-10　直线的投影

1. 各种位置直线的投影特性

在三投影面体系中，直线与投影面的相对位置有以下几种。

(1) 投影面平行线。与某个投影面平行，与另外两投影面倾斜的直线，称为投影面平行线。其中平行于 H 面，同时与 V 面、W 面倾斜的直线称为水平线；平行于 V 面，同时与 H 面、W 面倾斜的直线称为正平线；平行于 W 面，同时与 V 面、H 面倾斜的直线称为侧平线。

(2) 投影面垂直线。与某个投影面垂直，必定平行于另两个投影面的直线，称为投影面垂直线。其中垂直于 H 面的直线称为铅垂线；垂直于 V 面的直线称为正垂线；垂直于 W 面的直线称为侧垂线。

(3) 一般位置直线。与 3 个投影面都倾斜的直线，称为一般位置直线。

各种位置直线的投影特性如表 2-2-1 所示。

表 2-2-1　各种位置直线的投影特性

<table>
<tr><th colspan="2">直线的位置</th><th>直　观　图</th><th>投　影　图</th></tr>
<tr><td rowspan="6">投影面平行线</td><td rowspan="2">正平线</td><td>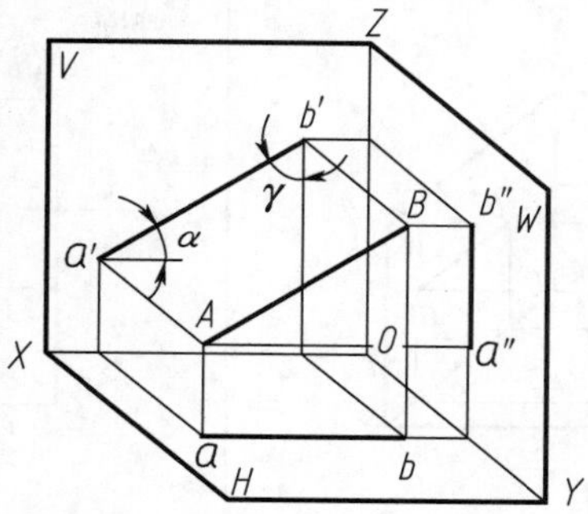
</td><td>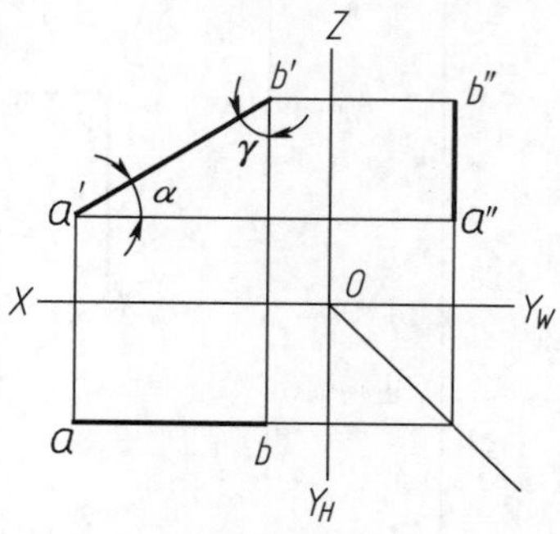
</td></tr>
<tr><td colspan="2">投影特性
(1)正面投影反映实长，即 $a'b'=AB$
(2)水平投影 ab 平行于 X 轴，侧面投影 $a''b''$ 平行于 Z 轴
(3)正面投影与 X 轴的夹角等于该直线对 H 面的倾角 α，与 Z 轴的夹角等于该直线对 W 面的倾角 γ</td></tr>
<tr><td rowspan="2">水平线</td><td>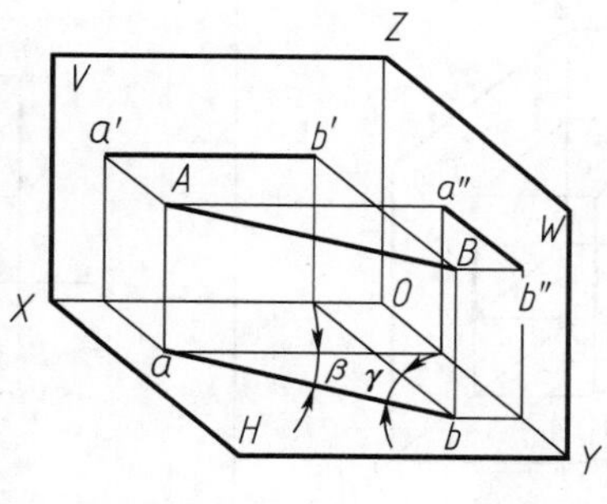
</td><td>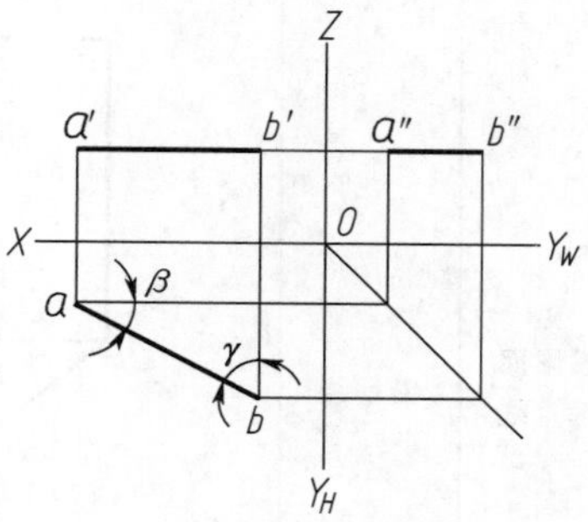
</td></tr>
<tr><td colspan="2">投影特性
(1)水平投影反映实长，即 $ab=AB$
(2)正面投影 $a'b'$ 平行于 X 轴，侧面投影 $a''b''$ 平行于 Y_W 轴
(3)水平投影与 X 轴的夹角等于该直线对 V 面的倾角 β，与 Y_H 轴的夹角等于该直线对 W 面的倾角 γ</td></tr>
<tr><td rowspan="2">侧平线</td><td>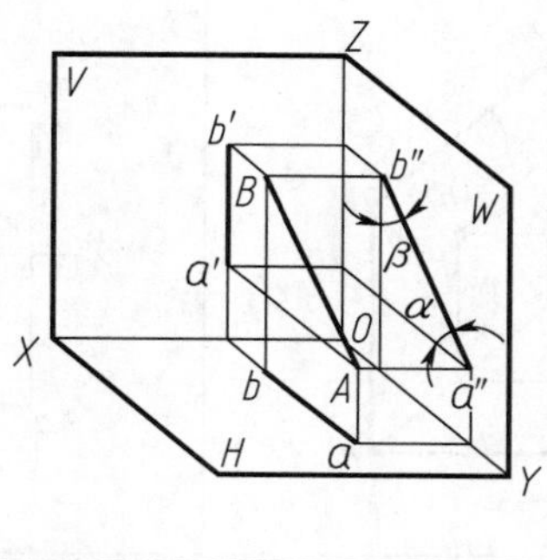
</td><td>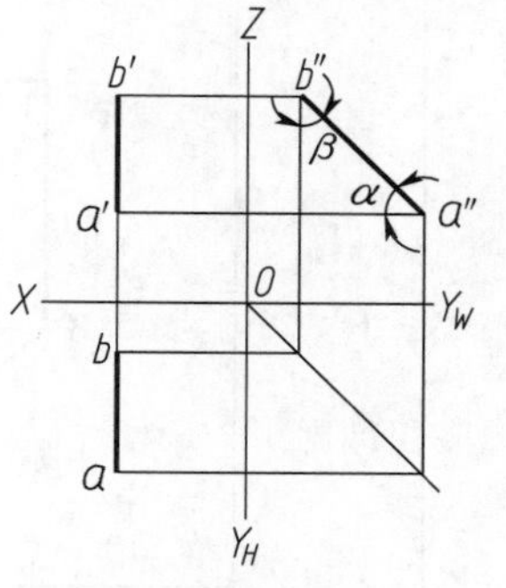
</td></tr>
<tr><td colspan="2">投影特性
(1)侧面投影反映实长，即 $a''b''=AB$
(2)水平投影 ab 平行于 Y 轴，正面投影 $a'b'$ 平行于 Z 轴
(3)侧面投影与 Y 轴的夹角等于该直线对 H 面的倾角 α，与 Z 轴的夹角等于该直线对 V 面的倾角 β</td></tr>
</table>

续表

<table>
<tr><th colspan="2">直线的位置</th><th>直 观 图</th><th>投 影 图</th></tr>
<tr><td rowspan="6">投影面
垂直线</td><td rowspan="2">正垂线</td><td> 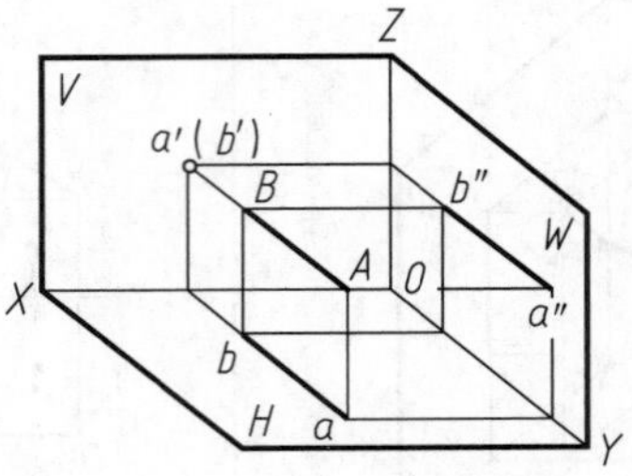Z V a'(b') B b'' W X A O a'' b H a Y</td><td> 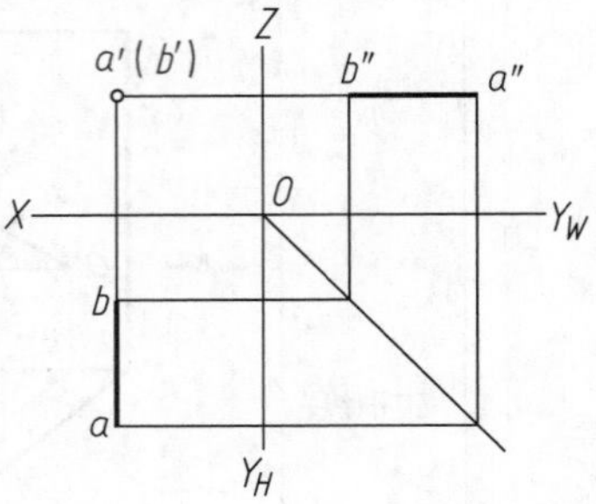Z a'(b') b'' a'' O X Y_W b a Y_H</td></tr>
<tr><td colspan="2">投影特性
(1)正面投影积聚为一点，即 $a'(b')$
(2)另外两个投影都垂直于相应的投影轴，且反映线段的实长，即 ab 垂直于 X 轴，$a''b''$ 垂直于 Z 轴，$ab=a''b''=AB$</td></tr>
<tr><td rowspan="2">铅垂线</td><td> 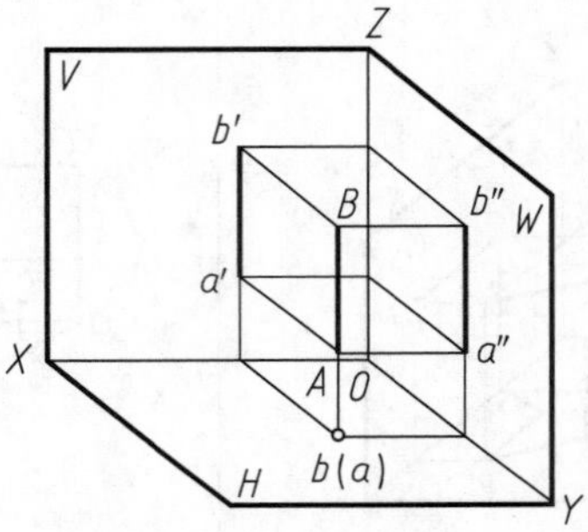Z V b' B b'' W a' X a'' A O b(a) H Y</td><td> 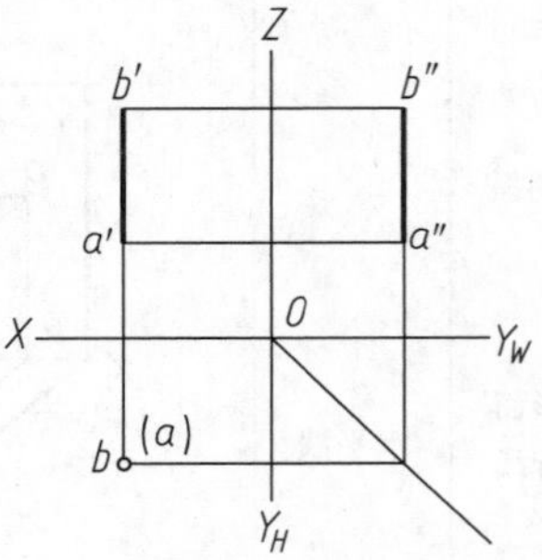Z b' b'' a' a'' X O Y_W b(a) Y_H</td></tr>
<tr><td colspan="2">投影特性
(1)水平投影积聚为一点，即 $b(a)$
(2)另外两个投影都垂直于相应的投影轴，且反映线段实长，即 $a'b'$ 垂直于 X 轴，$a''b''$ 垂直于 Y_W 轴，$a'b'=a''b''=AB$</td></tr>
<tr><td rowspan="2">侧垂线</td><td> 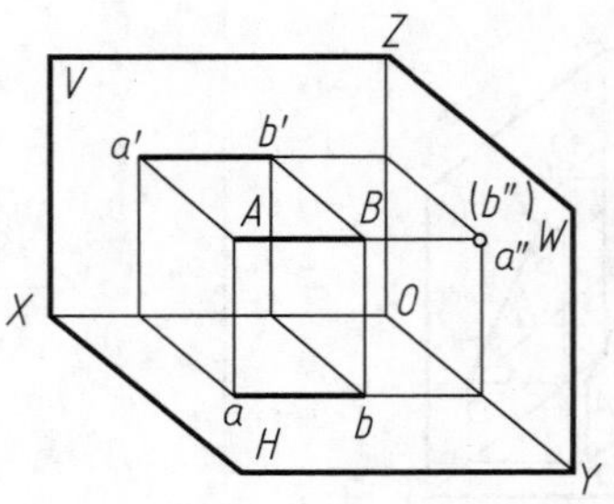Z V a' b' A B (b'') a'' W X O a H b Y</td><td> 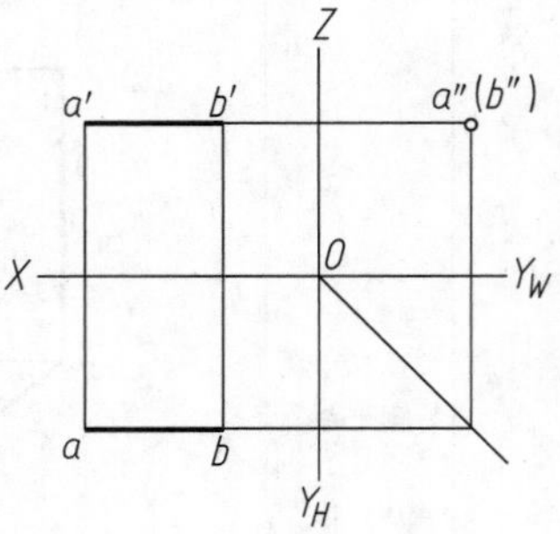Z a' b' a''(b'') X O Y_W a b Y_H</td></tr>
<tr><td colspan="2">投影特性
(1)侧面投影积聚为一点，即 $a''(b'')$
(2)另外两个投影都垂直于相应的投影轴，且反映线段的实长，即 ab 垂直于 Y_H 轴，$a'b'$ 垂直于 OZ 轴，$ab=a'b'=AB$</td></tr>
</table>

2. 直线上点的投影

直线上点的投影有以下特性。

(1) 从属性：直线上的点的投影，必在直线的同面投影上；反之如果点的三面投影都在直线的同面投影上，则该点一定在直线上。

(2) 定比性：直线上的点分割直线段长度之比等于其投影长度之比。

(3) 积聚性：垂直于投影面的直线上的点，投影后积聚为一点。

如果点的各投影均在直线的各同面投影上，且分割直线各投影长度成相同比例，则该点必在此直线上。如图 2-2-11 (a) 所示，点 C 在直线 AB 上；如图 2-2-11 (b) 所示，点 C 不在直线 AB 上，点 D 在直线 AB 上。

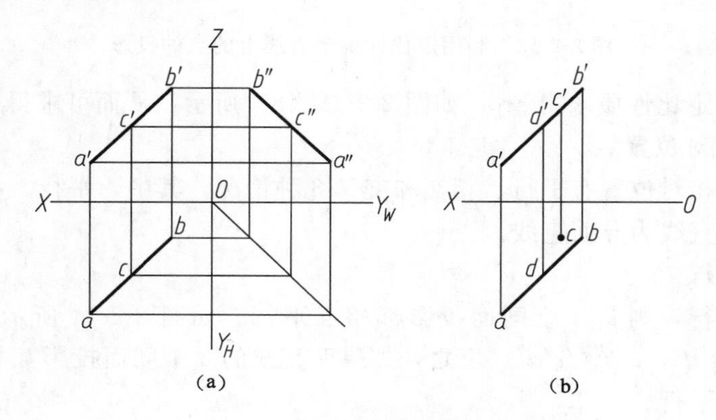

图 2-2-11　直线上的点

【例 2-2-4】 如图 2-2-12 (a) 所示，已知点 K 在直线 AB 上，求作它的三面投影。

解：

由于点 K 在直线 AB 上，所以点 K 的各个投影一定在直线 AB 的同面投影上。如图 2-2-12 (b) 所示，求出直线 AB 的侧面投影 $a''b''$后，即可在 ab 和 $a''b''$上确定点 K 的水平投影 k 和侧面投影 k''。

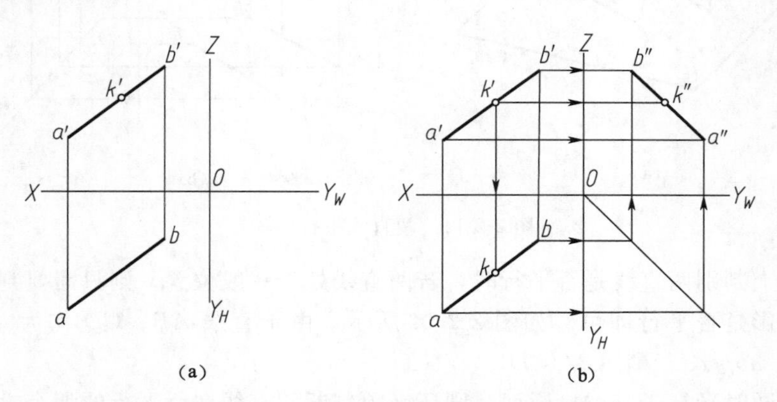

图 2-2-12　用点与直线的关系求作其三面投影

【例 2-2-5】 已知直线 AB 的投影图如图 2-2-13 (a) 所示，C 点将直线 ab 分成 2∶3 的两段，求分点 C 的投影。

解：

过 a 点作一直线 aD，并在此直线上以任意长度取 5 等分，得断点 B，在 aB 上取第 2 等

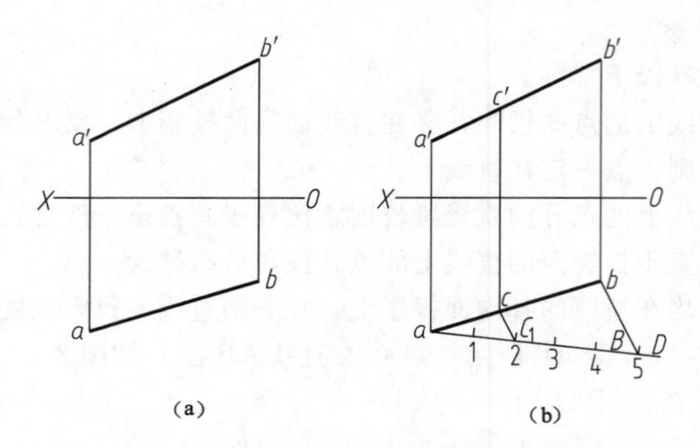

(a)　　(b)

图 2-2-13　利用定比性确定直线上的点的投影

分点 c_1，利用平行定比性质求得 cc_1，如图 2-2-13（b）所示，从而可求得 C 的投影 c'。

3. 两直线的相对位置

空间两直线的相对位置有平行、相交和交叉 3 种情况。其中，平行、相交的两直线为同面直线，而交叉两直线为异面直线。

（1）两直线平行

空间两直线平行，则其 3 个同面投影都相互平行。如图 2-2-14 所示，如果 $AB//CD$，则 $ab//cd$，$a'b'//c'd'$，$a''b''//c''d''$。反之，如果两直线的 3 个同面投影互相平行，则两直线在空间也一样互相平行。

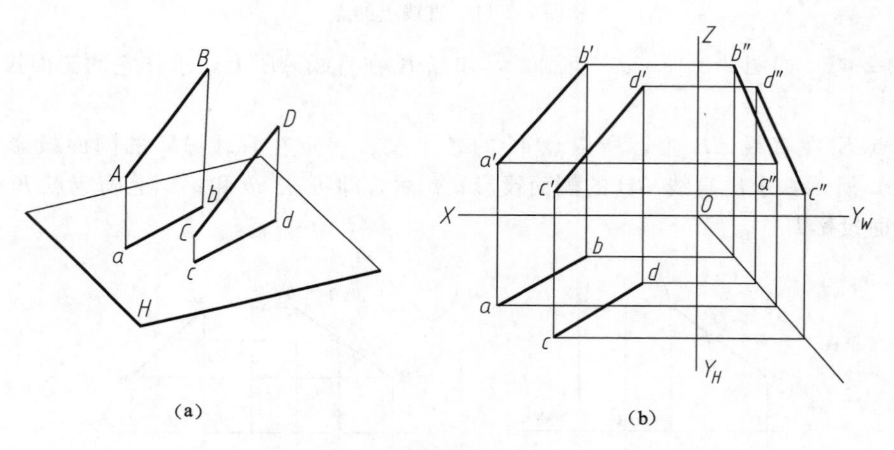

(a)　　(b)

图 2-2-14　两直线平行（一）

在投影图上判别两直线是否平行时，若两直线处于一般位置，则只需要判断两直线的任何两个同面投影是否平行即可。如图 2-2-14 所示，由于直线 AB、CD 均为一般位置直线，且 $a'b'//c'd'$、$ab//cd$，则 $AB//CD$。

若两直线同时平行于某一投影面，则还必须判断两直线在所平行的那个投影面上的投影是否相互平行，方能确定两直线是否平行。如图 2-2-15 所示。

【例 2-2-6】 如图 2-2-16 所示，EF、GH 为两侧平线，$ef//gh$，$e'f'//g'h'$。试判断 EF 与 GH 两直线在空间是否平行。

解：

求出侧面投影 $e''f''$和 $g''h''$，因 $e''f''$不平行于 $g''h''$，故 EF 不平行于 GH。

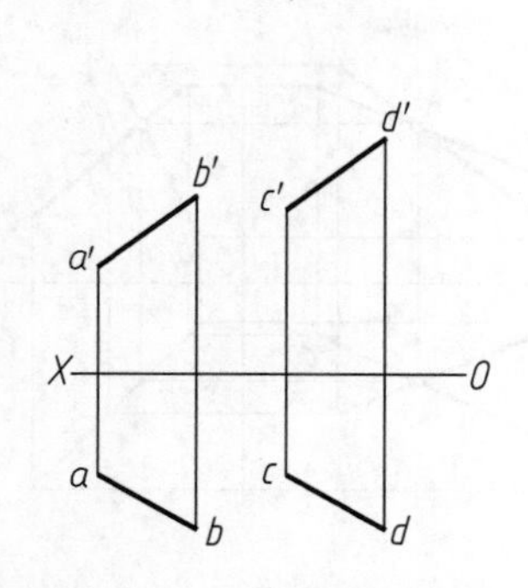

图 2-2-15　两直线平行（二）

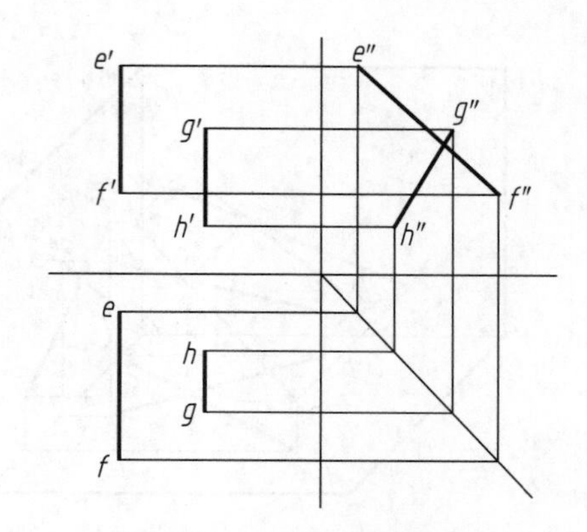

图 2-2-16　两直线不平行

【例 2-2-7】 如图 2-2-17（a）所示，判断两直线 AB、CD 是否平行。

解法一：

作第三面投影，第三面投影仍平行，则 AB 与 CD 平行，如图 2-2-17（b）所示。

解法二：

因为 A、C 两点在两面投影中同向，且 $a'b'$ ∶ $c'd'=ab$ ∶ cd，所以 AB 与 CD 平行，如图 2-2-17（c）所示。

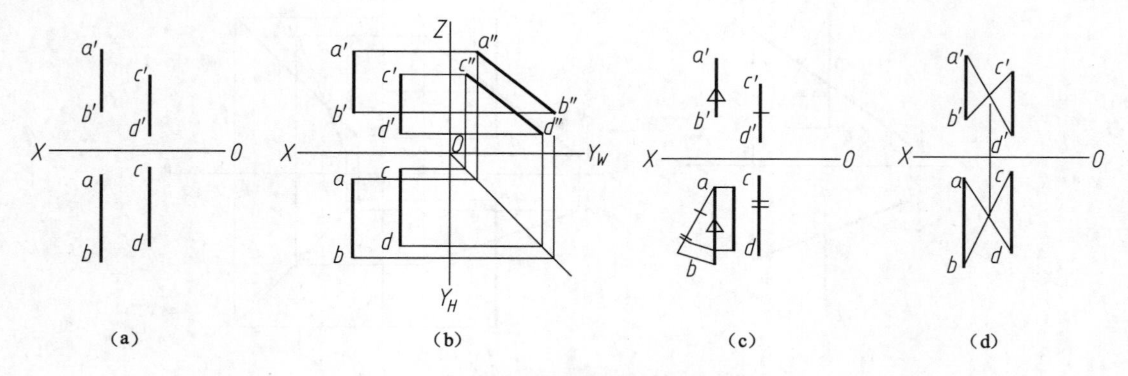

图 2-2-17　判断直线 AB 与 CD 是否平行

解法三：

如图 2-2-17（d）所示，连接 AD、BC，因为 AD 与 BC 相交，所以 A、B、C、D 4 点共面，AB 与 CD 平行。

（2）两直线相交

两直线相交，其同面投影都相交，且交点满足点的投影规律。如图 2-2-18 所示，AB、CD 两直线相交于点 K，即点 K 为 AB、CD 的共有点，AB、CD 分别向 H、V、W 面投影时，其投影 ab 和 cd、$a'b'$和 $c'd'$、$a''b''$和 $c''d''$的交点 k、k'、k''必是交点 K 的三面投影。

【例 2-2-8】 直线 AB 与 CD 在 V 面上和 H 面上的同名（面）投影相交，如图 2-2-19（a）所示，试判断此两直线在空间是否相交。

解：

求出侧面投影，虽然 $a''b''$与 $c''d''$相交，但交点不满足点的投影规律，如图 2-2-19（b）所示，故 AB 与 CD 两直线在空间不相交。

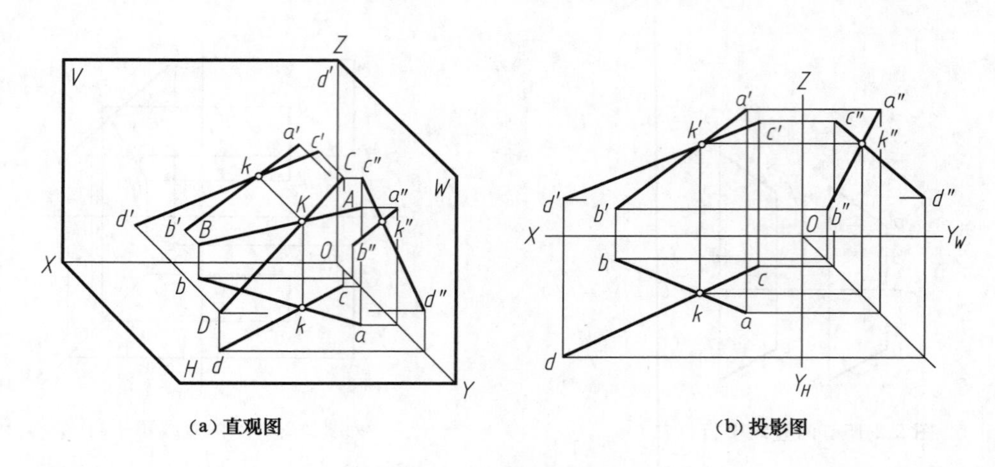

(a) 直观图 (b) 投影图

图 2-2-18 两直线相交

（3）两直线交叉

在空间既不平行也不相交的两直线称为交叉直线。交叉两直线的投影不具备平行或相交两直线的投影特性。

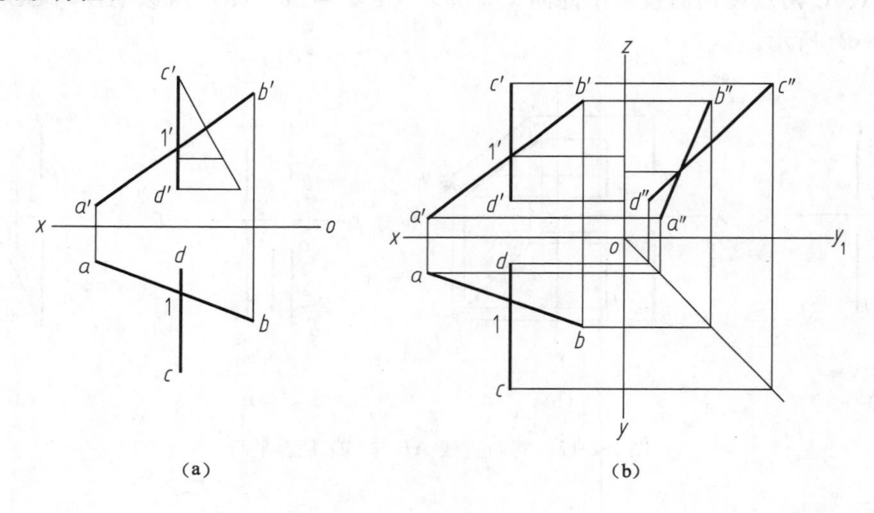

(a) (b)

图 2-2-19 两直线不相交

交叉两直线的所有同面投影可能都相交，如图 2-2-20 所示，但它们的交点不符合点的投影规律。此时，两直线投影的交点实际上是两直线上对投影面的重影点。交叉两直线可能有一个或两个投影平行，如图 2-2-21 所示，但不会有 3 个同面投影平行。

下面是对交叉两直线中重影点的分析。

如图 2-2-20 所示，水平投影 ab 和 cd 的交点 1（2），其实是 AB 直线上的Ⅰ点与 CD 直线上的Ⅱ点对 H 面的重影点。同理，3′(4′) 是 CD 直线上的Ⅲ点与 AB 直线上的Ⅳ点对 V 面的重影点。根据重影点的可见性的判断方法可知，水平投影中，位于 AB 线上的Ⅰ点可见，而位于 CD 线上的Ⅱ点不可见。正面投影中，位于 CD 线上的Ⅲ点可见，而位于 AB 线上的Ⅳ点不可见。对交叉直线重影点的可见性的判断有助于空间想象。

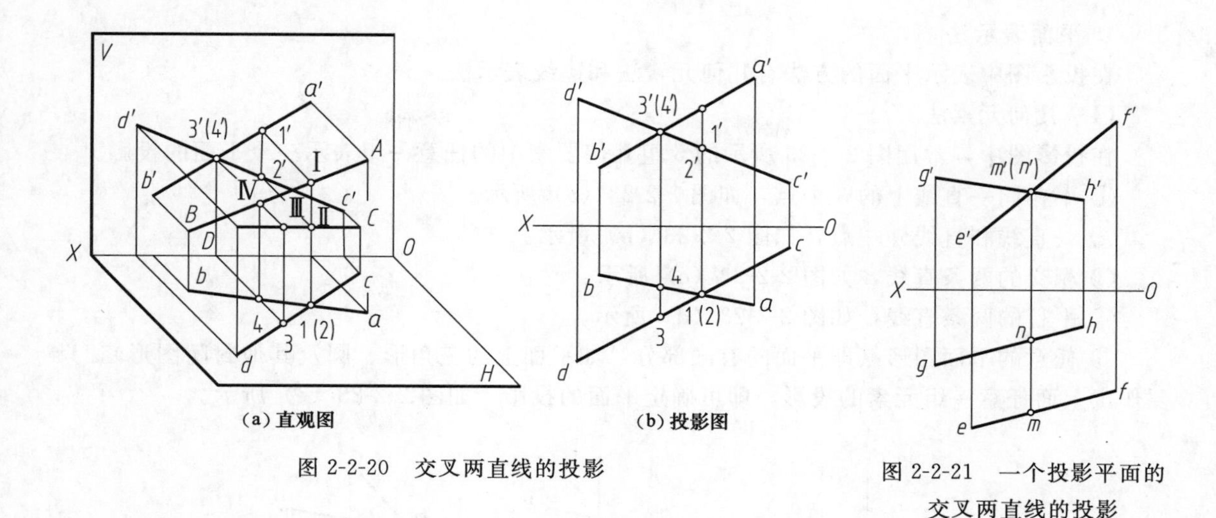

(a) 直观图　　(b) 投影图

图 2-2-20　交叉两直线的投影

图 2-2-21　一个投影平面的交叉两直线的投影

三、平面的投影

图 2-2-22 所示为物体的三视图，每个视图都是构成物体的所有表面的投影集合。物体的表面在视图中或是一个线框、或是一条线段。三视图就是遵循三面投影规律通过表达构成物体各表面的形状、彼此的相对位置来反映物体空间形状的。因此了解平面的投影特性，解决属于平面的点和直线的投影有助于建立空间想象能力，更好地识读和绘制三视图。

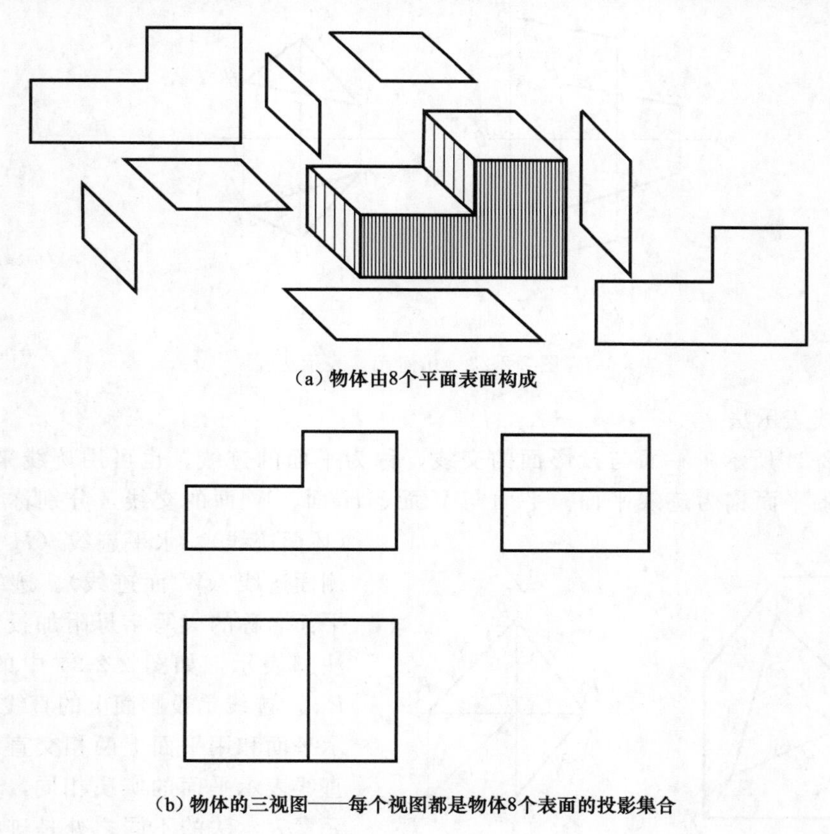
(a) 物体由8个平面表面构成

(b) 物体的三视图——每个视图都是物体8个表面的投影集合

图 2-2-22　物体表面的投影和物体三视图作图的关系

1. 平面表示法

在投影图中表示平面的方法有几何元素法和迹线表示法。

(1) 几何元素法

在投影图中，常用图 2-2-23 所示的 5 组几何要素中的任意一组表示一个平面的投影。

① 不在同一直线上的 3 个点，如图 2-2-23 (a) 所示。

② 一直线和直线外一点，如图 2-2-23 (b) 所示。

③ 相交的两条直线，如图 2-2-23 (c) 所示。

④ 平行的两条直线，如图 2-2-23 (d) 所示。

⑤ 任意的平面图形（即平面的有限部分，如平面上的三角形、圆及其他封闭图形），只要作出上面任意一组元素的投影，即可确定平面的投影，如图 2-2-23 (e) 所示。

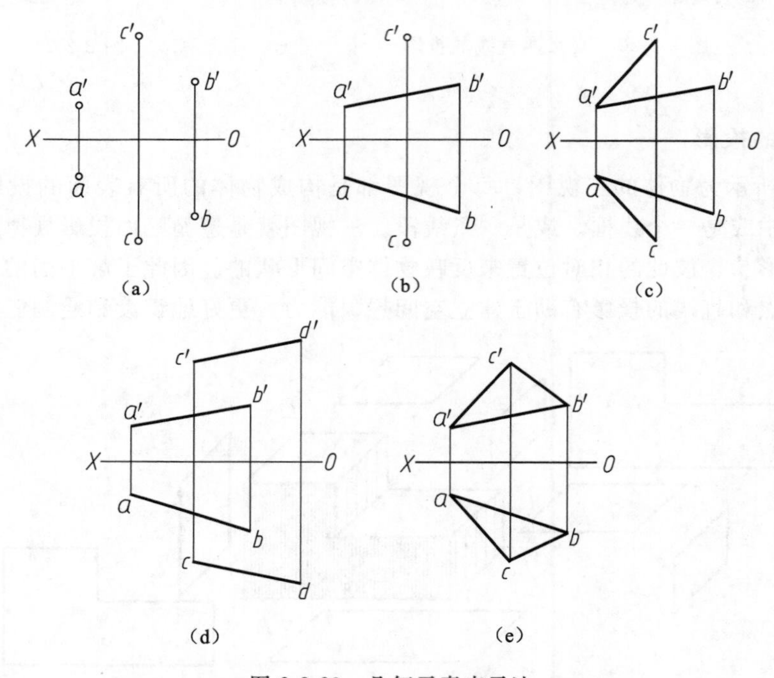

图 2-2-23 几何元素表示法

(2) 迹线表示法

如图 2-2-24 所示，平面与投影面的交线，称为平面的迹线，也可用迹线来表示平面。用迹线表示的平面称为迹线平面。平面与 V 面、H 面、W 面的交线，分别称为正面迹线（V 面迹线）、水平迹线（H 面迹线）和侧面迹线（W 面迹线）。迹线的符号用平面名称的大写字母附加投影面名称的注脚表示，如图 2-2-24 中的 P_V、P_H、P_W。迹线是投影面上的直线，用迹线表示平面和用平面上两相交直线或两平行直线表示平面的实质相同，而它与几何元素表示法的不同之处是迹线平面只画出与迹线本身重合的一个投影，而另外

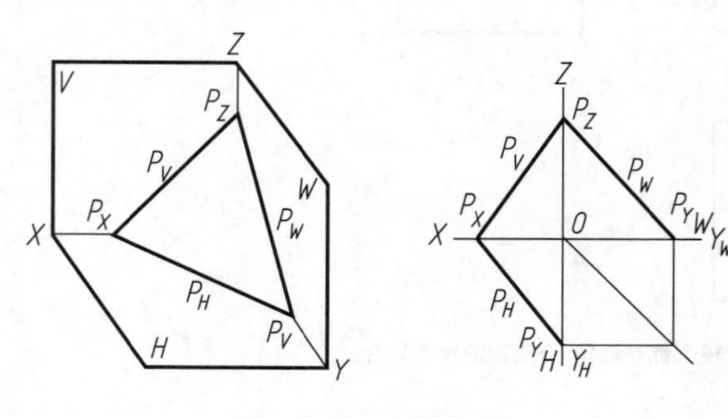

图 2-2-24 迹线表示法

投影在投影轴上就不用画出。例如，水平迹线 P_H 的正面投影和正面迹线 P_V 的水平投影均在 X 轴上，但都不画出。

2. 各种位置平面的投影特性

平面在三面投影体系中与三投影面的相对位置也有3种：

（1）投影面平行面。平行于一个投影面同时必垂直于另外两个投影面的平面称为投影面平行面。对不同的投影面，平行面分为水平面（平行于 H 面）、正平面（平行于 V 面）及侧平面（平行于 W 面）3种，如表2-2-2所示。

表 2-2-2　投影面平行面的投影特性

名称	轴测图	投影图及其特性	
		用平面图形表示	用迹线表示
水平面	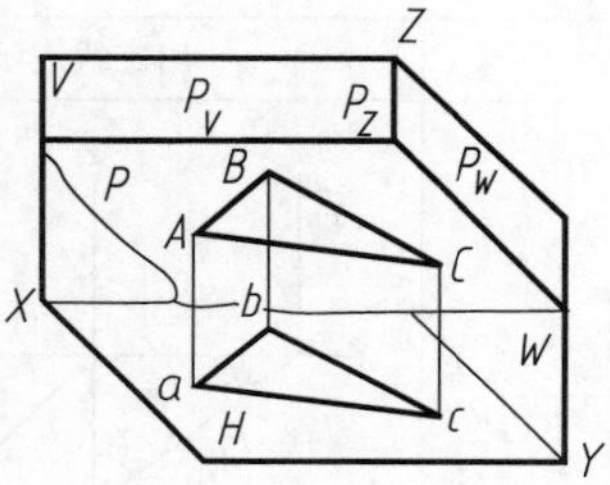 Z V P_V P_Z P B P_W A C X b W a H c Y	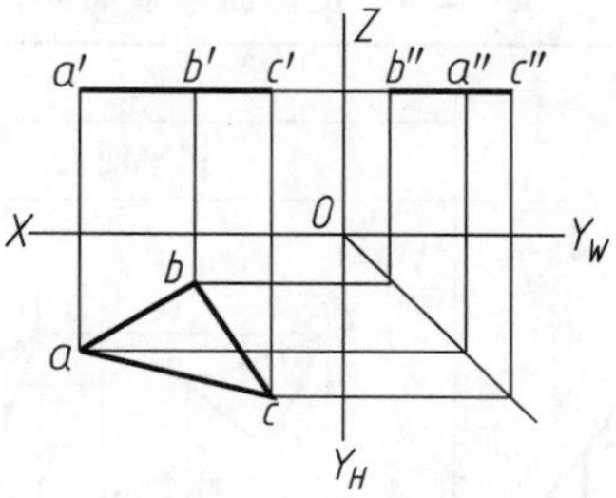 a′ b′ c′ Z b″ a″ c″ X O Y_W b a c Y_H 水平投影反映实形；正面投影和侧面投影有积聚性，且分别平行 OX、OY_W	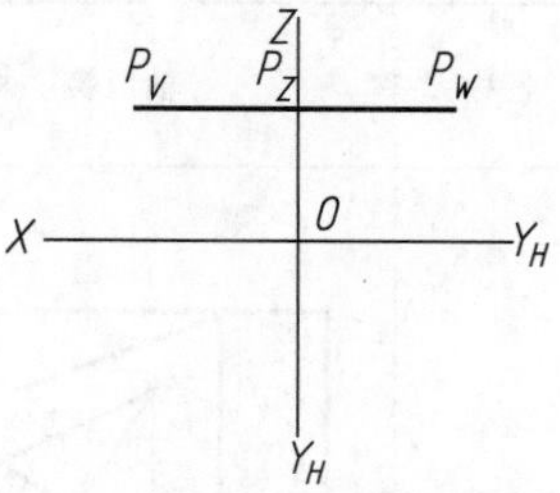 P_V Z P_Z P_W X O Y_H Y_H P_V 与 P_W 有积聚性，且分别平行 OX、OY_W；无水平迹线 P_H
正平面	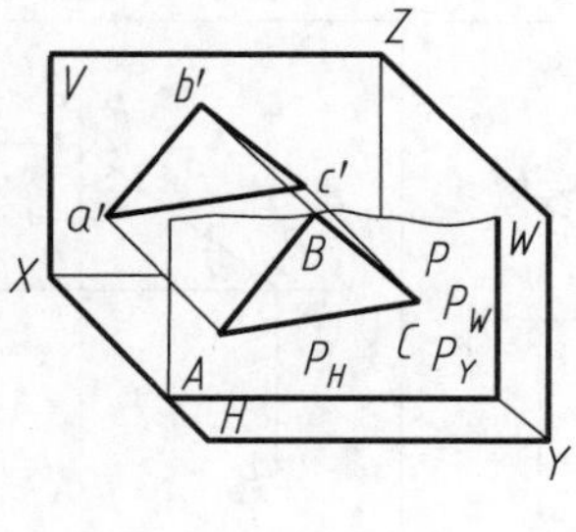 Z V b′ c′ a′ X B P W P_W C P_Y P_H A H Y	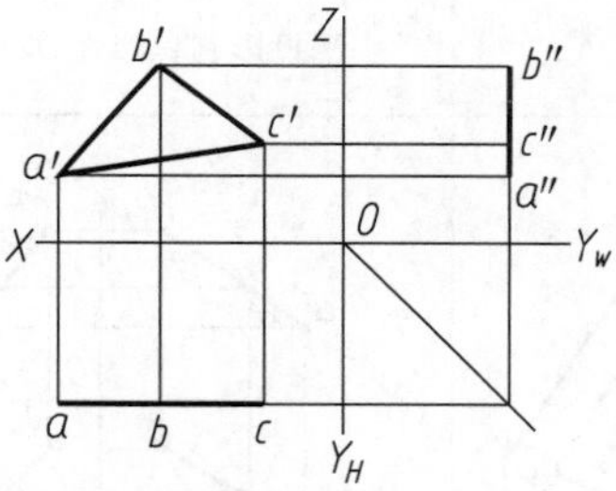 b′ Z b″ c′ c″ a′ a″ X O Y_W a b c Y_H 正面投影反映实形；水平投影和侧面投影有积聚性，且分别平行 OX、OZ	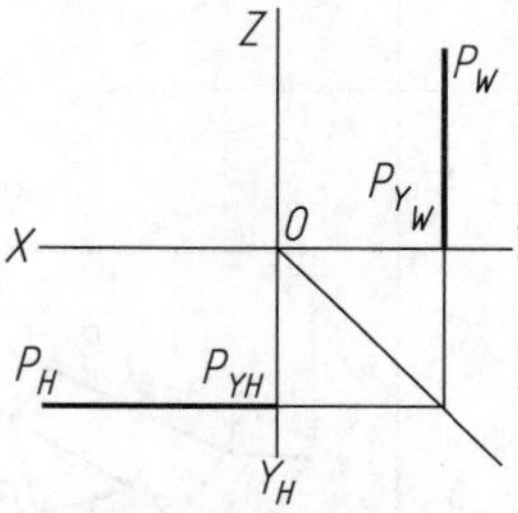 Z P_W P_{YW} X O Y_W P_H P_{YH} Y_H P_H 与 P_W 有积聚性，且分别平行 OX、OZ；无正面迹线 P_V
侧平面	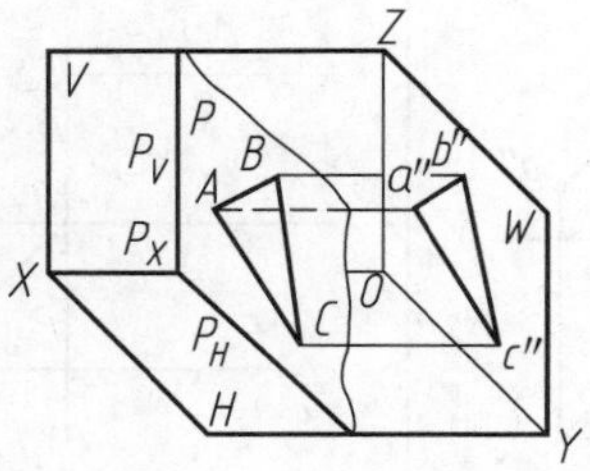 Z V P P_V B b″ A a″ W P_X X O C P_H c″ H Y	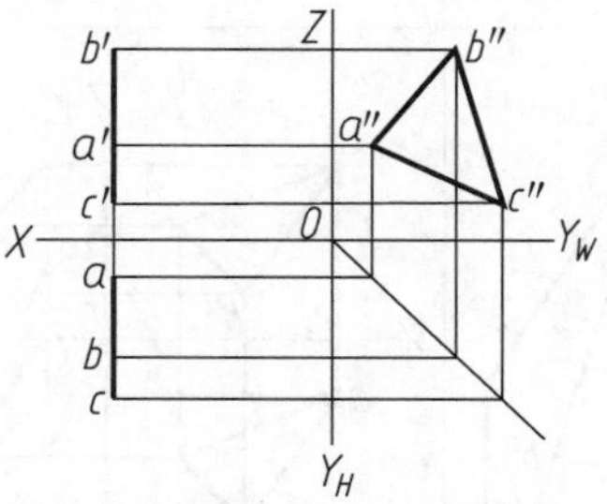 b′ Z b″ a″ a′ c′ c″ X O Y_W a b c Y_H 侧面投影反映实形；水平投影和正面投影有积聚性，且分别平行 OY_H、OZ	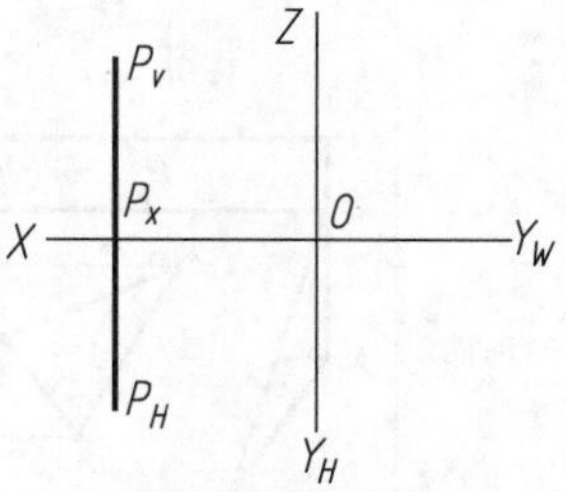 Z P_V P_X X O Y_W P_H Y_H P_H 和 P_V 有积聚性，且分别平行 OY_H、OZ；无侧面迹线 P_W

现以水平面为例，分析其投影特性。

如表 2-2-2 中所示的水平面，它必然同时垂直于 V 面和 W 面，即 $\alpha=0°$、$\beta=90°$、$\gamma=90°$，图中$\triangle ABC$所表示的平面，在 H 面上的投影反映实形，即水平投影三角形 abc 与空间$\triangle ABC$相等。在 V 面和 W 面上的投影积聚成一条直线，分别平行于 X 轴和 Y 轴。

用迹线表示某投影面的平行面时，在所平行的投影面上无迹线，在所垂直的两个投影面上的迹线有积聚性，且平行于相应的投影轴，一般仅画出其中一条迹线，另一条迹线推导出来，故省略不画。

（2）投影面垂直面。平面垂直于一个投影面而对另外两个投影面倾斜，称为投影面垂直面。对不同的投影面，垂直面可分为铅垂面（垂直与 H 面）、正垂面（垂直于 V 面）及侧垂面（垂直于 W 面）3 种。如表 2-2-3 所示。

表 2-2-3 投影面垂直面的投影特性

名称	轴测图	投影图及其特性	
		用平面表示	用迹线表示
铅垂面	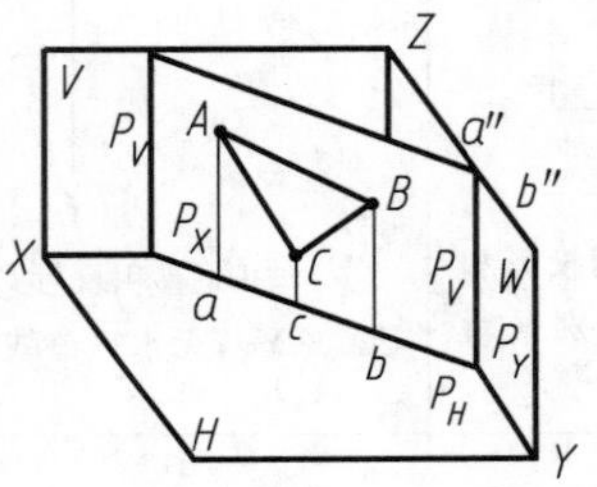	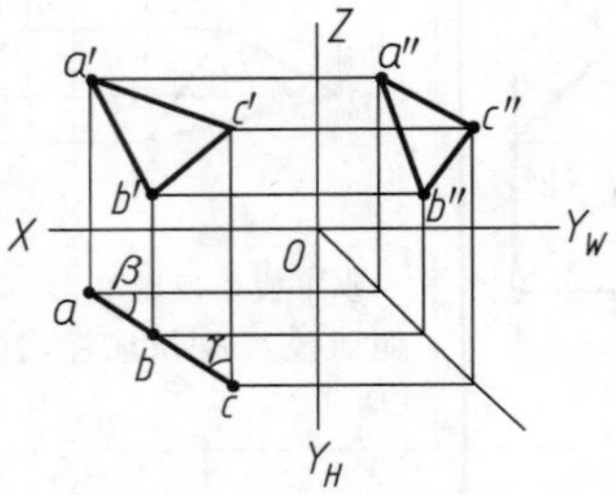 水平投影有积聚性，反映 β、γ 角	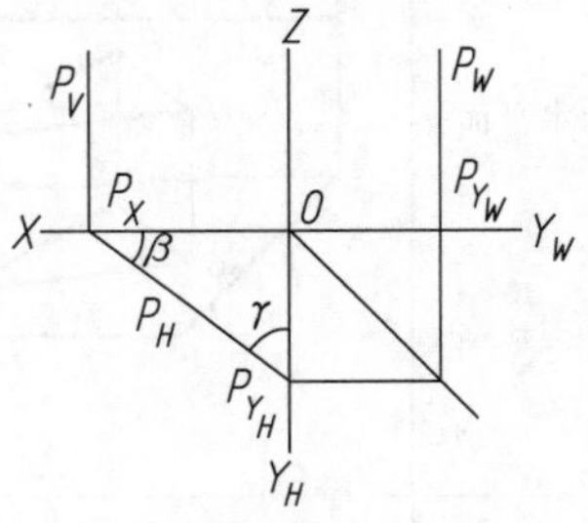 P_H有积聚性，反映 β、γ 角 $P_V \perp OX$；$P_W \perp OY_W$
正垂面	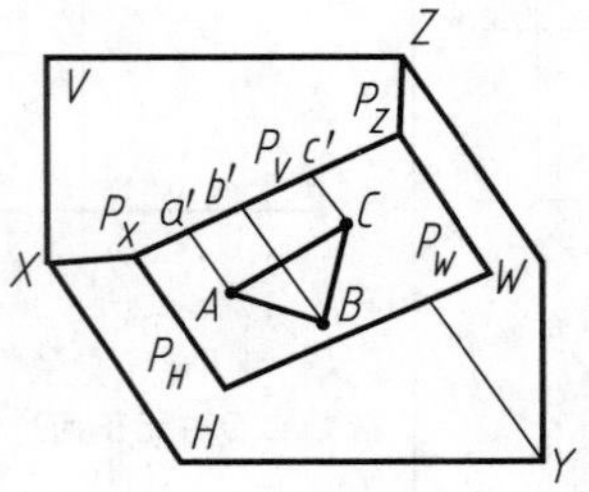	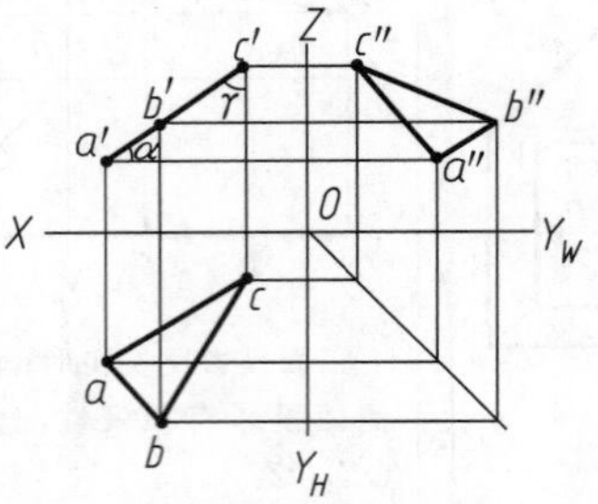 正面投影有积聚性，反映 α、γ 角	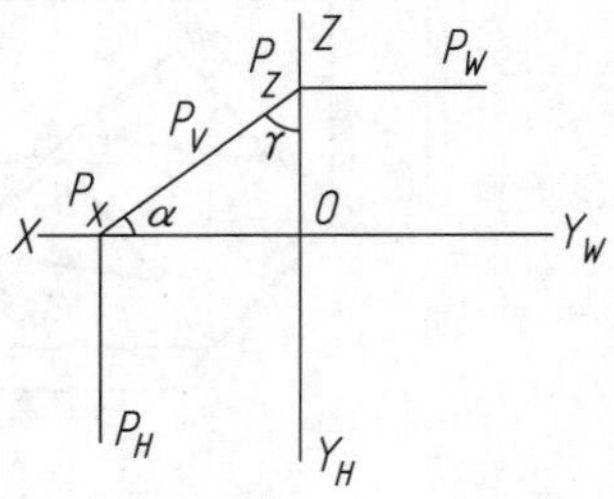 P_V有积聚性，反映 α、γ 角 $P_H \perp OX$；$P_W \perp OZ$
侧垂面	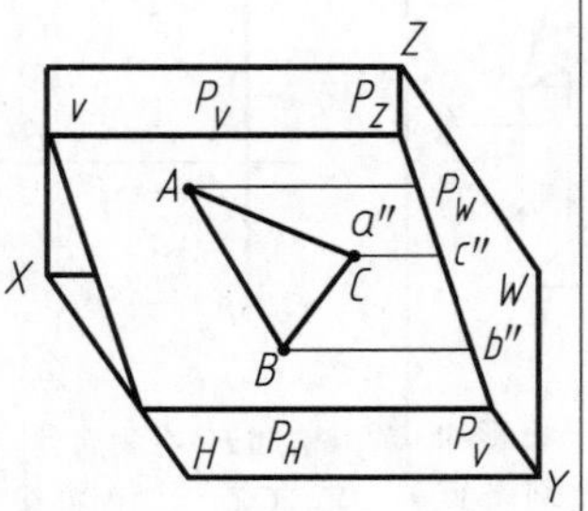	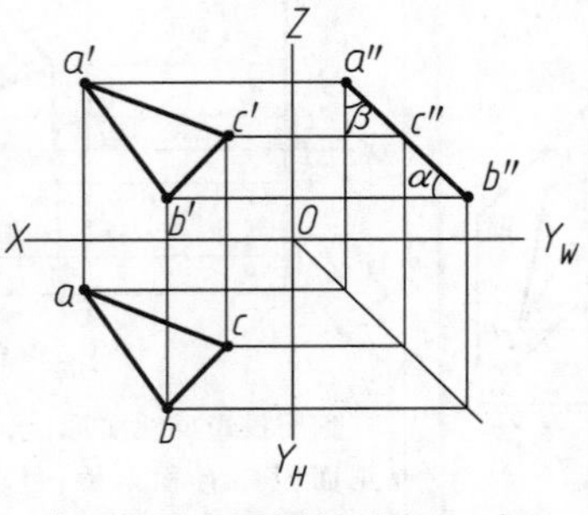 侧面投影有积聚性，反映 α、β 角	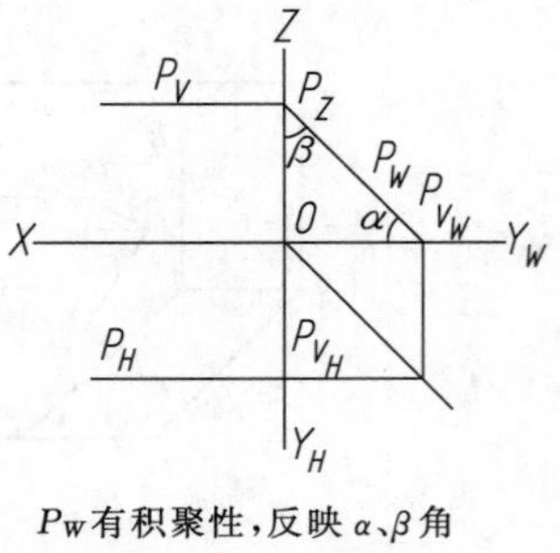 P_W有积聚性，反映 α、β 角 $P_H \perp OY_H$；$P_W \perp OZ$

（3）一般位置平面。一般位置平面 ABC 对各个投影面都处于倾斜的位置，所以各个投影面都不会积聚成直线，也不反映出实形以及平面对投影面倾斜角度的真实大小，各个投影都是空间原图形的类似形。在物体的投影中，常用几何元素表示物体的面，如图 2-2-25 所示。

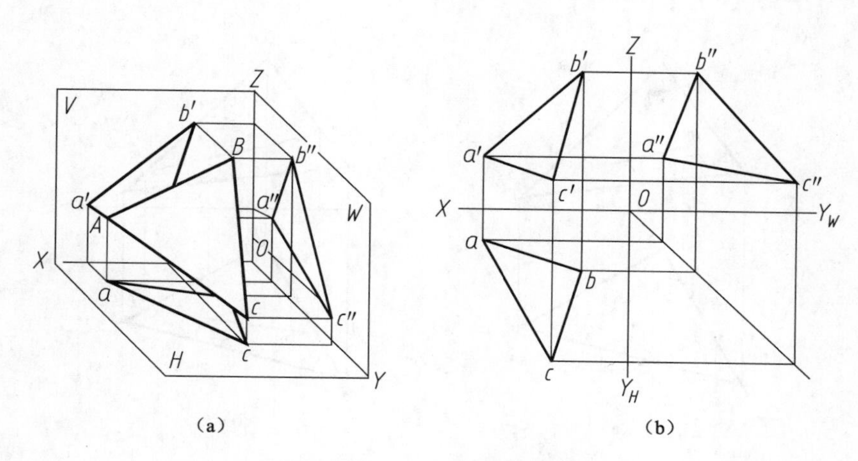

图 2-2-25　一般位置平面

3. 平面上的直线和点

（1）平面上的直线

由立体几何可知，直线在平面内的条件是，直线通过平面内的两点或通过平面内的一点并平行于平面内的另一条直线。所以，若要在平面内取直线，必须先在平面内的已知直线上取点。

如图 2-2-26 所示，平面 P 由相交两直线 AB 和 BC 所决定。在 AB 和 BC 线上各取一点 D 和 E，则 D、E 两点必在平面 P 内，因此 D、E 连线也必在平面 P 内。

如图 2-2-27 所示，直线 AB 和 BC 在平面 P 内，若通过 BC 线上任意一点 E 作 EF 平行于 AB，则 EF 直线必在平面 P 内。

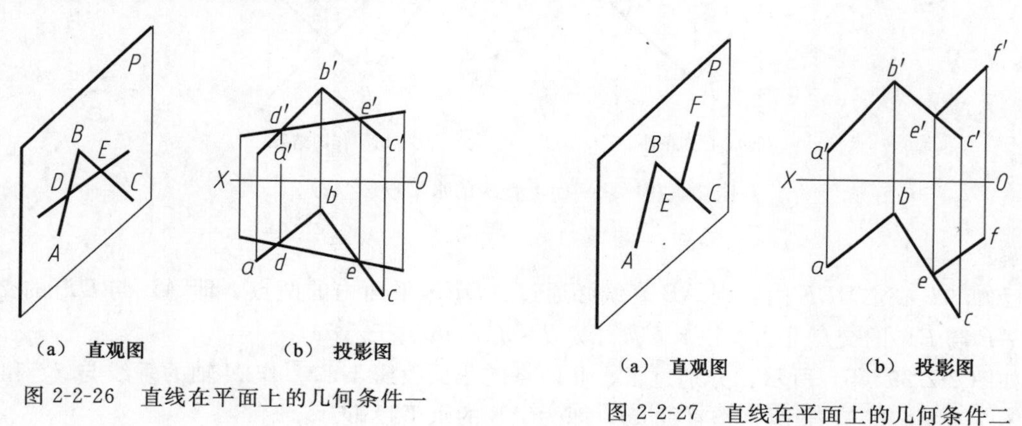

（a）直观图　（b）投影图

图 2-2-26　直线在平面上的几何条件一

（a）直观图　（b）投影图

图 2-2-27　直线在平面上的几何条件二

【例 2-2-9】 已知直线 MN 在△ABC 所决定的平面内，如图 2-2-28（a）所示，求作其水平投影。

分析：

由于直线在平面上，所以其必定通过平面上两点，故延长 MN 必与 AB、BC 相交于Ⅰ、

Ⅱ点，由于Ⅰ、Ⅱ是 AB、BC 上的点，可直接求出 MN 的水平投影。

解：

延长 $m'n'$，分别与 $a'b'$、$b'c'$ 交于 $1'$ 和 $2'$；应用直线上点的投影特性，求得Ⅰ、Ⅱ的水平投影 1 和 2；连接 1 和 2，再应用直线上点的投影特性，求出 m 和 n。

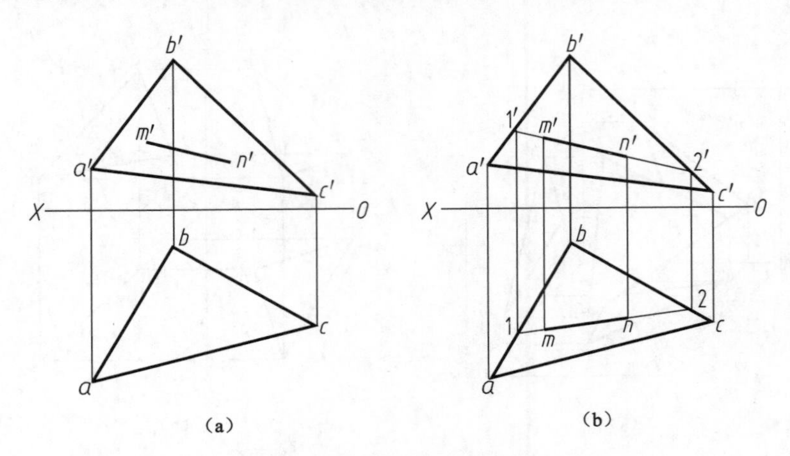

图 2-2-28　求平面内直线的水平投影（1）

【例 2-2-10】　如图 2-2-29（a）所示，已知直线段 AB 在△DEF 内，且其正面投影为 $a'b'$，求水平投影 ab。

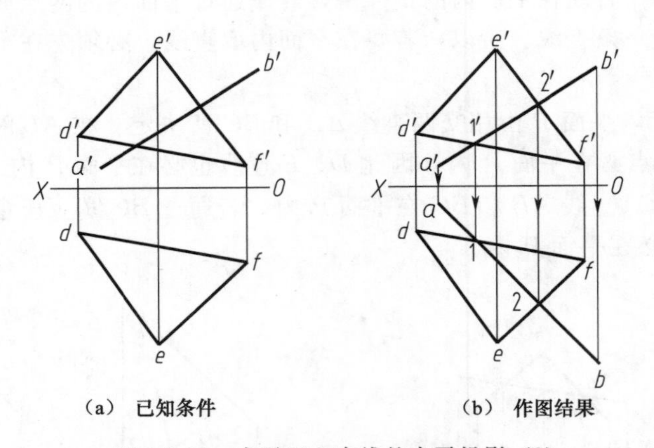

（a）已知条件　　　　（b）作图结果

图 2-2-29　求平面上直线的水平投影（2）

解：

已知 AB 在△DEF 内，则 AB 直线必通过△DEF 平面内的两点，即 AB 与 DF 的交点Ⅰ和 AB 与 EF 的交点Ⅱ。所以 $a'b'$ 属于△$d'e'f'$，ab 属于△def。

如图 2-2-29（b）所示，分别过Ⅰ、Ⅱ两点的正面投影 $1'$ 和 $2'$ 作 X 轴的垂线与 df 和 ef 相交于 1 和 2，过 1、2 两点作直线 ab，即为 AB 的水平投影。

（2）平面上的点

由立体几何可知，点在平面内的几何条件是，点必在平面内的一条直线上。所以，在平面内取点，可先在平面内取通过该点的一条线（辅助线），然后在该线上选取符合要求的点。

【例 2-2-11】　已知 K 点在△ABC 上，如图 2-2-30（a）所示，求点 K 的水平投影。

解：

在平面内过 K 点任作一条辅助线，点 K 的投影必在该直线的同面投影上。连接 $a'k'$ 并延长交 $b'c'$ 于 d'，求出 BC 上 D 点的水平投影 d；连接 ad，再利用直线上点的投影特性，求出 k。

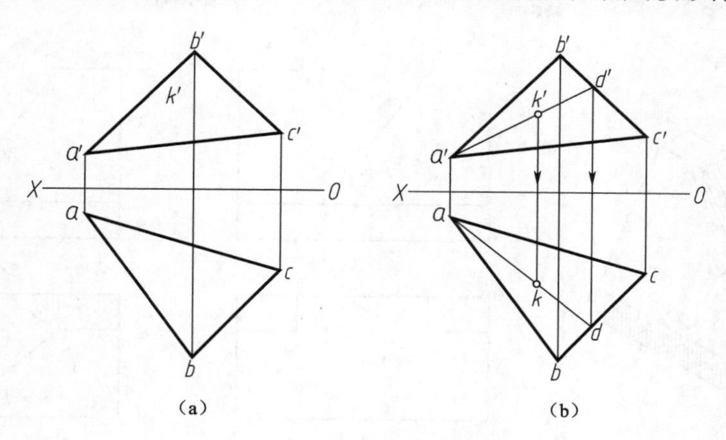

图 2-2-30　求平面上点的投影

【例 2-2-12】　已知平面五边形 $ABCDE$ 的正面投影和其中 AB、CB 两边的水平投影，且 $AB//CD$，如图 2-2-31（a）所示，试完成该五边形的水平投影。

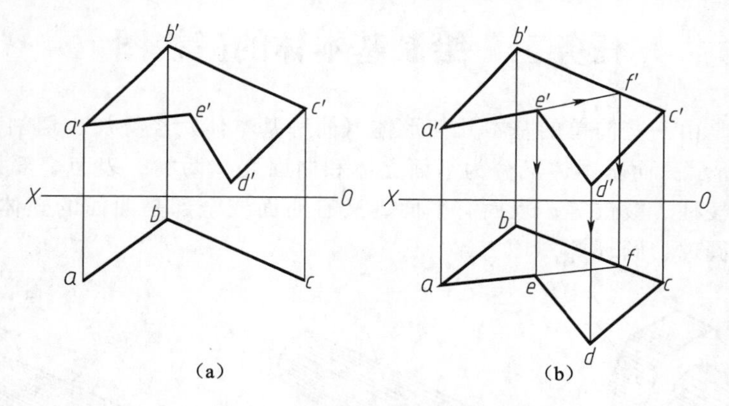

图 2-2-31　求五边形水平投影

解：

根据题意，五边形两条边 AB 和 CD 两投影都已知，所以该五边形平面的空间位置已经确定，E、D 两点应在五边形 $ABCDE$ 上，因而利用点在平面上的原理以及平面两直线的投影特性作出点的投影即可。

连接 $a'e'$ 并延长交 $b'c'$ 于 f'，根据 F 点在直线 BC 上，求得 F 点的水平投影 f；连接 af，根据 E 点在 AF 上，从而求得 E 的水平投影 e；作 $cd//ab$，并由 d' 得 d；依次连接 c、d、e、a 得平面图形 $ABCDE$ 的水平投影。

【例 2-2-13】　图 2-2-32 所示物体上开一 V 形槽，试确定斜面 P 上 A 点的水平投影，补全俯视图。

分析：

欲确定 A 点在 P 面上的位置，可通过 A 点在平面 P 上引一直线，则 A 点的水平投影 a 一定在该直线的水平投影上。

解：

延长 $b'a'$ 与 P 面的正面投影的一边交于 d'，由 d' 求得 d；连接 bd，由 a' 在 bd 上求得 a；连接 ab、ac，完成全图。

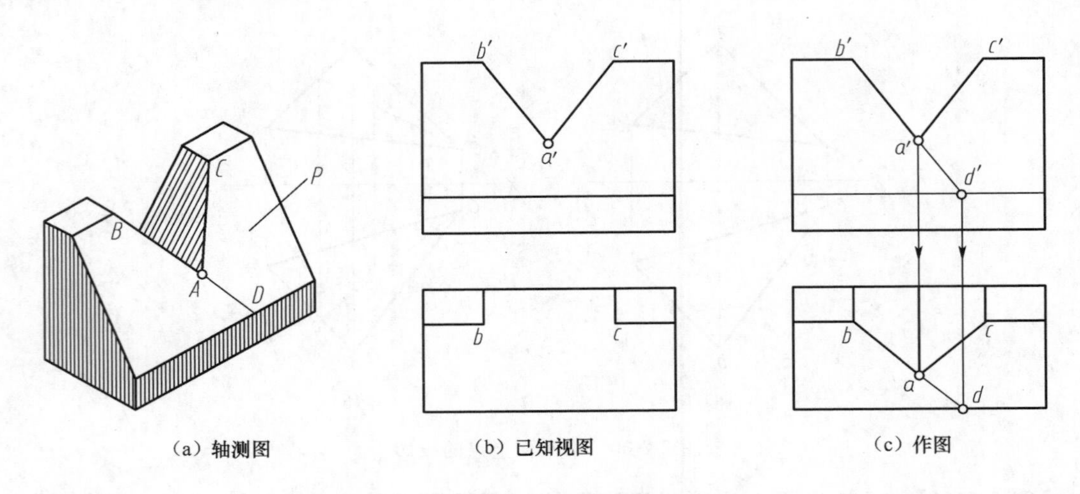

(a) 轴测图 (b) 已知视图 (c) 作图

图 2-2-32 补全 V 形槽的俯视图

任务三 绘制基本体的三视图

任何机件都是由一些简单的基本几何形体（简称基本体）经叠加、切割等方式组合而成的，如图 2-3-1 所示。而基本体又分为平面立体和曲面立体两类。表面全部是平面的立体称为平面立体，如棱柱、棱锥等；表面有平面、又有曲面或全部是曲面的立体称为曲面立体，如圆柱、圆锥、圆球、圆环等。

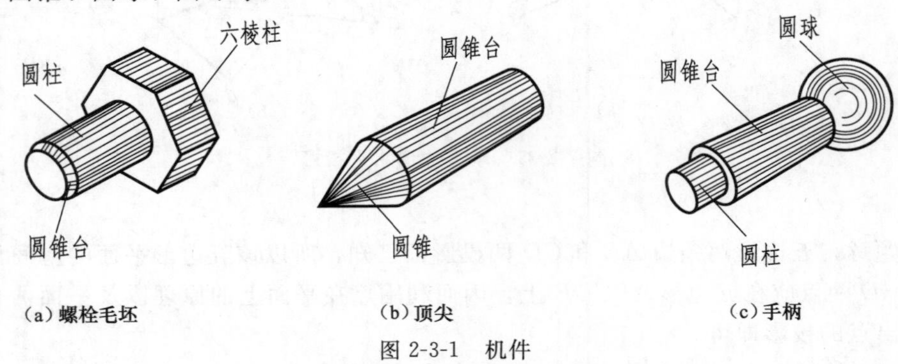

(a) 螺栓毛坯 (b) 顶尖 (c) 手柄

图 2-3-1 机件

任务目标

① 掌握五种常见基本体的三视图画法。

② 通过点线面分析，了解它们的投影特点。

任务内容与要求

① 用橡皮泥制作五种简单基本几何形体。如图 2-3-2 所示。

② 每一种形体选择合适的投影方向进行投影，画出它们的三视图，并分析投影特点。

③ 用 A4 图纸，尺寸自定。

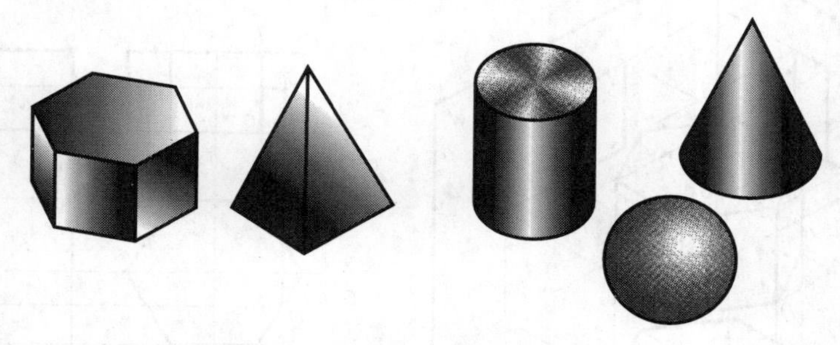

图 2-3-2 五种简单基本几何形体

相关知识

- 平面体的投影
- 回转体的投影

一、平面立体的投影

任何机件都是由一些简单的基本几何形体（简称基本体）经叠加、切割等方式组合而成的，如图 2-3-2 所示。而基本体又分为平面立体和曲面立体两类。表面全部是平面的立体称为平面立体，如棱柱、棱锥等；表面有平面、又有曲面或全部是曲面的立体称为曲面立体，如圆柱、圆锥、圆球、圆环等。

平面立体的表面是若干个多边形，其面与面的交线称为棱线，棱线与棱线的交点称为顶点。绘制平面立体图的投影，可归结为绘制各多边形表面的投影，也就是绘制它的所有棱线及各顶点的投影。常用的平面立体有棱柱和棱锥（包括棱台）。

1. 棱柱的投影

棱柱由两个底面和若干个侧面围成，两个底面是相互平行的多边形，侧面为平行四边形，相邻两侧面的交线称为棱线，棱线相互平行。当棱线与底面倾斜时，称为斜棱柱，当棱线与两底面垂直时，称为直棱柱。在直棱柱中，如果底面为正多边形，则形成的棱柱称为正棱柱。本章只研究正棱柱的投影。

（1） 正棱柱的投影

以正六棱柱为例，分析正棱柱的形体特征。如图 2-3-3（a）所示，正六棱柱的顶面和底面为两个形状、大小完全相同的互相平行的正六边形（称为特征平面），其余 6 个侧面均为矩形，且垂直于顶面和底面。

下面分析正六棱柱的投影特征。如图 2-3-3（a）所示，正六棱柱的上、下底面为水平面，其水平投影为正六边形，反映实形，它们的正面和侧面投影均积聚为一直线段。前、后侧面为正平面，其余 4 个侧面为铅垂面，6 个侧面和 6 条侧棱的水平投影分别积聚在六边形的 6 条边和 6 个顶点上。前、后侧面的正面投影反映实形，侧面投影积聚为两直线段。其余 4 个侧面的正面和侧面投影均为矩形的类似形。各侧棱的正面和侧面投影分别与矩形的边重合。画棱柱三视图时，应先画特征视图，然后再画另两视图（矩形）。

可见正棱柱投影的共同特点是在特征面平行的投影面上的投影为多边形，反映特征面实形（称为特征视图），另两面投影均为一个或多个、可见与不可见矩形的组合。

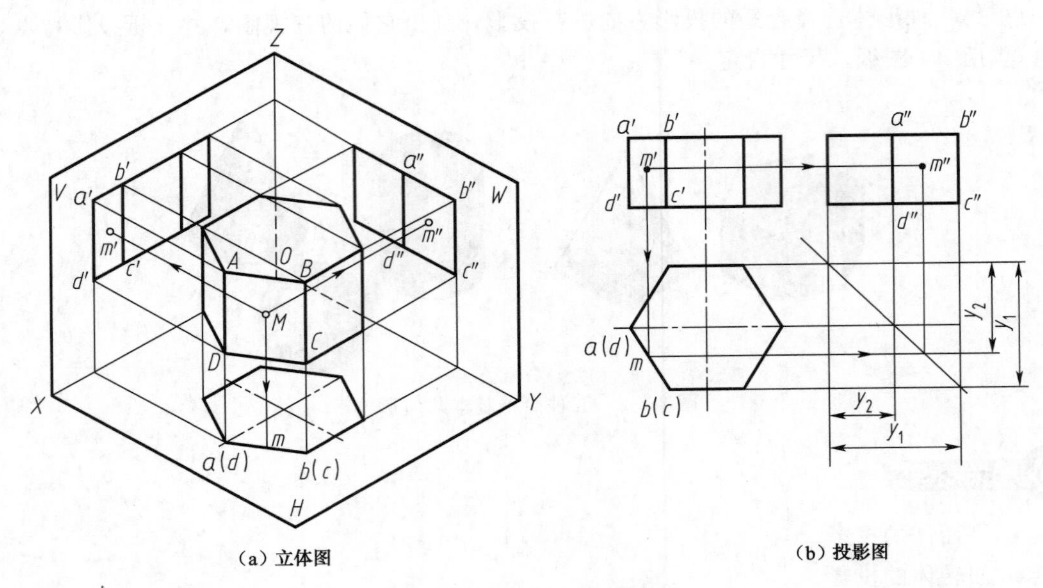

(a) 立体图　　(b) 投影图

图 2-3-3　正六棱柱的投影

(2) 棱柱表面上取点

在平面立体表面上取点，其原理和方法与平面上取点相同。如图 2-3-3（b）所示，正六棱柱的各个表面都处于特殊位置，因此在表面上取点可利用积聚性作图。已知正六棱柱表面上点 M 的正面投影 m'，要求画出其他两面投影 m 和 m''。由于该侧面的水平投影 $abcd$ 有积聚性，因此点 M 的水平投影 m 必在 $abcd$ 上，求出 m 后，再根据 m'、m 求得 m''。因点 M 所在的表面 $ABCD$ 的侧面投影可见，故 m''可见。

2. 正棱锥的投影

棱锥由一个底面多边形和若干个侧面三角形围成，相邻两侧面的交线称为棱线，各侧棱线均过锥顶。当底面为正多边形时，形成的棱锥称为正棱锥。

(1) 正三棱锥的投影

以正三棱锥为例，分析正三棱锥的形体特征。如图 2-3-4（a）所示，正三棱锥底面为等边三角形，3 个侧面均为过锥顶的等腰三角形。

下面分析正三棱锥的投影特征。如图 2-3-4（a）所示，正三棱锥的底面△ABC 为水平面，其水平投影△abc 为等边三角形，反映实形，正面和侧面投影都积聚为一水平线段。侧面△SAC 是侧垂面，侧面投影积聚为一直线段，水平和正面投影都是类似形。侧面△SAB 和△SBC 是一般位置平面，三面投影均为类似形，如图 2-3-4（b）所示。棱线的投影，可按同样方法进行分析。

画棱锥三视图时，一般先画底面各投影（先画底面反映实形的投影，后画底面积聚性投影），再画出锥顶点各投影，然后连接各棱线并区分可见性。

可见，正棱锥投影的共同特点是在底面所平行的投影面上的投影为多边形，反映底面实形，它由数个具有公共交点的三角形组合而成，另两面投影为一个或多个、可见与不可见的具有公共顶点的三角形的组合。

(2) 棱锥表面上点的投影

凡属于特殊位置表面上的点，均可利用投影的积聚性直接求得其投影；而属于一般位置

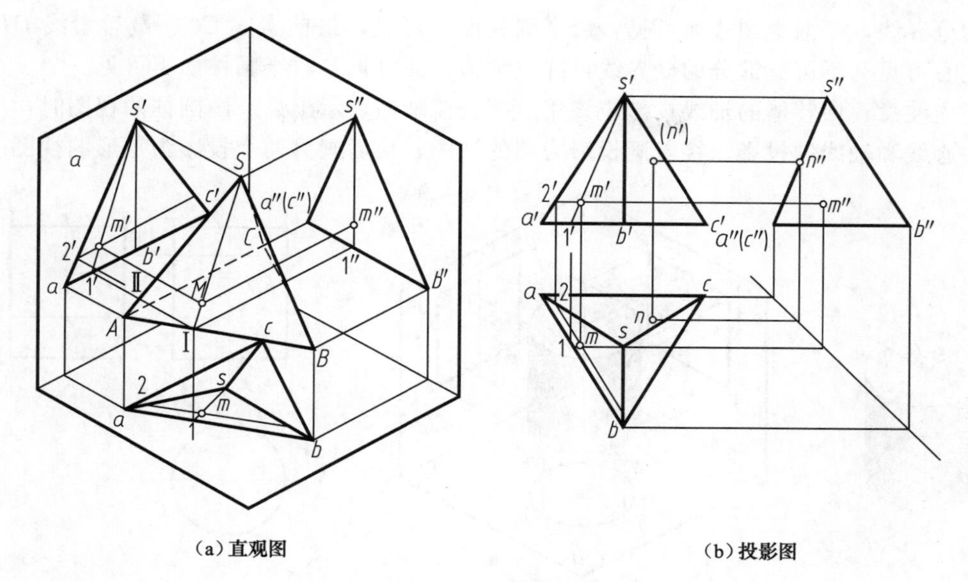

(a) 直观图　　　　(b) 投影图

图 2-3-4　正三棱锥的投影

表面上的点可通过在该面上作辅助线的方法求得其投影。

如图 2-3-4（b）所示，已知棱面 SAB 上点 M 的 V 面投影 m' 和棱面△SAC 上点 N 的 H 面投影 n，求作 M、N 两点的其余投影。

由于点 N 所在棱面△SAC 为侧垂面，可借助该平面在 W 面上的积聚投影求得 n''，再由 n 和 n'' 求得（n'）。由于点 N 所属棱面△SAC 的 V 面投影看不见，所以（n'）为不可见。点 M 所在平面△SAB 为一般位置平面，如图 2-3-4（a）所示，过锥顶 S 和点 M 引一直线 $S1$，作出 $S1$ 的相关投影，根据点在直线上的从属性质求得点的相应投影。具体作图时，过 m' 引 $s'1'$，由 $s'1'$ 求作 H 面投影 $s1$，再由 m' 引投影连线交于 $s1$ 上点 m，最后由 m 和 m' 求得 m''。

另一种作法是过点 M 引 MⅡ线平行于 AB，也可求得点 M 的 m 和 m''，具体作法如图 2-3-4所示。由于点 M 所属棱面△SAB 在 H 面和 W 面上的投影是可见的，所以点 m 和 m'' 也是可见的。

二、回转体的投影

工程上常见的曲面立体是回转体，它由回转面或回转面与平面组成。回转面是由一母线绕一固定轴线旋转一周而形成的曲面，母线在回转面上的任意位置称为素线。由于回转体的侧面是光滑曲面，所以绘制回转体视图时，只需要画出曲面对相应投影面可见与不可见部分的分界线的投影即可，这种分界线称为轮廓线。本节主要介绍常见的回转体——圆柱、圆锥、圆球等。

1. 圆柱的投影

（1）圆柱面的形成

圆柱面可看成是由一条直线绕与它平行的轴线回转而成，如图 2-3-5（a）所示。

（2）圆柱的投影

从图 2-3-5（b）可以看出，圆柱的水平投影是圆，是上下底圆面的水平投影，也是圆柱面的积聚性投影；其正面和侧面投影用决定其投影范围的轮廓表示视图，这样主视图、左视图都是矩形。在正面投影中，其中最左素线 AA、最右素线 BB 为圆柱面前后可见和不可见部分的分界线，即前半圆柱面可见，后半圆柱面不可见；最前素线 CC、最后素线 DD 是圆柱面左右可见和不可见部分的分界线，即左半圆柱面可见，右半圆柱面不可见。

还应注意，回转体的轴线投影应该用点画线清晰地表示出来。画圆柱的视图时，应先画圆的中心线和轴线的投影，接着画投影为圆的视图，最后画另两个投影为矩形的视图。

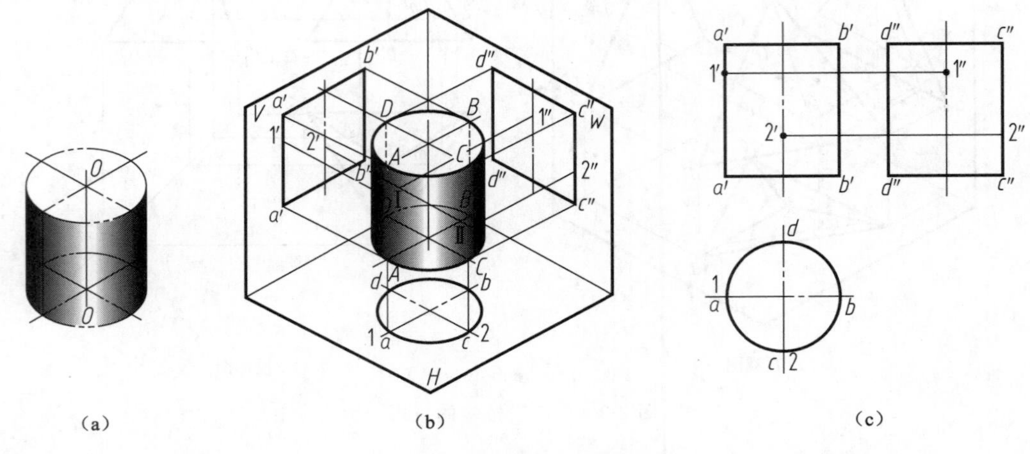

图 2-3-5 圆柱的形成和投影

(3) 圆柱面上取点

已知圆柱面上两点Ⅰ和Ⅱ的正面投影 $1'$ 和 $2'$，如图 2-3-6 所示，求作其余两投影。

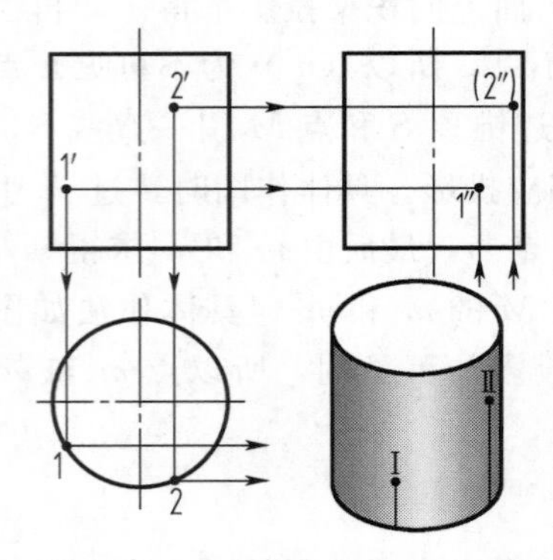

图 2-3-6 圆柱上取点的作图方法

由于圆柱面的水平投影积聚为圆，因此，利用积聚性可求出点的水平投影 1 和 2。再根据点的正面投影和水平投影，求得侧面投影 $1''$ 和 $2''$。由于点Ⅱ在圆柱面的右半部，其侧面投影不可见。

2. 圆锥的投影

(1) 圆锥面的形成

圆锥表面由圆锥面和底圆组成。圆锥面是一母线绕与它相交的轴线回转一周而形成，如图 2-3-7 (a) 所示。

(2) 圆锥的投影

图 2-3-7 (b) 所示为一轴线垂直于水平面的圆锥，底面为水平面，因此它的水平投影反映实形（圆），其正面和侧面投影积聚成一直线。对圆锥面要分别画出决定其投影范围的外形轮廓线，在正面投影中，其中最左素线 SA、最右素线 SB 为圆锥面前后可见和不可见部分的分界线，即前半圆锥面可见，后半圆锥面不可见；在侧面投影中，最前素线 SC、最后素线 SD 是圆锥面左右可见和不可见部分的分界线，即左半圆锥面可见，右半圆锥面不可见。

作图时，先画出轴线和对称中心线的各面投影，然后画出底面圆的三面投影及锥顶的投影，最后分别画出其外形轮廓线，即完成圆锥的各个投影，如图 2-3-7 (c) 所示。

(3) 圆锥表面上取点

确定圆锥表面上点的投影位置，常用的方法有辅助素线法和纬圆法。

① 辅助素线法。如图 2-3-8 (a) 所示，过锥顶 S 与点 K 作辅助素线 SG 的三面投影，再根据直线上点的投影规律，作出 k、k''，最后进行可见性判别。由 k' 的位置及可见性可

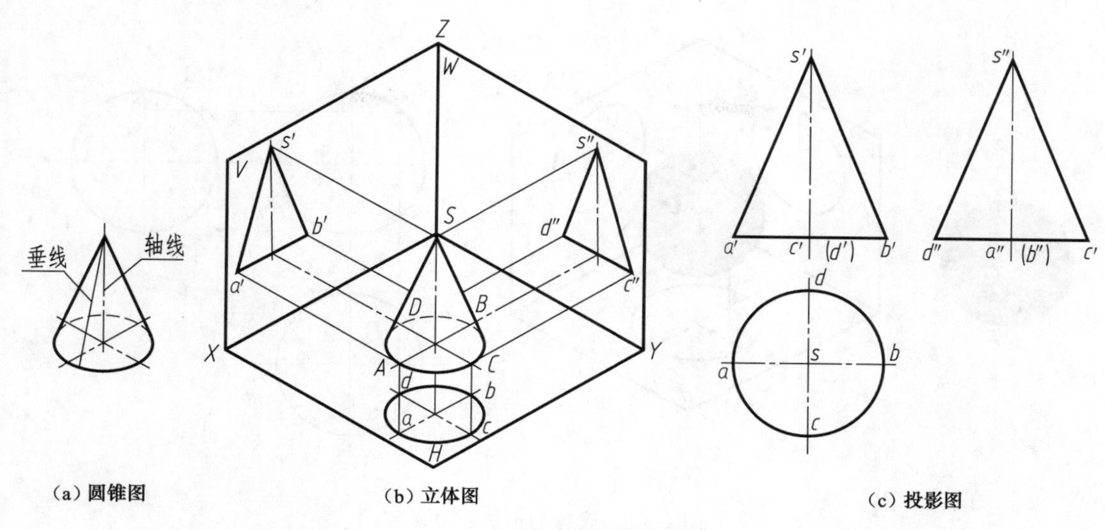

(a) 圆锥图　(b) 立体图　(c) 投影图

图 2-3-7　圆锥的投影

知，点 K 在右前半圆锥面上，所以 k 可见，k''不可见。

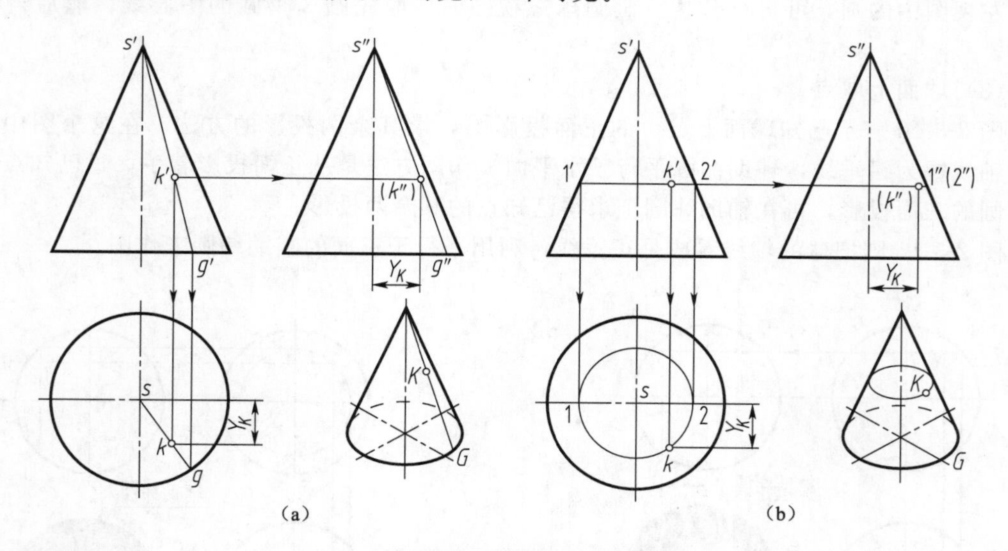

(a)　(b)

图 2-3-8　圆锥表面取点

② 纬圆法。如图 2-3-8（b）所示，过点 K 作平行于锥底的辅助纬圆的三面投影，即正面投影积聚为 $1'2'$，并反映辅助纬圆的直径。水平投影为一圆，侧面投影也积聚为直线。因为点 K 在辅助圆上，所以可根据辅助圆的三面投影求出点 K 的另两个投影。

3. 圆球的投影

（1）圆球面的形成

球的表面是球面。球面可以看成由半圆绕其直径回转一周而形成，如图 2-3-9（a）所示。

（2）圆球的投影

圆球的 3 个视图都是与圆球直径相等的圆，它们分别表示 3 个不同方向的球面的轮廓线的投影。如图 2-3-9（c）所示，主视图中的圆，表示前半球与后半球的分界线，是平行于 V

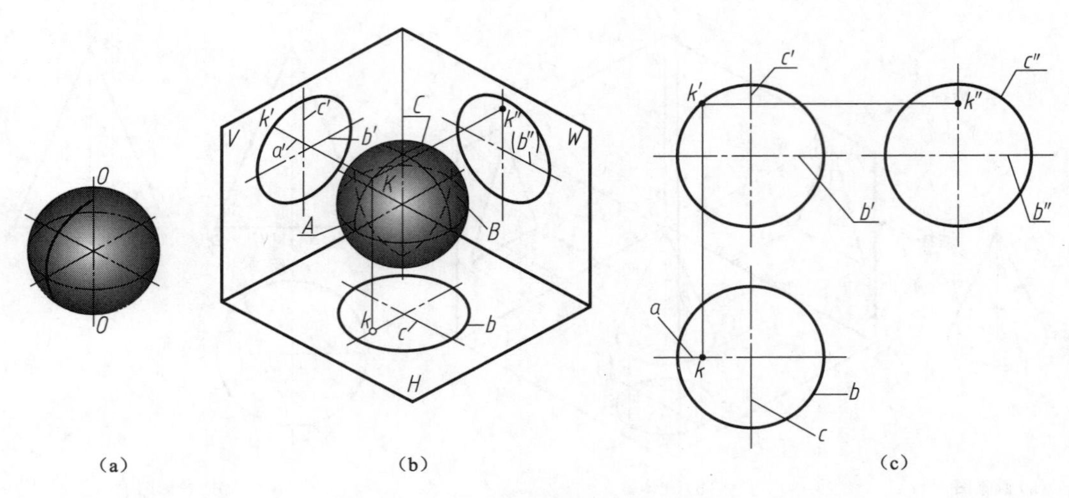

（a）　　（b）　　（c）

图 2-3-9　圆球的形成和投影

面的前后方向轮廓素线圆的投影，它在 H 和 W 面的投影与圆球的前后对称中心线重合。俯、左视图中的圆，可自行分析。画圆球三视图时，应先画 3 个圆的中心线，然后再分别画圆。

（3）球面上取点

图 2-3-10 表示已知球面上点 1 的正面投影 1′，求其余两投影的方法。在这个图中，把球的轴线视为铅垂线，辅助纬圆平行于水平面。作图方法是从正面投影着手，过已知点作辅助纬圆的三面投影，再在辅助纬圆上求得已知点的其余两投影。

图 2-3-11 则把球的轴线看成是正垂线，利用平行于正面的辅助纬圆来作图。

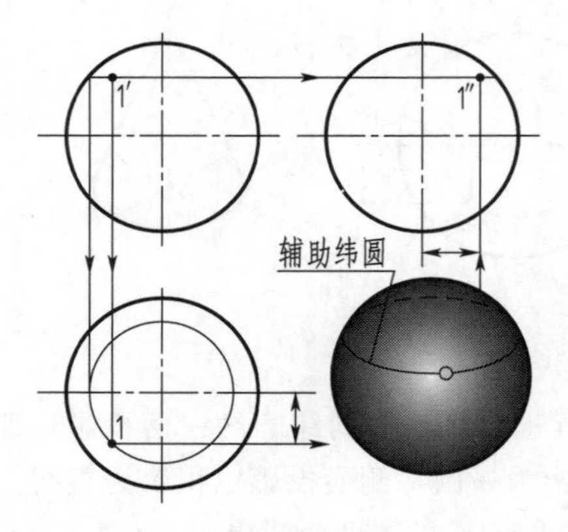

图 2-3-10　利用平行于水平面的辅助纬圆取点的作图方法

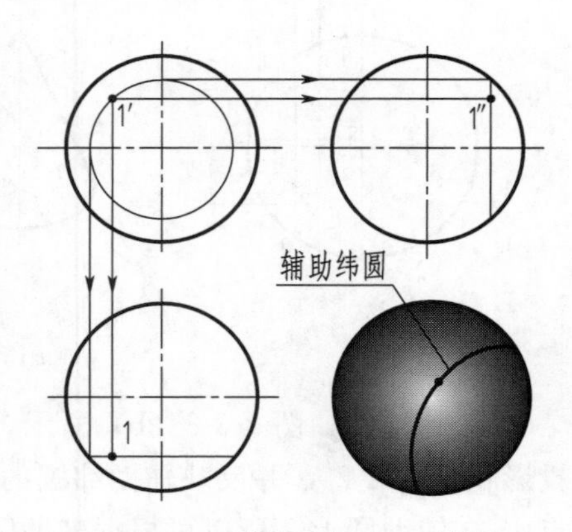

图 2-3-11　利用平行于正面的辅助纬圆取点的作图方法

任务指导

（1）准备足够的橡皮泥和小刀等工具。

（2）制作模型后，仔细研究各个基本几何形体从不同角度观察其三视图的投影特性。

（3）每个基本几何体任选一种投影角度绘制三视图，用 A4 图纸，自定尺寸。

任务四　绘制带切槽的基本体三视图

任务目标

① 了解常见基本体截交线的投影规律。
② 掌握常见基本体截交线的画法。
③ 了解相贯线的形成及特殊相贯线的投影特性。

任务内容与要求

① 用橡皮泥制作如图 2-4-1 所示带切槽的平面体和回转体。
② 选择合适的投影方向进行投影，能画出它们的三视图。
③ 要求学会如何分析图形，掌握作图步骤。
④ 通过练习册习题训练，掌握作图方法。

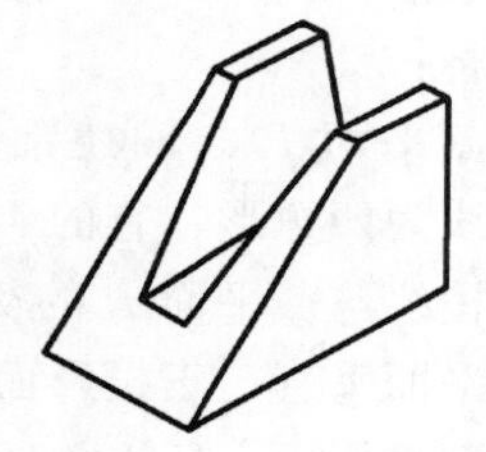

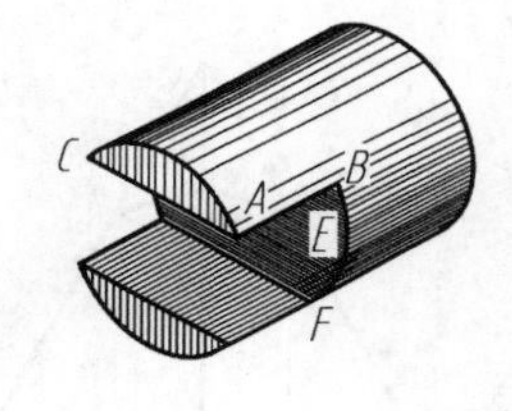

图 2-4-1　带切槽的平面体和圆转体

相关知识

- 切割体的投影
- 相贯体的投影

一、切割体的投影

基本体被平面切割后的部分称为切割体，如图 2-4-2 所示。截切基本体的平面称为截平面，截平面与立体表面的交线称为截交线，截交线所围成的平面图形称为截断面，如图 2-4-3 所示。下面详细介绍立体表面的截交线画法。

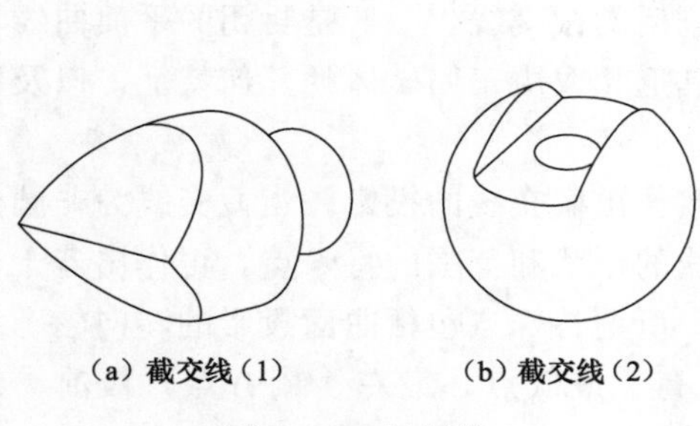

(a) 截交线(1)　(b) 截交线(2)

图 2-4-2　切割体

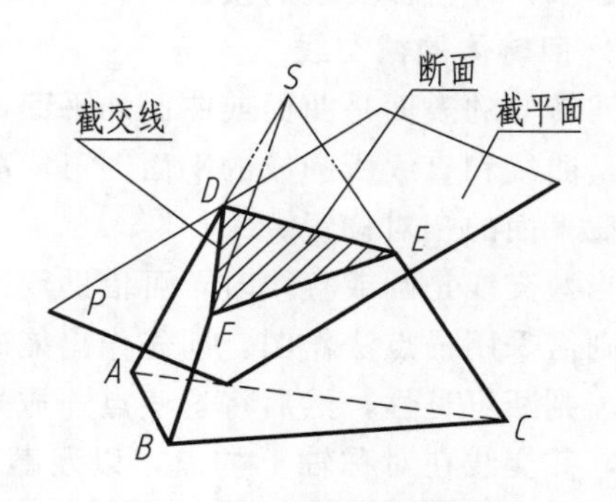

图 2-4-3　基本体的截交线

1. 截交线的性质

截交线的形状与基本体表面性质及截平面的位置有关，但一般截交线都具有以下性质：

（1）截交线既在截平面上，又在立体表面上，因此截交线是截平面与立体表面的共有线。截交线上的点是截平面与立体表面的共有点。

（2）由于立体表面是封闭的，因此截交线必定是封闭的线框，截断面是封闭的平面图形。

（3）截交线的形状取决于立体表面的形状和截平面与立体的相对位置。

由以上性质可以看出，求画截交线的实质就是要求出截平面与立体表面的一系列共有点，然后依次连接各点即可。

2. 平面立体的截交线求法

由于平面立体的表面都是由平面所组成的，所以它的截交线是由直线围成的封闭的平面多边形。多边形的各个顶点是截平面与平面立体的棱线或底边的交点，多边形的每一条边是平面立体表面与截平面的交线。因此，求平面立体切割后的投影，首先要求出平面立体的截交线投影，就是求出截平面与平面立体上被截各棱线或底边的交点的投影，然后依次相接。

【例 2-4-1】 试求正四棱锥被一正垂面 P 截切后的投影，如图 2-4-4 所示。

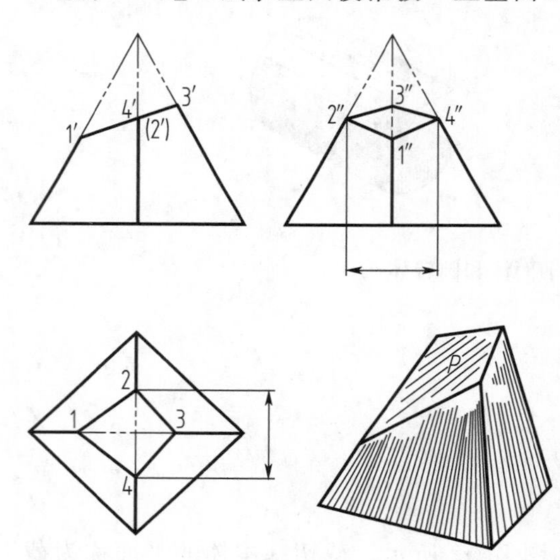

图 2-4-4 四棱锥被一正垂面截切

分析：

因截平面 P 与四棱锥 4 个棱面相交，所以截交线为四边形，它的 4 个顶点即为四棱锥的 4 条棱线与截平面 P 的交点。

截平面垂直于正投影面，而倾斜于侧投影面和水平投影面。所以，截交线的正投影积聚在 P' 上，而其侧投影和水平投影则具有类似形。

作图：

先画出完整正四棱锥的 3 个投影。

因截平面 P 的正投影具有积聚性，所以截交线四边形的 4 个顶点 A、B、C、D 的正投影 1′、2′、3′、4′可直接得出，据此即可在水平投影上和侧面投影上分别求出 1、2、3、4 和 1″、2″、3″、4″。将顶点的同面投影依次连接起来，即得截交线的投影。具体作图如图 2-4-4 所示。

3. 回转体的截交线

回转体的表面是曲面或曲面加平面，它们切割后的截交线，一般是封闭的平面曲线，也可能是曲线和直线所围成的平面图形或多边形。其形状取决于回转体的几何特征，以及回转体与截平面的相对位置。

当截交线是圆或直线时，可借助绘图仪器直接作出截交线的投影。当截交线为非圆曲线时，则需采用描点法作图。即先作出能确定截交线的形状和范围的特殊点，再作出若干个一般点，判断可见性，然后将这些点连成光滑曲线。所谓特殊点包括曲面投影的转向轮廓线上的点，截交线在对称轴上的点，以及截交线上最高、最低点，最左、最右点，最前、最后点等。

(1) 圆柱体的截交线

根据截平面与圆柱轴线的相对位置不同，圆柱被切割后其截交线有 3 种情况，如表 2-4-1所示。

表 2-4-1　圆柱切割后截交线的形状

截平面的位置	平行于轴线	垂直于轴线	倾斜于轴线
截交线的形状	矩形	圆	椭圆
立体图			
投影图			

当截平面与圆柱轴线平行时，其截交线为矩形（其中两对边为圆柱面的素线）；当截平面与圆柱轴线垂直相交时，其截交线为圆；当截平面与圆柱轴线倾斜相交时，其截交线为椭圆。

【例 2-4-2】 求一斜切圆柱的截交线的投影（见图 2-4-5）。

分析：

圆柱被正垂面 P 截切，由于截平面 P 与圆柱轴线倾斜，故所得的截交线是一椭圆，它既在截平面 P 上，又在圆柱回转表面上。因截平面 P 的正面投影有积聚性，故截交线的正面投影应与 P_V（迹线平面）重合。圆柱面的水平投影有积聚性，截交线的水平投影与圆柱面的水平投影重合。所以，只需要求出截交线的侧面投影。

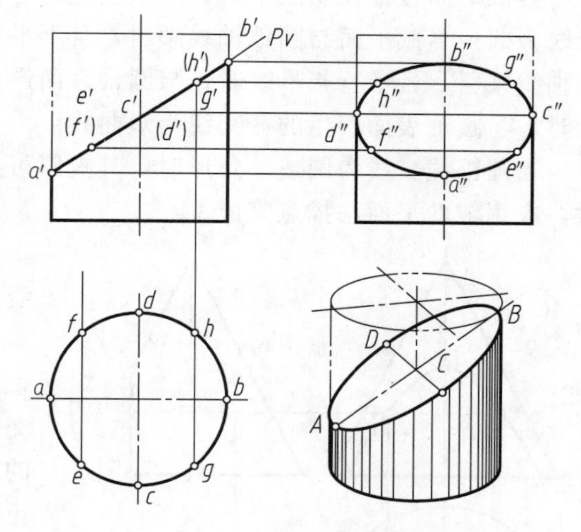

图 2-4-5　斜切圆柱截交线的投影

作图：

① 作截交线的特殊点。特殊点通常指截交线上一些能确定截交线形状和范围的特殊位置点，如最高、最低、最左、最右、最前和最后点，以及轮廓线上的点。对于椭圆首先应求出长短轴的 4 个端点。因长轴的端点 A、B 是椭圆的最低点和最高点，位于圆柱的最左、最右两条素线上；短轴两端点 C、D 是椭圆最前点和最后点，位于圆柱的最前、最后两条素线上。这 4 点在水平面上的投影分别是 a、b、c、d，在正面上的投影分别是 a'、b'、c'、d'。根据对应关系，可求出在侧面上的投影 a''、b''、c''、d''。求出了这些特殊点，就确定了椭圆的大致范围。

② 求一般点。为了准确地作出截交线，在特殊点之间还需求出适当数量的一般点。如

图 2-4-5 所示，在截交线的水平投影上，取对称于中心线的 4 点 e、f、g、h，按投影关系可找到其正面投影 e'、f'、g'、h'，再求出侧面投影 e''、f''、g''、h''。

③ 依次光滑连接各点，即可得截交线的侧面投影。

④ 检查分析，加深截切后圆柱的三面投影图。

(2) 圆锥体的截交线

截平面与圆锥体表面相交，其截交线有 5 种情况，如表 2-4-2 所示。

表 2-4-2　圆锥截交线的形状

截平面位置	通过锥顶	垂直于轴线	倾斜于轴线 ($\alpha>\phi$)	倾斜于轴线 ($\alpha=\phi$)	平行于轴线 ($\alpha<\phi$)($\alpha=0$)
截交线	等腰三角形	圆	椭圆	抛物线加直线段	双曲线加直线段
轴测图					
投影图					

当截平面过锥顶切圆锥时，其截交线为等腰三角形；当截平面与圆锥轴线垂直时，其截交线为圆；当截平面与圆锥轴线倾斜，且不平行于母线时，其截交线为椭圆；当截平面与圆锥轴线倾斜，且平行与母线时，与圆锥表面产生的截交线为抛物线；当截平面与圆锥轴线平行时，与圆锥表面产生的截交线为双曲线。

当圆锥截交线为圆或三角形时，其投影可直接画出。若截交线为椭圆、抛物线、双曲线时，应用辅助平面法描点完成。

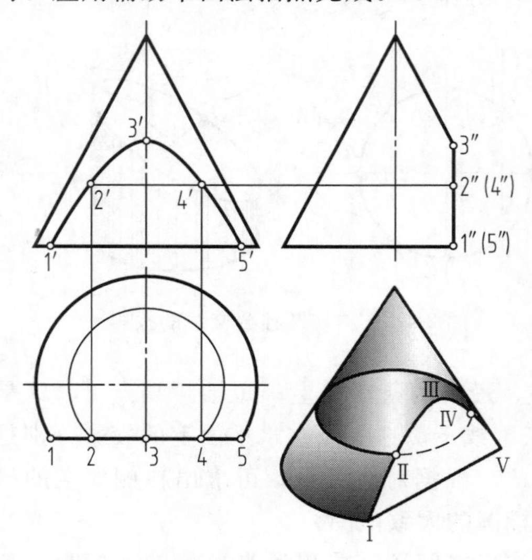

图 2-4-6　正平面截切圆锥

【例 2-4-3】 求作被正平面截切的圆锥截交线，如图 2-4-6 所示。

分析：

截平面为平行于圆锥轴线的正平面，其截交线是双曲线和直线围成的平面图形。截交线的水平投影和侧面投影都积聚为直线，只需求正面投影，正面投影反映双曲线实形。

作图：

① 求特殊点。点Ⅲ为最高点，位于最前素线上，点Ⅰ、Ⅴ为最低点，位于底圆上。可由其水平投影 3、1、5 及 3″、1″、5″求得其正面投影 3′、1′、5′。

② 求一般点。在截交线已知的侧面投影上适当取两点的投影 2″、4″，然后采用辅助圆法在

圆锥表面上取点，求得其水平投影 2、4 和正面投影 2′、4′。

③ 依次光滑连接各点 1′、2′、3′、4′、5′，即得双曲线的正面投影。

【例 2-4-4】 如图 2-4-7 所示，圆锥被正垂面截去左上端，作出截交线的水平投影和侧面投影。

分析：

因为截平面倾斜于圆锥的轴线，由表 2-4-2 可知，截交线是椭圆，且三面投影前后对称。其正面投影积聚成一直线。水平投影和侧面投影反应椭圆的类似形。断面椭圆的长轴是截平面与圆锥的前后对称面的交线，端点在最左、最右素线上；而短轴则是通过长轴中点的正垂线。

作图：

① 求特殊点。由图 2-4-7 可知，截平面和圆锥面最左、最右素线交点的正面投影 1′、2′，既是截交线的最左点和最右点，又是最低点和最高点的正面投影，由 1′、2′可作 1、2 和 1″、2″，它们也是椭圆长轴端点的三面投影。选取 1′、2′的中点，即为椭圆短轴有积聚性的投影，也是椭圆短轴端点的正面投影 3′、4′。3′、4′也是最前点和最后点的正面投影。过 3′、4′作辅助圆，作出该辅助水平圆的水平投影，采用表面取点的方法，即可由 3′、4′求得 3、4，再求得 3″、4″。

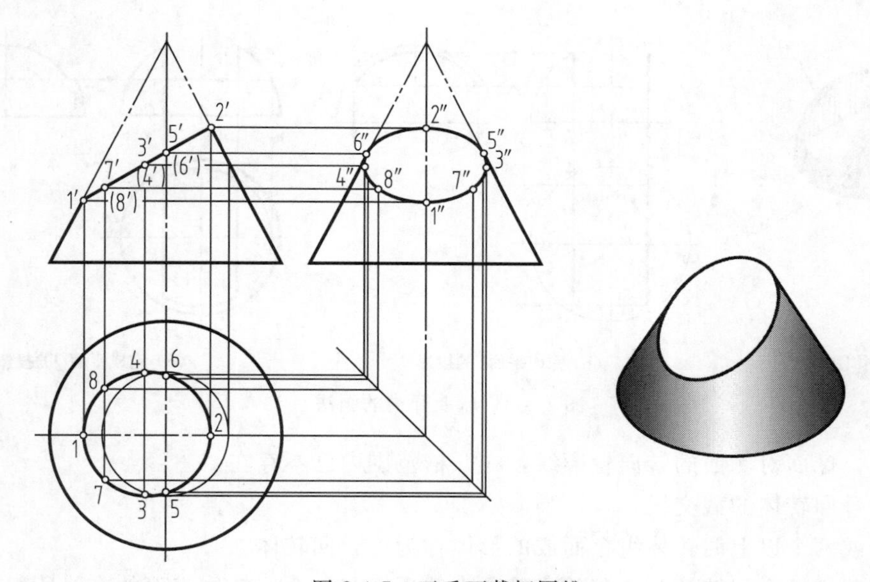

图 2-4-7　正垂面截切圆锥

② 求一般点。在特殊点Ⅰ、Ⅱ、Ⅲ、Ⅳ之间分别取一般点Ⅴ、Ⅵ、Ⅶ、Ⅷ。作图时，先在截交线的正面投影上确定出 5′、6′和 7′、8′，再用辅助圆法求出水平投影 5、6 和 7、8，最后求得 5″、6″和 7″、8″。应注意Ⅴ、Ⅵ是最前和最后两条素线上的点，因此 5″、6″是截交线侧面投影与圆锥侧面投影外形轮廓线的切点。

③ 判别可见性，然后依次光滑连接各点即得截交线的水平投影和侧面投影。

（3）圆球截交线

截平面切圆球，截交线总是圆。当截平面平行于某一投影面时，截交线在该投影面上的投影为圆的实形，在其他两投影面上的投影都积聚为直线。当截平面处于其他位置时，则在截交线的 3 个投影中必有椭圆。

【例 2-4-5】 求作被水平面和侧平面截切的圆球截交线，如图 2-4-8 所示。

截平面 Q、P 为水平面和侧面平面，其截交线投影的基本作图方法，如图 2-4-8 所示。

【例 2-4-6】 求图 2-4-9（a）所示立体的投影。

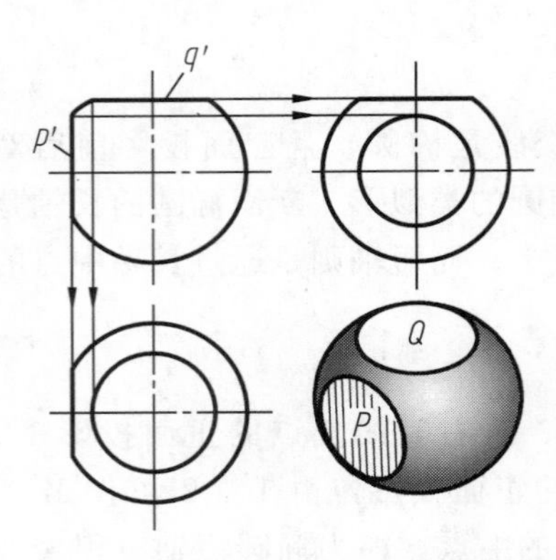

图 2-4-8 平面与球面交线的基本作图

分析：

该立体是在半个球的上部开出一个方槽后形成的。左右对称的两个侧平面 P 和水平面 Q 与球面的交线是圆弧，P 和 Q 彼此相交于直线段。

作图：

先画出立体的 3 个投影后，再根据方槽的正面投影作出其水平投影和侧面投影。

① 完成侧平面 P 的投影，如图 2-4-9（b）所示。经分析，平面 P 的边界由平行于侧面的圆弧和直线组成。先由正面投影作出侧面投影，其水平投影的两个端点，应由其余两个投影来确定。

② 完成水平面 Q 的投影，如图 2-4-9（c）所示。由分析可知，平面 Q 的边界是由相同的两段水平圆弧和两段直线组成的对称形。

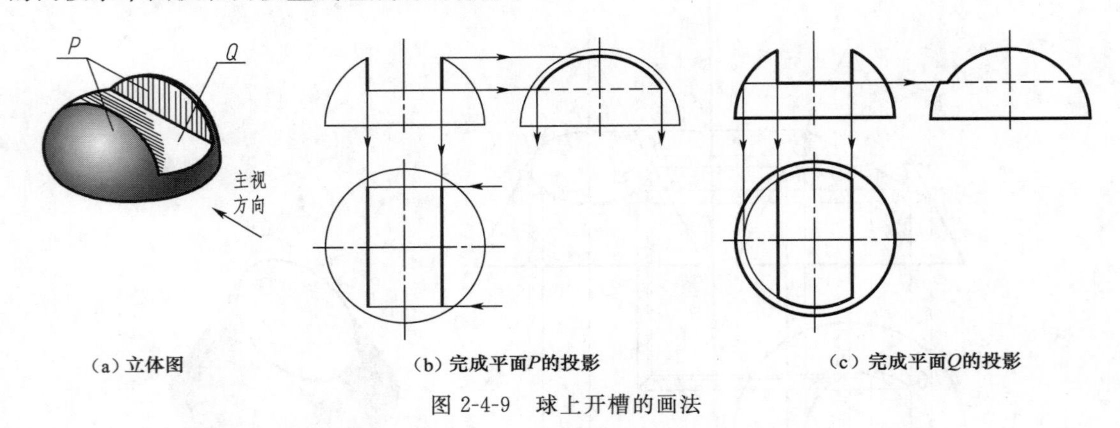

（a）立体图　（b）完成平面P的投影　（c）完成平面Q的投影

图 2-4-9 球上开槽的画法

应注意，球面对侧面的转向轮廓线，在开槽范围内已不存在。

(4) 组合回转体的截交线

由两个或两个以上回转体组合而成的形体称为组合回转体。

当平面截切组合回转体时，其截交线是由截平面与各个回转体表面的交线所组成的平面图形。在求作平面与组合回转体的截交线的投影时，可分别作出平面与组合回转体的各段回转面以及各个截平面表面的交线的投影，然后求得组合回转体的截交线的投影。

【例 2-4-7】 求作顶尖头部被截后的投影，如图 2-4-10 所示。

分析：

顶尖是由轴线垂直于侧面的圆锥和圆柱组成的同轴组合回转体，圆锥与圆柱的公共底圆是它们的分界线，顶尖的切口由平行于轴线的平面 P 和垂直于轴线的平面 Q 截切。平面 P 与圆锥面的截交线为双曲线，与圆柱面的交线为两条直线；平面 Q 与圆柱面的截交线是一圆弧；平面 P、Q 彼此相交于直线段，如图 2-4-10（a）所示。

作图：

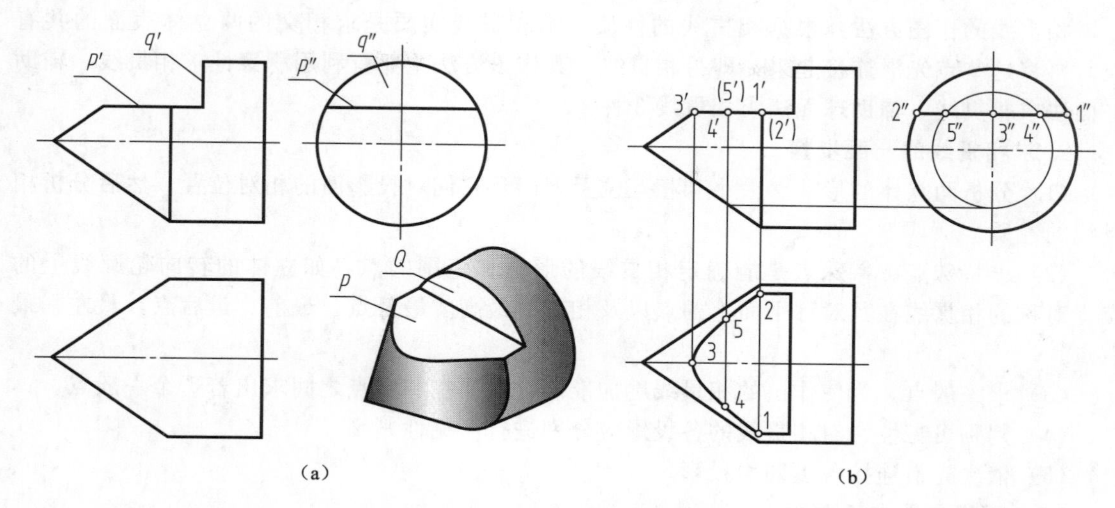

(a)　(b)

图 2-4-10　顶尖头部的截交线

① 求作平面 P 与顶尖的截交线，如图 2-4-10（b）所示。由于其正面投影和侧面投影都有积聚性，故只需求出水平投影即可。首先找出圆锥与圆柱的分界线，从正面投影可知，分界点即为 $1'$、$2'$，侧面投影为 $1''$、$2''$，进而求出 1、2。分界点左边为双曲线，其中 1、2、3 为特殊点，4、5 为一般点，具体作图步骤略。右边为直线，可直接画出。

② 平面 Q 的正面投影和水平投影都积聚为直线，侧面投影为一段圆弧，可直接求出。

③ 判别可见性，将各点依次光滑连接并加深。

二、相贯体的投影

两立体相交按其立体表面的性质可分为两平面立体相交、平面立体与曲面立体相交和两曲面立体相交 3 种情况，如图 2-4-11 所示。两立体表面的交线称为相贯线。

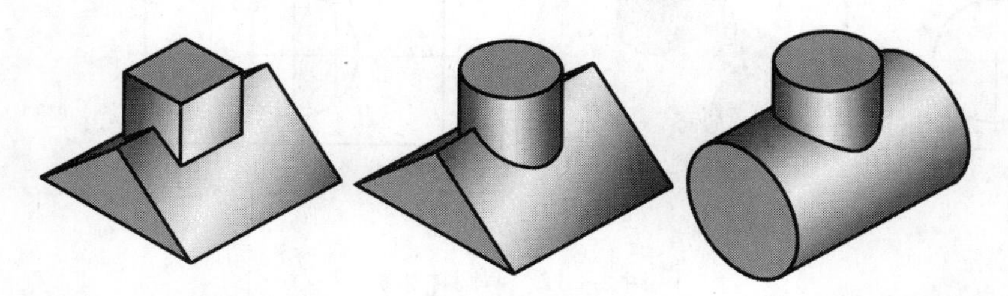

(a)两平面立体相交　(b)平面立体与曲面立体相交　(c)两曲面立体相交

图 2-4-11　两立体相交的种类

图 2-4-11（a）所示立体的表面均为平面，平面立体与平面立体相交，其实质是平面与平面立体相交；图 2-4-11（b）所示为平面立体与曲面立体相交，其实质是平面与曲面立体相交，故不再详述。本部分主要讲解两曲面立体中的两回转体相交时相贯线的性质和作图方法。

1. 相贯线的性质

相贯线有如下 3 个主要性质。

（1）相贯线是两立体表面的共有线，相贯线上的点是两立体表面的共有点。

（2）相贯线是两立体表面的分界线。

（3）相贯线一般是封闭的空间曲线，特殊情况下为平面曲线或直线。

相贯线的作图方法：根据相贯线的性质，求相贯线实质是求相交的两立体表面的共有点，再将这些点光滑连接起来，即得相贯线。其作图方法主要有利用积聚性求相贯线、辅助平面法求相贯线、辅助球面法求相贯线 3 种。

2. 求相贯线的一般步骤

（1）分析两立体的形状、大小和相互位置，以及它们对投影面的相对位置，然后分析相贯线的性质。

（2）求特殊点。特殊点是能确定相贯线的形状和范围的点，如立体的转向轮廓线上的点、对称的相贯线在其对称平面上的点以及相贯线最高、最低点，最前、最后点，最左、最右点。

（3）求一般点。为使作出的相贯线更加准确，需要在特殊点之间求出若干个一般点。

（4）判别可见性。对相贯线的各投影应分别进行可见性判别。

（5）依次光滑连接各点同面投影。

3. 利用积聚性求相贯线

两圆柱正交，且圆柱轴线垂直于相应投影面时，可利用积聚性求相贯线。

【例 2-4-8】 如图 2-4-12（a）所示，求作轴线正交的两圆柱的相贯线的投影。

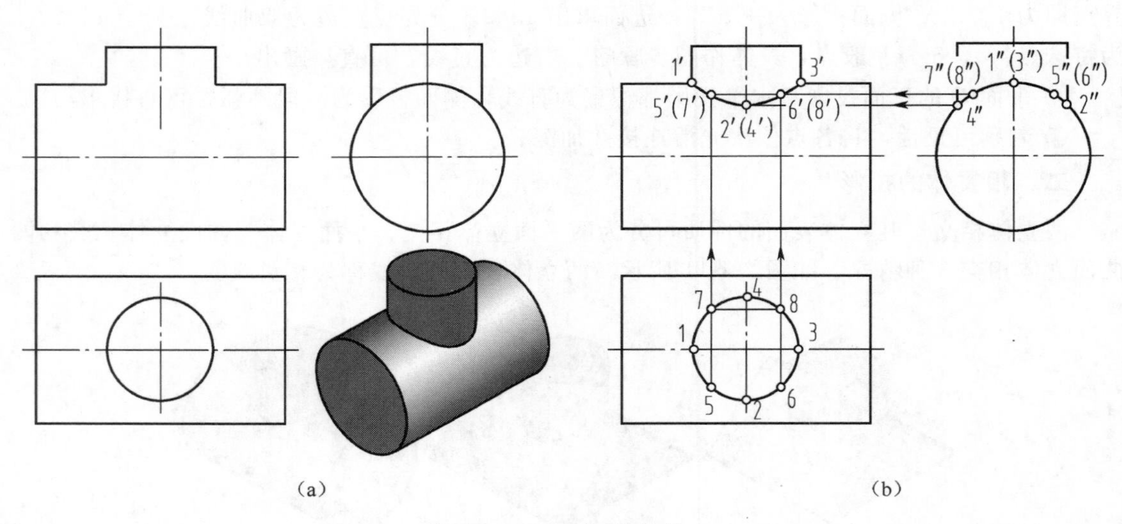

图 2-4-12 两圆柱相贯

分析：

由于两圆柱正交，因此相贯线为前后、左右均对称的空间曲线。其水平投影积聚于直立圆柱的水平投影上，侧面投影积聚于水平圆柱的侧面投影上，所以只需作相贯线的正面投影。

作图：

（1）求特殊点。从水平投影和侧面投影可以看出，两圆柱面正面投影轮廓线的交点为相贯线的最左点Ⅰ（1，1′，1″）和最右点Ⅲ（3，3′，3″），同时它们又是最高点。从侧面投影中可以直接得到最低点Ⅱ（2，2′，2″）和Ⅳ（4，4′，4″），同时它们又是最前点和最后点。

（2）求一般点。由于相贯线的水平投影具有积聚性，同时相贯线前后左右都对称，可以在水平投影上取点 5、6、7、8，由于水平圆柱的侧面投影具有积聚性，可作出其侧面投影 5″、6″、7″、8″，最后由水平、侧面投影求得其正面投影 5′、6′、7′、8′。

(3) 判别可见性。相贯线正面投影的可见与不可见部分重合，故画成粗实线。

(4) 依次光滑连接各点的正面投影，即为所求。

图 2-4-13 (a)、图 2-4-13 (b) 所示为圆柱穿孔，其相贯线画法与两圆柱面相交的画法相同，不再赘述。

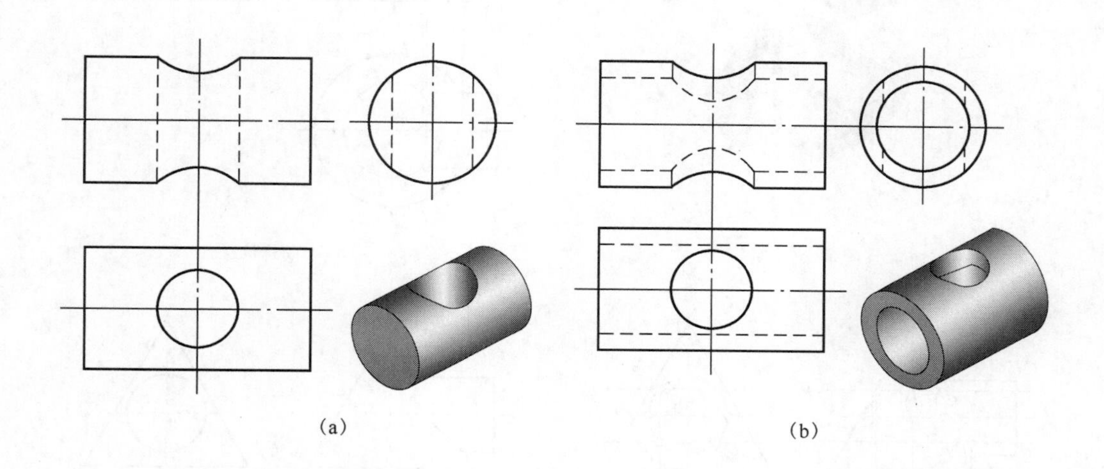

图 2-4-13　两圆柱相贯线

4. 用辅助平面法求相贯线

辅助平面法是用辅助平面同时截切相贯的两回转体，在两回转体表面得到两条截交线，这两条截交线的交点即为相贯线上的点。因此相贯线上的点既在相贯两立体的表面上，又在辅助平面上，是三面共有点。根据三面共点原理，用若干个辅助平面求出相贯线上一系列三面共有点即可求得相贯线。但应强调的是，取辅助平面时，必须使它们与两回转体相交后，所得截交线的投影为最简单（直线或圆）。另外，有些也可应用立体表面上取点、线的方法求解。

【例 2-4-9】 如图 2-4-14 (a) 所示，求圆柱与圆锥的相贯线。

分析：

圆柱与圆锥轴线垂直相交，圆柱全部穿进左半圆锥，相贯线为封闭的空间曲线。由于这两个立体轴线正交且前后对称，因此相贯线也前后对称。又由于圆柱的侧面投影积聚成圆，相贯线的侧面投影也必然重合在这个圆上。需要求的是相贯线的正面投影和水平投影。可选择水平面作辅助平面，它与圆锥面的截交线为圆，与圆柱面的截交线为两条平行的素线，圆与直线的交点即为相贯线上的点，如图 2-4-14 (a) 所示。

作图：

(1) 求特殊位置点。如图 2-4-14 (b) 所示，在侧面投影圆上确定 $1''$、$2''$，它们是相贯线上的最高点和最低点的侧面投影，可直接求出 $1'$、$2'$，再根据投影规律求出 1、2。

过圆柱轴线作水平面相交于最前、最后两条素线；与圆锥相交为一圆，它们的水平投影的交点即为相贯线上最前点Ⅲ和最后点Ⅳ的水平投影 3、4，由 3、4 和 $3''$、$4''$可求出正面投影 $3'$、$4'$，这是一对重影点的投影。

(2) 求一般位置点。如图 2-4-14 (c) 所示，作水平面 P_2，求得Ⅴ、Ⅵ两点的投影。需

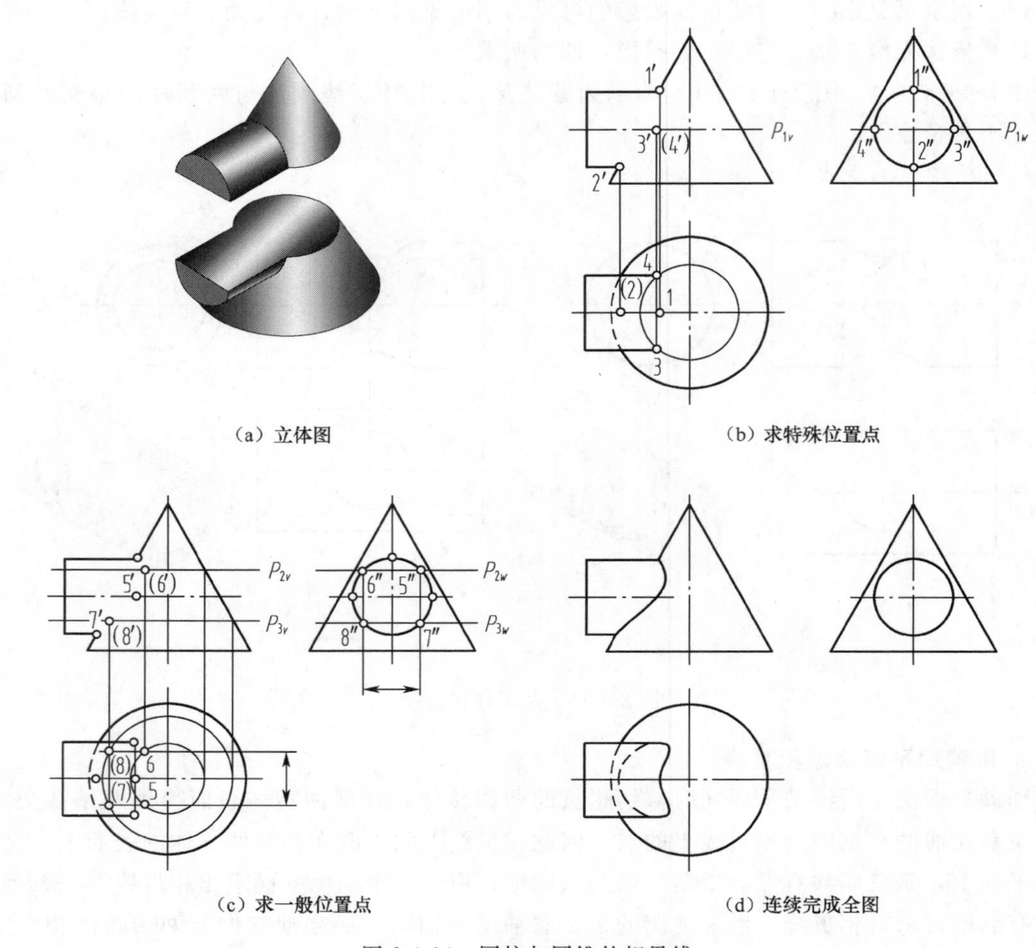

(a) 立体图　(b) 求特殊位置点

(c) 求一般位置点　(d) 连续完成全图

图 2-4-14　圆柱与圆锥的相贯线

要时还可以在适当位置再作水平辅助面求出相贯线上的点（如作水平面 P_3，求出Ⅶ、Ⅷ两点的投影）。

（3）依次连接各点的同面投影，根据可见性判别原则可知：水平投影中 3、7、2、8、4 点在下半个圆柱面上，不可见，故为虚线，其余画实线，如图 2-4-14（d）所示。

5. 相贯线的特殊情况

相贯线常见的特殊情况有以下几种。

（1）轴线正交且平行于同一投影面的圆柱与圆柱、圆柱与圆锥、圆锥与圆锥相交，若它们能公切于一个球，则它们的相贯线是垂直于这个投影面的椭圆。

在图 2-4-15 中，圆柱与圆柱、圆柱与圆锥、圆锥与圆锥相交，轴线都分别相交，且都平行于正平面，还公切于一个球，因此，它们的相贯线都是垂直于正平面的两个椭圆。连接它们的正面投影的转向轮廓线的交点，即相贯线的正面投影。

（2）两个同轴回转体的相贯线，是垂直于轴线的圆（见图 2-4-16）。

（3）相贯线是直线。

① 两圆柱的轴线平行时，相贯线在圆柱面上的部分是直线，如图 2-4-17（a）所示。

② 两圆锥共锥顶时，相贯线在锥面上的部分是直线，如图 2-4-17（b）所示。

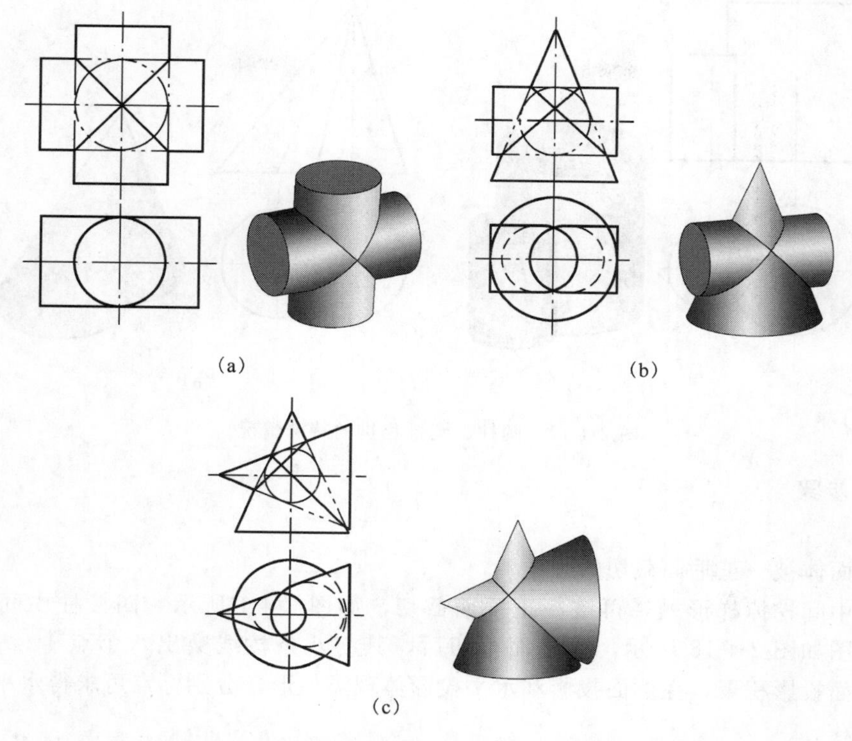

(a)　(b)　(c)

图 2-4-15　公切于同一个球的圆柱、圆锥的相贯线

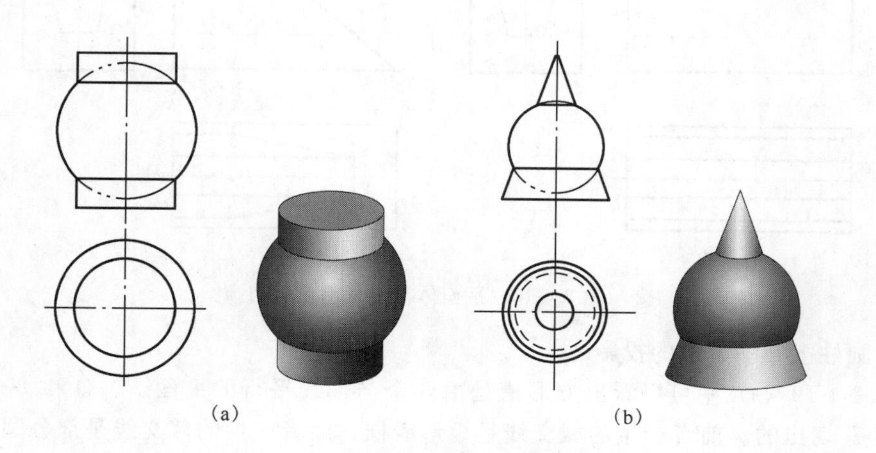

(a)　(b)

图 2-4-16　两个同轴回转体的相贯线

1. 绘图准备

(1) 准备足够的橡皮泥和一把小刀。

(2) 按图 2-4-1 所示制作模型，仔细研究各切面所对应三视图的投影特性。

(3) 用 A4 图纸绘制三视图，自定尺寸。

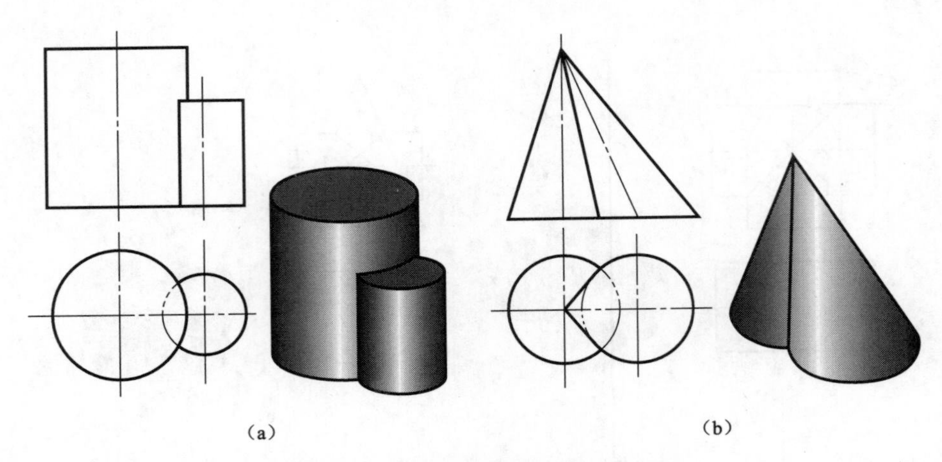

图 2-4-17 圆柱、圆锥相贯的特殊情况

2. **绘图步骤**

分析：

(1) 平面体被一正垂面截切的画法

四棱柱中间挖掉梯形槽，再被一正垂面截切，如图 2-4-1 所示。四棱柱中间挖掉梯形槽，其三视图如图 2-4-18 所示，正垂面截切后，其与八条棱线交出八个点Ⅰ、Ⅱ……Ⅷ。截平面在正面投影积聚，在侧面投影和水平投影体现类似形，分别标点可求得水平投影。

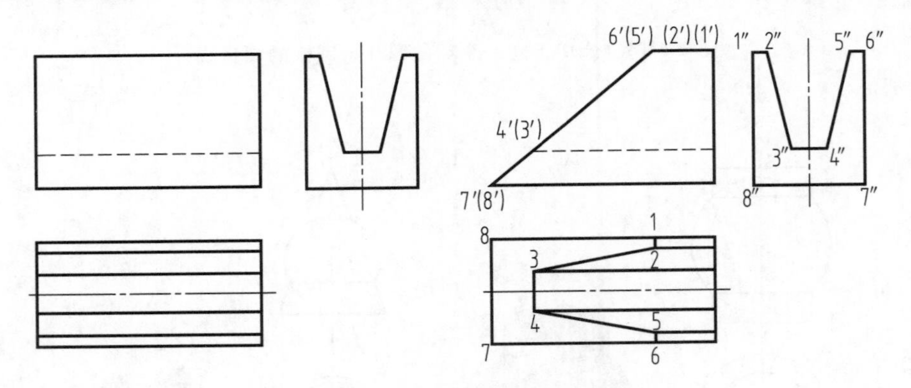

图 2-4-18 平面体被一正垂面截切

(2) 圆柱上开一方槽的投影

由图 2-4-19 (a) 中可以看出方形槽是由两个与轴线平行的平面 P、Q 和一个与轴线垂直的平面 T 切出的。前者产生的截交线是矩形线框，后者产生的截交线是部分圆。

因为截平面 P 和 Q 为水平面，所以截交线的正投影分别积聚在 p' 和 q' 上，截交线的侧面投影积聚为一条直线，只需求出矩形线框的水平投影。又因为截平面 T 是一侧平面，并垂直于轴线截切圆柱，由于圆柱面的侧投影具有积聚性，所以截交线的正投影积聚在 t' 上，侧投影则积聚在圆上，水平投影也具有积聚性。

作图：

先画出完整的圆柱体的水平投影，再画出截交线的水平投影，检查分析，完成作图。根据 $a'b'$、$a''b''$ 和 $c'd'$、$c''d''$ 画出 ab 和 cd。再根据 $b'e'f'$ 和 $b''e''f''$ 画出 bef。

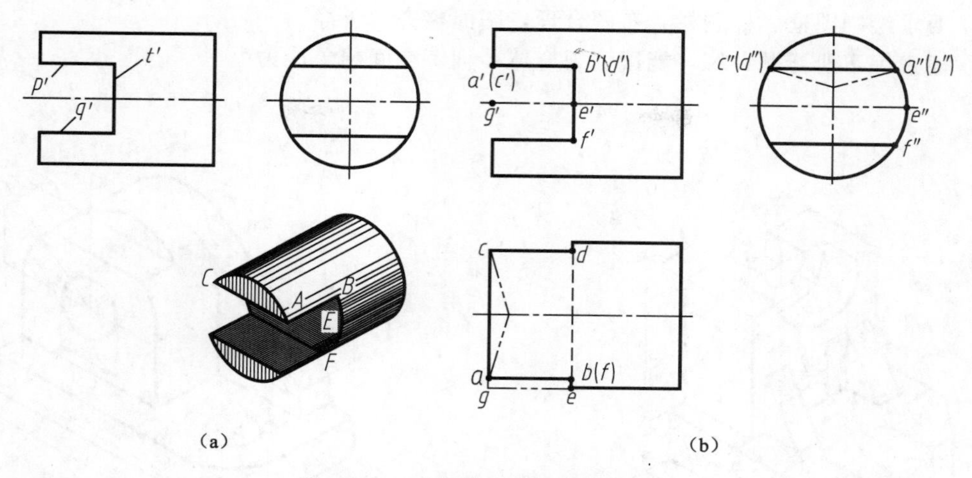

图 2-4-19　求圆柱上开一方槽的投影

作图时应注意圆柱体的轮廓 GE 已被截去（与之对称的轮廓亦被截去），具体作图如图 2-4-19（b）所示。

任务五　组合体三视图投影训练

任务目标

① 掌握形体分析法绘制组合体的方法。

② 掌握形体分析法标注组合体尺寸。

③ 读组合体，建立空间想象能力。

任务内容与要求

① 用形体分析法绘制组合体图 2-5-1 的三视图，尺寸自定。

② 用 A4 图纸，绘制组合体图 2-5-2、图 2-5-3 所示的三视图，选择适当比例，并标注尺寸。

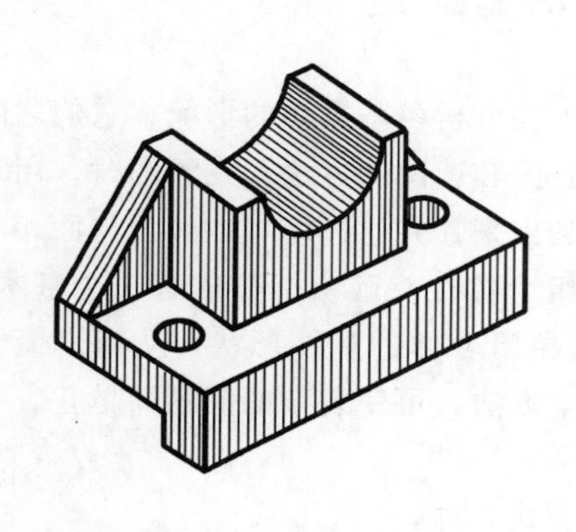

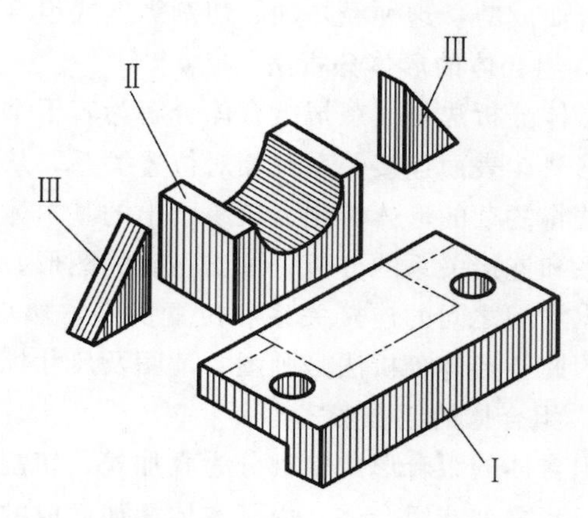

图 2-5-1　组合体 1

③ 要求绘制图框、标题栏，布图合理，图面整齐、干净。

④ 通过练习册习题训练，能读懂组合体，训练空间想象能力。

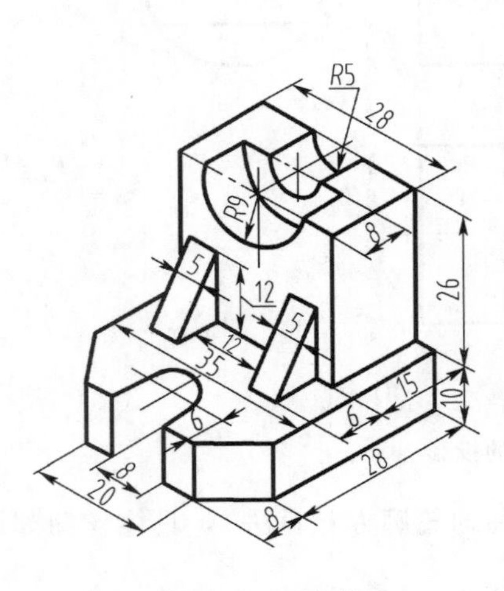

图 2-5-2　组合体 2

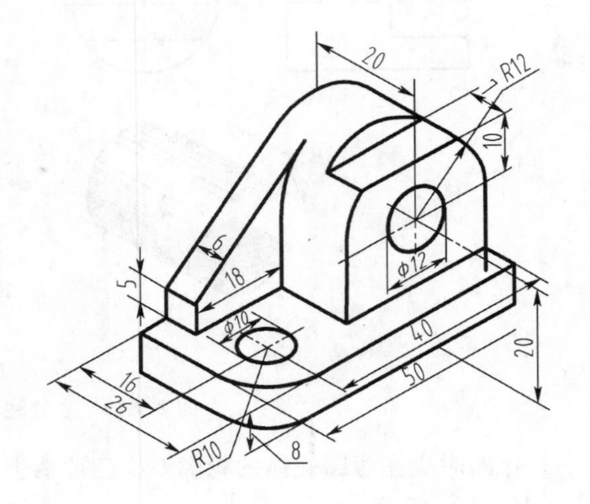

图 2-5-3　组合体 3

相关知识

- 组合体的形体分析法
- 组合体的尺寸标注
- 运用形体分析法和线面分析法识读组合体视图

一、组合体的形体分析

这部分内容是培养空间想象能力和绘图、读图能力的关键部分，起着承上启下的作用，既是前面所学知识的综合运用，又是从投影法原理过渡到零件图部分的桥梁。组合体可以认为是忽略了倒角、退刀槽、铸造圆角等工艺结构的零件。因此，本部分学习的效果好坏，将对能否学好后续内容起到决定性的作用。

从形体的几何角度看，机器零件大多数是由简单的基本形体经叠加、切割或既叠加又切割组合而成的，这种经叠加、切割等方式组合而成的几何体称为组合体。

1. 组合体的形体分析法

形体分析法是假想把组合体分解为若干个基本体，并分析各基本体的形状、它们之间的组合形式、表面连接关系及相对位置关系，从而进行画图和读图的方法。在画图时，用形体分析法将复杂的形体转化为较易画出的基本体，逐个画出来，并通过基本体间面与面相对位置关系和连接关系的分析，画出正确的图形。读图时组合体在头脑中拆分成若干个基本体，分析出它们之间的连接关系和位置关系，然后综合想象组合体的整体形状，从而读懂组合体。因此，形体分析法是画图、读图及尺寸标注的基本方法，可使复杂的问题简单化。

2. 组合体的组合形式

组合体的组合形式常被分为叠加式、切割式和综合式 3 种。

(1) 叠加式组合体：由基本体叠加而成的组合体称为叠加式组合体。如图 2-5-4 所示的组合体是由圆柱和正六棱柱叠加而成的。

(2) 切割式组合体：基本体经切割或穿孔等方式形成的组合体称为切割式组合体。如图 2-5-5 所示的形体可视为在长方体上挖切掉一个孔而形成的。

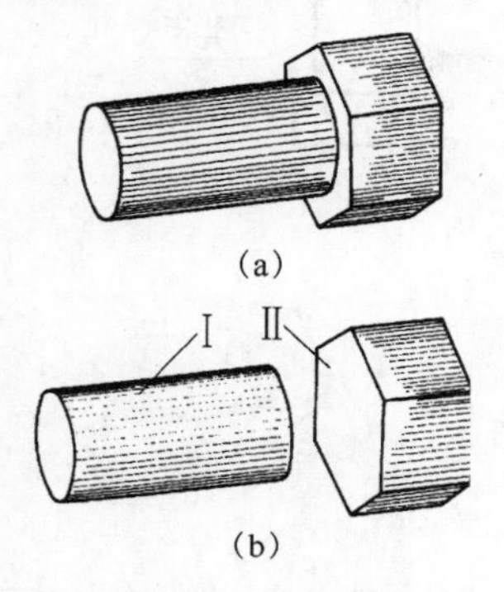

图 2-5-4　叠加式组合体

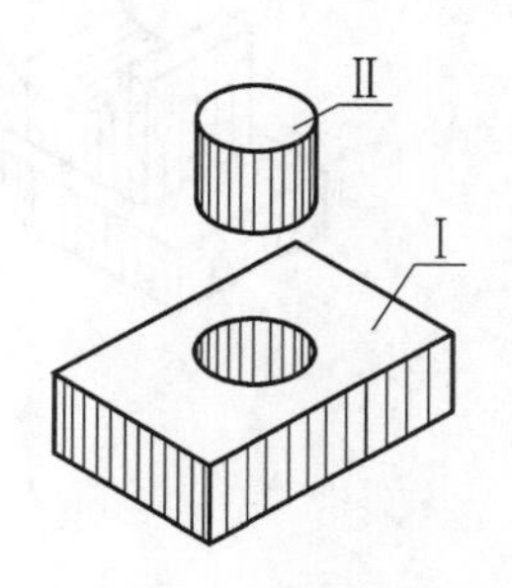

图 2-5-5　切割式组合体

(3) 综合式组合体：通常实际零件形状比较复杂，不会按单一的叠加或切割组合方式形成，更多的是叠加、切割两种组合形式的综合运用，如图 2-5-6 所示，这种组合体称为综合式组合体。

另外，同一组合体的分解方式不唯一，根据观察者的理解有时可以有几种组合方式，如图 2-5-7 所示。

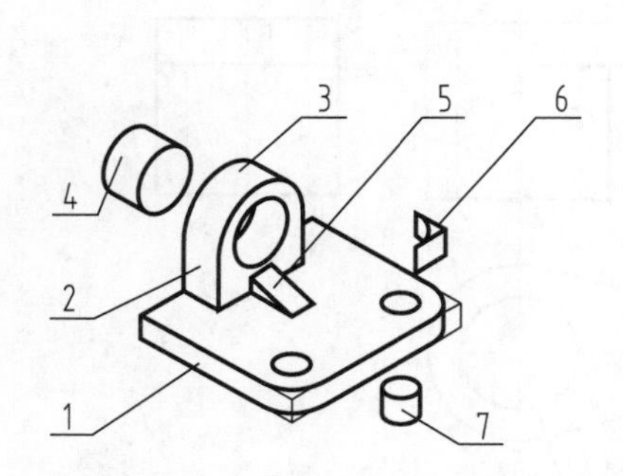

图 2-5-6　综合式组合体

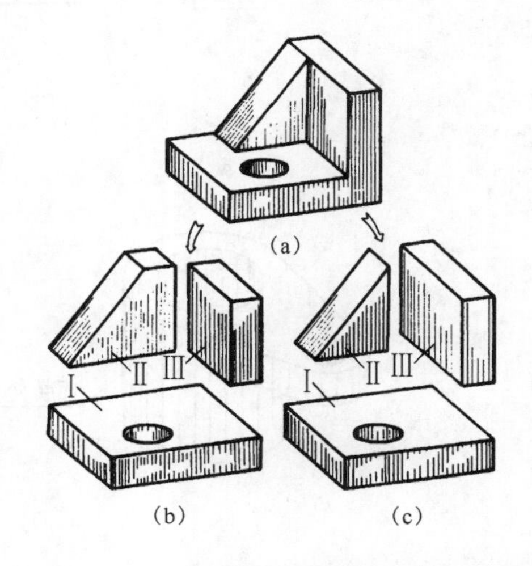

图 2-5-7　同一组合体的不同组合形式

3. 组合体表面间的连接关系

组合体中的各基本几何体表面之间有平齐、不平齐、相切和相交 4 种连接关系。

(1) 当两基本体的表面不平齐时，在结合处应该画分界线，如图 2-5-8 所示。

(2) 当两基本体的表面平齐时，在结合处不应该画线，如图 2-5-9 所示。

(3) 当两基本体的表面相切时，在相切处不应该画线，如图 2-5-10 所示。

(4) 当两基本体的表面相交时，在相交处应该画出交线，如图 2-5-11 所示。

二、形体分析画组合体视图

1. 形体分析

画三视图以前，应对组合体进行形体分析，了解该组合体是由哪些基本体组成，它们的

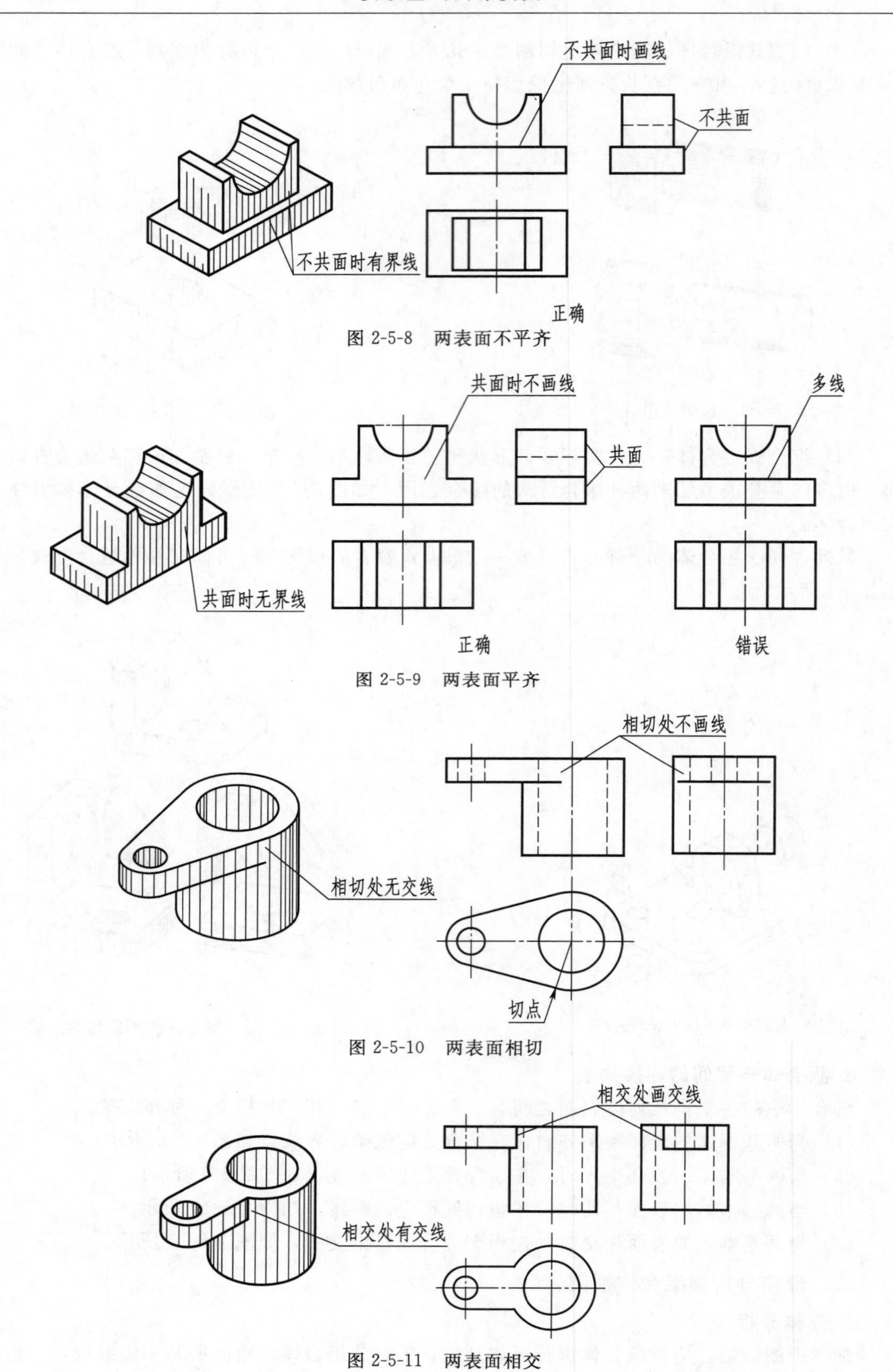

图 2-5-8 两表面不平齐

图 2-5-9 两表面平齐

图 2-5-10 两表面相切

图 2-5-11 两表面相交

相对位置、组合形式、表面连接关系如何，对该组合体的形体特点有个总体的了解，为画三视图做好准备。

如图 2-5-12（b）所示的轴承座为综合式组合体，由底板、圆筒、凸台、支承板及加强肋板 5 个部分组成。底板上对称挖掉两个孔，并且中间开槽；支承板在底板后方与底板后表面平齐，并与圆筒相切；圆筒轴承和凸台的内外表面相贯；加强肋板与圆筒相贯产生相贯线。

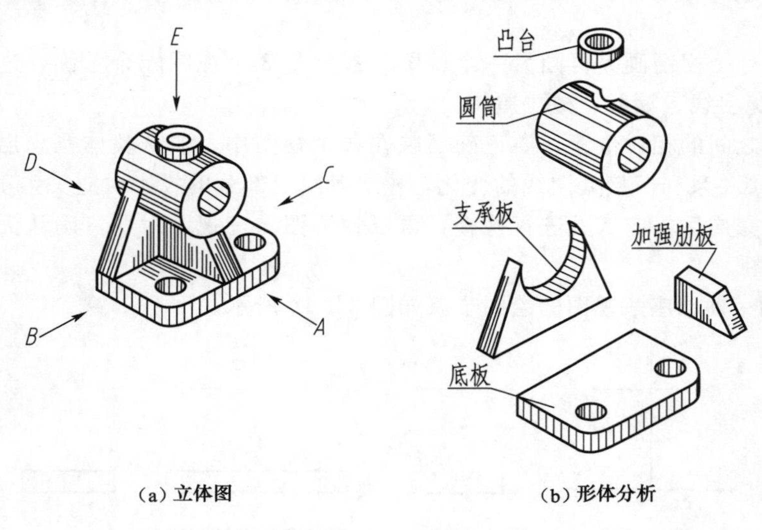

(a) 立体图　(b) 形体分析

图 2-5-12　轴承座

2. 选择主视图

主视图一般应能够比较明显地反映出组合体的主要特征，即选择能够较多反映组合体形状和位置特征的方向作为主视图的投影方向，并尽可能使形体上的主要平面平行于投影面，以便使投影能够反映真实性，同时考虑组合体的自然安放位置，并兼顾其他两个视图的表达清晰性。

如图 2-5-13 所示，*A* 向较多地反映了轴承座的形状和位置特征，可见部分较多，故选择 *A* 向作为轴承座主视图的投影方向。

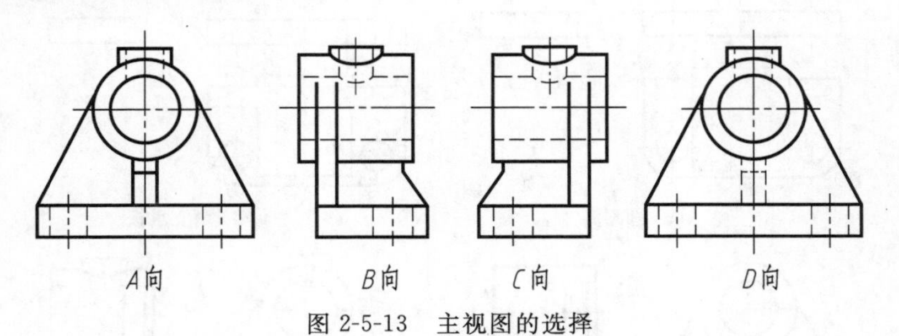

图 2-5-13　主视图的选择

3. 画图步骤

(1) 确定比例、选定图幅。

视图确定后，便要根据组合体的大小，按照国家标准的规定选定作图比例和图幅。在一般的情况下，尽可能采用 1∶1，图幅则要根据所绘视图的面积大小，留足标注尺寸以及标题栏的位置来确定。

(2) 布置视图位置。

根据各视图的大小和位置，画出基准线。在布图时，应根据各视图中每个方向的最大尺寸和视图间有足够地方注全所需的尺寸，确定每个视图的位置，使各个视图匀称地布置在图纸上。

(3) 画组合体的三视图。

画三视图时，应注意以下几点：

① 采用形体分析法，从形状特征明显的视图入手，先画主要部分，后画次要部分。先画大的形体，再画小形体，先画可见轮廓线，后画不可见的轮廓线，先圆或圆弧，后画直线。

② 不要把一个视图画完再画另一个视图，最好是 3 个视图配合着画，这样可提高作图速度，还能避免多线、漏线、减少差错。

③ 各形体之间的相对位置，要正确反映在各个视图中，应从整体概念出发，处理各形体之间表面连接关系和衔接处图线的变化，核对各组成部分的投影对应关系正确与否。

④ 底稿画完成后，应认真进行检查，再以轴测图与三视图对照，确认无误后，再描深图线，完成全图。

【例 2-5-1】 轴承座三视图的绘图步骤如图 2-5-14 所示。

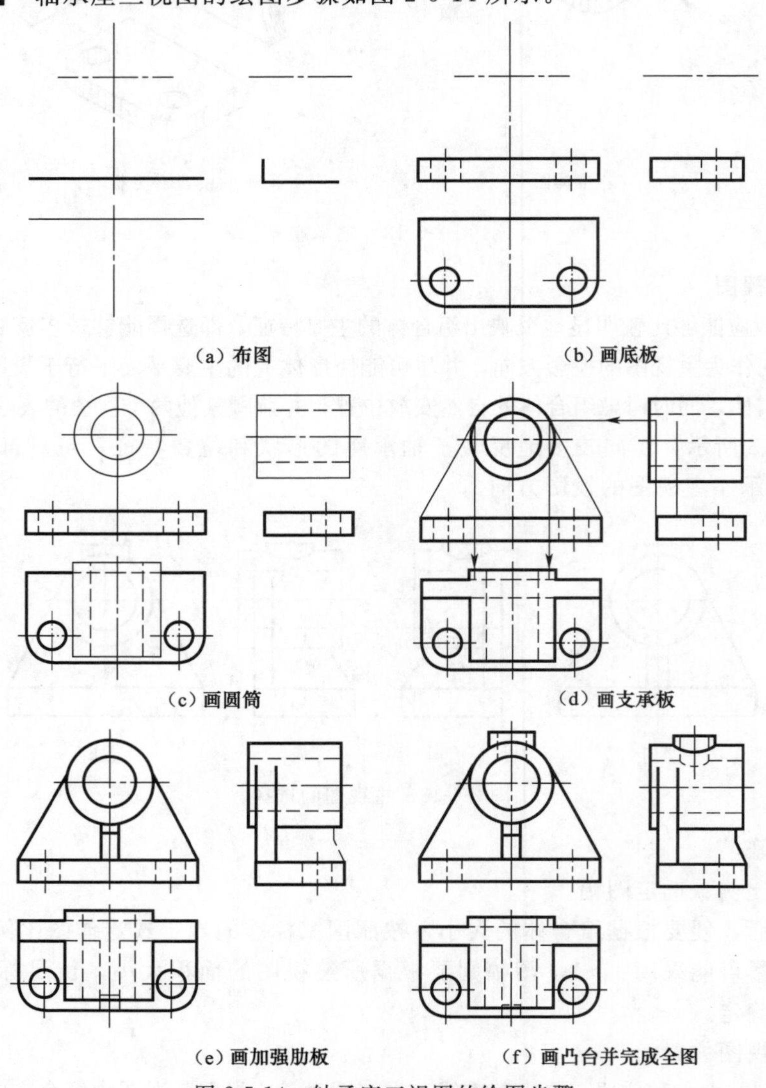

图 2-5-14 轴承座三视图的绘图步骤

（1）布图。画出各视图的基准线，对称中心线及圆筒的轴线。

（2）画底板。从俯视图画起，凹槽先画主视图。

（3）画圆筒。先画主视图，再根据投影关系画出俯、左视图。

（4）画支承板。从反映支承板特征形状的主视图画起，画俯、左视图时，应注意支承板与圆筒是相切关系，准确定出切点的投影。

（5）画加强肋板。注意加强肋板与圆筒相交，在左视图正确画出相贯线。

（6）画凸台。先画主、俯视图，正确画出左视图的相贯线。

（7）检查底稿，确认无错误后加深完成全图。

三、组合体的尺寸标注

标注尺寸时应运用形体分析法，做到尺寸标注正确、完整、清晰、合理。

- 正确：符合国家标准中有关尺寸注法的规定。
- 完整：尺寸必须注写齐全，不遗漏，不重复。
- 清晰：尺寸的注写布局要整齐、清晰，便于看图。
- 合理：标注的尺寸既要符合设计要求，又能适应加工、检验、装配等生产工艺要求。

1. 尺寸种类

（1）定形尺寸：用来确定组合体各部分的形状及大小的尺寸称为定形尺寸。如图 2-5-15（b）所示的直径、半径及形体的长、宽、高等尺寸。

（2）定位尺寸：用来确定组合体各个部分之间的相对位置的尺寸称为定位尺寸。如图 2-5-15（b）中，确定底板上两小圆孔位置的尺寸 82 和 42，确定圆筒轴线到底板底面高度的尺寸 105，这些都属于定位尺寸。

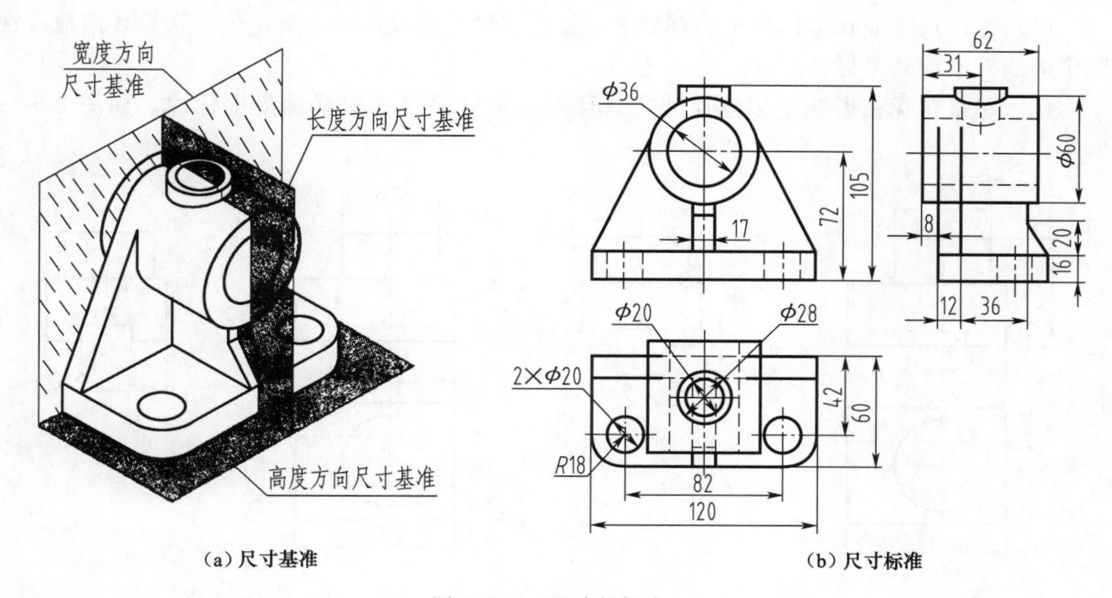

（a）尺寸基准　　（b）尺寸标准

图 2-5-15　尺寸的标注

（3）总体尺寸：表示组合体总长、总宽、总高的尺寸称为总体尺寸。如图 2-5-15（b）中的总长 120、总高 105。

当组合体的一端为回转体时，为考虑加工方便，总体尺寸不直接注出。只标注回转体中心的定位尺寸，如图 2-5-16 所示。

2. 尺寸基准

标注尺寸的起点称为尺寸基准。组合体有长、宽、高3个方向的尺寸，每个方向至少应有一个尺寸基准，根据需要一个方向也可有多个尺寸基准，但其中只有一个为主要基准，其他均为辅助基准。尺寸基准的确定既与物体的形状有关，也与该物体的加工制造要求、工作位置等有关。通常选用对称平面、底平面、端面、回转体轴线等作为尺寸基准。如图2-5-17所示。

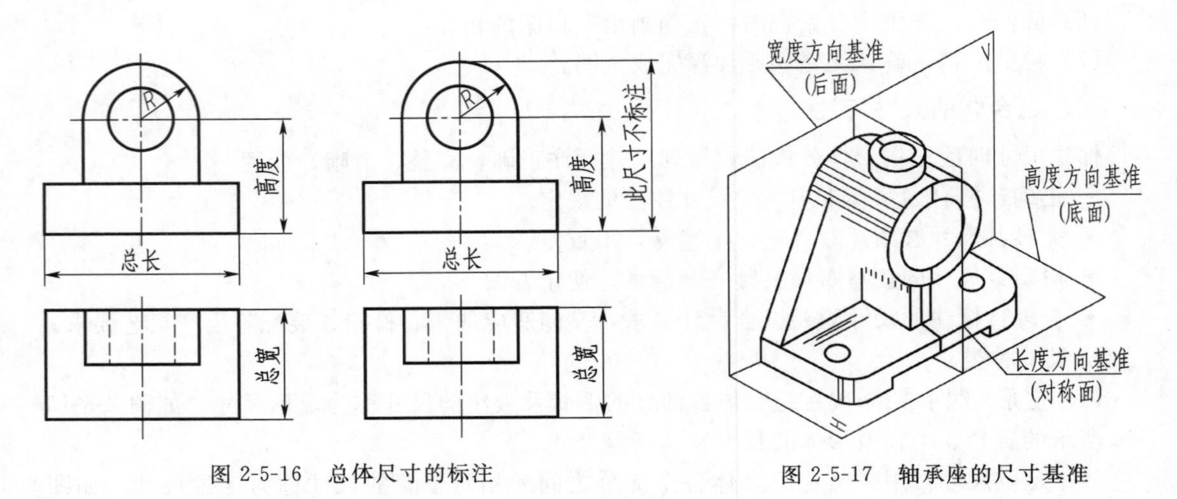

图2-5-16　总体尺寸的标注　　　　图2-5-17　轴承座的尺寸基准

3. 尺寸标注的注意事项

要完整地注出组合体的尺寸，并且标注清晰，让人易于理解，还需要注意以下事项：

(1) 标注尺寸应在形体分析的基础上，按分解的各组成形体定形定位，切忌片面地按视图中的线框或线条来标注尺寸。

(2) 尽量避免在虚线上标注尺寸，并且同一形体的尺寸应尽量集中标注，如图2-5-18所示。

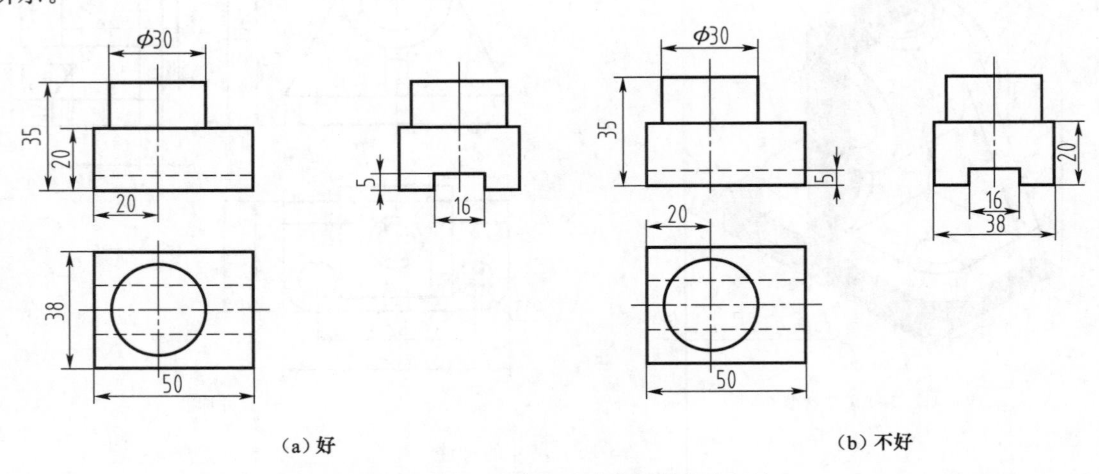

图2-5-18　同一形体的尺寸应尽量集中标注

(3) 半径尺寸一定要标注在投影为圆弧的视图上，如图2-5-19 (a) 中$R5$；圆孔直径尽量标在圆视图上，如图2-5-19 (a) 中$2\times\phi8$；外圆直径尺寸最好标注在非圆视图上，如图2-5-19 (a) 中$\phi24$。小于或等于半圆的圆弧标注半径，大于半圆标注直径，但在同一圆上的多段圆弧，无论是否大于半圆都需要标注直径，如 2-5-19（a）中 $\phi60$。

（4）尺寸线平行排列时，应使小尺寸在内，大尺寸在外。尽量避免尺寸线、尺寸界线及轮廓线发生相交，如图 2-5-20 所示。

（5）尺寸应尽量标注在视图外面，以保持视图清晰，同一方向连续的几个尺寸尽量放在同一条尺寸线上，使尺寸标注整齐，如图 2-5-20 所示。例如，主视图中 16、8、6，俯视图中 13 与 6、28 与 6 等。

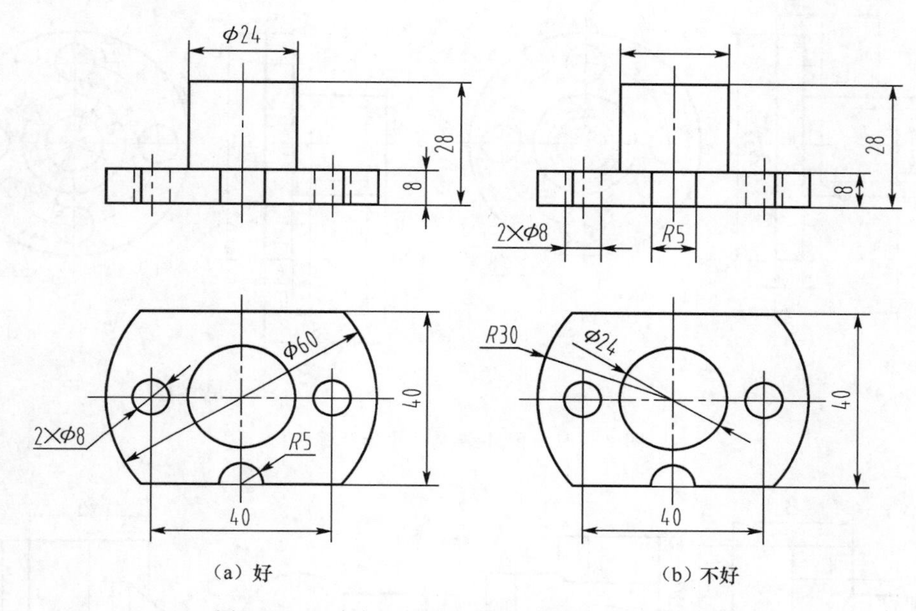

图 2-5-19　半径、圆孔、外圆、圆弧尺寸的标注

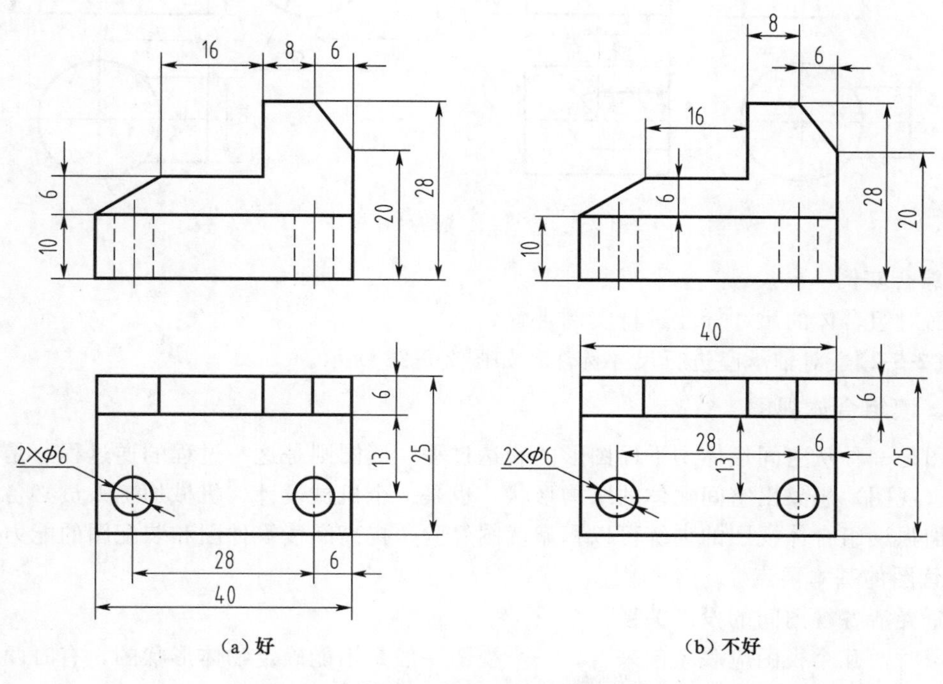

图 2-5-20　避免尺寸线、尺寸界线及轮廓线相交

（6）同一方向上内外结构的尺寸，尽量分开加以标注，以便于看图。如图 2-5-21 中的主视图，外形尺寸 26、6 标注在下方，内部尺寸 12、10 标注在上方。同心圆较多时，不宜集中标注在反映为圆的视图上，避免注成辐射形式。

（7）两形体相交后相贯线自然形成，因此，除了标注两形体各自的定形尺寸以及相对位置尺寸外，不宜在相贯线上标注尺寸，如图 2-5-22 所示。

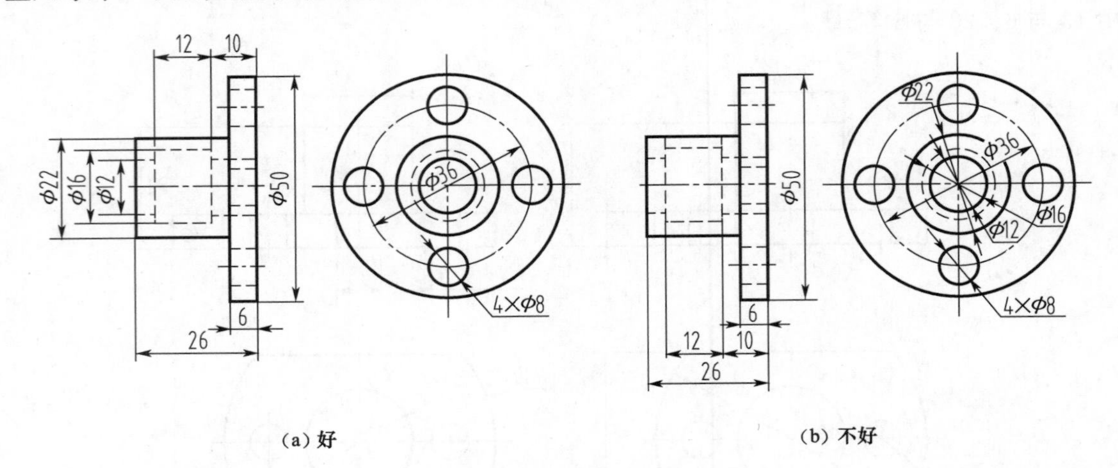

(a) 好　　　　(b) 不好

图 2-5-21　内外结构尺寸分开标注

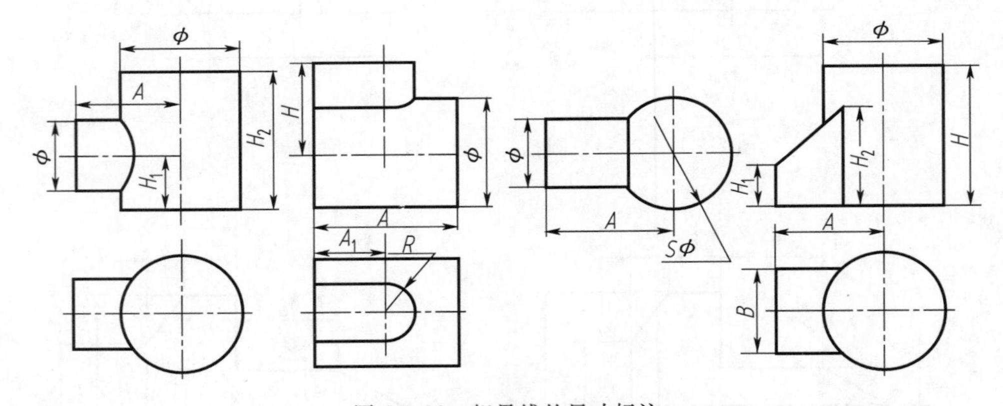

图 2-5-22　相贯线的尺寸标注

4. 综合实例

下面对组合体的尺寸标注进行实例讲解。

【例 2-5-2】　对轴承座进行尺寸标注，如图 2-5-23 所示。

四、读组合体视图

画图是一种从空间形体到平面图形的表达过程。读图则是这一过程的逆过程，是根据平面图形（视图）想象出空间物体的结构形状，也是一个机械设计、机械加工人员必备的基本技能，加强读组合体视图的训练可以积累读图经验，提高阅读零件图和装配图的能力。

1. 读图的基本要点

（1）弄清各视图间的投影关系

读图时，几个视图应联系起来看。一个视图一般是不能确定物体形状的，有时两个视图也不能确定物体的形状。

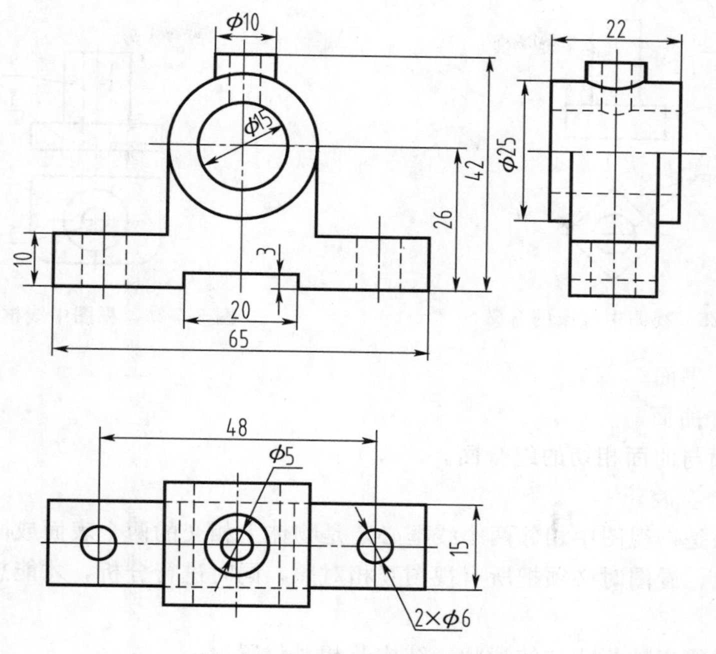

图 2-5-23　轴承座的尺寸标注

如图 2-5-24 所示的两个形体，虽然它们的主视图、俯视图是相同的，但由于左视图不同，因此其形状差别很大。当一个物体由若干个单一形体组成时，还应根据投影关系准确地确定各部分在每个视图中的对应位置，然后几个投影联系起来想象，才能得出与实际相符的形状。

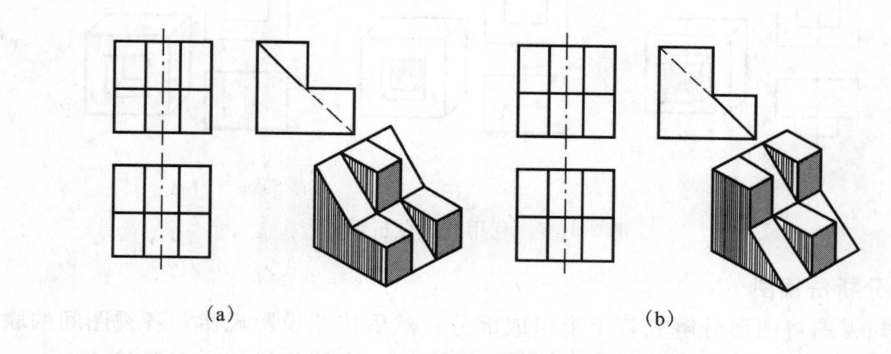

图 2-5-24　几个视图配合看图示例

（2）分析视图中线条和线框的含义

视图是由线条组成的，线条又组成一个个封闭的线框。识别视图中线条及线框的空间含义，也是读图的基本知识。

① 视图中的轮廓线（实线或虚线，直线或曲线）可以有 3 种含义，如图 2-5-25 所示。

a. 表示物体上具有积聚性的平面或曲面。

b. 表示物体上两个表面的交线。

c. 表示回转体的轮廓线。

② 视图中的封闭线框可以有 4 种含义，如图 2-5-26 所示。

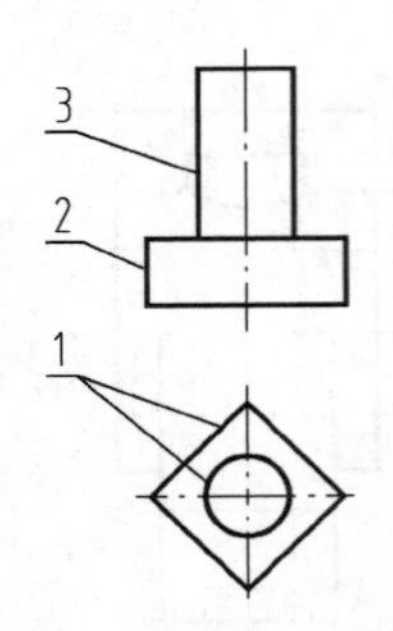

图 2-5-25 视图中线条的含义

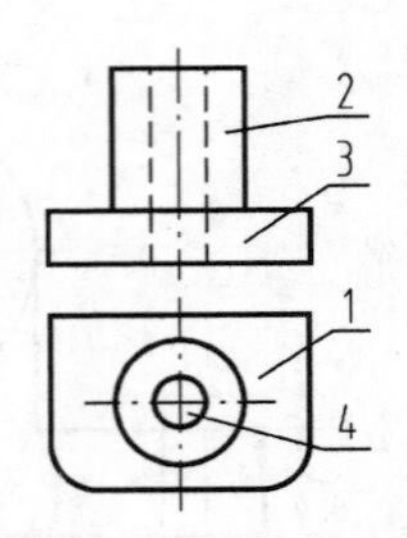

图 2-5-26 视图中线框的含义

a. 表示一个平面。

b. 表示一个曲面。

c. 表示平面与曲面相切的组合面。

d. 表示一个空腔。

应该注意的是：视图中相邻两个线框必定是物体上相交的两个表面或同向错位的两个表面的投影。因此，看图时必须把所有视图互相对照，同时进行分析，才能想象出物体的真正形状。

(3) 利用虚线来分析物体的形状、结构及相对位置

虚线和粗实线的含义一样，也是表示物体上轮廓线的投影，只是因为其不可见而画成虚线。利用好这个“不可见”的特点，对看图是很有帮助的。如图 2-5-27 所示，通过分析俯视图中的虚线很容易想象出物体的形状。

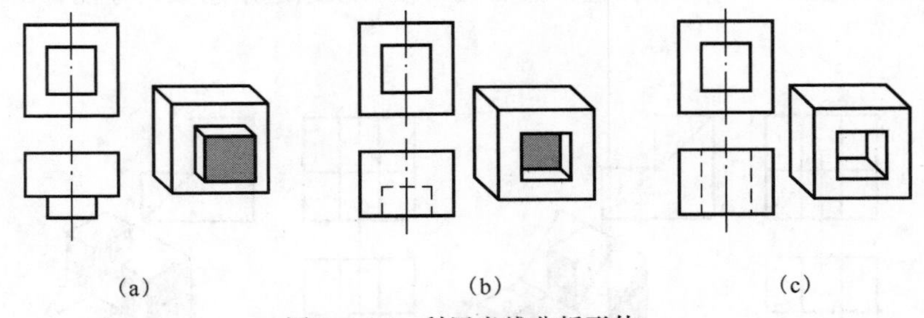

图 2-5-27 利用虚线分析形体

2. 形体分析法读图

根据已知视图将图形分解成若干个组成部分，然后按照投影规律和各视图间的联系，分析出各组成部分的空间形状及所在位置，最后想象出组合体整体的空间形状。

【例 2-5-3】 读懂支架的三视图。

解：

(1) 分解视图。通过形体分析可知，主视图比较多地反映了支架的形状特征，因此可按主视图的线框把组合体分成三部分，如图 2-5-28 (a) 所示。

(2) 单个想象。按投影规律分别找出各个线框在其他两个视图中所对应的投影，把每部分线框的 3 个投影联系起来，即可想象出各部分形体形状，如图 2-5-28 (b)～图 2-5-28 (d) 所示。

(3) 综合想象。分析各组成部分的相对位置，综合想象出组合体的整体形状，如图 2-5-28 (e) 所示。

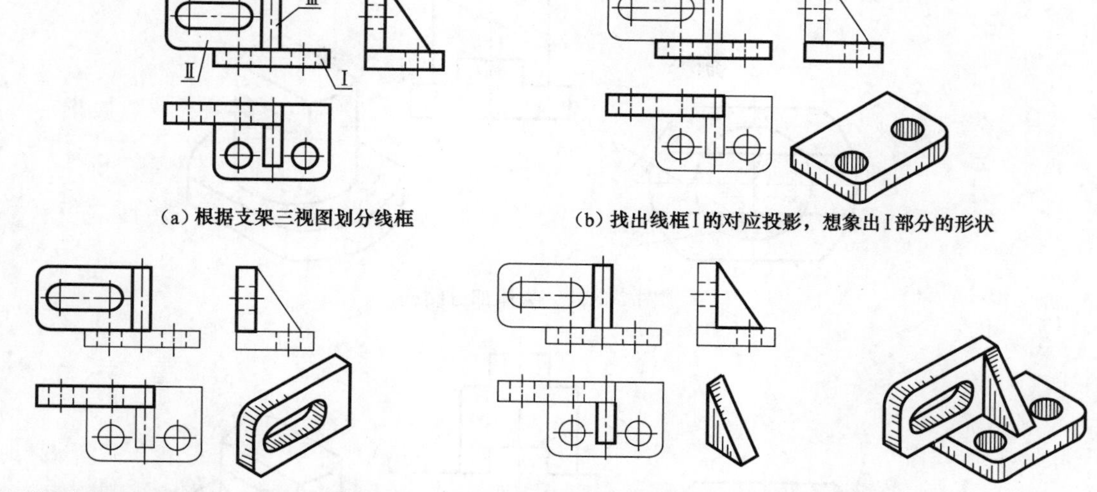

(a) 根据支架三视图划分线框　(b) 找出线框Ⅰ的对应投影，想象出Ⅰ部分的形状

(c) 找出线框Ⅱ的对应投影，想象出Ⅱ部分的形状　(d) 找出线框Ⅲ的对应投影，想象出Ⅲ部分的形状　(e) 支架整体形状

图 2-5-28　用形体分析法读图

3. 线面分析法读图

实际读图时，形体分析法和线面分析法通常并用，大轮廓、易懂结构用形体分析法，细节及难懂部分用线面分析法。线面分析法是形体分析法读图的补充。尤其是读切割式组合体，通过对形体的各种线和线框进行分析来想象物体的形状和位置，比较容易构思出物体的整体形状。

【例 2-5-4】 读懂视图，并补画第三视图。

(1) 分析视图。此物体结构并不复杂，且前后对称，但是俯视图中两条水平的线不易理解，因此，考虑用线面分析法进行分析，如图 2-5-29 所示。

(2) 读懂物体的大致轮廓。考虑俯视图中最大的一圈线框 1 与左视图中处于下部的线框 3 等宽，因此可以认为此线框主体部分大致为（Ⅰ）所示的圆盘被前后两个平面截切。俯视图中 2 圆线框为圆，因此可认为 2 线框大体代表圆柱，即立体的大致轮廓与（Ⅱ）近似，如图 2-5-30 所示。

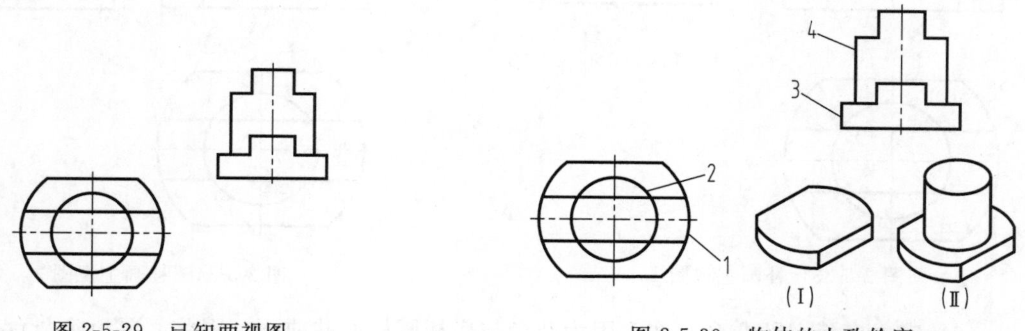

图 2-5-29　已知两视图　　图 2-5-30　物体的大致轮廓

(3) 分析特殊线或特殊面。立体的前后方向对称，因此分析出对称中心面前方的线框，则后方对称的部分也可以明确。俯视图中的线框 1 与左视图中线 3 在前后方向宽度对应，可以看出圆柱是被水平面截切，截切的范围到投影线 2、4 对应的位置。由此可见 1、3 代表了立体上的面Ⅰ，2、4 代表了立体上的面Ⅱ，在立体上综合此部分结构，如图 2-5-31 和图 2-5-32 所示。

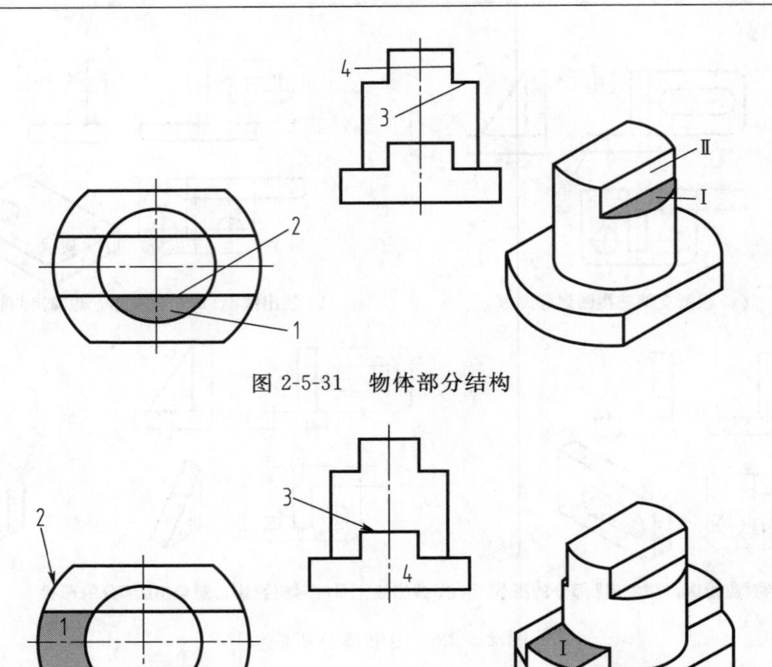

图 2-5-31 物体部分结构

图 2-5-32 综合得到物体的整体图

(4) 补画第三视图。看懂立体后，可以开始补画主视图，补画的步骤，可以参照读图的步骤，首先画出底板及圆柱筒，如图 2-5-33 所示。

(5) 完成圆柱顶端的截切。注意截交产生的两条素线相对转向轮廓线靠里一些，如图 2-5-34 所示。

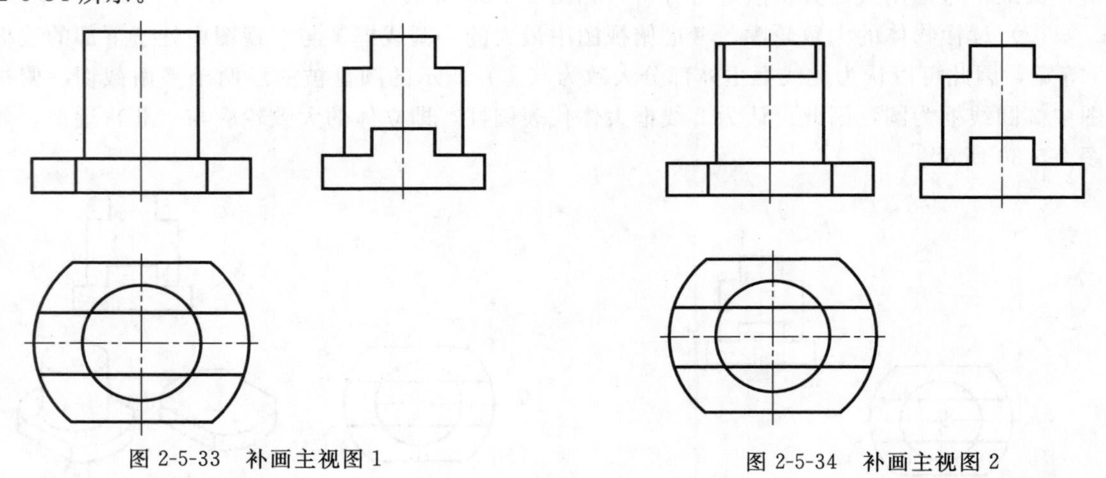

图 2-5-33 补画主视图 1

图 2-5-34 补画主视图 2

(6) 完成底板上的凸台，注意因为凸台与底板圆柱面共曲面，因此，要消除凸台与底板圆柱面之间的线，如图 2-5-35 所示。

轴承座形体分析及绘图步骤。

（1）形体分析

如图 2-5-1 所示的轴承座为综合式组合体，由底板、支座及三角肋板 3 个部分组成。底板为 L 形，对称挖掉两个孔；支座在底板后方与底板后表面平齐；三角肋左右对称放置，与后表面平齐。

（2）选择主视图

主视图选择能够较多反映组合体形状和位置特征的方向作为主视图的投影方向。如图 2-5-36 所示选 A 向。

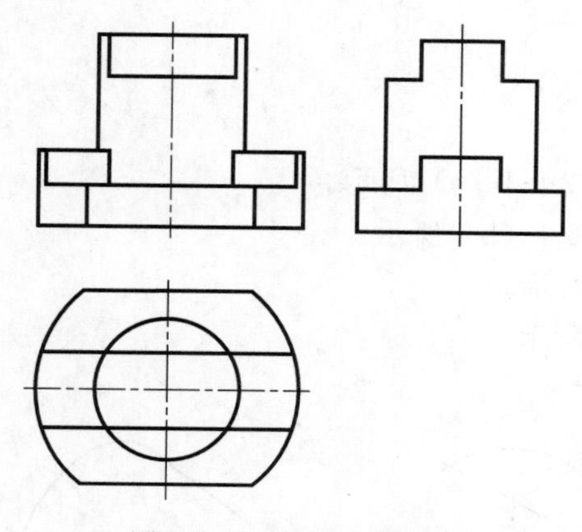

图 2-5-35　补画主视图 3

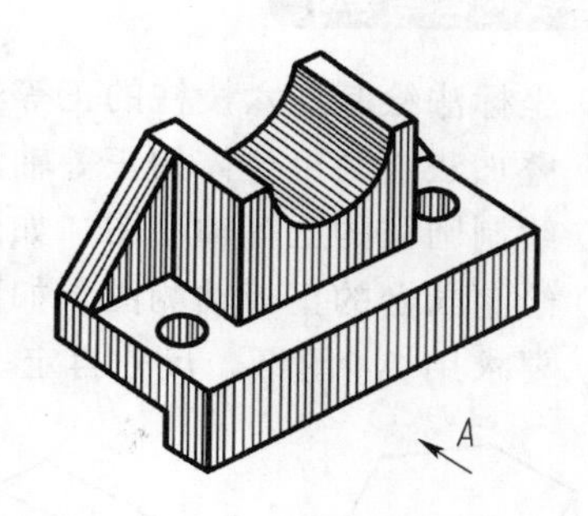

图 2-5-36　轴承座主视图的投影方向

（3）画图步骤

① 布图。画出各视图的基准线，对称中心线。

② 画底板。主、俯、左三个视图对应完成。

③ 画支座。先画主视图，再根据投影关系画出俯左视图。

④ 画三角肋板。

⑤ 检查底稿，加深完成全图。

任务延伸

用 A4 图纸，绘制组合体图 2-5-37、图 2-5-38 所示的三视图，选择适当比例，并标注尺寸。

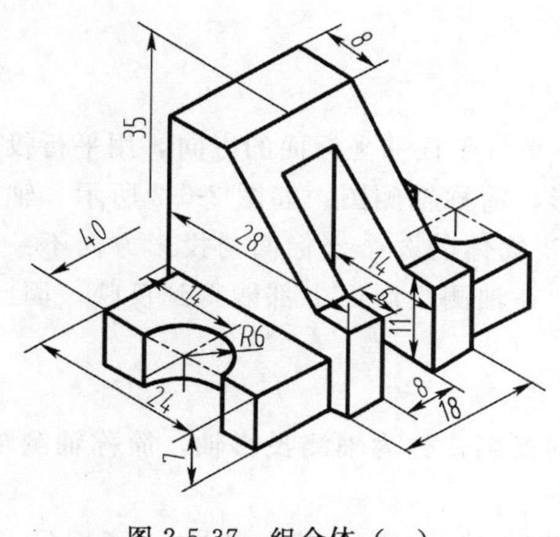

图 2-5-37　组合体（一）

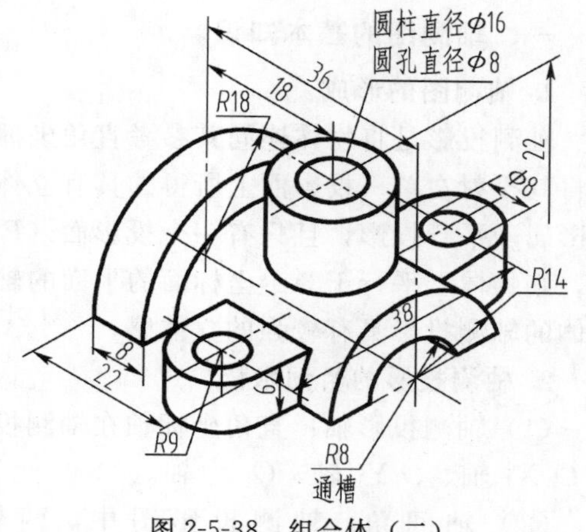

图 2-5-38　组合体（二）

任务六 绘制轴测图

任务目标

① 掌握轴测投影基本知识。

② 能绘制简单形体的正等轴测图。

③ 了解斜二轴测图画法。

任务内容与要求

① 坐标法绘制正六棱柱的正等轴测图，如图 2-6-1（a）所示。

② 叠加法绘制组合体的正等轴测图，如图 2-6-1（b）所示。

③ 绘制圆柱的正等轴测图，如图 2-6-1（c）所示。

④ 绘制圆台的正等轴测图，如图 2-6-1（d）所示。

⑤ 要求用 A4 图纸，尺寸自定。

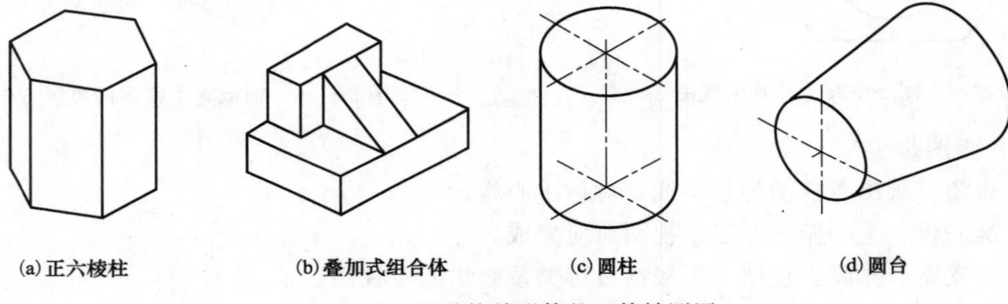

图 2-6-1 几种简单形体的正等轴测图

相关知识

- 轴测图的基本知识
- 正等轴测图
- 斜二轴测图

一、轴测图的基本知识

1. 轴测图的形成

轴测投影是将物体连同其参考直角坐标系，沿不平行于任一坐标面的方向，用平行投影法将其投射在单一投影面上所得的具有立体感的图形，简称轴测图，如图 2-6-2 所示。轴测投影属于平行投影，且只有一个投影面（P 平面）。当物体的 3 个坐标面与投影方向不一致时，则物体上平行于 3 个坐标面的平面的轴测投影，在轴测投影面中都能得到反映，因此，物体的轴测投影具有较强的立体感。

2. 轴测投影的名词术语

（1）轴测投影轴：直角坐标轴在轴测投影面上的投影，称为轴测投影轴，简称轴测轴，即 O_1X_1 轴、O_1Y_1 轴、O_1Z_1 轴。

（2）轴间角：轴测投影图中，两轴测轴之间的夹角（$\angle X_1O_1Y_1$、$\angle X_1O_1Z_1$、

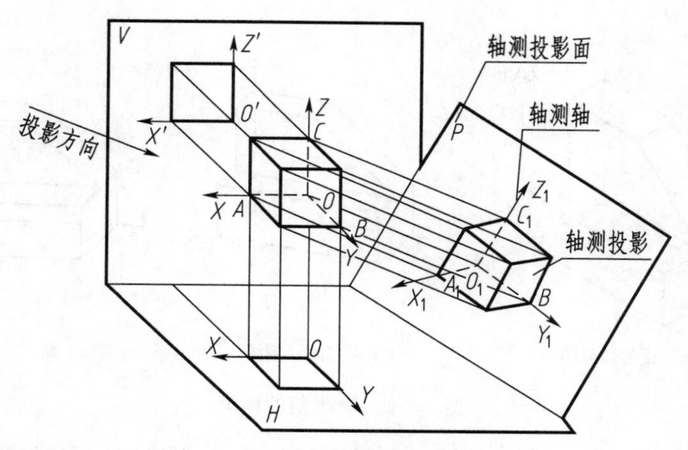

图 2-6-2 轴测投影的形成

$\angle Y_1O_1Z_1$)，称为轴间角，如图 2-6-2 所示。

(3) 轴向伸缩系数：轴测轴上的单位长度与相应投影轴上的单位长度的比值，称为轴向伸缩系数。O_1X_1 轴、O_1Y_1 轴、O_1Z_1 轴上的轴向伸缩系数分别用 p_1、q_1、r_1 表示。

X 轴的轴向伸缩系数：$p_1 = O_1A_1/OA$；

Y 轴的轴向伸缩系数：$q_1 = O_1B_1/OB$；

Z 轴的轴向伸缩系数：$r_1 = O_1C_1/OC$。

3. 轴测轴的设置

画物体的轴测图时，先要确定轴测轴，然后再根据这些轴测轴作为基准来画轴测图。轴测图中的 3 根轴测轴应配置成便于作图的特殊位置。

轴测轴可以设置在物体之外，但一般常设置在物体本身内，与主要棱线、对称中心线或轴线重合，如图 2-6-3 所示。绘图时，轴测轴随轴测图同时画出，也可以省略不画。

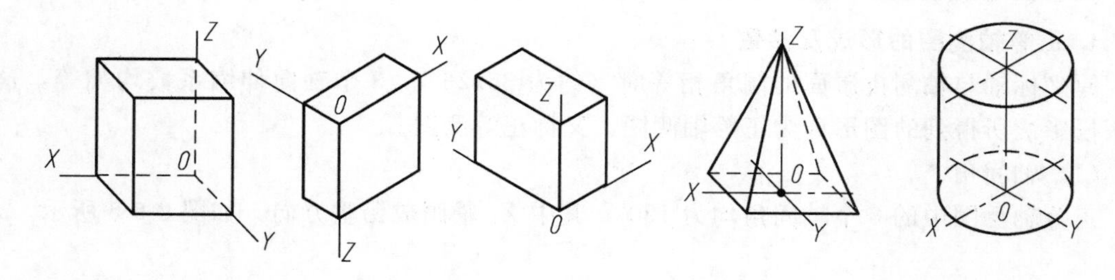

图 2-6-3 轴测轴的设置

轴测图中，用粗实线画出物体的可见轮廓。必要时或可能引起误解时（如三棱锥与四棱锥的区别），可用虚线画出物体的不可见轮廓。

4. 轴测图的种类

轴测图分为正轴测图和斜轴测图两类。每类根据轴向伸缩系数的不同，又可分为 3 种：

(1) 若 $p_1 = q_1 = r_1$，即 3 个轴向伸缩系数相同，称正（或斜）等测轴测图，如图 2-6-4 (a) 所示。

(2) 若有两个轴向伸缩系数相等，如 $p_1 = q_1 \neq r_1$，称正（或斜）二测轴测图，如图 2-6-4 (b)、图 2-6-4 (c) 所示。

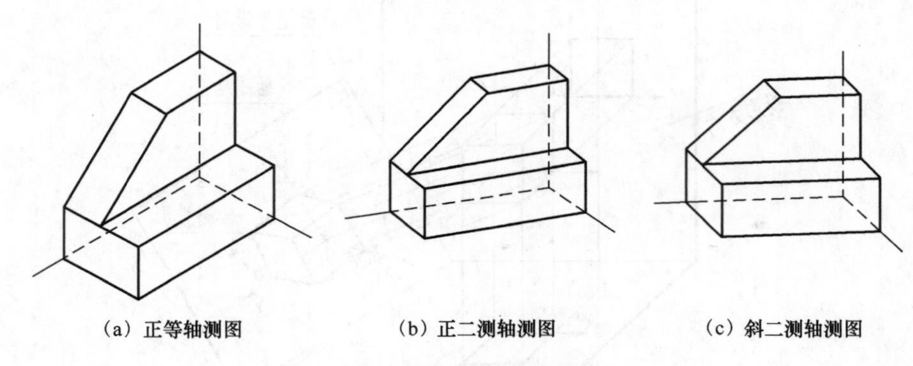

(a) 正等轴测图　(b) 正二测轴测图　(c) 斜二测轴测图

图 2-6-4　轴测图的种类

(3) 如果 3 个轴向伸缩系数都不相等，即 $p_1 \neq q_1 \neq r_1$，称正（或斜）三测轴测图。

工程上多采用正等测轴测图（简称正等轴测图或正等测图）、斜二测轴测图（简称斜二测图）。

5. 轴测图的基本性质

(1) 三轴不变：空间直角坐标轴投影成轴测轴以后，在轴测图中一般已不是 90°相交，但是沿轴测轴确定长、宽、高 3 个坐标方向的性质不变。

(2) 等比性：物体上原来平行于坐标轴的线段，在轴测图中其轴测投影必平行于相应的轴测轴，其轴测投影长度等于原长乘以该轴的伸缩系数。

(3) 平行性：物体上原来相互平行的直线，在轴测图中仍然相互平行。

(4) 测量性：画轴测图时，物体上平行于坐标轴的线段，可按其原来的尺寸乘以轴向伸缩系数后，再沿着相应的轴测轴定出其投影的长短。轴测图中“轴测”这个词就含有沿轴向测量的意思。

二、正等轴测图

1. 正等轴测图的形成及参数

原坐标轴与轴测投影面的倾角相等时（约为 35.26°），3 个轴向伸缩系数均相等，这时用正投影法所得到的图形称为正等轴测图，又称正等测图。

(1) 轴间角

正等轴测图中的 3 个轴间角均为 120°，其中 Z_1 轴画成铅垂方向，如图 2-6-5 所示。

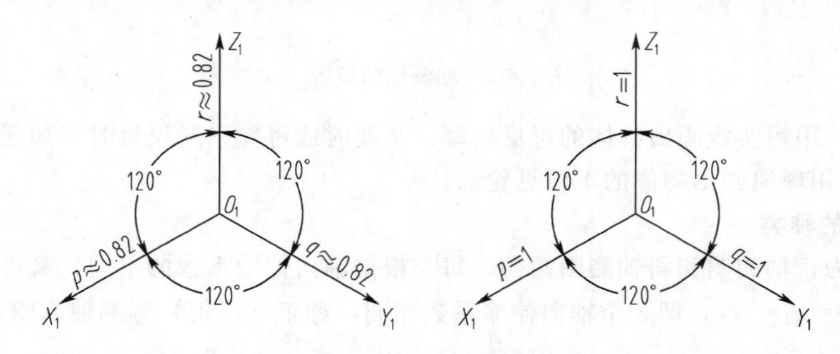

图 2-6-5　正等测图的轴向伸缩系数和轴间角

(2) 轴向伸缩系数

轴向伸缩系数 $p=q=r\approx 0.82$，为作图方便，通常采用简化的轴向伸缩系数 $p=q=r=1$，即与轴测图平行的线段，作图时按实际长度直接量取，此时正等测图比原投影放大了 $1/0.82\approx 1.22$ 倍。

2. 平面体的正等轴测图画法

画平面体轴测图有坐标法和方箱法两种，而方箱法又根据物体的形状特点，分为切割法和叠加法。在实际作图中，多数情况下综合起来应用，因此可称为“综合法”。

（1）坐标法

根据点的坐标作出点的轴测图的方法，称为坐标定点法（坐标法），它是绘制轴测图的基本方法。画平面立体的轴测图时，首先应确定坐标原点和直角坐标轴，并画出轴测轴；然后根据各顶点的坐标，画出其轴测投影；最后依次连线，完成整个平面立体的轴测图。

【例 2-6-1】 已知三棱锥 $SABC$ 的三视图，如图 2-6-6（a）所示，求作正等轴测图。

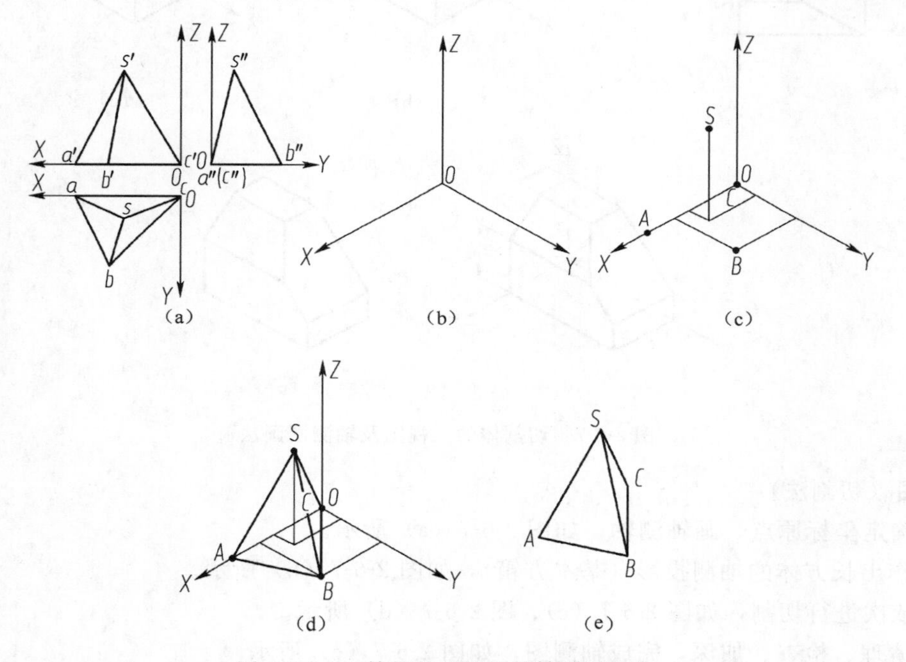

图 2-6-6　三棱锥的三视图及轴测图画法

作图（坐标法）：

① 确定 C 点为坐标原点，画出轴测轴，如图 2-6-6（b）所示。

② 根据点的坐标，在轴测坐标系中确定各点的位置。即沿坐标轴度量尺寸，量取 A、B、S 三点到原点 O（即 C 点）的左右、前后、上下的坐标差，并截取在轴测坐标系中，可求得各顶点的轴测投影，如图 2-6-6（c）所示。

③ 连接对应点，如图 2-6-6（d）所示。

④ 擦去作图线，检查描深，如图 2-6-6（e）所示。

（2）方箱法

假设将物体装在一个辅助立方体里来画轴测图的方法叫做方箱法。具体作图时，可以设轴测轴与方箱一个角上的 3 条棱线重合，然后沿轴向按所画物体的长、宽、高 3 个外廓总尺寸截取各边的长度，并作轴线的平行线，就可画出辅助方箱的正等轴测图。在此基础上进行切割或叠加作出物体的轴测图。

① 切割法。画切割体的轴测图，可以先画方箱，然后按其结构特点逐个地切去多余的部分，进而完成切割体的轴测图，这种绘制轴测图的方法称为切割法。

【例 2-6-2】 已知物体的三视图如图 2-6-7（a）所示，求作正等轴测图。

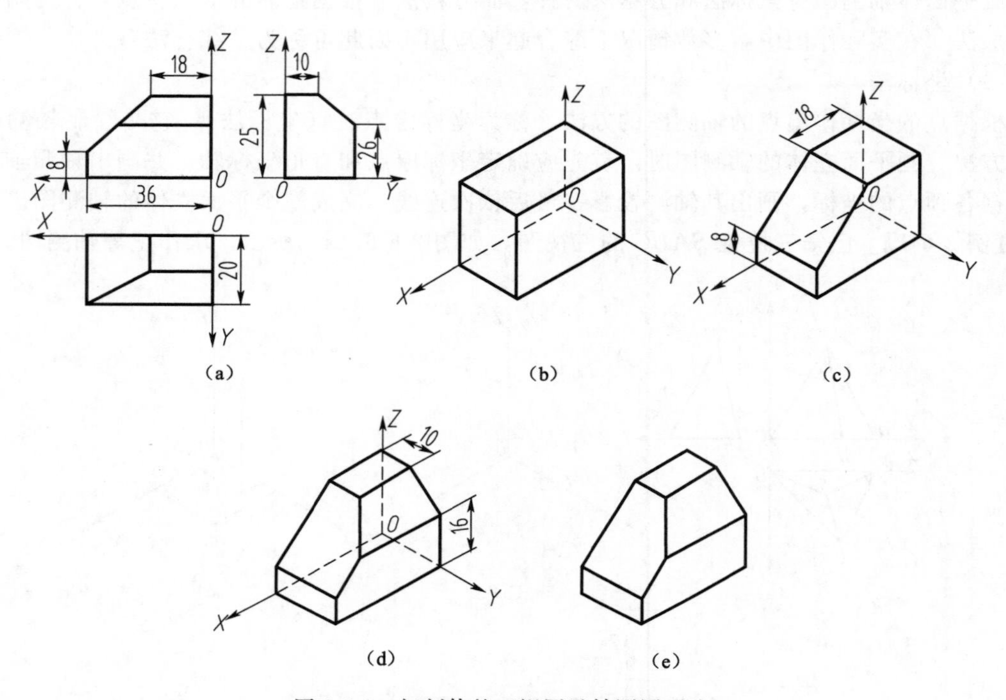

图 2-6-7　切割体的三视图及轴测图画法

作图（切割法）：

a. 确定坐标原点，画轴测轴，如图 2-6-7（a）所示。

b. 作出长方体的轴测投影（基本方箱），如图 2-6-7（b）所示。

c. 依次进行切割，如图 2-6-7（c）、图 2-6-7（d）所示。

d. 清理、检查、加深，完成轴测图，如图 2-6-7（e）所示。

② 叠加法。画叠加体的轴测图，可先将物体分解成若干个简单的形体，然后按其相对位置逐个地画出各简单形体的轴测图，进而完成整体的轴测图，这种方法称为叠加法。

【例 2-6-3】 已知物体的三视图如图 2-6-8（a）所示，求作正等轴测图。

作图（叠加法）：

a. 形状分析，此叠加体可分为底板、立板和侧板 3 部分。

b. 确定坐标原点，画轴测轴，如图 2-6-8（a）所示。

c. 以轴测轴为基准先画出底板的轴测图，如图 2-6-8（b）所示。

d. 在底板上定出立板，接着画出侧板的轴测图，如图 2-6-8（c）、图 2-6-8（d）所示。

e. 清理、检查、加深，完成轴测图，如图 2-6-8（e）所示。

【例 2-6-4】 画出如图 2-6-9（a）所示物体的正等轴测图。

作图：

a. 选定坐标原点，画轴测轴，画出完整的长方体的轴测图，如图 2-6-9（b）所示。

b. 根据 A、B、C、D 各点的坐标值，确定轴测图中 A、B、C 的位置，延长 BA 至长方体棱边 E 点，挖掉左上方长方体，如图 2-6-9（c）所示。

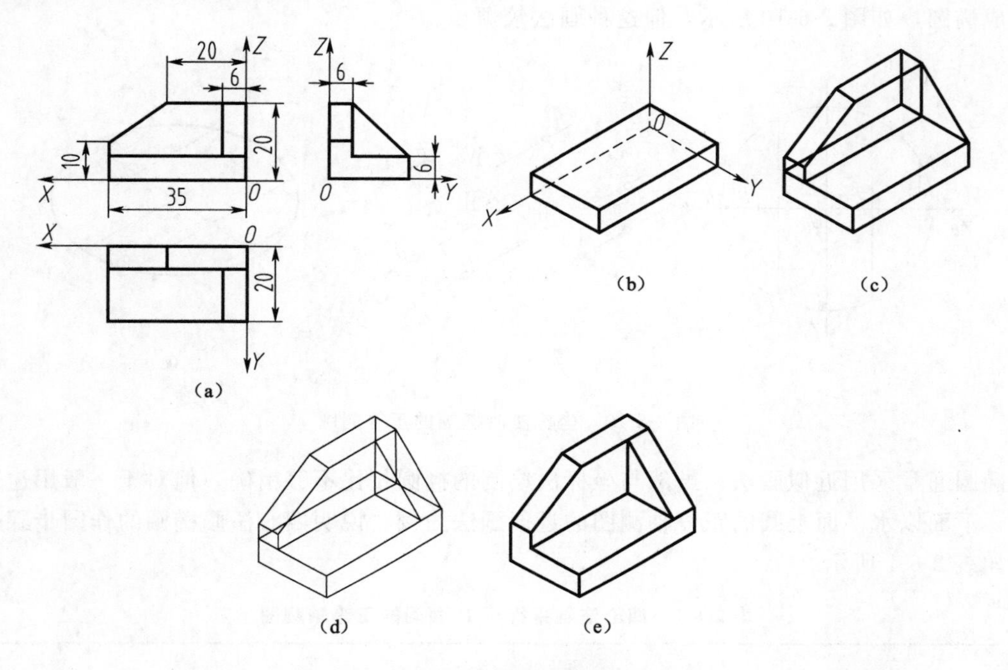

图 2-6-8 叠加体的轴测图的画法

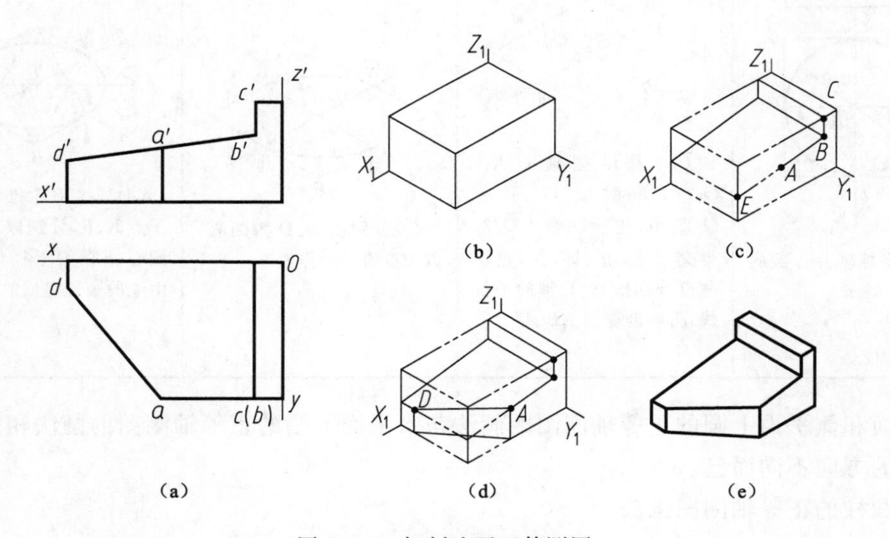

图 2-6-9 切割法画正等测图

c. 根据 A、D 两点的坐标值，确定 A、D 位置，过 A、D 作底面的垂线，挖掉左下三角，如图 2-6-9（d）所示。

d. 去掉多余的线，整理加深后得到正等测图，如图 2-6-9（e）所示。

3. 圆和回转体的正等轴测图画法

在正等轴测图中，物体上的圆投射成为椭圆。

（1）圆的正等轴测图

由于正等轴测图的 3 个坐标轴都与轴测投影面倾斜，所以平行于投影面的圆的正等轴测图均为椭圆。用坐标法画椭圆时，应先找出圆周上若干点在轴测图中的位置，然后用曲线板连接成椭圆，如图 2-6-10 所示，但这种画法较烦琐。

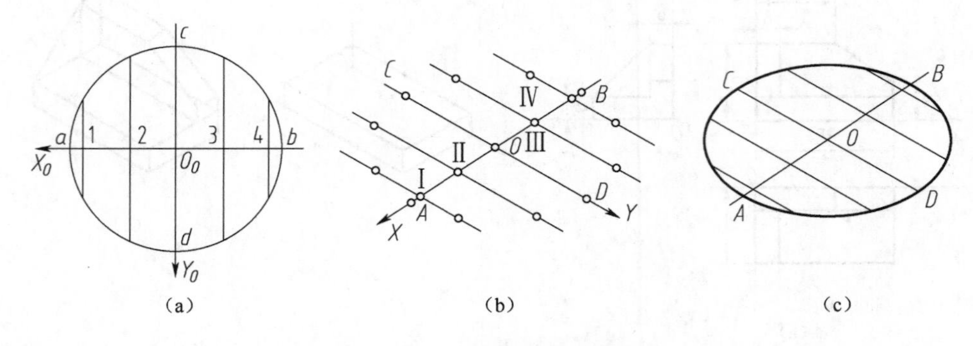

图 2-6-10　坐标法画椭圆的正等测图

椭圆通常采用近似画法，虽然与坐标法绘制的椭圆相比不够精确，但对于一般用途也足够了，下面以水平面上圆的正等轴测图的近似画法为例，说明四心法画椭圆的作图步骤及说明，如表 2-6-1 所示。

表 2-6-1　四心法画平行于 *H* 面圆的正等轴测图

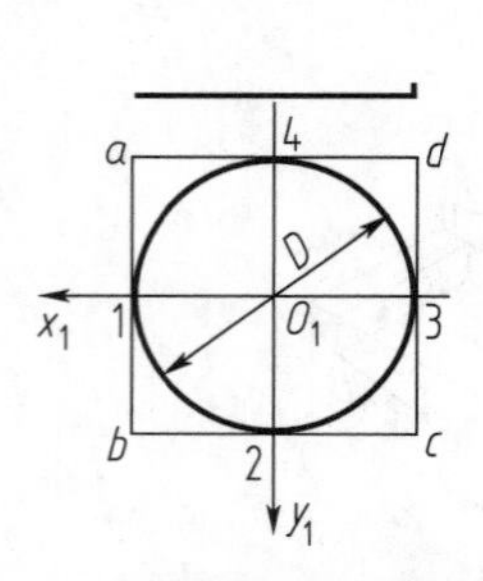	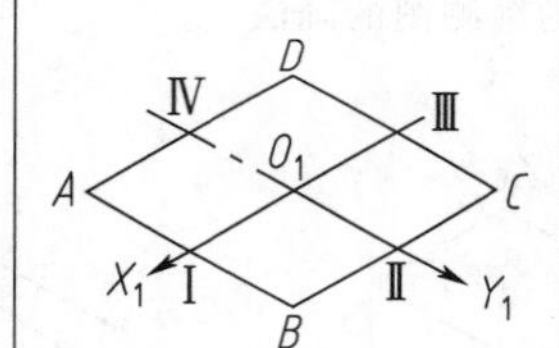	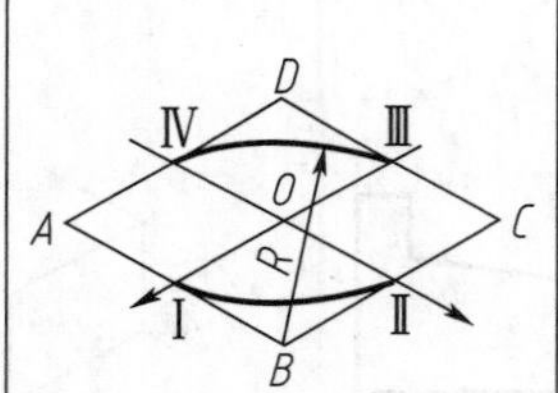	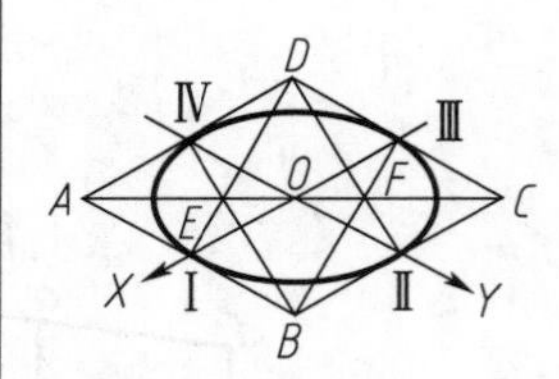
(a)确定坐标轴并作圆的外切正方形 *abcd*	(b)作轴测轴 O_1X_1、O_1Y_1，并截取 O_1Ⅰ$=O_1$Ⅲ$=O_1$Ⅱ$=O_1$Ⅳ$=D/2$，得交点Ⅰ、Ⅱ、Ⅲ、Ⅳ，过这些点分别作 *X*、*Y* 轴的平行线，得辅助菱形 *ABCD*	(c)分别以 *B*、*D* 为圆心，以 *B*Ⅲ为半径作弧	(d)连接 *B*Ⅲ和 *B*Ⅳ交 *AC* 于点 *E*、*F*，分别以点 *E*、*F* 为圆心、*E*Ⅳ为半径作弧，即得由 4 段圆弧组成的近似椭圆

正平面和侧平面上圆的正等轴测图的画法与水平面上圆的正等轴测图的画法相同，只是长、短轴的方向不同而已。

(2) 圆柱的正等轴测图画法

画圆柱的正等轴测图，应首先绘制圆柱两端面圆的正等轴测图，然后再做两椭圆的公切线，如表 2-6-2 所示。

(3) 圆角（1/4 圆）的正等轴测图画法

圆角的正等轴测图的作图步骤及说明如表 2-6-3 所示。

(4) 圆台的正等轴测图画法

画圆台的正等轴测图，首先绘制两端圆的正等轴测图，然后再作两椭圆的公切线，如图 2-6-11 所示。

表 2-6-2　圆柱正等轴测图的作图步骤及说明

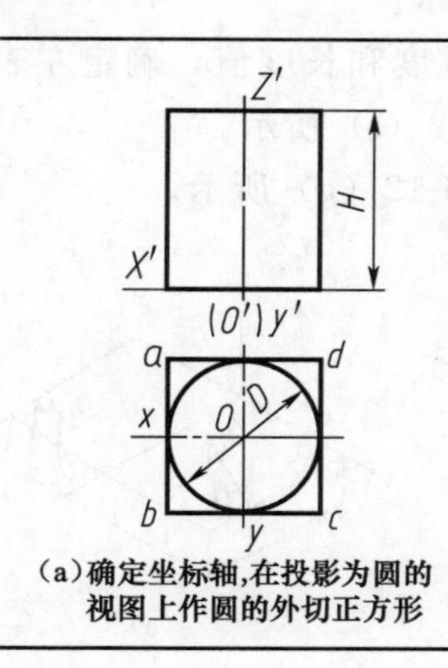 (a)确定坐标轴，在投影为圆的视图上作圆的外切正方形	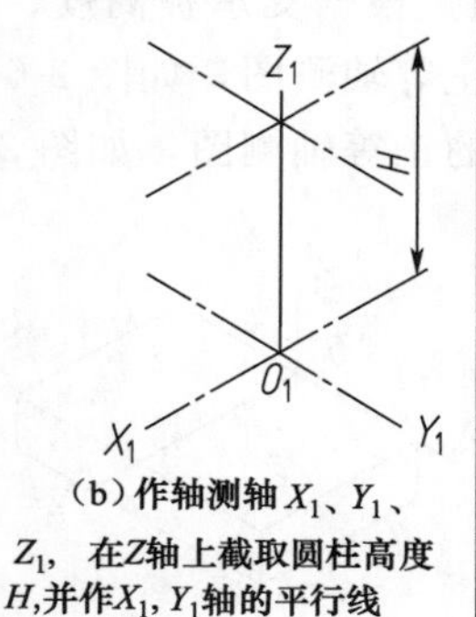 (b)作轴测轴 X_1、Y_1、Z_1，在Z轴上截取圆柱高度H，并作X_1，Y_1轴的平行线	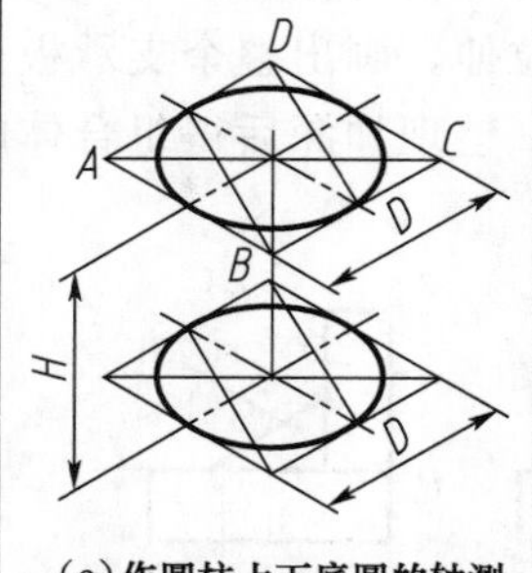 (c)作圆柱上下底圆的轴测投影，即椭圆	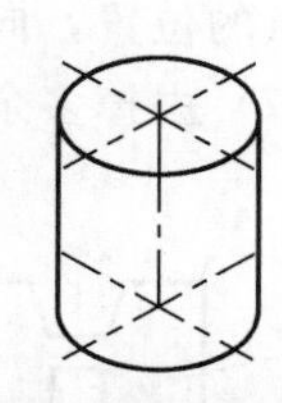 (d)作两椭圆的公切线，对可见轮廓线进行加深（虚线省略不画）

表 2-6-3　圆角的正等测图的作图步骤及说明

作图步骤及说明	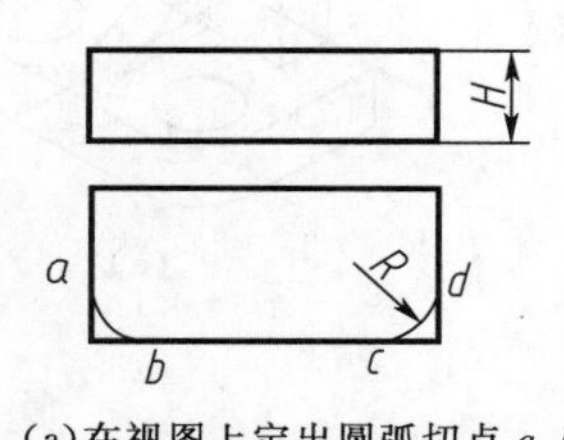 (a)在视图上定出圆弧切点 a、b、c、d 及圆弧半径 R	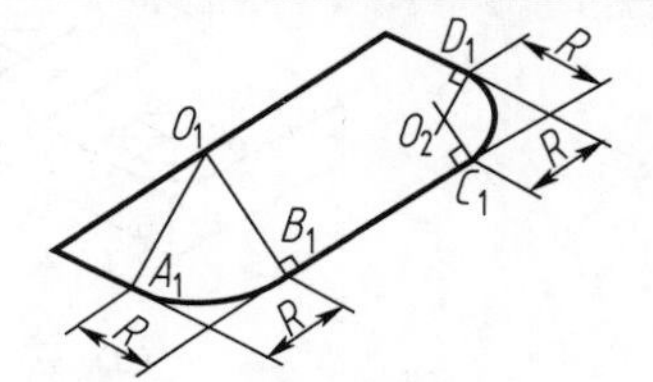 (b)先画长方形的正等测图。在对应的两边上分别截取 R，得点 A_1、B_1 及点 C_1、D_1，过这 4 点分别作该边的垂线交于 O_1、O_2 点，分别以 O_1、O_2 点为圆心，以 O_1A_1、O_2D_1 为半径画弧，完成上表面轴测图	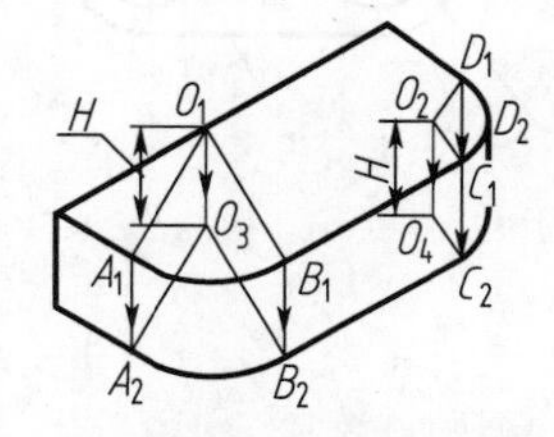 (c)按板的高度 H 移动圆心和切点，画圆弧 A_2B_2、C_2D_2，作 C_1D_1 和 C_2D_2 的公切线及其他轮廓线

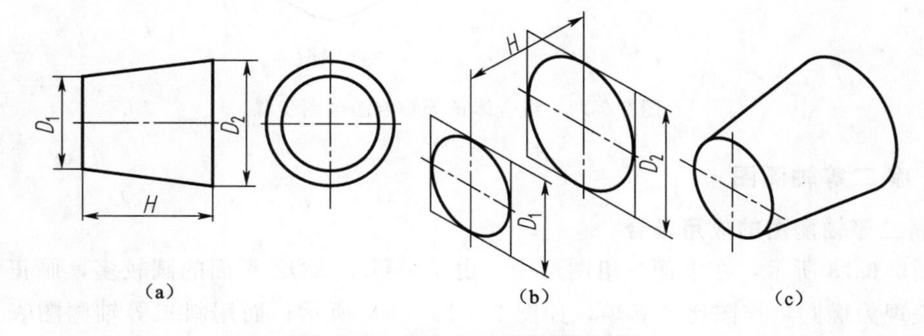

图 2-6-11　圆台的正等轴测图画法

【例 2-6-5】 作出图 2-6-12（a）所示组合体的正等轴测图。

作图：

（1）组合体由底板 1、立板 2、支承板 3 堆积而成，如图 2-6-12（a）所示。

（2）建立轴测轴，画底板的长方体正等轴测图，如图 2-6-12（b）所示。

（3）画底板圆角，如图 2-6-12（c）所示。

（4）根据菱形四心法，画出底板上表面圆的轴测图椭圆，如图 2-6-12（d）所示。

（5）画立板。立板对称于 YOZ 平面布置，根据立板前表面上梯形槽的尺寸，画出前表面梯形槽；过前表面梯形槽各顶点作 O_1Y_1 轴的平行线，长度取立板厚度，连接立板后表面梯形槽各顶点，整理后得出立板的正等轴测图，如图 2-6-12（e）所示。

（6）画支承板。支承板对称于 YOZ 平面，根据支承板高度、宽度和长度值，确定左表面各点的位置，向右拉伸，画出整个支承板正等轴测图，如图 2-6-12（f）所示。

（7）去掉多余线，整理加深后得组合体的正等轴测图，如图 2-6-12（g）所示。

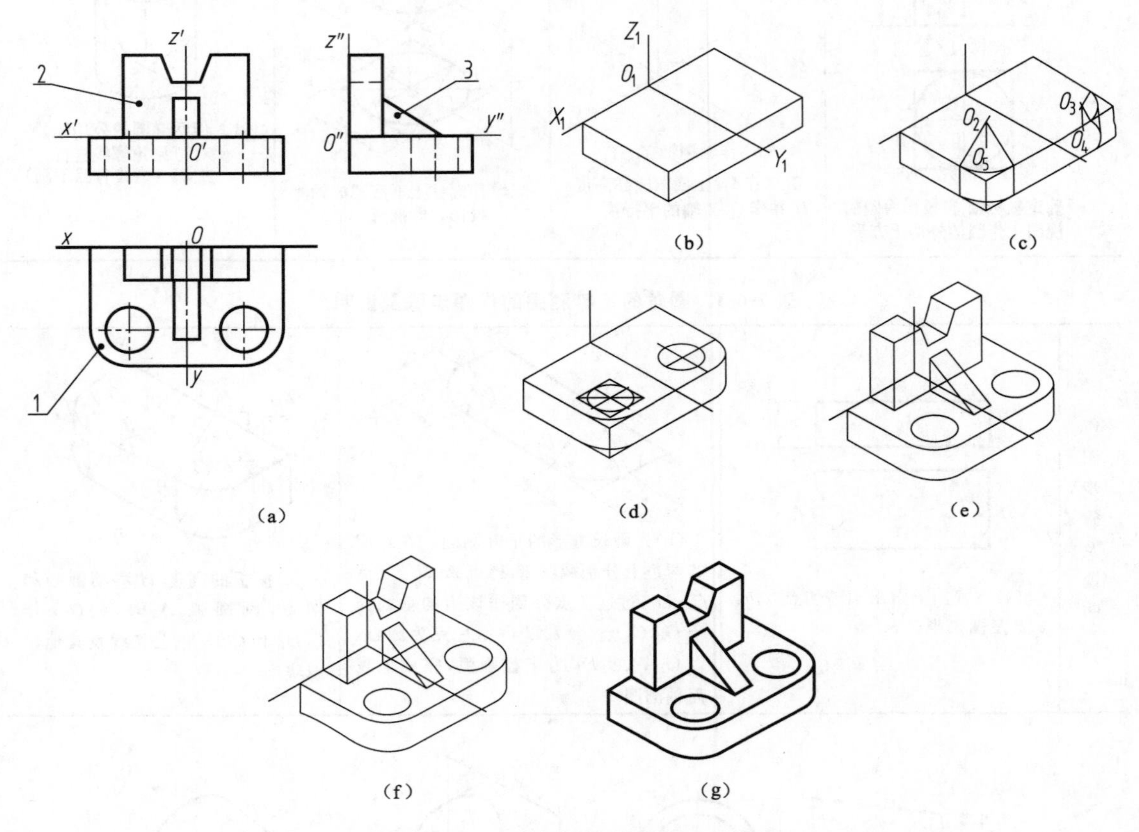

图 2-6-12　组合体正等轴测图画图步骤

三、斜二等轴测图

1. 斜二等轴测图的应用场合

如图 2-6-13 所示，在上面一组图形中，由于平行于 XOZ 平面的圆较多，画正等轴测图时全部表现为椭圆，作图比较麻烦，如图 2-6-13（b）所示；而用斜二等轴测图表达时圆保持实形，作图方便，如图 2-6-13（c）所示。在下面一组图形中，板上部的方块与下方箱成 45°，正等测表达时两个侧面积聚，立体感不好；斜二等轴测图表达时则有较强的立体感。在以上类似情况，应选用斜二等轴测图。

2. 斜二等轴测图的形成、参数及画法

（1）斜二等轴测图的形成及参数

斜二等轴测图是指轴测投影方向倾斜于轴测投影面，且 p、q、r 3 个轴向变形系数中的两个相等。其特点表现为有一个坐标面与轴测投影面平行。

常用的斜二等轴测图是坐标面 XOZ 与轴测投影面 P 平行，简称斜二测。此时，根据平行投影特性，XOZ 面上的图形在 P 平面中反映实形，因此轴间角 $\angle Z_1OX_1 = 90°$，轴向变

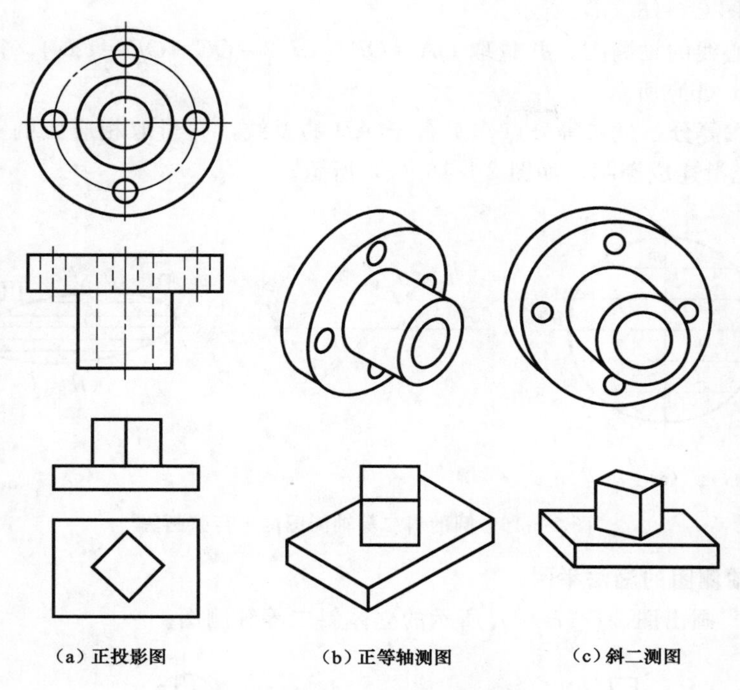

图 2-6-13　斜二测与正等测比较

形系数 $p=r=1$，而 O_1Y_1 轴的轴向变形系数 $q=0.5$，如图 2-6-14（a）所示。图 2-6-14（b）则表示了斜二等轴测图立方体的画法。

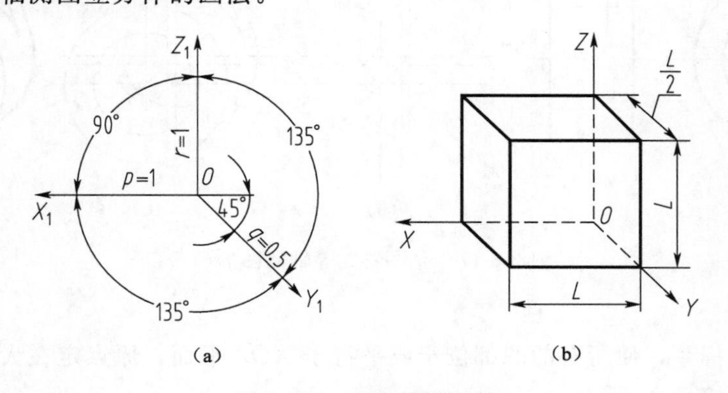

图 2-6-14　斜二测的画法

（2）平行于各坐标面的圆的斜二等轴测图画法

图 2-6-15 所示为平行于 3 个坐标面且直径相等的圆的斜二等轴测图。由图可知，平行于 XOZ 坐标面的圆的斜二等轴测图反映实形，平行于 XOY 和 YOZ 坐标面的圆的斜二等轴测图是椭圆，此两椭圆形状相同，但长短轴方向不同，作图时采用平行弦法。

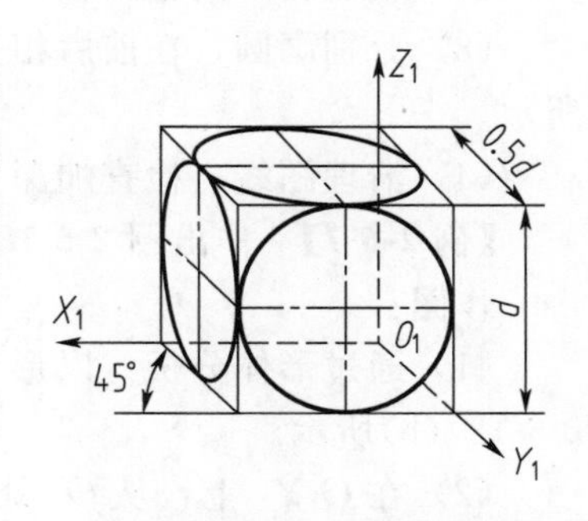

图 2-6-15　圆的斜二等轴测图

用平行弦法画平行于坐标面 $X_1O_1Y_1$ 的圆的斜二等轴测图的步骤如下。

① 将视图上圆的直径 cd 六等分，并过其等分点作平行

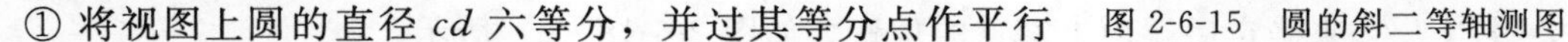

于 ab 的弦，如图 2-6-16（a）所示。

② 画圆中心线的轴测图，并量取 $OA=OB=cd/2$，$OC=OD=cd/4$，得 A、B、C、D 点，如图 2-6-16（b）所示。

③ 将 CD 六等分，过各等分点作平行于 AB 的直线，并量取相应弦的实长，将 $ABCD$ 及中间点依次光滑连成椭圆，如图 2-6-16（c）所示。

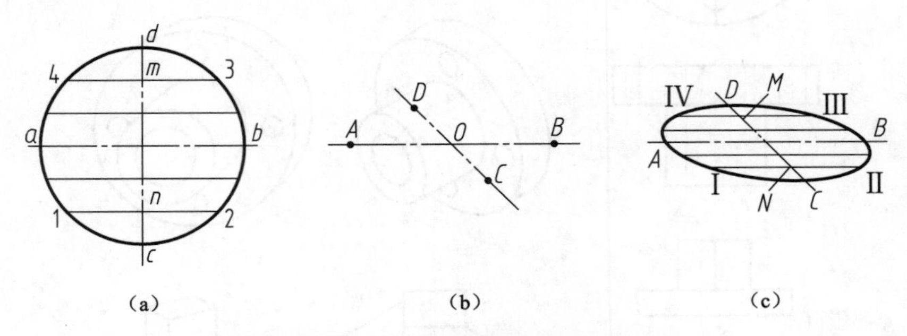

图 2-6-16 圆的斜二等轴测图的平行弦画法

3. 斜二等轴测图的画法举例

【例 2-6-6】 画出图 2-6-17（a）所示的立体斜二等轴测图。

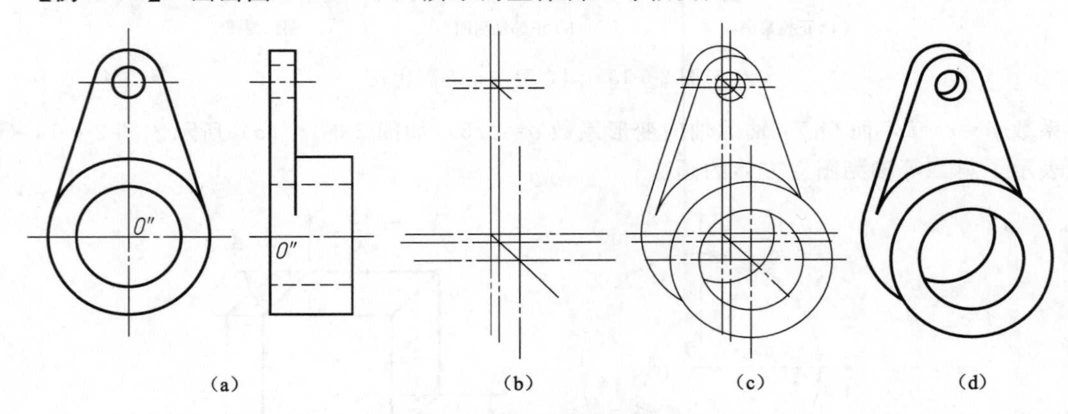

图 2-6-17 立体斜二等轴测图的画法

作图：

（1）选取坐标系，使所有的圆都位于或平行于 XOZ 平面，原点定在大圆柱筒的后部圆心上，如图 2-6-17（a）所示。

（2）画出斜二测轴测轴，如图 2-6-17（b）所示。

（3）分别画圆，在前后相关两圆间作出公切线进行连接，完成轮廓，如图 2-6-17（c）所示。

（4）清理图线，检查加深，完成全图，如图 2-6-17（d）所示。

【例 2-6-7】 作出图 2-6-18（a）所示形体的斜二等轴测图。

作图：

（1）通过形体分析，以形体前断面为 XOZ 坐标面，画轴测轴，再画出前端面，如图 2-6-18（b）所示。

（2）在 O_1Y_1 上，从 O_1 处向后移 $L/2$，得到 O_2，再从前端面的各顶点作 O_1Y_1 的平行线，并以 $L/2$ 来确定后端面上端点的位置，如图 2-6-18（c）所示。

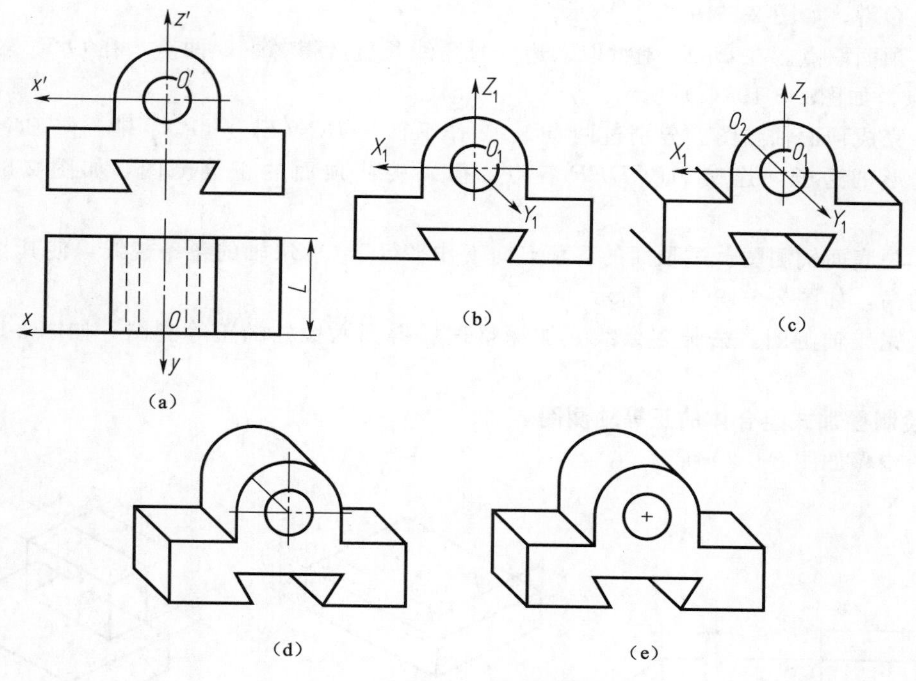

图 2-6-18 斜二等轴测图画法

(3) 连接各顶点，并作圆弧及圆弧的切线，如图 2-6-18 (d) 所示。

(4) 擦去多余线，并加深图线，完成全图，如图 2-6-18 (e) 所示。

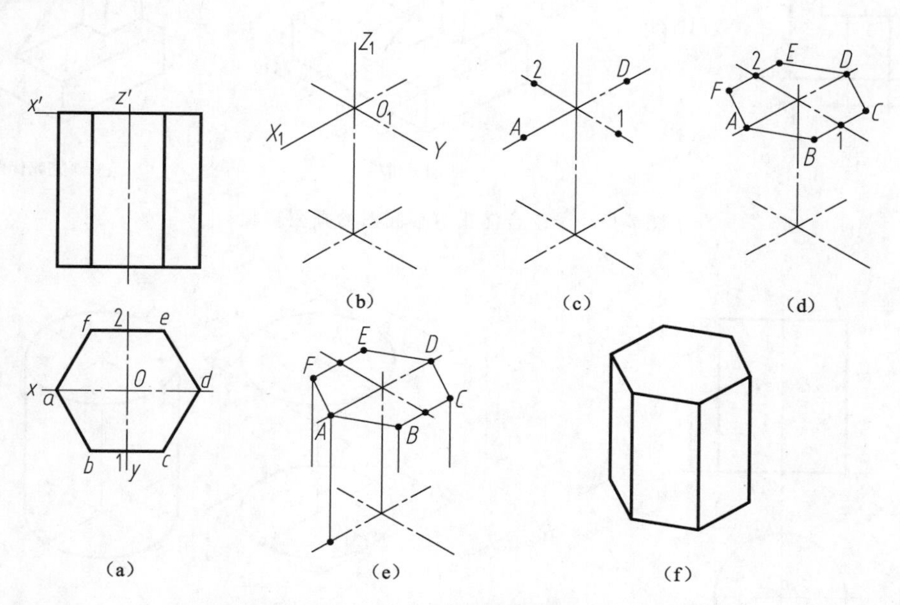

图 2-6-19 六棱柱正等轴测图的画图步骤

1. 坐标法绘制正六棱柱正等测图的步骤

(1) 建立坐标系。画轴测轴，将顶面中心取在坐标原点 O_1，取顶面对称中心线为轴测

轴 OX_1、OY_1，如图 2-6-19（b）所示。

（2）顶面取点。在 O_1X_1 上截取六边形对角线长度，得 A、D 两点，在 O_1Y_1 轴上截取 1、2 两点，如图 2-6-19（c）所示。

（3）完成顶面轴测图。分别过两点 1、2 作平行线 $BC /\!/ EF /\!/ O_1X_1$ 轴，使 $BC=EF$ 且等于六边形的边长，连接 $ABCDEF$ 各点，得六棱柱顶面的正等测图，如图 2-6-19（d）所示。

（4）画底面轴测图。过顶面的各顶点向下作平行于 O_1Z_1 轴的各条棱线，使其长度等于六棱柱的高，如图 2-6-19（e）所示。

（5）完成轴测图。去掉多余线，加深整理后得到六棱柱的正等测图，如图 2-6-19（f）所示。

2. 绘制叠加式组合体的正等轴测图

绘图步骤如图 2-6-20 所示。

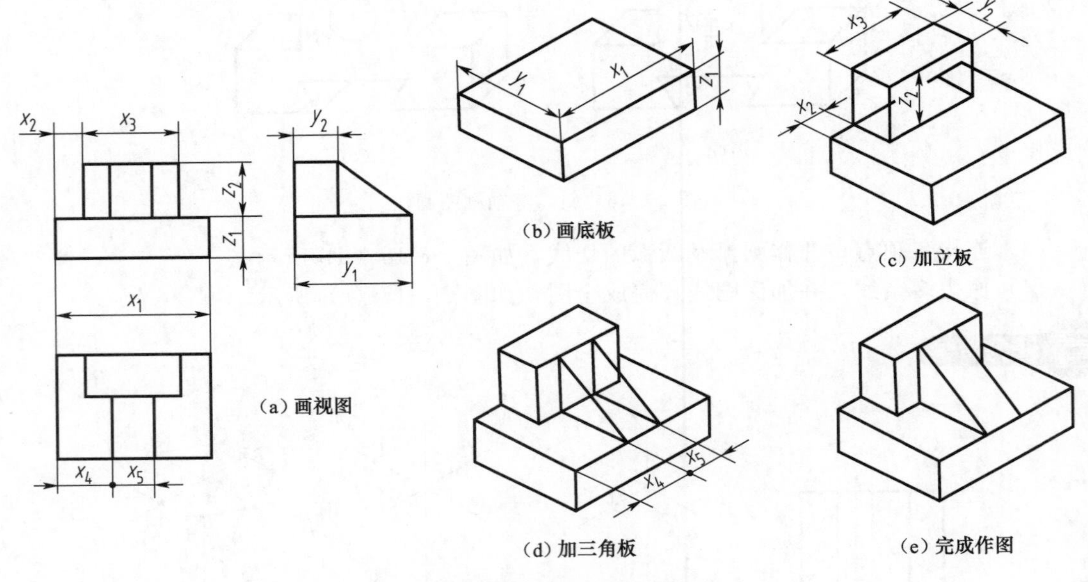

图 2-6-20 组合体正等轴测图的画图步骤

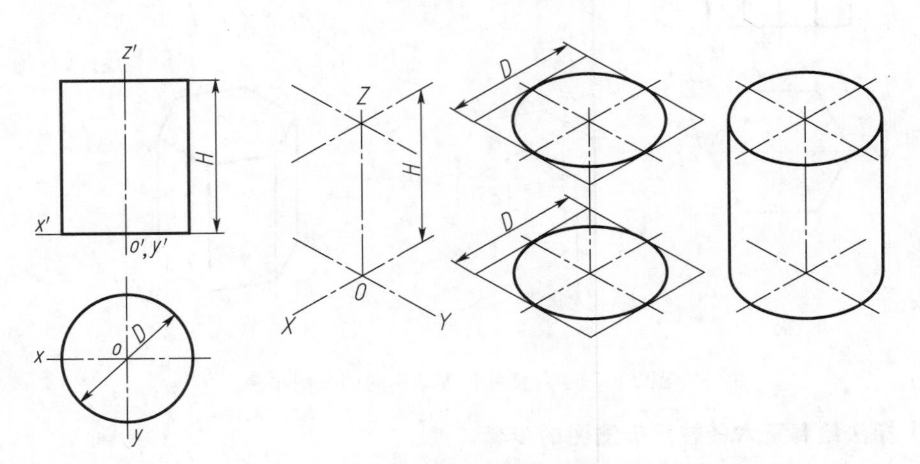

图 2-6-21 圆柱体正等轴测图的画法

3. 绘制圆柱体的正等轴测图

绘图步骤如图 2-6-21 所示。

4. 绘制圆台的正等轴测图

绘图步骤如图 2-6-22 所示。

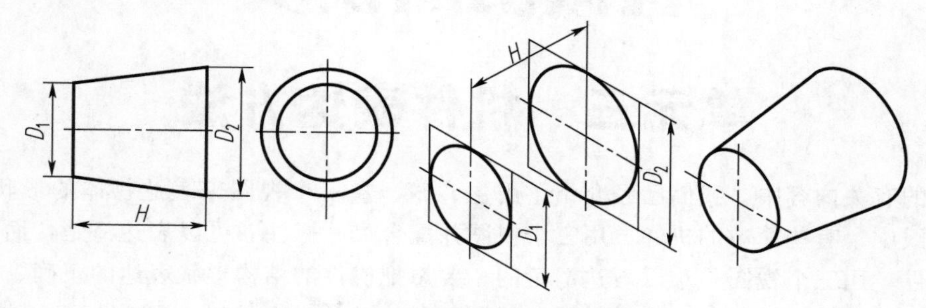

图 2-6-22　圆台正等轴测图的画法

机械制图模块

单元三　机件表达方法

前面的有关内容中，我们已经介绍了用主、俯、左三个视图来表达物体的形状和大小，在生产实践中，有些简单的机件，用三个视图并配合尺寸标注，可以表达清楚，而有些较为复杂的机件，用三个视图是难以表达清楚的。要想把机件的结构形状表达的正确、完整、清晰，力求制图简便，方便他人看图，就必须增加其表达方法。为此，国家标准《技术制图》和《机械制图》中规定了视图、剖视图、断面图以及其他各种表达方法，满足了这一需求。下面分别介绍一些常用的表达方法供画图时使用。

任务一　机件外部形状的表达

根据有关标准和规定，用正投影法所绘制出的物体的图形称为视图（GB/T 17451—1998、GB/T 4458.1—2002）。视图这一术语专指主要用于表达机件的外部结构和形状的图形，视图一般只画机件的可见部分，必要时才画出其不可见部分。

视图通常有基本视图、向视图、局部视图和斜视图。

任务目标

① 初步训练表达机件的能力。

② 掌握视图中的基本视图、向视图、局部视图和斜视图的表达方法。

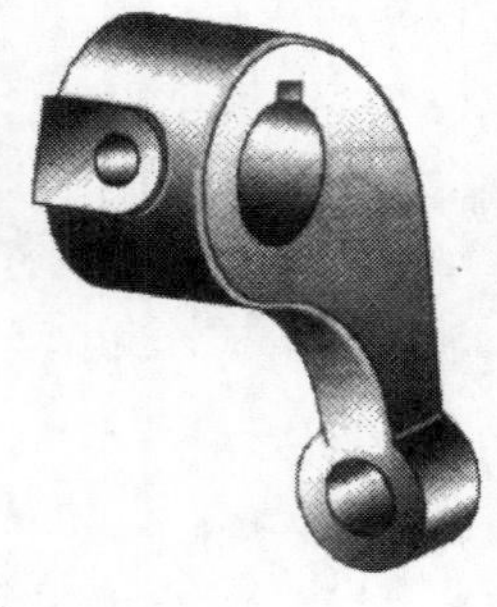

图 3-1-1　压紧杆的立体图

任务内容与要求

① 运用形体分析法分析压紧杆的形状结构，如图 3-1-1 所示。

② 选择适当的表达方法，将压紧杆的外部形状表达清楚，压紧杆的三视图如图 3-1-2 所示。

相关知识

- 基本视图
- 向视图
- 局部视图
- 斜视图

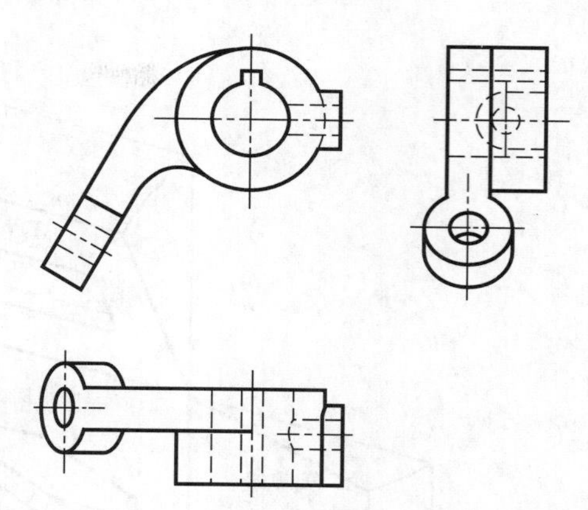

图 3-1-2　压紧杆的三视图

一、基本视图

基本视图是指机件向基本投影面投射所得的视图。

国家标准《机械制图》图样画法中规定用正六面体的六个面作为基本投影面，将机件放置在六个投影面中，分别向六个基本投影面投射所得到的六个视图称为基本视图，除主视图、俯视图和左视图外，还有右视图、仰视图和后视图，如图 3-1-3 所示。

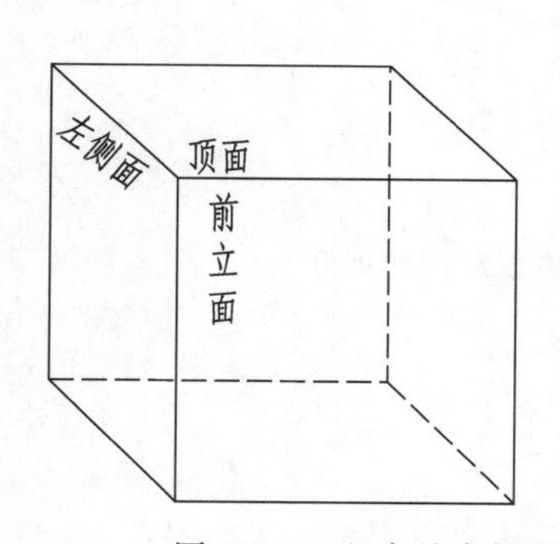

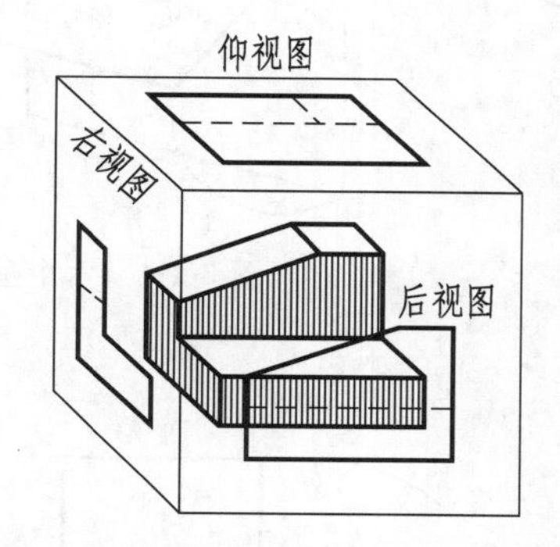

图 3-1-3　六个基本投影及右、后、仰视图的形成

基本视图名称及其投影方向的规定如下。

(1) 主视图：自前向后投射所得的视图。

(2) 左视图：自左向右投射所得的视图，配置在主视图右方。

(3) 右视图：自右向左投射所得的视图，配置在主视图左方。

(4) 俯视图：自上向下投射所得的视图，配置在主视图下方。

(5) 仰视图：自下向上投射所得的视图，配置在主视图上方。

(6) 后视图：自后向前投射所得的视图，配置在左视图右方。

各投影面的展开方式，如图 3-1-4 所示。

基本视图的配置关系如图 3-1-5 所示。

六个基本视图的位置是按国标规定设置的，在同一张图纸内，按图 3-1-5 所示配置视图时，一律不标注视图的名称。六个基本视图之间，仍符合“长对正、高平齐、宽相等”的投影规律。除后视图外，各视图的里边（靠近主视图的一边）均表示机件的后面；各视图的外边（远离主视图的一边）均表示机件的前面。在实际画图中，一般并不需要将物体的六个基本视图全部画出，而是根据物体的形状结构特点和复杂程度，选择适当的基本视图（应优先采用主、俯、左视图）。

主视图应尽量反映机件的主要特征，其他视图可根据实际情况选用。基本原则是在完

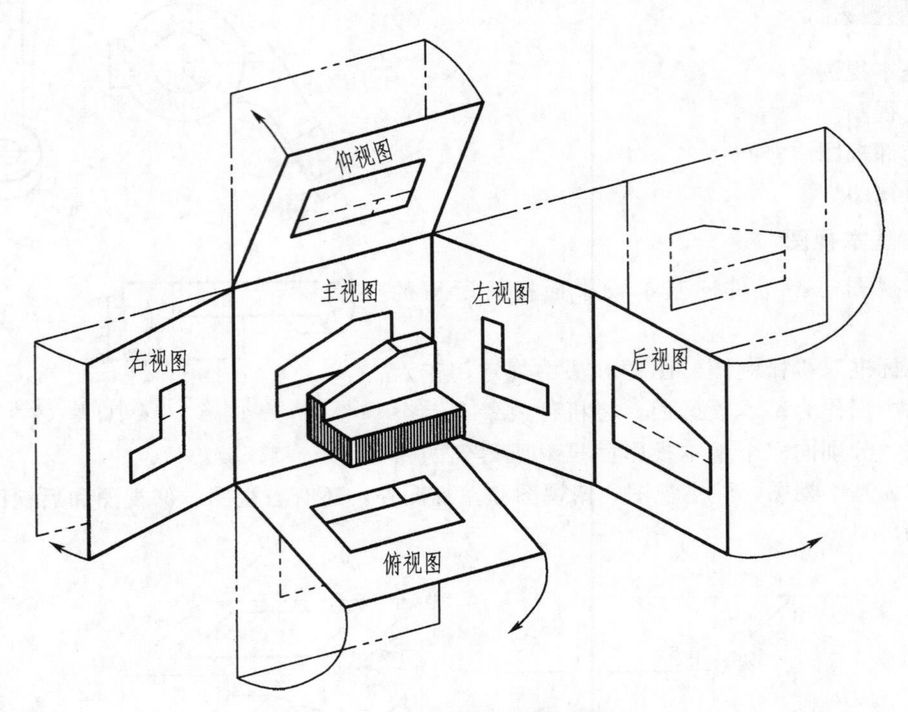

图 3-1-4　六个基本投影面的展开

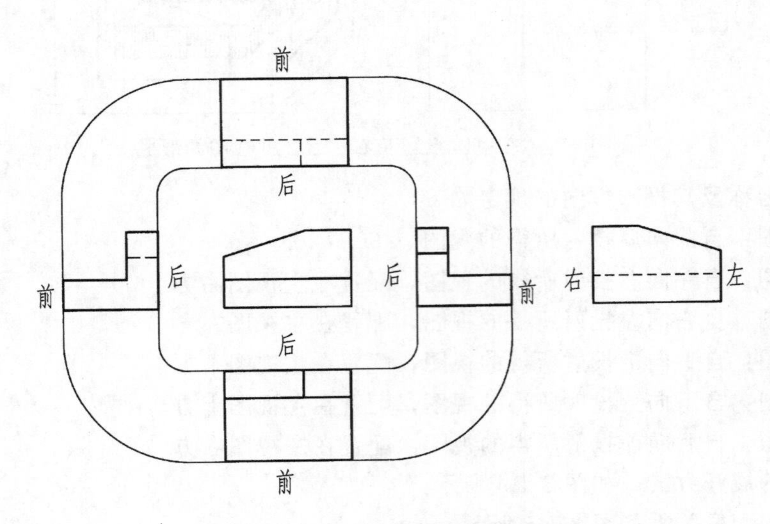

图 3-1-5　六个基本视图的配置关系

整、清晰地表达机件特征的前提下，使视图数量最少，力求制图简便，看图方便。

除六个基本视图外，国标中还规定了向视图、局部视图和斜视图画法，用来表达机件上某些在基本视图上表达不清楚的部分结构和形状。

二、向视图

向视图是可以自由配置的视图。当基本视图不能按规定的投影关系配置，或不能画在同一张图纸上时，可将其配置在适当位置。为便于识读和查找自由配置后的向视图，应在向视图的上方标注“×”（“×”为大写拉丁字母），同时在相应的视图附近用箭头指明投射方向，并注上同样的字母，如图 3-1-6 所示。

在实际应用时，要注意以下几点：

（1）向视图是正射所得的视图。相当于移位（不旋转）配置的基本视图，既不能斜射，也不可旋转配置。否则，就不是向视图，而是斜视图或辅助视图了。

（2）向视图不能只画出部分图形，必须完整地画出投射所得的图形。否则，正射所得的局部图形就不再是向视图，而是局部视图了。

（3）表示投射方向的箭头尽可能配置在主视图上，使得所画向视图与基本视图相一致。而表示后视图投射方向的箭头，则应配置在左视图或右视图上。

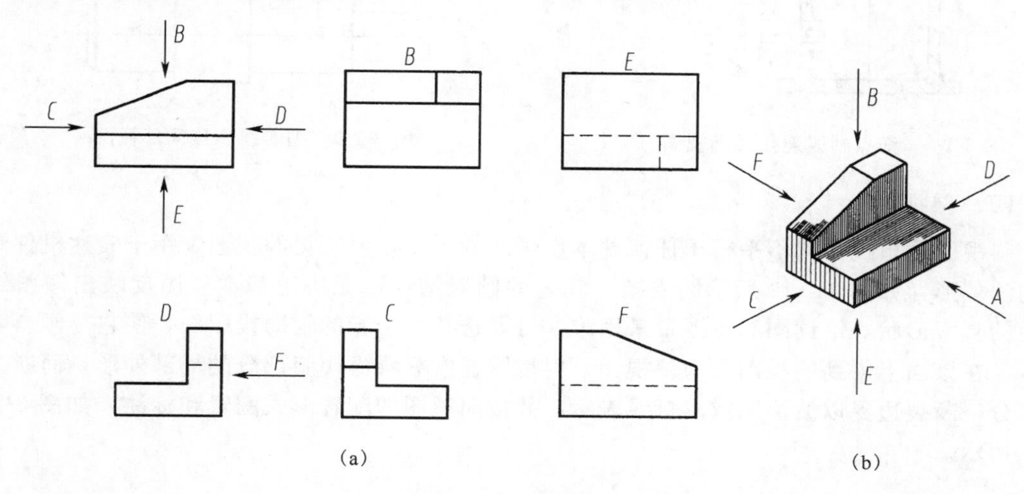

图 3-1-6　向视图

三、局部视图

局部视图是将机件的某一部分向基本投影面投射所得的视图。局部视图通常被用来局部地表达机件的外形。

当机件的主体结构已由基本视图表达清楚，还有部分或局部结构未表达完整时，可用局部视图来表达。如图 3-1-7 所示的机件，采用主、俯两个基本视图，其主要结构已经表达清楚，但左侧凸缘和右侧凸缘的形状尚未表达，因此，若采用两个局部视图来表达，则可使图形更加清晰，重点更为突出。

画局部视图时，应注意以下几点。

（1）局部视图断裂处的边界线应以波浪线（或双折线、细双点画线）表示，如图 3-1-7 中的 A 视图。当被表达部分的结构是完整的，其图形的外轮廓线成封闭状态时，波浪线（或双折线、细双点画线）可省略不画，如图 3-1-7 中 B 局部视图所示。

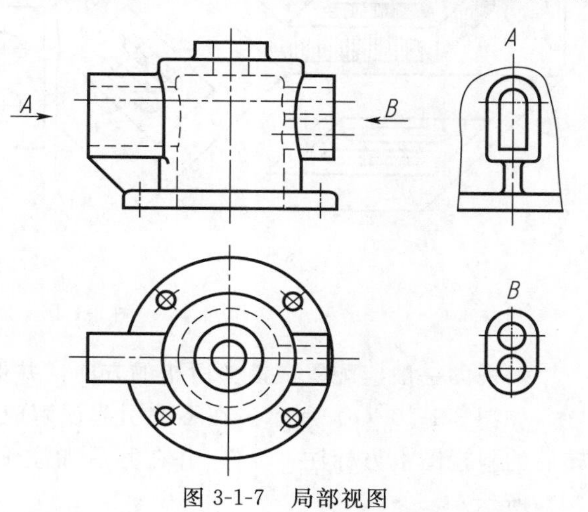

图 3-1-7　局部视图

（2）局部视图可按基本视图或向视图

的形式配置。当局部视图按基本视图配置，即按投影关系配置，中间又无其他视图隔开时，可省略标注；当局部视图是为了合理地利用图纸而按向视图的形式配置时，则应以向视图的标注方法标注。

（3）局部视图若按第三角画法配置在视图上所需表示的局部结构附近，则用细点画线（即对称中心线）将两者相连，如图 3-1-8 所示；无中心线的图形也可用细实线连接两图，如图 3-1-9 所示，此时，无需另行标注。

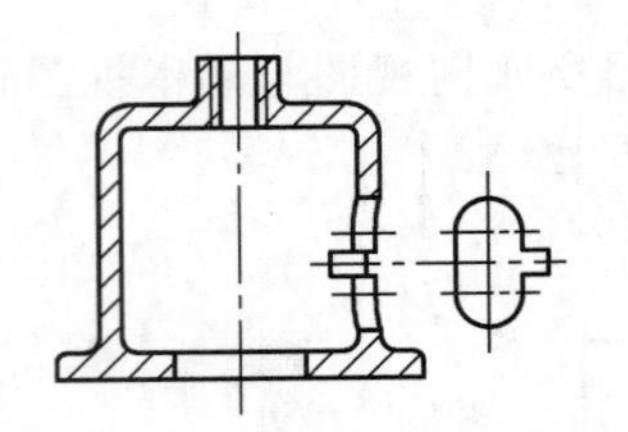

图 3-1-8　细点画线连接局部视图

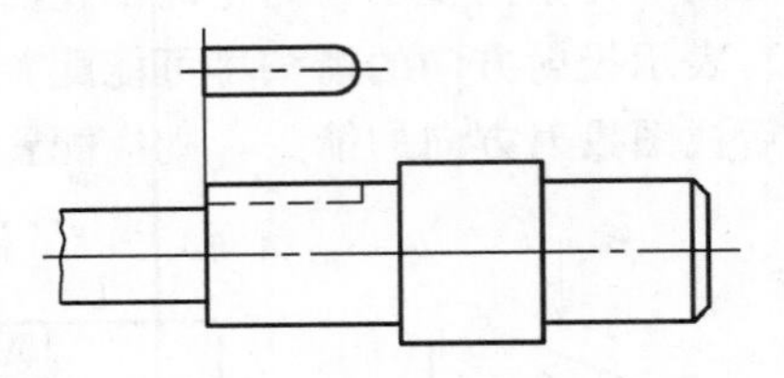

图 3-1-9　细实线连接局部视图

四、斜视图

斜视图是指机件向不平行于任何基本投影面的平面投射所得的视图，用于表达机件倾斜结构的外形，如图 3-1-10 所示的支架。其上的倾斜结构，无法用基本视图反映出倾斜结构表面的真实形状，给读图和绘图带来困难，可以选择一个新的辅助投影面，使它与倾斜表面平行，在该面上得到的视图称为斜视图。斜视图通常只画出倾斜部分的局部外形，而断去其余部分，断裂边界以波浪线或双折线表示，并按向视图的配置形式配置和标注，如图 3-1-10（b）所示。

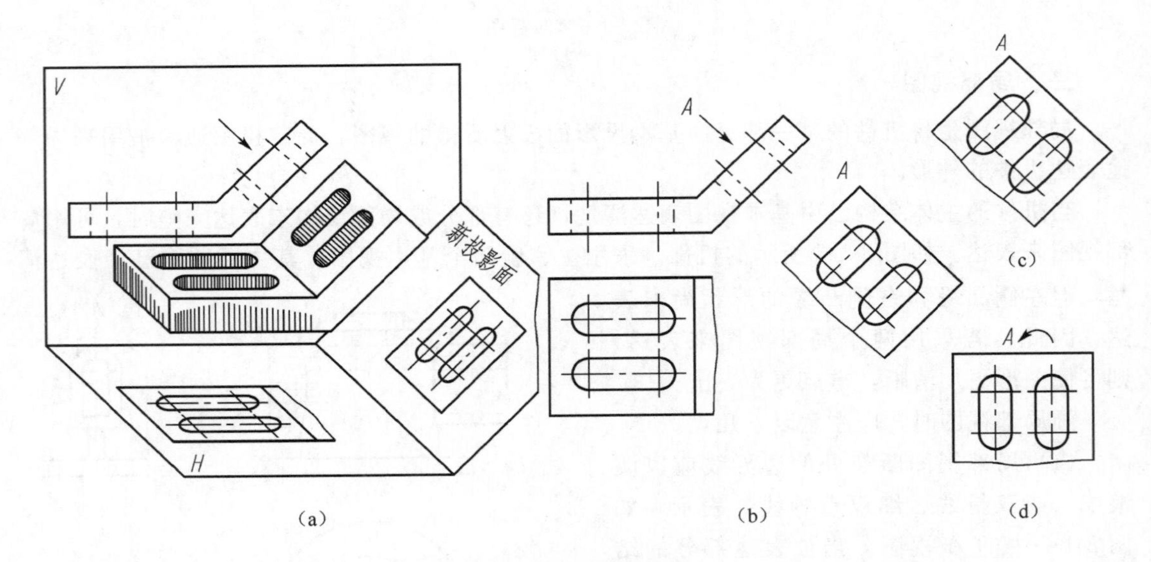

图 3-1-10　斜视图画法

斜视图一般应配置在箭头所指的方向，并保持投影关系。必要时也可配置在其他适当位置，如图 3-1-10（c）所示。在不致引起误解时，允许将倾斜的图形旋转配置，此时应在旋转后的斜视图上方标注“×”，并在其后加注旋转符号，旋转符号的画法及标注如图 3-1-10（d）所示。

任务指导

1. 压紧杆结构分析

压紧杆外形较复杂且有倾斜部分，用前面所学的三视图知识难以将其表达清楚，如图 3-1-2 所示，压紧杆上的倾斜部分在俯视图和左视图上都不反映实形。所以要运用基本视图、局部视图和斜视图等方法，才能表达清楚压紧杆的外部形状。

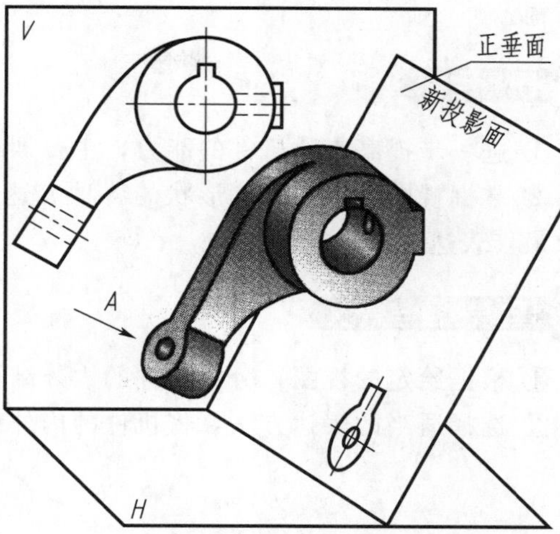

2. 根据压紧杆的结构特点，选择表达方法

为了表达倾斜结构，可按如图 3-1-11 所示的方法，在平行于耳板的正垂面上作出耳板的斜视图以反映其实形。

图 3-1-11　压紧杆斜视图的形成

3. 确定表达方案

方案一：如图 3-1-12（a）所示，采用一个基本视图（主视图），*B* 局部视图（代替俯视图），*A* 斜视图和 *C* 局部视图。

方案二：为了使图面布局更加紧凑，又便于画图，可以将 *C* 局部视图画在主视图的右边，将 *A* 斜视图进行旋转，但要标注清楚，加注旋转符号，如图 3-1-12（b）所示。

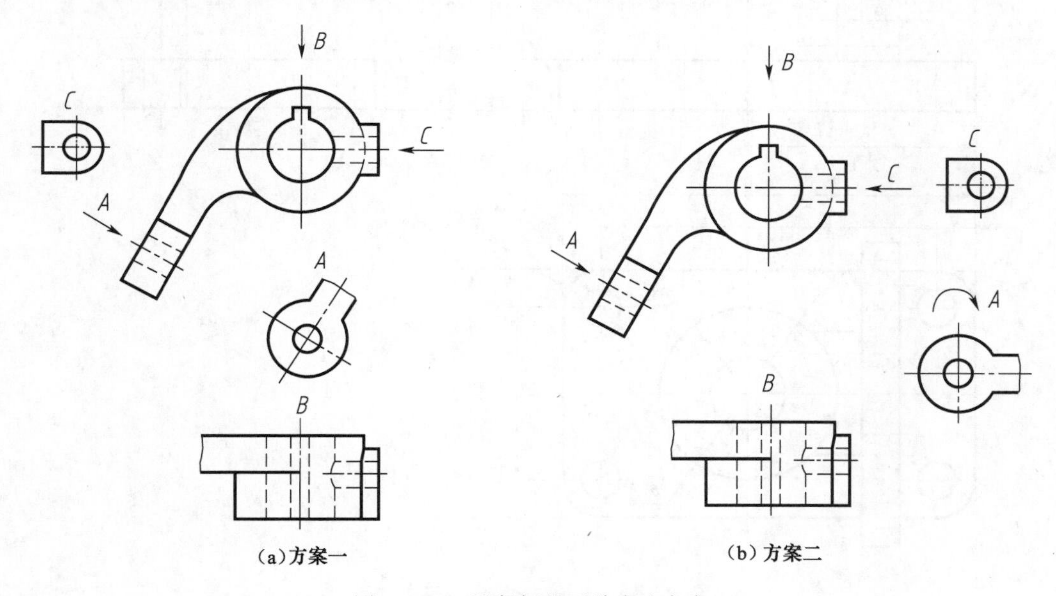

(a)方案一　(b)方案二

图 3-1-12　压紧杆的两种表达方案

任务二　机件内部形状的表达

当表达机件内部结构时，在视图上会出现较多的虚线，如图 3-2-1 所示，给读图、绘图以及标注尺寸带来不便，为使原来在视图上不可见的部分转化为可见的，从而使虚线变为实线，以提高图形的清晰程度。国家标准《机械制图》规定用“剖视”的方法来表达机件的内部结构。

任务目标

① 进一步提高表达机件的能力，主要训练机件内部形状和结构的表达。

② 掌握视图中机件内部形状的各种表达方法，并将其可以综合调用，择优重组，具备选取最佳表达方案的能力。

任务内容与要求

① 根据给定的视图，分析机件的内外结构形状，如图 3-2-1 所示。

② 选择适当的表达方法，将机件的内外结构形状表达清楚。

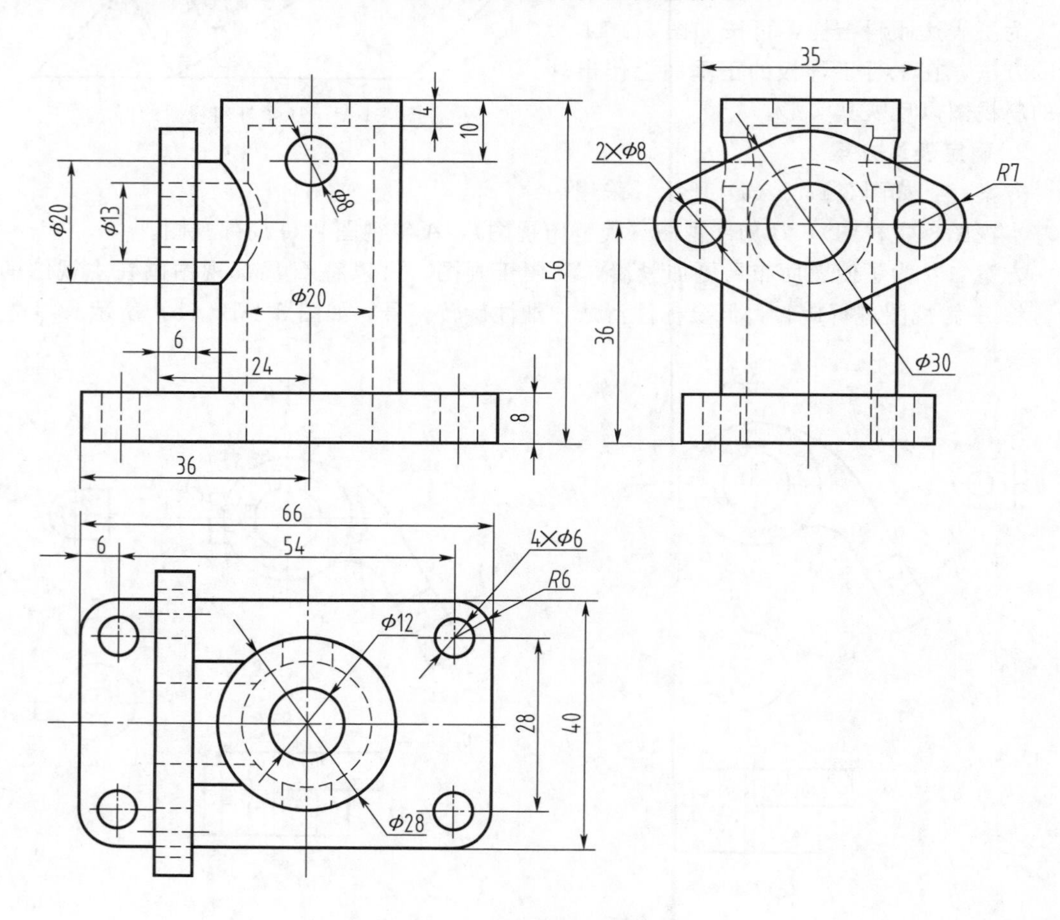

图 3-2-1　机件三视图

相关知识

- 剖视图的基本知识
- 剖切面的数量和剖切方法
- 剖视图的种类与投影分析
- 剖视图的识读

一、剖视的基本知识

1. 剖视图的形成

为了清楚地表达机件的内部结构，假想用剖切面（包括剖切平面和剖切柱面）剖开机件，将处在观察者和剖切面之间的部分移去，而将其余部分向投影面投射所得的图形称为剖视图，简称剖视。

如图 3-2-2 所示，假想用剖切面将其沿前后对称面剖开，将观察者和剖切面之间的部分移去，剩余的部分向投影面投射，即得到一个剖视的主视图。

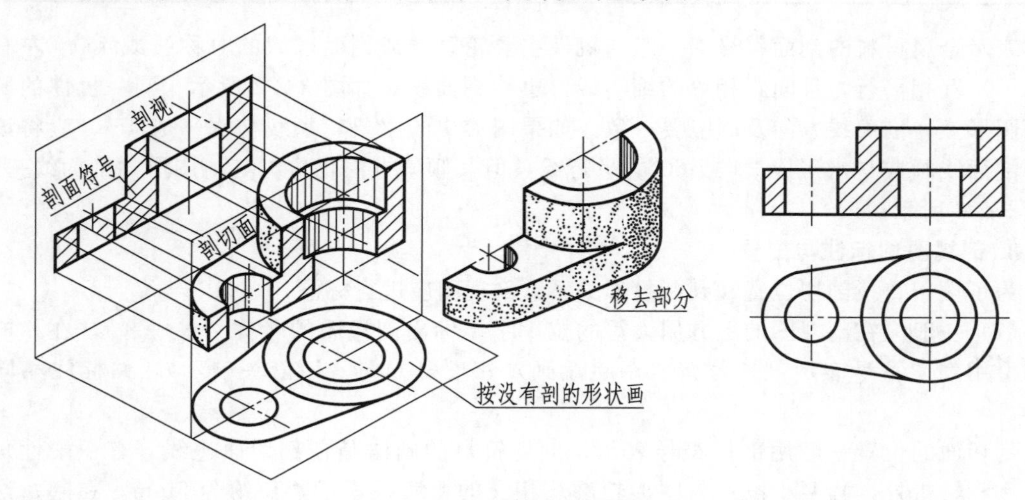

图 3-2-2　剖视图的形成

主视图采用了剖视图，视图中不可见的部分变为可见的，原有的虚线变成了实线，加上剖面线的作用，使图形更为清晰。

2. 剖面符号

画剖视图时，在剖切面与机件相接触的部分称为剖面区域，国家标准规定在剖面区域上应画上规定的剖面符号。机件材料不同，其剖面符号画法也不同，如表 3-2-1 所示。

表 3-2-1　各种材料的剖面符号（GB/T 4458.6—2002）

材料名称	剖面符号	材料名称	剖面符号
金属材料(已有规定剖面符号者除外)		木质胶合板(不分层数)	
线圈绕组元件		玻璃及供观察用的其他透明材料	
转子、电枢、变压器和电抗器等的叠钢片		液体	
型砂、填砂、粉末冶金、砂轮、陶瓷刀片、硬质合金刀片等		非金属材料(已有规定剖面符号者除外)	

续表

材料名称		剖面符号	材料名称	剖面符号
木材	纵剖面		混凝土	
	横剖面		钢筋混凝土	

表示金属材料的剖面符号为一组与机件主要轮廓线或剖面区域的对称线成45°（左右倾斜均可）互相平行，且间距相等的细实线，也称剖面线，如图3-2-2所示。同一机件的所有剖面图形上，剖面线方向及间隔要一致。如果图形中的主要轮廓线与水平成45°，应将该图形的剖面线画成与水平成30°或60°的平行线，但其倾斜方向仍应与其他图形的剖面线一致，如图3-2-3所示。

3. 剖视图的标注与配置

为了便于查找剖切位置和判断投影关系，剖视图应进行标注：

(1) 一般应在剖视图的上方用大写的拉丁字母标出剖视图的名称"×—×"，在相应的视图上用剖切符号表示剖切位置（用粗短画）和投射方向（用箭头表示），并标注相同的字母。

剖切面的位置一般用剖切符号表示，剖切符号的画法是在剖切面迹线（有积聚性）的起、迄和转折处，画两小段不与图形轮廓线相交的粗实线表示，长约为5mm。在起、讫处的粗短线外端，用细实线箭头表示投射方向，再注上相应的字母（×），如图3-2-3所示；若同一张图纸上有多处剖视，则应采用不同的字母表示。

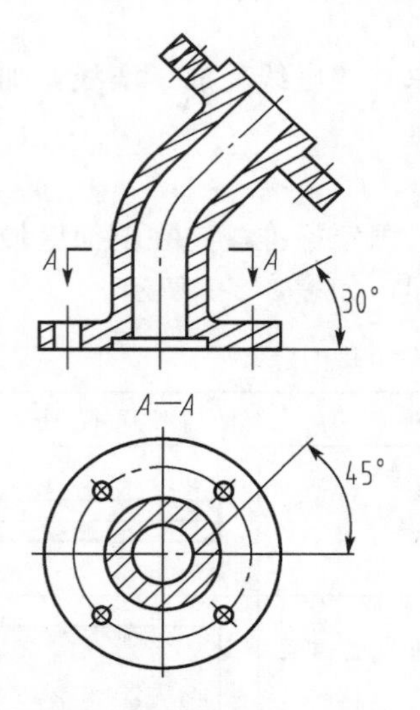

图3-2-3 特殊角度的剖面

(2) 当单一剖切平面通过机件的对称或基本对称平面，且剖视按投影关系配置，中间又无图隔开时，则不必标注；当局部剖视图的剖切位置明确时，也不必标注。如图3-2-2、图3-2-3、图3-2-7、图3-2-8所示。

基本视图配置的规定同样适用于剖视图。剖视图也可按其投影关系配置在与剖切符号相对应的位置，必要时允许配置在其他适当的位置。

4. 画剖视图的注意事项

(1) 剖视是一个假想的作图过程，因此一个视图画成剖视图后，其他视图仍应按完整机件画出。图3-2-4所示的俯视图只画一半是错误的。

(2) 剖切平面一般应通过机件的对称面或轴线，并与该剖视图所在的投影面平行。

(3) 画剖视图时，在剖切面后面的可见轮廓线也应画出，初学者常会忽略这一点而只画出与剖切面重合部分的图形，如图3-2-4所示漏画了圆柱孔阶台面。

(4) 剖视图上一般不画虚线，以增加图形的清晰性，但若画出少量虚线可减少视图数量时，也可画出必要的虚线，如图3-2-5所示是必要的虚线，体现了连接板的高度，应该画出。

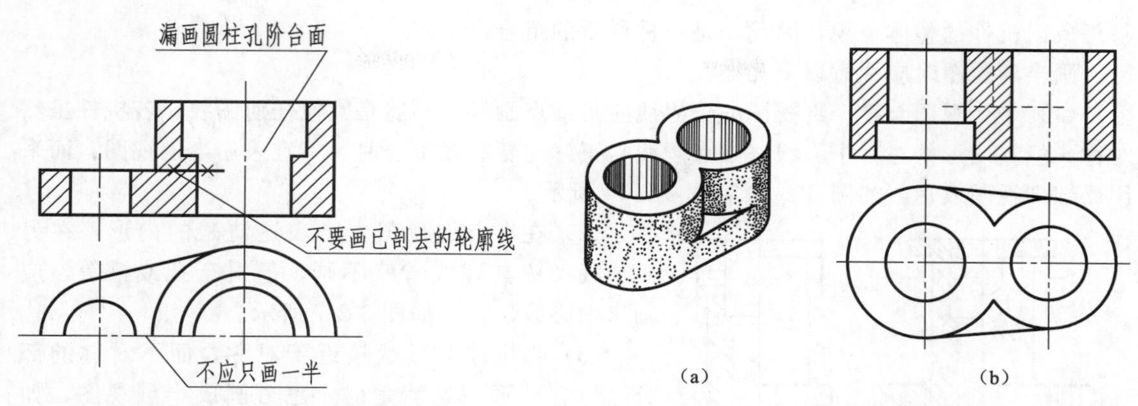

图 3-2-4　画剖视图时注意事项（一）　　图 3-2-5　画剖视图时注意事项（二）

二、剖视图的种类与投影分析

剖视图按剖切平面剖开机件的范围不同，可分为全剖视图、半剖视图和局部剖视图 3 种。

1. 全剖视图

用剖切面完全地剖开机件所得的剖视图称为全剖视图。

全剖视图主要适用于表达外形简单的对称机件或内部形状复杂的不对称机件。在实际设计绘图时，无论采用哪一种剖切方法，只要是恰当地把机件完全剖开所得的剖视图，都是全剖视图，如图 3-2-2、图 3-2-3、图 3-2-5 所示。

2. 半剖视图

当机件具有对称平面时，在垂直于对称平面的投影面上投射所得的图形，可以用对称中心线为界，一半画成剖视图，另一半画成视图，这种组合的图形称为半剖视图，如图 3-2-6 所示。

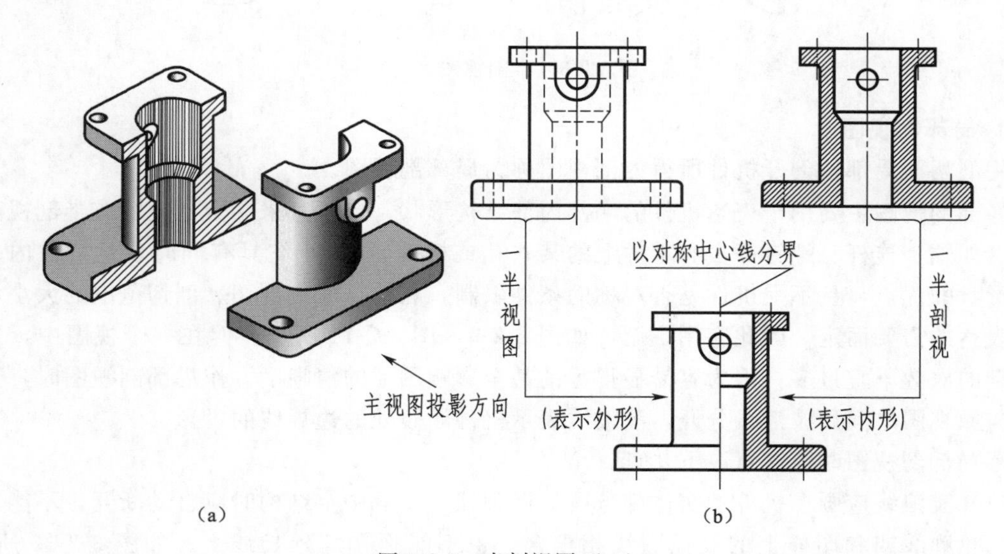

图 3-2-6　半剖视图（一）

半剖视图主要适应于内、外结构形状复杂，并且都需要表达的对称机件。其最大优点是在一个图形中可以同时表达机件的内形和外形，在读图过程中，根据机件的对称性，也很容易想象出机件的整体全貌，因此，是一种科学的组合。

画半剖视图时应注意以下几点。

(1) 半个视图与半个剖视图的分界线应是细点画线，不能是其他任何图线。若机件虽然对称，但其图形的对称中心线（细点画线）正好与轮廓线重合时，不宜采用半剖视图，而采用局部剖视图表达，如图 3-2-13 和图 3-2-14 所示。

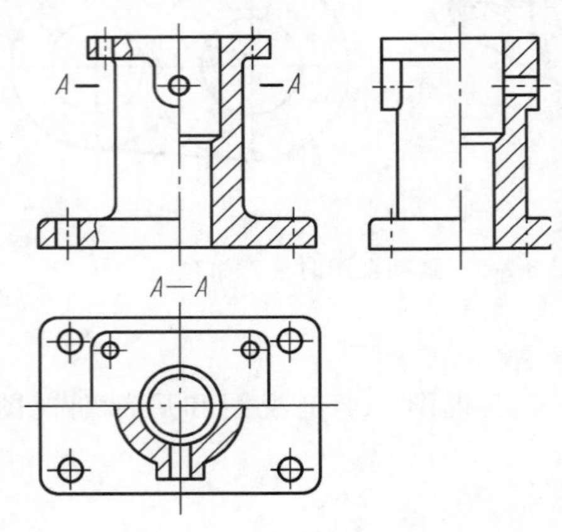

图 3-2-7　半剖视图（二）

(2) 在半个剖视图中已表达清楚的内形，在另一半视图中其虚线省略不画，但对于孔或槽等，应画出中心线位置，如图 3-2-7 所示。

(3) 当机件的形状接近于对称，而不对称的部分已另有图形表达清楚时，也可画成半剖视图，如图 3-2-8 所示。

半剖视图的标注方法与全剖视图相同，如图 3-2-7所示。在半个剖视图中，剖视部分的位置通常按以下原则配置：在主、左视图中位于对称线的右侧；在俯视图中位于对称线的下方。但根据具体需要，也有例外。如图 3-2-8 所示，则将剖视部分配置在轴线上方。

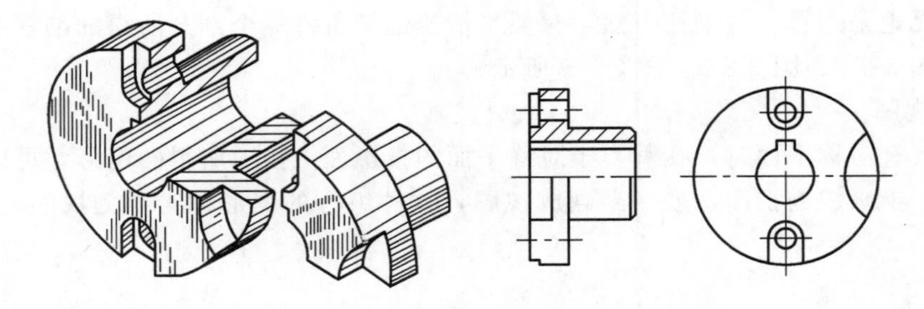

图 3-2-8　半剖视图（三）

3. 局部剖视图

用剖切面局部地剖开机件所得的剖视图称为局部剖视图。

局部剖视图主要用于表达机件的局部内部结构形状，或不宜采用全剖视图或半剖视图的地方（如轴、连杆、螺钉等实心零件上的某些孔或槽等）。由于它具有同时表达机件内、外结构形状的优点，且不受机件是否对称的条件限制，在什么地方剖切、剖切范围的大小均可根据表达的需要而定，因此应用广泛，如图 3-2-9～图 3-2-11 所示。但在一个视图中，选用局部剖的次数不宜过多，因为容易显得零乱甚至影响图形的清晰度。作局部剖视图时，剖开部分与原视图之间用波浪线分开，波浪线表示机件断裂处的边界线的投影。

画局部剖视图时应注意以下几点：

(1) 波浪线应画在机件的实体部分，如遇到孔、槽等中空结构时应自动断开，不能超出视图的轮廓线或和图样上的其他图线相重合，也不能画在其延长线上。如图 3-2-12 所示，是波浪线的常见错误画法。

(2) 局部剖视图一般可以省略标注，但当剖切位置不明显或局部剖视图未按投影关系配置时，则按剖视图的标注方法进行标注，如图 3-2-9～图 3-2-11 所示。

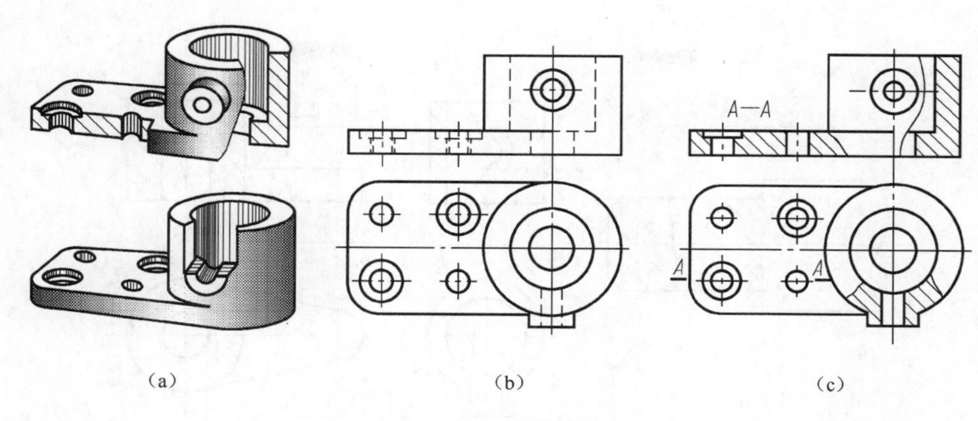

(a)　(b)　(c)

图 3-2-9　局部剖视图

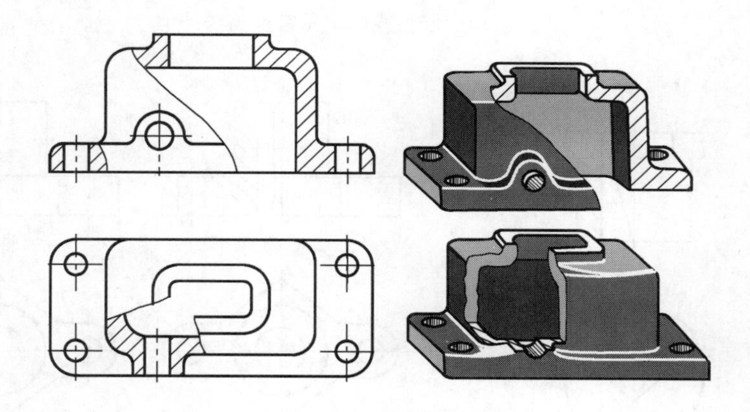

图 3-2-10　箱体的局部剖视图

(3) 当对称机件在对称中心线处有图线而不便于采用半剖视图时，应采用局部剖视图表示，如图 3-2-13 和图 3-2-14 所示。

(4) 如有需要，允许在剖视图的剖面中再作一次局部剖，采用这种表达方法时，两个剖面的剖面线方向、间隔应相同，但间隔要互相错开，并用引出线标注其名称，如图 3-2-15 所示。

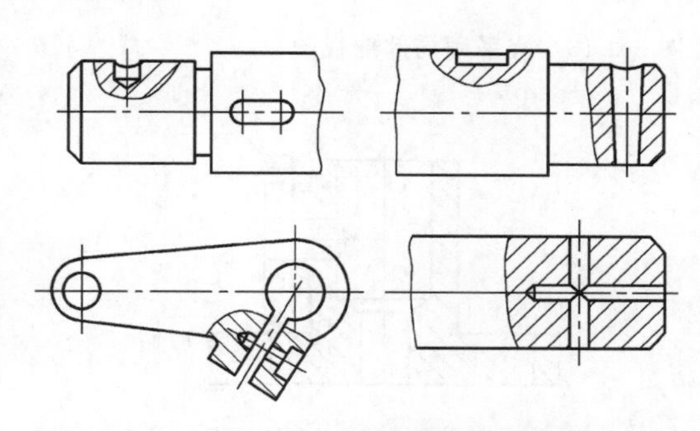

图 3-2-11　不宜采用全剖视图的局部剖视图示例

(5) 当被剖的局部结构为回转体时，允许将该结构的中心线作为局部剖视图与视图的分界线，如图 3-2-16 所示；这种局部剖视图与半剖视图的区别是，前者强调机件的局部结构为回转体，而后者则强调整个机件应具有对称平面。即如图 3-2-16 所示的俯视图为局部剖视图，而不是半剖视图。

三、剖切面的数量和剖切方法

由于机件内部结构形状变化较多，常需选用不同数量、位置、范围及形状的剖切面来剖切机件，才能把它们的内部结构形状表达得更加清楚、恰当。因此，剖视图能否正确清晰地表达机件的结构形状，剖切面的选择是很重要的。

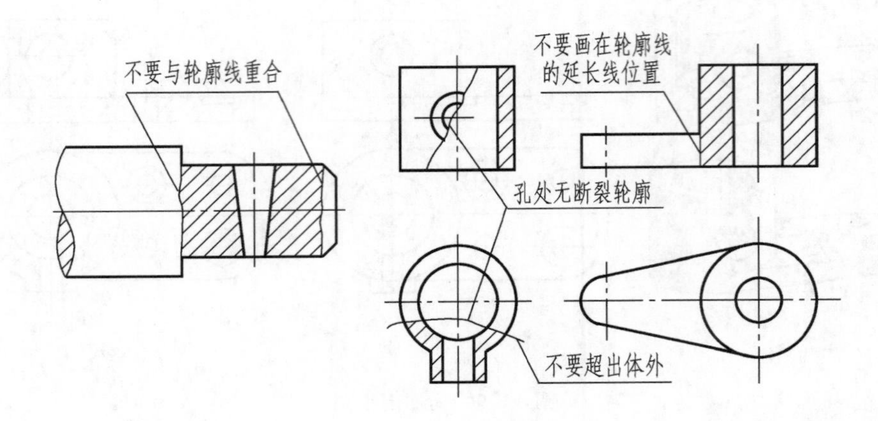

图 3-2-12 波浪线的常见错误画法

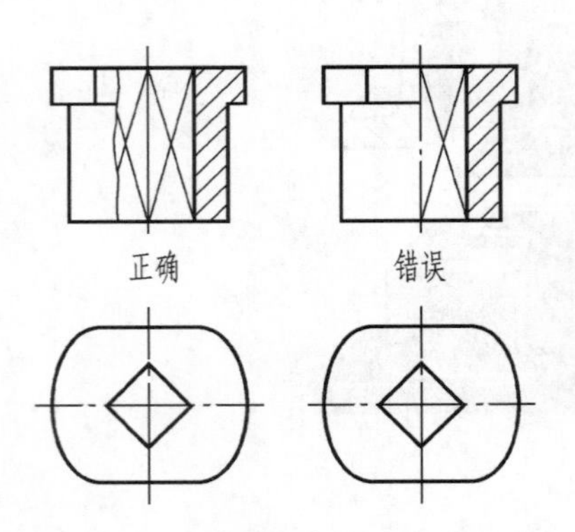

图 3-2-13 宜采用局部剖视图（一）

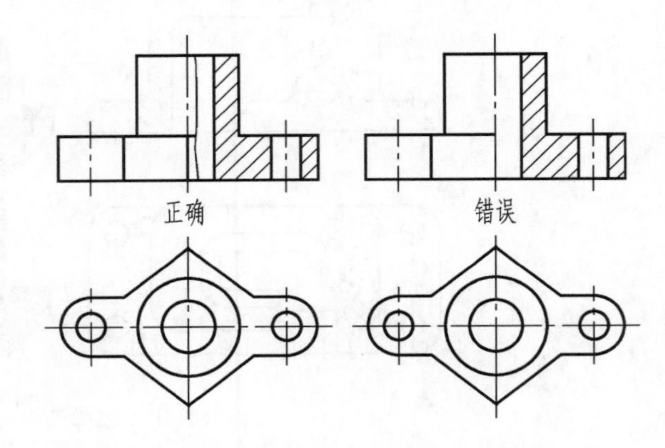

图 3-2-14 宜采用局部剖视图（二）

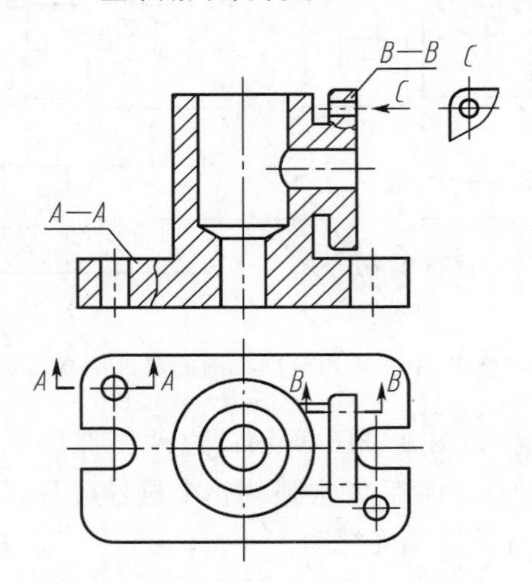

图 3-2-15 剖视图中再作一次局部剖

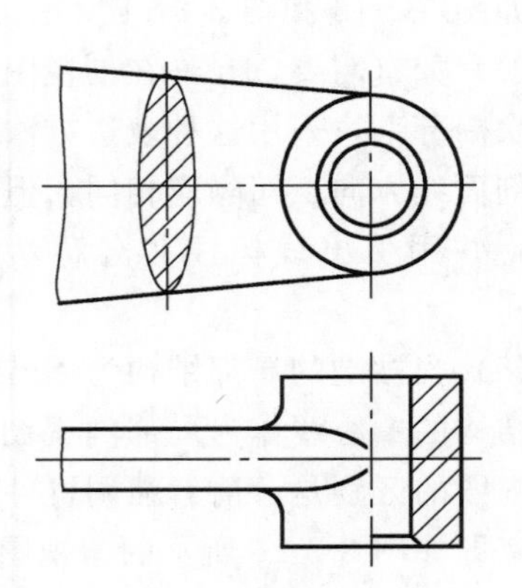

图 3-2-16 可用中心线代替波浪线

按照国家标准的规定，根据剖切面相对于投影面的位置及剖切面组合的数量，剖切面可分为 3 类：单一剖切面、几个平行的剖切平面、几个相交的剖切面。运用其中的任何一种都可得到全剖视图、半剖视图和局部剖视图。

1. 单一剖切面

用一个剖切面剖开机件的方法称为单一剖切面剖切，共有如下 3 种。

（1）单一剖切平面：用平行于某一基本投影面的一个剖切平面剖开机件的方法，如图 3-2-17 所示。前面介绍的全剖视图、半剖视图、局部剖视图均为单一剖切平面剖切的图例。

（2）单一剖切柱面：用一个剖切柱面剖开机件的方法。用剖切柱面剖得的剖视图一般采用展开画法，此时，应在剖视图名称后加注“展开”二字，如图 3-2-18 所示。

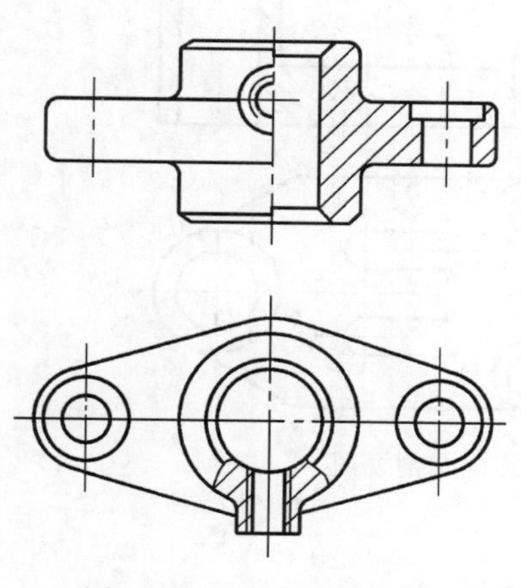

图 3-2-17　单一剖切平面

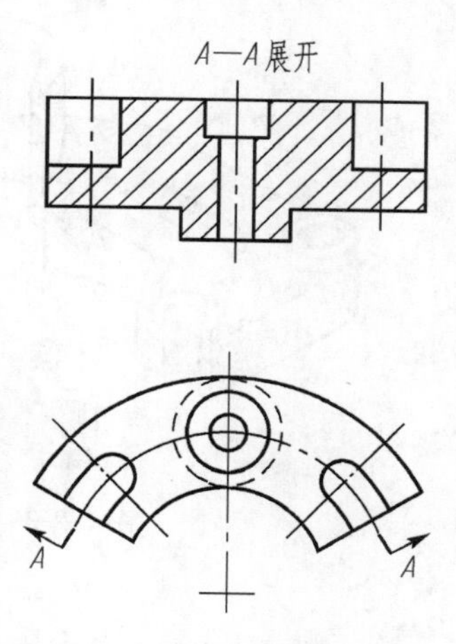

图 3-2-18　单一剖切柱面

（3）单一斜剖切平面：用不平行于任何基本投影面的一个剖切平面剖开机件的方法。这种剖切主要用于表达机件上倾斜部分的内部结构。画剖视图时，一般应画在箭头所指的方向，并与相应视图之间保持直接的投影关系。有时为方便画图，在不致引起误解时，也允许将图形旋转，此时应在图形上方“×—×”后加注旋转符号，如图 3-2-19 所示。

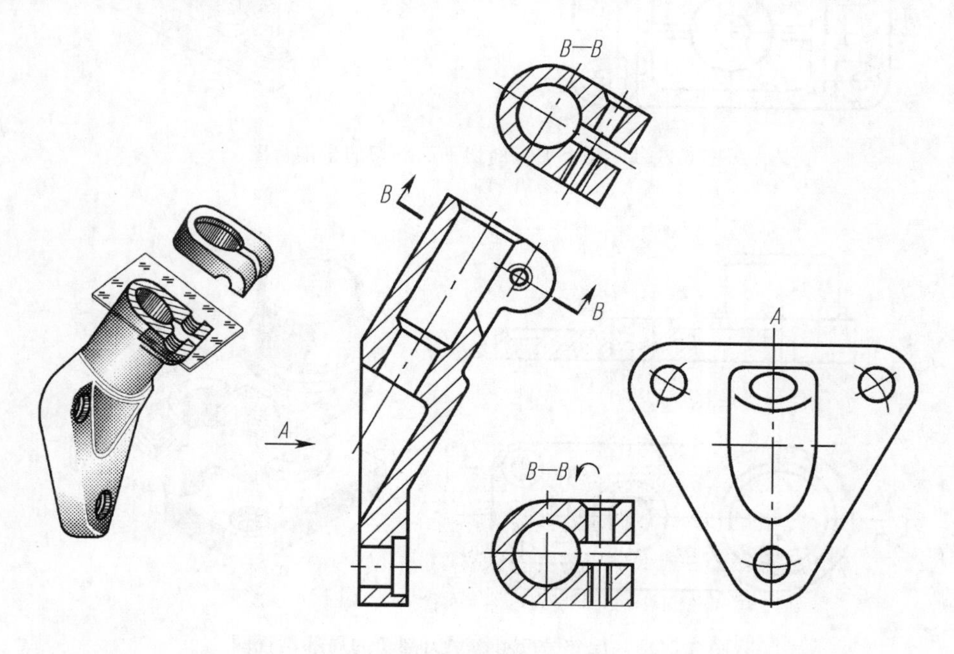

图 3-2-19　用单一斜剖切平面获得的全剖视图

2. 几个平行的剖切平面

用几个平行的剖切平面（且平行于基本投影面）剖开机件的方法，其中各剖切平面的转折处必须是直角。如图 3-2-20 所示为几个平行剖切平面剖切的全剖视图；如图 3-2-21 所示为几个平行剖切平面剖切的半剖视图；如图 3-2-22 所示为几个平行剖切平面剖切的局部剖视图。

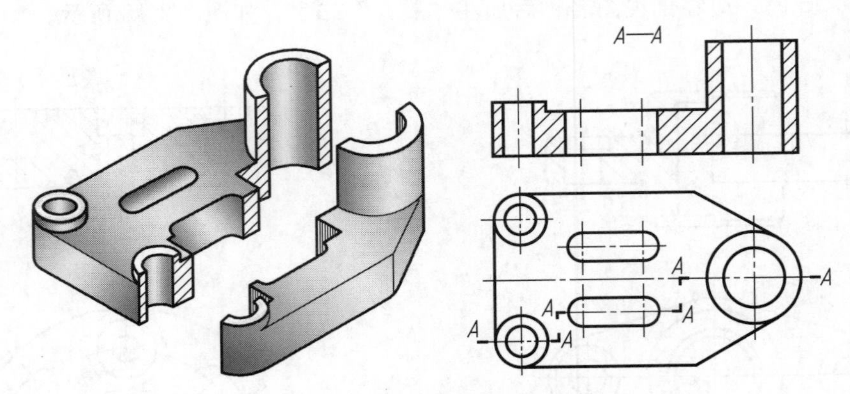

图 3-2-20　几个平行剖切平面剖切的全剖视图

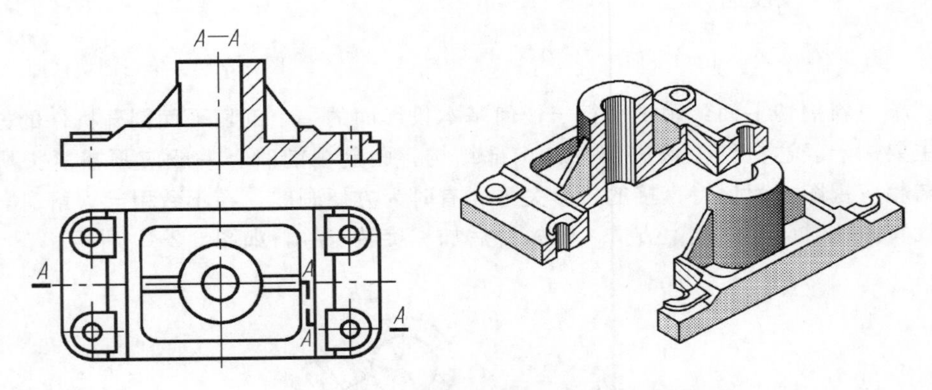

图 3-2-21　几个平行剖切平面剖切的半剖视图

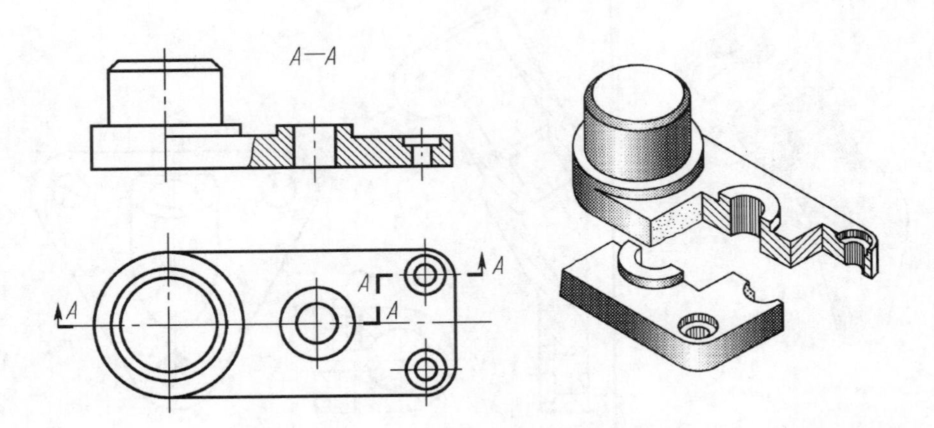

图 3-2-22　几个平行剖切平面剖切的局部剖视图

用这种剖切方法画剖视图时，一定要把几个平行的剖切平面看作是一个剖切平面来考虑，被切到的结构要素也应认为位于一个平面上，所以在画图时要注意以下几点：

（1）在各剖切平面的转折处不应画出多余的图线。

（2）在图形内不应出现不完整的要素，仅当两个要素在图形上具有公共对称中心线或轴线时，可以以中心线或轴线为界，各画一半，如图 3-2-23 所示。

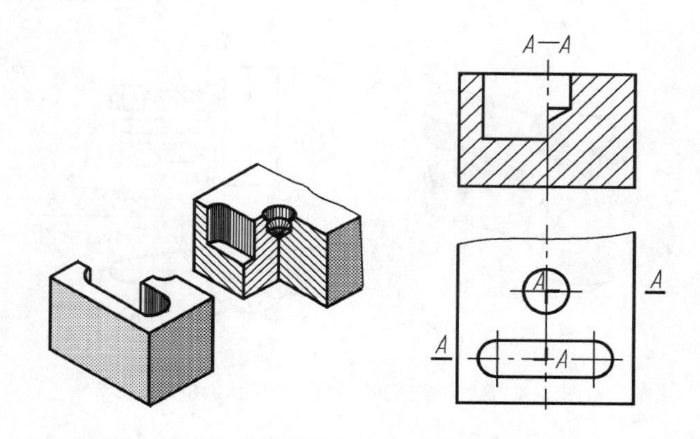

图 3-2-23 具有公共对称线的剖视图的画法

3. 几个相交的剖切面（交线垂直于某一基本投影面）

（1）用两个相交的剖切平面剖切。采用这种方法画剖视图时，先假想按剖切位置剖开机件，然后将被剖切平面剖开的倾斜部分结构及其有关部分绕两剖切平面交线（旋转轴）旋转到与选定的投影平面平行后再进行投射，如图 3-2-24 所示。

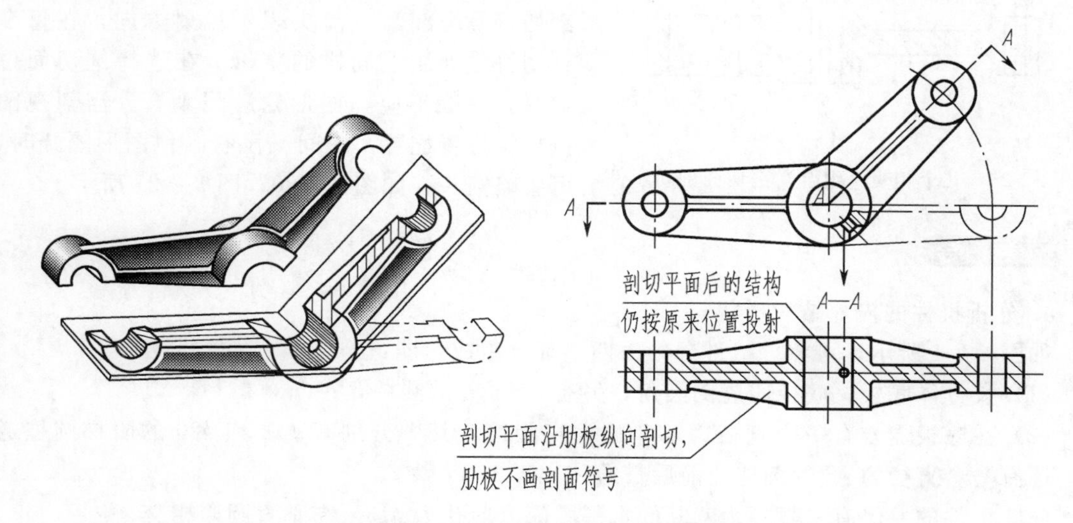

图 3-2-24 两相交剖切平面剖切的剖视图

这种剖切方法通常适用于具有较明显旋转轴的机件。剖切符号端部与其垂直的箭头表示图形绕轴旋转后的投射方向（箭头不能误认为旋转方向）。

采用相交剖切平面剖切后，剖切平面后面的其他结构一般仍按原来的投影绘制，如图 3-2-24 中的小孔。当剖切后产生不完整要素时，应将此部分按不剖绘制，如图 3-2-25 中所示的臂。

（2）用几个相交（组合）的剖切面剖切。这种剖切方法与两相交剖切平面剖切机件的方法是一样的，所不同的是剖切面的种类或数量增加了，多数是两个以上相交（或组合）的剖切面剖切，如图 3-2-26 所示，其中剖切面当中除了剖切平面以外，也可能有剖切柱面。有时因机件结构的复杂性还会用到展开画法，若采用展开画法应在剖视图上方标注“×—×展开”字样。

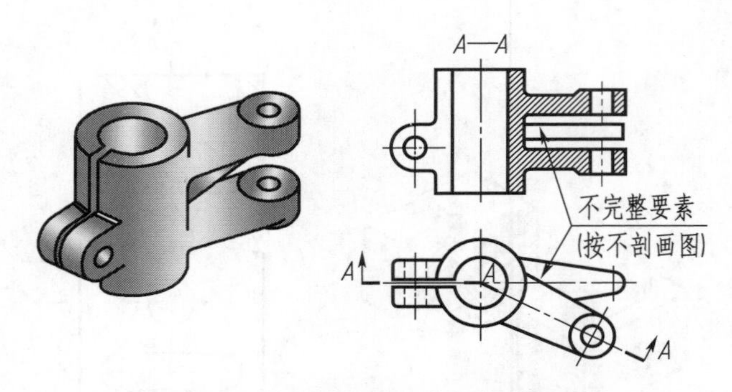

图 3-2-25 转剖切形成不完整因素的画法

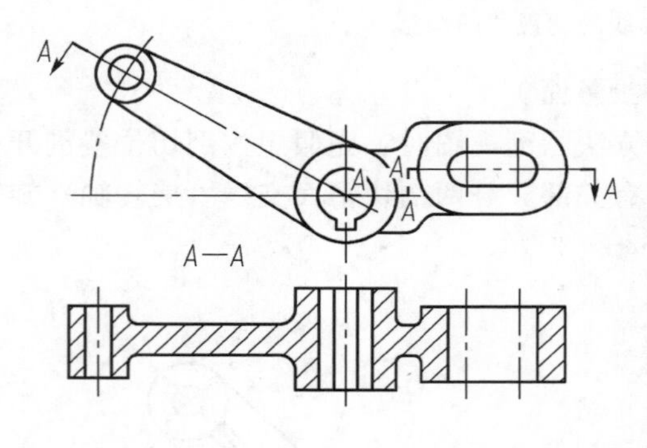

图 3-2-26 几个相交（组合）剖切面剖切示例

采用几个平行或相交的剖切面剖切时，一定要标注清楚剖切面的剖切位置，并指明视图的投影关系，以免造成误读。具体的标注方法是：在剖视图上方标出剖视图名称“×—×”，在每一个组成剖切面（剖切平面或剖切柱面）迹线的转折处画上剖切符号，在起始和终了的剖切符号端部画上箭头表示投射方向，在每个剖切符号处注上同样的字母。在选择剖切面位置时，一般不应与图形轮廓线重合。当剖视图按规定位置配置，中间又没有其他图形隔开时，可省略箭头，如图 3-2-20、图 3-2-21 所示。

任务指导

1. 分析机件的内外结构形状：

如图 3-2-1 所示，可将该机件分为由四个部分组成，即：

（1）长方体底板，底板四周倒圆角，另有 4 个 $\phi6$ 的圆柱孔；

（2）在底板上方有一个直径为 $\phi28$ 的垂直圆筒，其中分别有 $\phi12$ 和 $\phi20$ 的阶梯圆柱通孔，还有一个直径为 $\phi8$ 的圆柱孔前后贯通；

（3）机件的左侧有一直径为 $\phi20$ 的水平圆筒（内孔为 $\phi13$）与垂直圆筒相交；

（4）水平圆筒左端端部有一腰形板，其前后各有一个 $\phi8$ 的圆柱小孔，腰形板中间大孔直径为 $\phi13$，与垂直圆筒内孔 $\phi20$ 相通。

想象出立体结构如图 3-2-27 所示。

2. 选择表达方法

（1）主视图采用全剖视图表达：用两个互相平行的剖切平面剖切，将底板上的安装小孔、垂直圆筒上的阶梯通孔、腰形板和水平圆筒内孔的内部结构表达清楚。其剖切位置在俯

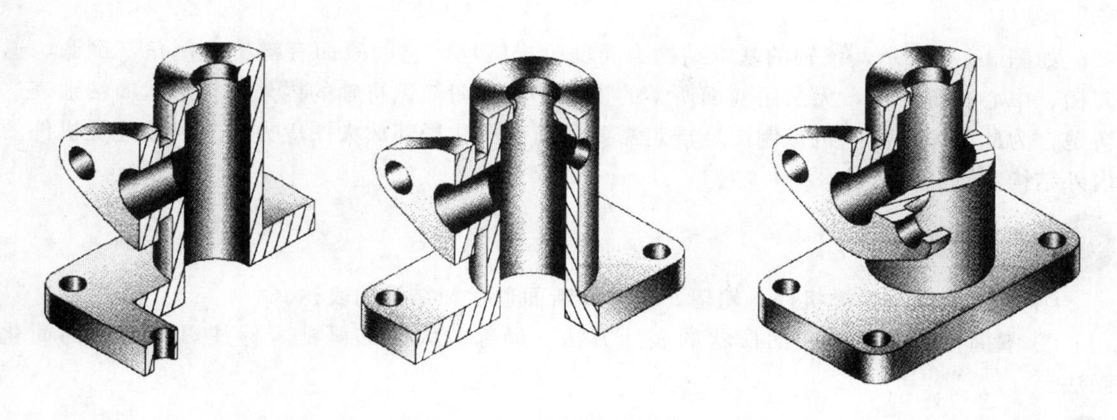

图 3-2-27　机件的内外形状

视图上标注，在主视图上方注出剖视图名称 $A—A$。

(2) 俯视图采用半剖视图表达：将腰形板上 $\phi8$、$\phi13$、$\phi20$ 孔的内部结构表达清楚，同时保留顶面 $\phi12$ 孔的形状。

(3) 左视图也采用半剖视图表达，以对称中心线为界，前面部分画剖视图，后面部画视图，将垂直圆筒内的阶梯孔 $\phi12$、$\phi20$ 和前后通孔 $\phi8$ 内形表达清楚，同时保留腰形板的外形。

在半剖视图中，凡是已经表达清楚的内部结构虚线可省略。

3. 画出相应的剖视图

如图 3-2-28 所示。

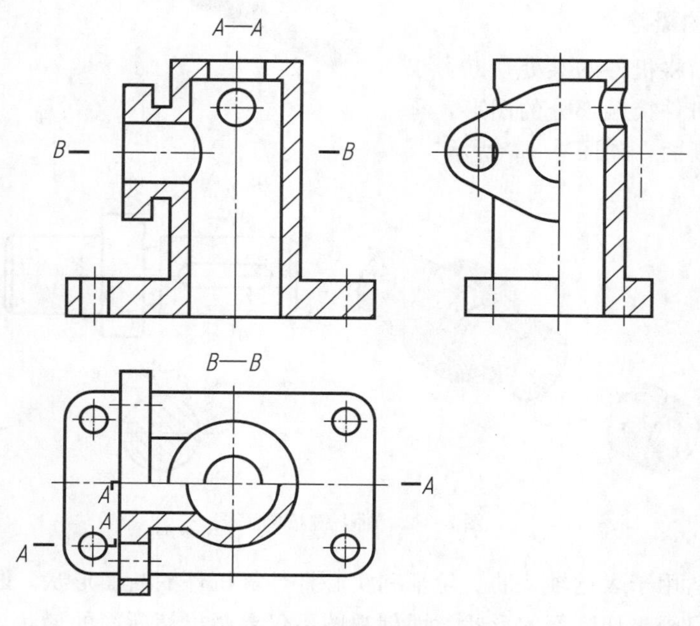

图 3-2-28　机件的表达方法

任务三　机件断面形状及其他表达方法

如图 3-3-1 所示，该轴的基本结构为同轴阶梯圆柱，它的表面有键槽、倒角、倒圆、退刀槽、中心孔等结构，无法用前面所学的视图、剖视图知识将轴的内外结构形状简洁地表达清楚，为此国家标准《机械制图》规定需要用断面图、局部放大图等方法来表达这类机件的内外结构和形状。

任务目标

① 主要训练对轴类机件、轮辐、板件等断面形状和结构的表达。

② 掌握视图中机件断面形状的表达方法、局部放大图的画法、标注以及常用的简化画法。

任务内容与要求

① 如图 3-3-1 所示，根据给定的立体图，分析轴的形状结构。

② 选择适当的表达方法，将给定轴的结构形状表达清楚。

相关知识

- 机件断面形状的表达方法——断面图
- 机件局部结构的表达方法——局部放大图
- 常用简化画法

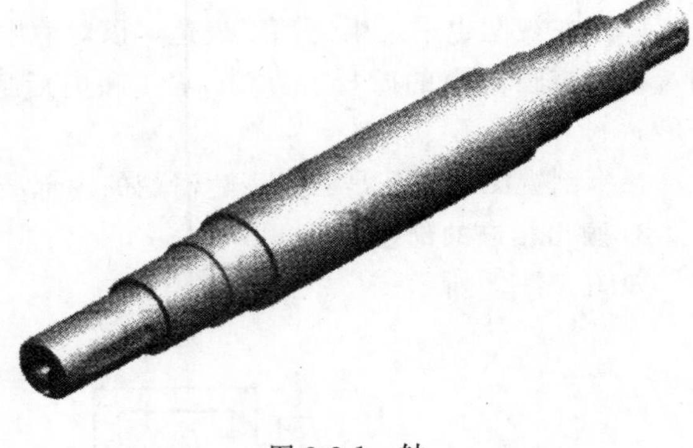

图 3-3-1　轴

一、断面图的概念

假想用剖切面将机件的某处切断，仅画出该剖切面与机件接触部分的图形，称为断面图，简称断面，如图 3-3-2 所示。

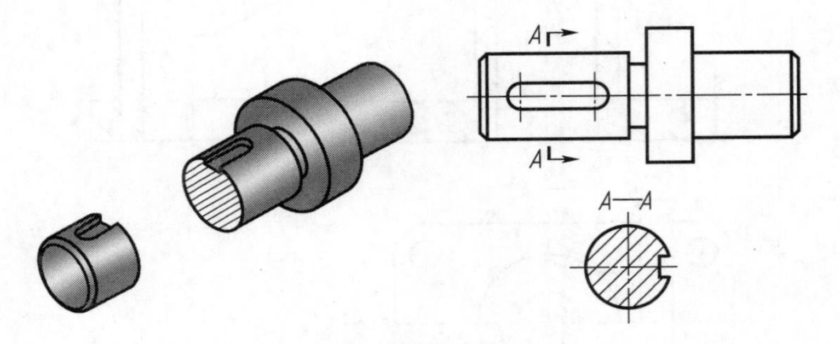

图 3-3-2　轴上键槽断面图

断面图主要适用于表达轴、肋、轮辐和实心杆件等机件的断面形状。断面图与剖视图不同，断面图一般只画出切断面的形状，而剖视图不仅要画出切断面的形状，还要画出切断面后的可见轮廓的投影。事实上用断面图表达机件的断面形状，图形更加清晰、简洁，同时也便于标注尺寸。

断面图按其配置的位置不同可分为移出断面和重合断面两种。

1. 移出断面

画在视图轮廓线外面的断面图，称为移出断面。

移出断面的轮廓线规定用粗实线绘制，并尽量配置在剖切符号或剖切平面迹线的延长线上，也可画在其他适当位置，如图 3-3-2 所示。

移出断面一般用剖切符号表示剖切位置，用箭头表示投射方向，并注上字母，在断面图的上方用同样的字母标出相应的名称“×—×”，如图 3-3-2 中 *A*—*A*。移出断面的配置及标注如表 3-3-1 所示。

表 3-3-1　移出断面的配置及标注

配置 断面 对称性		断面图的配置与标注的关系		
		配置在剖切线或剖切符号延长线上	移位配置	按投影关系配置
断面图的对称性与标注的关系	对称	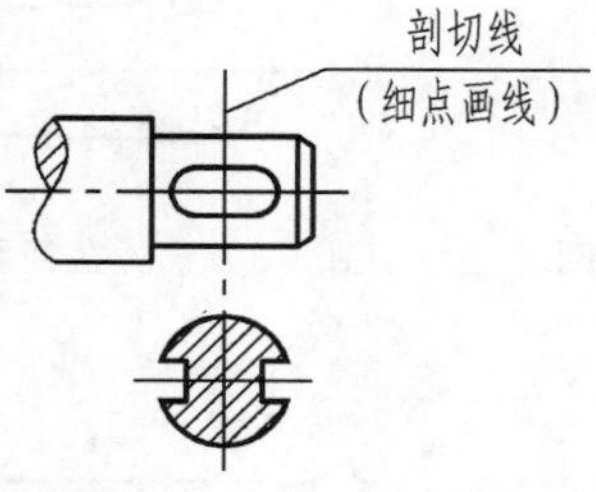 剖切线 （细点画线）	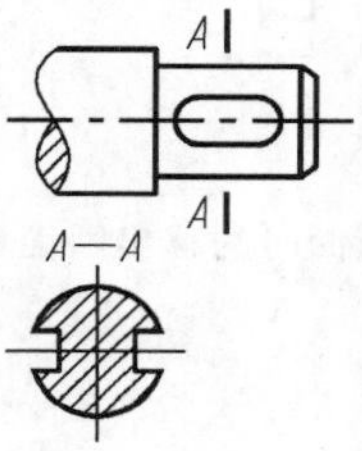 A A A—A	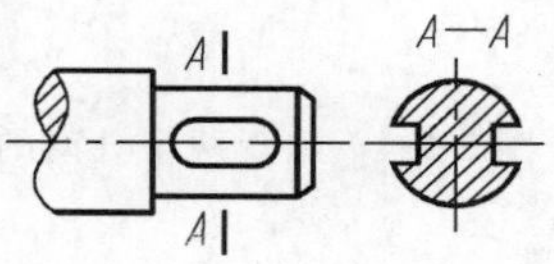 A—A A A
	说明	配置在剖切线延长线上的对称图形：不必标注剖切符号和字母	移位配置的对称图形：不必标注箭头	按投影关系配置的对称图形：不必标注箭头
	不对称	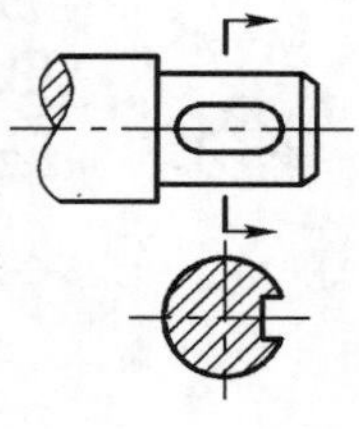	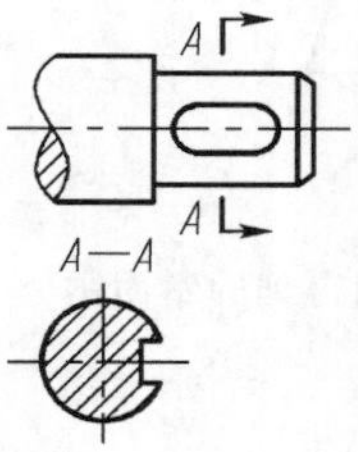 A A A—A	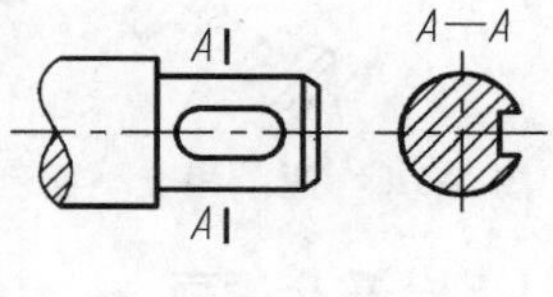 A—A A A
	说明	配置在剖切符号延长线上的不对称图形：不必标注字母	移位配置的不对称图形：完整标注剖切符号、箭头和字母	按投影关系配置的不对称图形：不必标注箭头

画移出断面图时应注意以下几点。

(1) 当剖切平面通过由回转面形成的孔或凹坑的轴线时，断面图形应画成封闭的图形，如图 3-3-3 所示。

(2) 当剖切平面通过非圆孔，会导致出现完全分离的两个断面时，则这些结构应按剖视图要求绘制，如图 3-3-4 所示。

(3) 当断面图形对称时，可画在视图中断处，如图 3-3-5 所示。

(4) 由两个或多个相交的剖切平面剖切得出的移出断面，中间一般应用波浪线断开，如

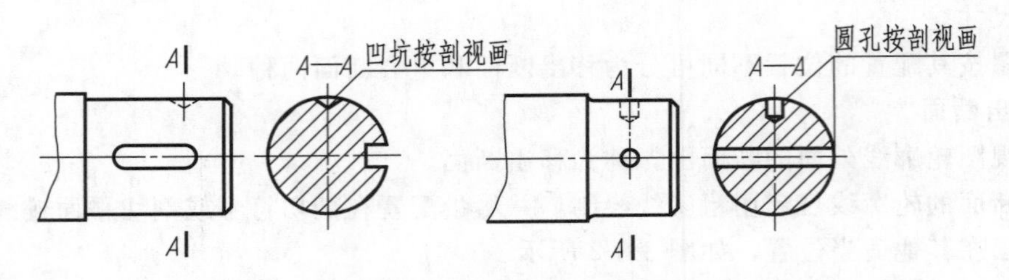

图 3-3-3 剖切平面通过回转体轴线得到的移出断面图

图 3-3-6 所示。

(5) 在不致引起误解时，允许将断面图旋转，如图 3-3-7 中 B—B 和 C—C 断面图。

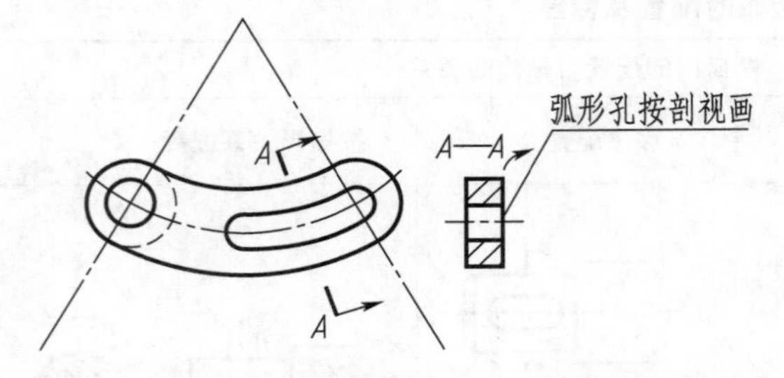

图 3-3-4 出现两个分离的断面时的移出断面图示例

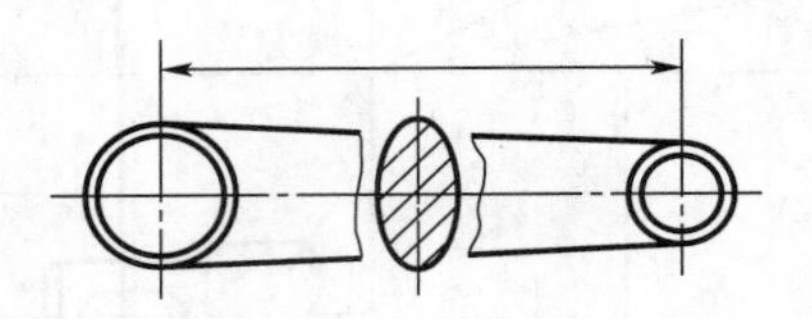

图 3-3-5 画在视图中断处的移出断面图

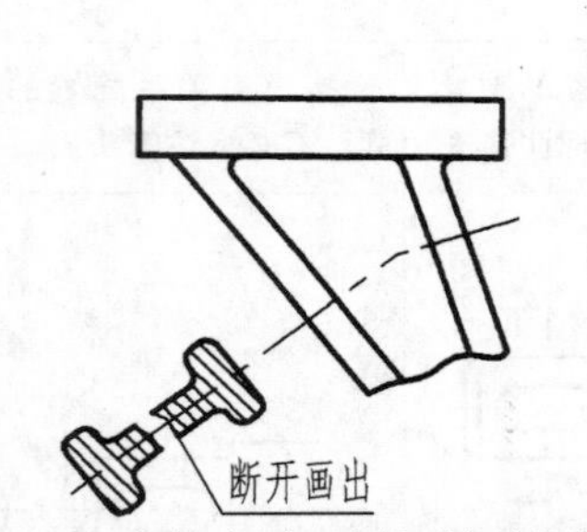

图 3-3-6 两个相交平面剖切得到的断面图

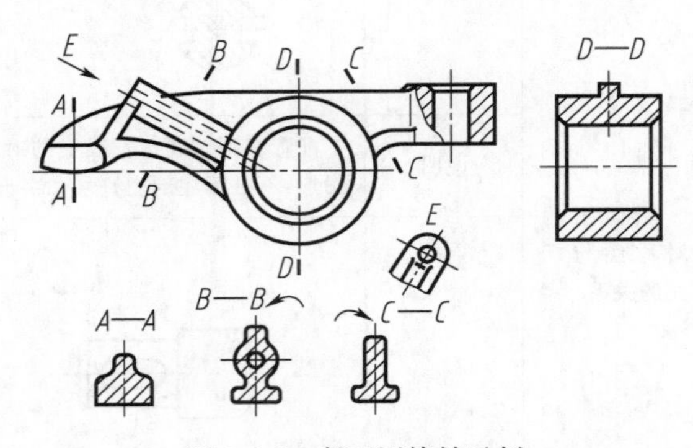

图 3-3-7 断面图旋转示例

2. 重合断面

画在视图轮廓线内的断面图，称为重合断面。重合断面的轮廓线用细实线绘制，当视图中的轮廓线与重合断面的图形重叠时，视图中的轮廓线仍需完整、连续地画出，不可间断，如图 3-3-8 所示。

对称的重合断面不必标注，如图 3-3-8 (a) 所示。

不对称的重合断面配置在剖切符号上时，应画出剖切符号和指示投射方向的箭头，不必标注字母；在不致引起误解时，也可省略标注，如图 3-3-8 (b) 所示。

为了使图形清晰和画图简便，国家标准（GB/T 17452.1—1998 和 GB/T 4458.1—2002）中规定了局部放大图和图样的简化画法，供绘图时选用。

二、局部放大图

当机件上细小结构在原图上表达不清楚或不便于标注尺寸时，可将这些结构用大于原图形的比例画出的图形称为局部放大图，如图 3-3-9 中Ⅰ、Ⅱ部分。

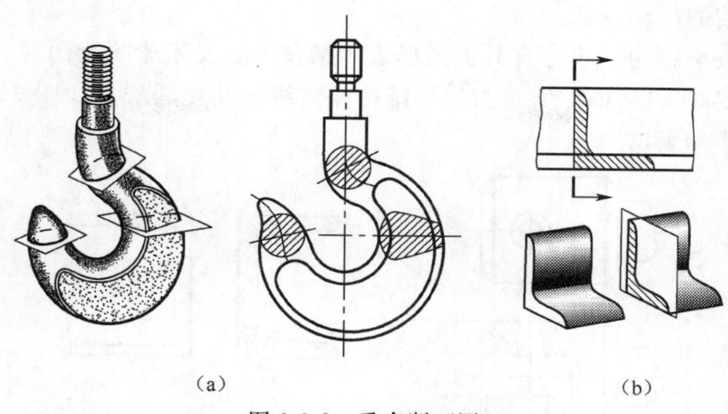
(a)　(b)

图 3-3-8　重合断面图

画局部放大图要注意以下几点：

(1) 局部放大图可以画成视图、剖视图、断面图的形式，与被放大部分的表达形式无关。

(2) 图形所采用的放大比例应根据结构需要而选定，与原图形所采用的比例无关。

(3) 同一视图上有几处需要放大时，各个局部放大图的比例也不要求统一。

局部放大图的标注方式：在被放大部位用细实线圈出，用指引线注上罗马数字，在局部放大图的上方用分数形式标注相应的罗马数字和采用的比例，如图 3-3-9 所示。如机件上被放大部分仅有一处时，只需在局部放大图上方注明所采用的比例。

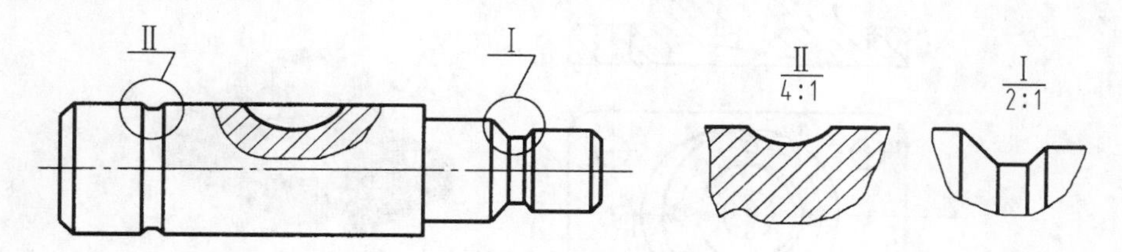

图 3-3-9　局部放大图

三、常用简化画法（GB/T 16675.1—2012）

(1) 相同结构要素的简化画法

当机件上具有相同结构（齿、槽、孔等），按一定规律分布时，只需画出几个完整的结构，其余用细实线连接或画出中心线位置，但在图上应注明该结构的总数，如图 3-3-10 所示。

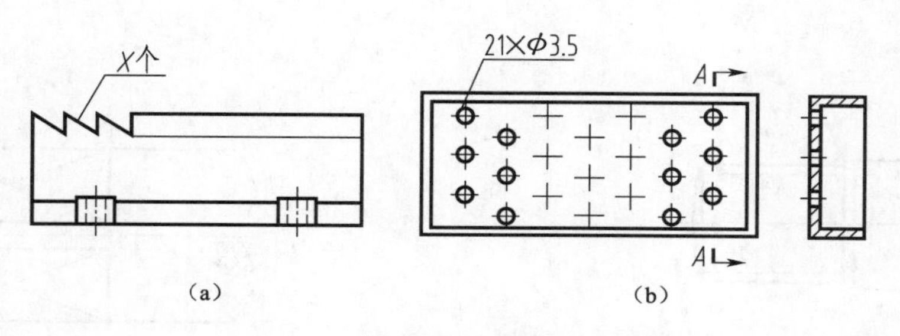

(a)　(b)

图 3-3-10　相同结构的简化画法

（2）较小结构的简化画法

对于机件上较小结构，若已有其他图形表示清楚，且又不影响读图时，可不按投影而简化画出或省略。图 3-3-11（a）所示为较小结构相贯线的简化画法；如图 3-3-11（b）所示的斜度不大时可按小端画出。

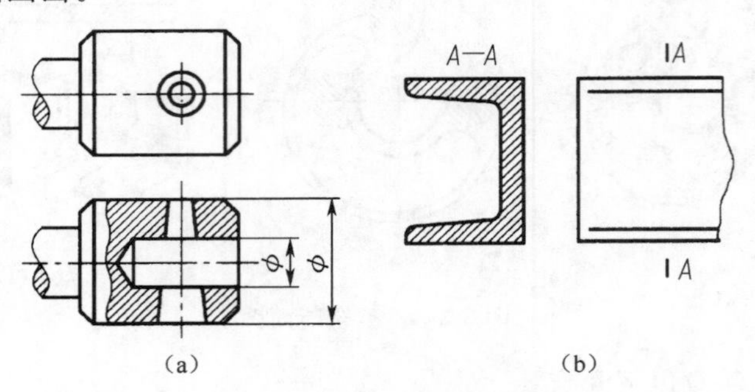

图 3-3-11 较小结构的简化画法

（3）倾斜小角度的圆或圆弧简化画法

与投影面倾斜的角度小于或等于 30°的圆或圆弧，可用圆或圆弧来代替其在投影面上椭圆、椭圆弧的投影，如图 3-3-12 所示。

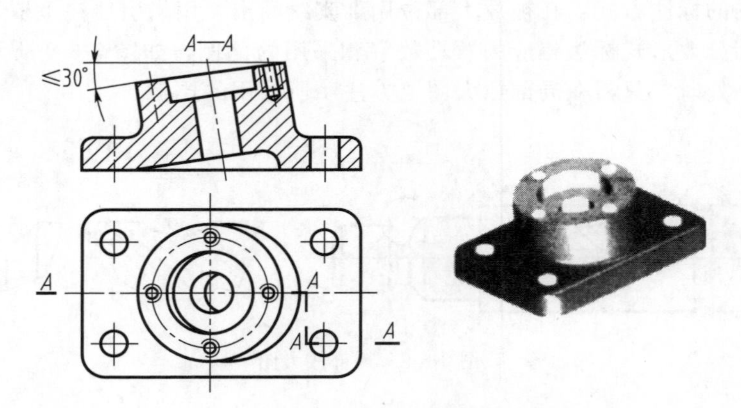

图 3-3-12 倾斜圆或圆弧的简化画法

（4）滚花部分画法

机件上的滚花部分，可在轮廓线附近用细实线示意画出，如图 3-3-13 所示。用平面符号（相交的两细实线）表示平面的图形，如图 3-3-14 所示。

（5）对称机件简化画法

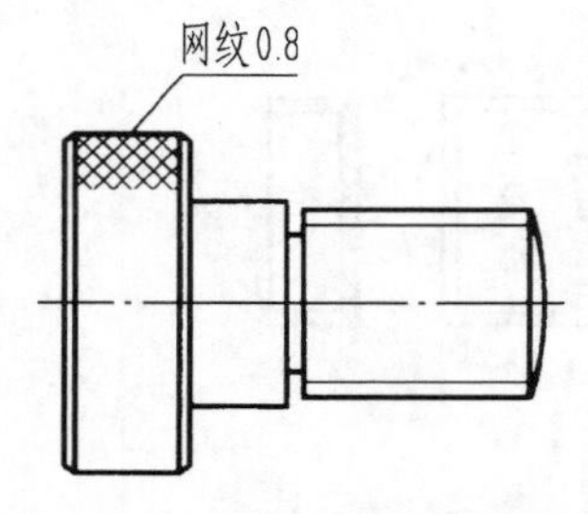

图 3-3-13 网状物或机件滚花

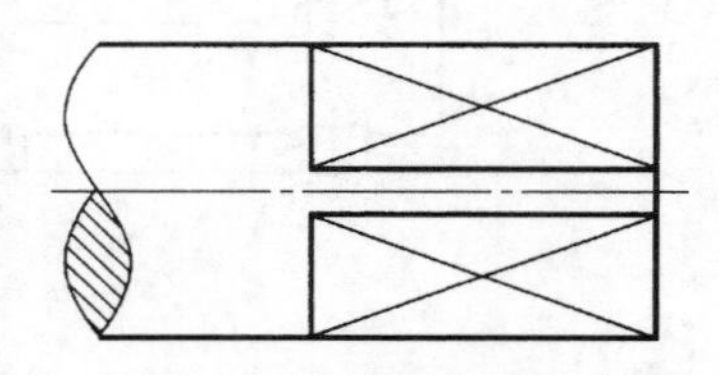

图 3-3-14 用平面符号表示平面

在不致引起误解时，对称机件的视图可以只画 1/2 或 1/4，并在中心线的两端画出两条与其垂直的平行细实线，如图 3-3-15 所示。

（6）折断画法

当机件较长（轴、杆、型材、连杆等），沿长度方向的形状一致或按一定规律变化时，可断开后缩短绘制，如图 3-3-16 所示。采用这种画法时，尺寸应按机件原长标注。断裂处的边界线可用波浪线或双点画线绘制。对于实心和空心圆柱可按图 3-3-16（c）所示绘制，对于较大的零件，断裂处可用双折线绘制，如图 3-3-16（d）所示。

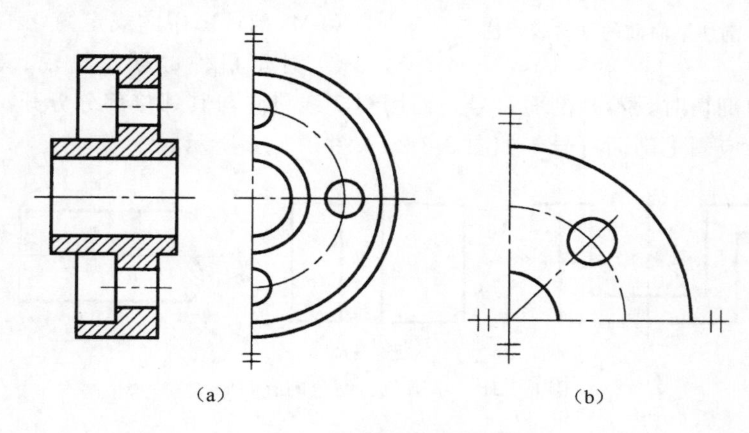

图 3-3-15　对称机件的简化画法

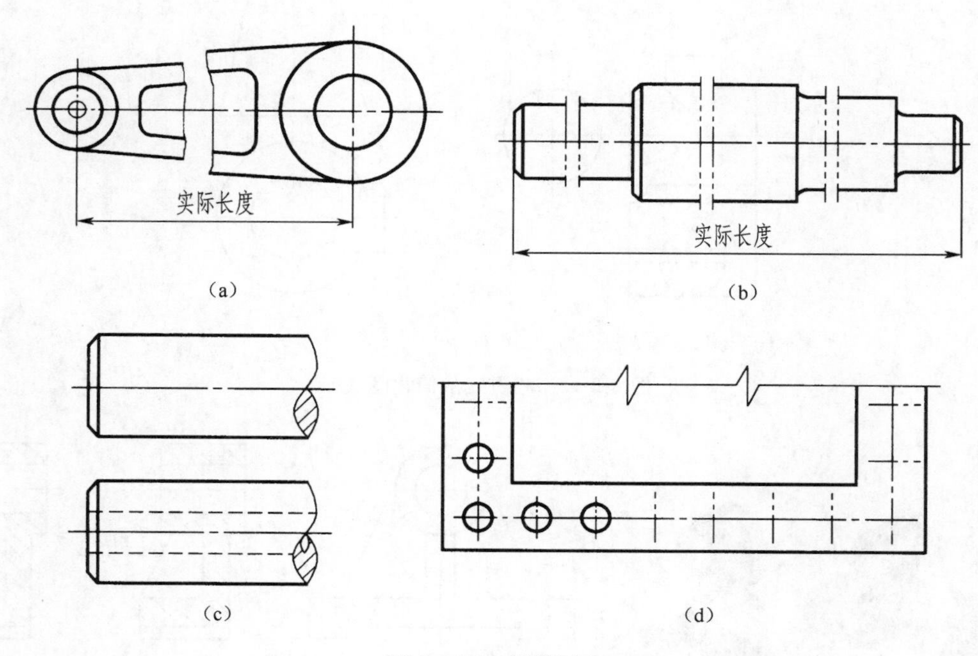

图 3-3-16　折断画法

（7）假想投影画法

在需要表示剖切平面前的结构时，这些结构按假想投影的轮廓绘制，如图 3-3-17 所示。

（8）小圆角、小倒角简化画法

在不致引起误解时，零件图中的小圆角、锐边的小倒圆或 45°小倒角允许省略不画，但

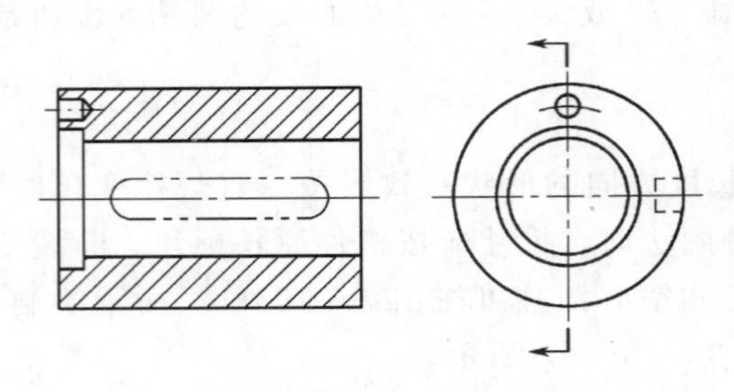

图 3-3-17　剖切平面前的结构表示法

必须注明尺寸或在技术要求中加以说明，如图 3-3-18 所示。

(9) 相贯线的简化画法

图形中的过渡线、相贯线，在不致引起误解时，可用圆弧或直线代替非圆曲线，如图 3-3-19 (a)所示，也可用模糊画法表示，如图 3-3-19 (b)所示。

(10) 剖视图中的规定简化画法

① 对于机件的肋、轮辐、薄壁及板状结构，若按其纵向剖切时，不画剖面符号，而用粗实线将它与其邻接部分分开。当这些结构不按纵向剖切时，应画上剖面符号，如图 3-3-20～图 3-3-22 所示。

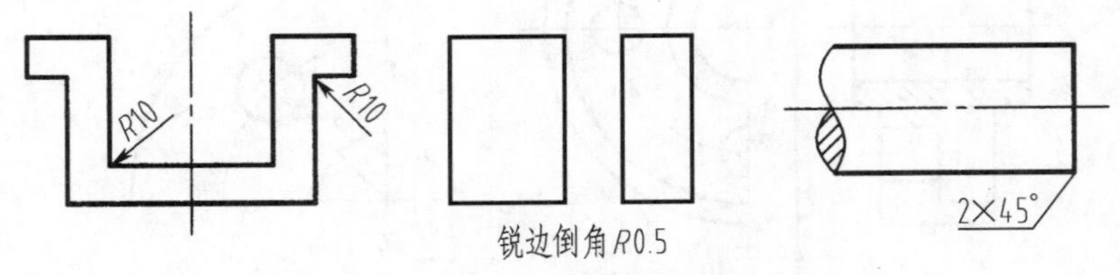

图 3-3-18　小圆角、倒角的省略画法

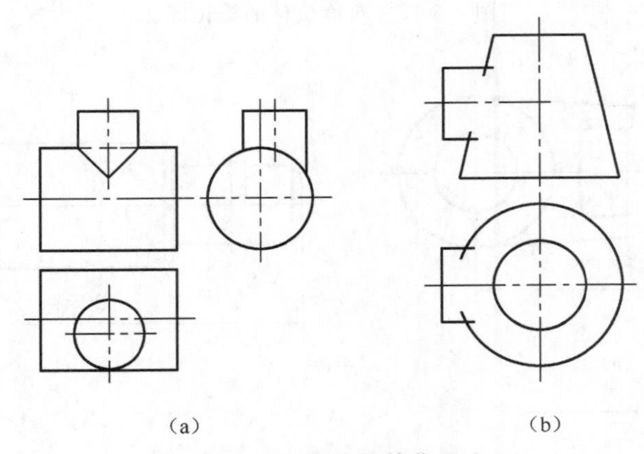

图 3-3-19　相贯线的简化画法

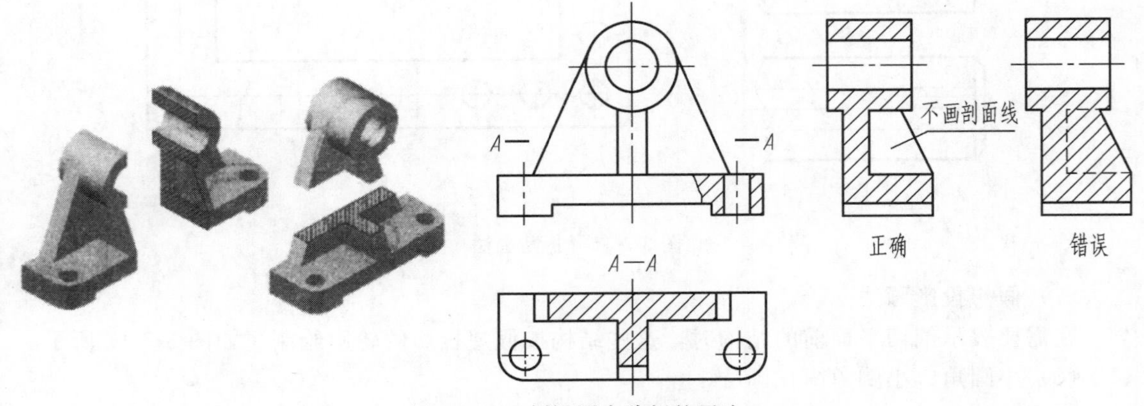

图 3-3-20　剖视图中肋板的画法

② 当零件回转体上均匀分布的肋、轮辐、孔等结构不处于剖切平面上时，可将这些结构旋转到剖切平面上画出，其中均布肋板不对称时应按对称画出，如图 3-3-23 所示。

（11）省略画法

① 剖面符号的简化画法。在不致引起误解的前提下，剖面符号可省略，如图 3-3-24 所示。

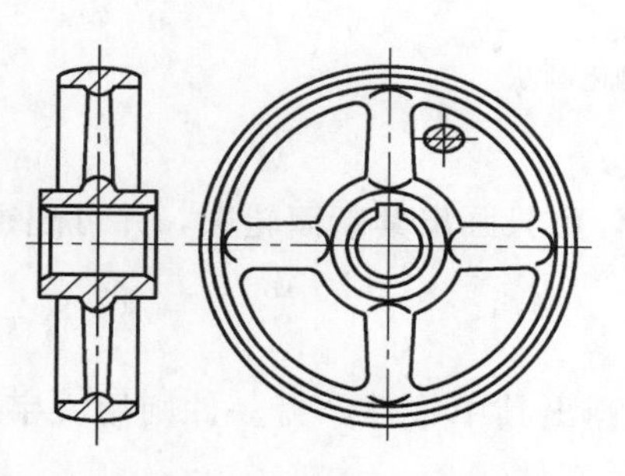

图 3-3-21　轮辐剖切时的画法

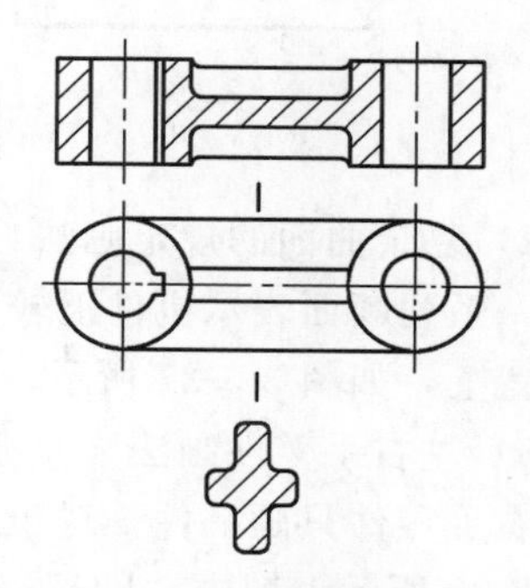

图 3-3-22　十字肋板剖切时的画法

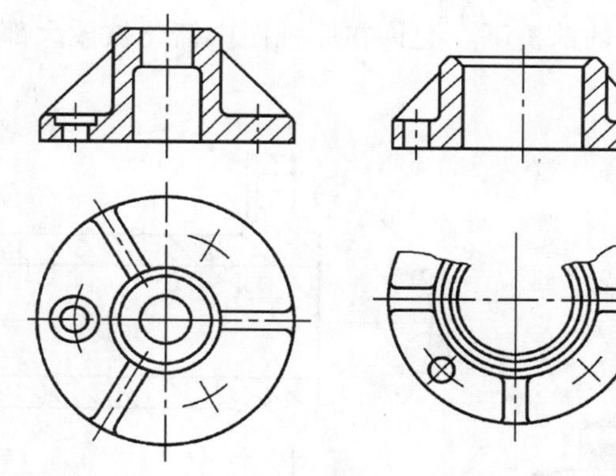

图 3-3-23　均布孔和肋的简化画法

② 法兰盘上均匀分布的孔允许按图 3-3-25 所示的方式表示，只画出孔的位置而将圆盘省略。

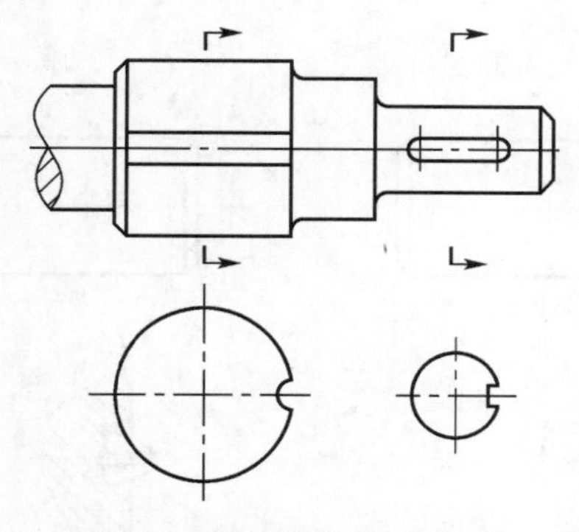

图 3-3-24　剖面符号的简化画法

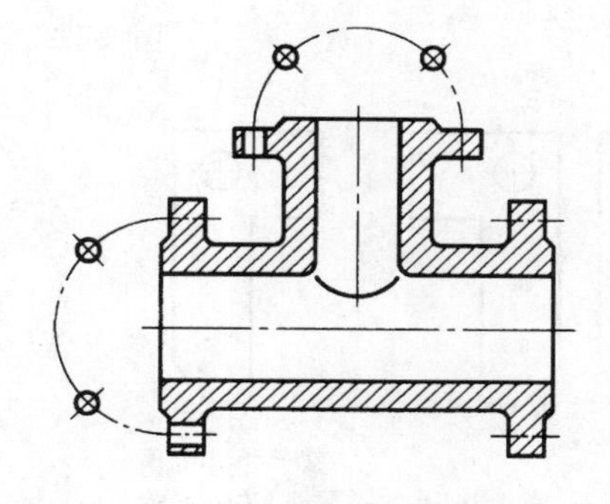

图 3-3-25　法兰盘上的均布孔的画法

③ 零件上较小结构所产生的交线（即截交线、相贯线），如在一个图形中已表示清楚时，其他图形可简化或省略，如图 3-3-26 所示。

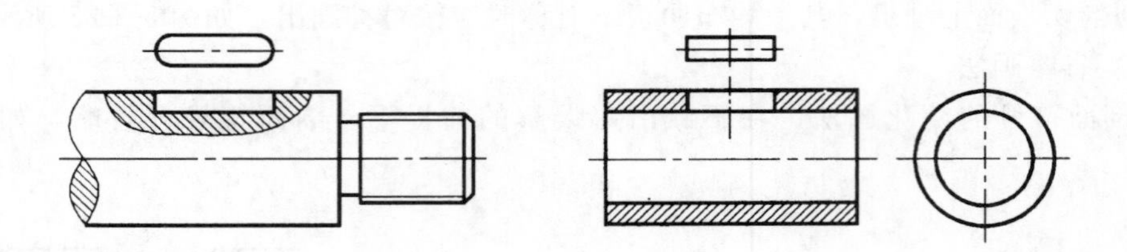

图 3-3-26　对称结构的简化画法

(12) 复杂曲面的规定画法

用一系列断面表示机件上较为复杂的变化曲面时，可只画出其断面轮廓，并可配置在同一个位置上，如图 3-3-27 所示。

(13) 左右手零件画法

左右手零件只画一件。对于左右手零件，允许仅画出其中一件，另一件则用文字说明，如图 3-3-28 所示，其中“LH”表示左件，“RH”表示右件。

(14) 局部放大图的简化画法

在局部放大图表达完整的前提下，允许在原视图中简化被放大部位的图形，如图 3-3-29 所示。

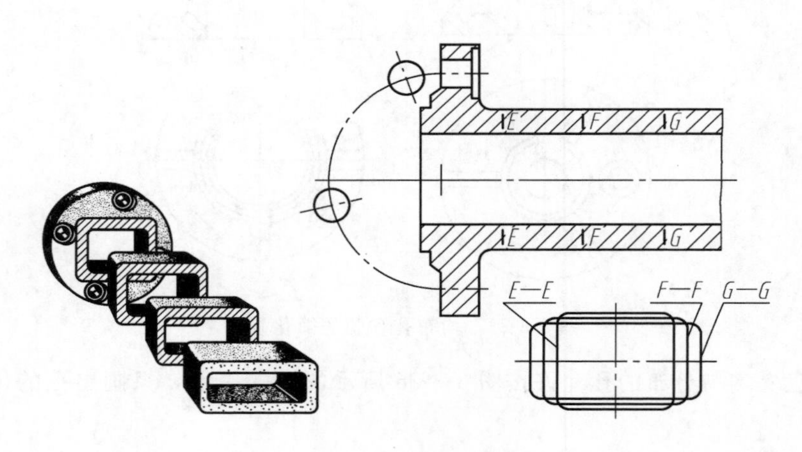

图 3-3-27　复杂曲面的规定画法

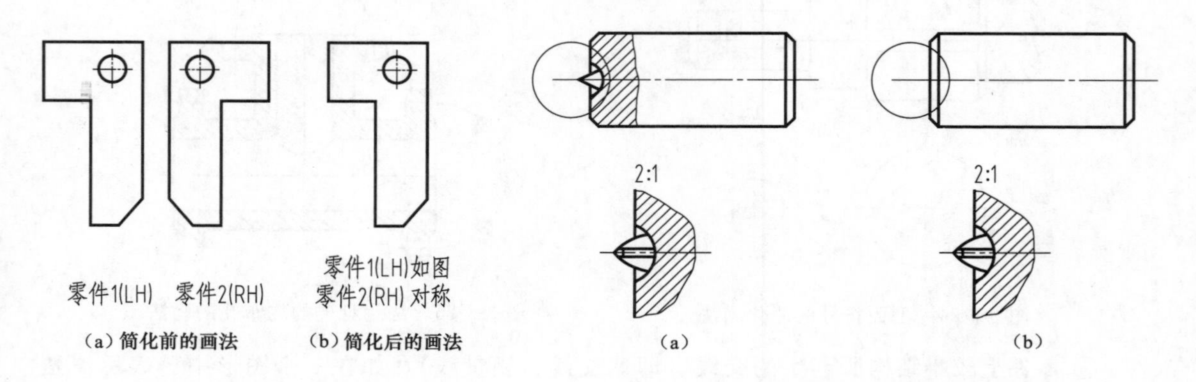

(a) 简化前的画法　(b) 简化后的画法

图 3-3-28　左右手零件的画法

(a)　(b)

图 3-3-29　局部放大图的简化画法

任务指导

（1）分析轴的结构，确定表达方案。

由图 3-3-1 可知，该轴是阶梯形圆柱体，左右轴径各有一个键槽，左端下部有一 ϕ3H7 的小孔；左右端分别有一中心孔；另有倒角、倒圆、退刀槽等结构。

表达该轴结构，可以选择一个主视图，两个断面图和两个局部放大图来完成。主视图水平放置，用来表达轴的主体结构，因为该轴沿长度方向呈阶梯形且较长，故采用断开后缩短绘制；左右两端的键槽形状可由主视图上表达，其深度可由断面图反映；轴的左端下部的小孔由局部放大图Ⅰ表达；退刀槽结构由局部放大图Ⅱ表达。

（2）画出轴的相应视图，如图 3-3-30 所示。

在画图时要注意断面图与剖视图的区别，掌握它们的画法和标注，灵活运用简化画法。

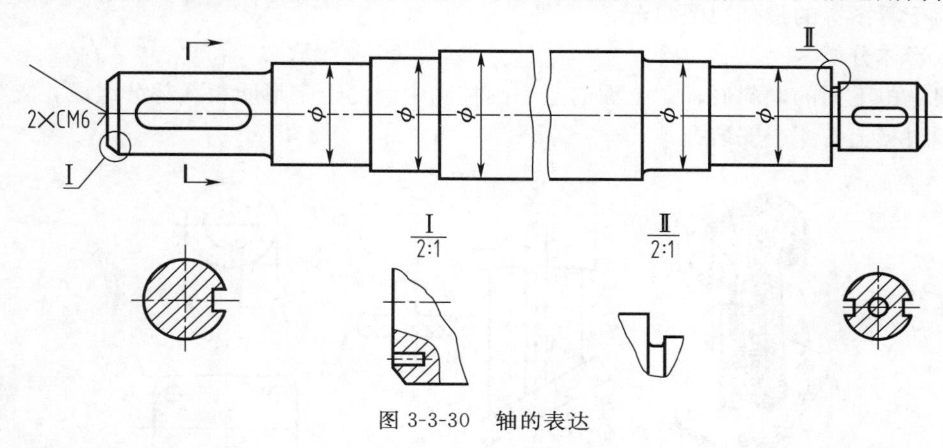

图 3-3-30　轴的表达

任务四　表达方法综合应用

任务目标

① 主要训练对各种较为复杂的机件，根据其结构特点制定出最佳表达方案。

② 能灵活利用掌握的各种表达方法，正确、清晰、简练地表达清楚机件的内外结构和形状。

任务内容与要求

① 根据给定的四通管立体图，如图 3-4-1所示，分析其结构特点。

② 选择适当的表达方法，将四通管的结构形状表达清楚。

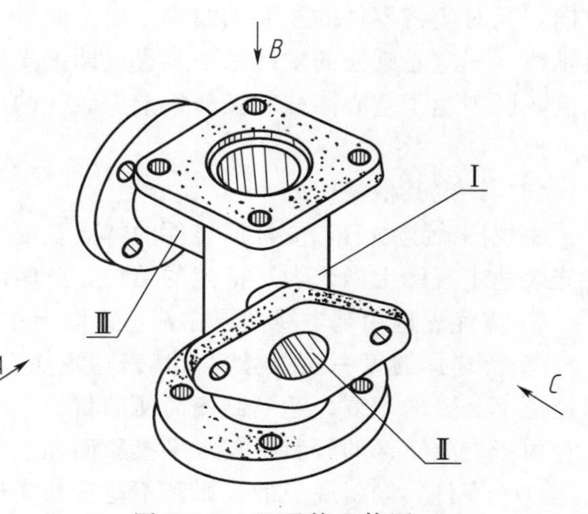

图 3-4-1　四通管立体图

相关知识

• 表达方法综合分析

支架表达综合实例

在生产实际中，机件的结构有简有繁，形状往往多种多样，为将机件的内、外形状和结构表达清楚，就要通过前面介绍的各种图样画法，即视图、剖视、断面、局部放大、简化画法等，再根据机件的结构特点，制定出最佳表达方案，从而正确、清晰、简练地表达清楚其内外结构和形状。现以图 3-4-2 所示支架为例说明表达方法的综合应用。

在选择表达方案时，既要考虑看图方便，又要力求制图简便；既要注意使每个视图、剖视、断面等具有明确的表达目的，又要注意它们之间的内在联系。往往同一机件，常常有多种表达方案，只有通过反复推敲，认真比较，才能筛选出一组“表达完整，搭配适当，图形清楚，利于看图”的最佳视图组合。

(1) 形体分析

支架是由下面的倾斜底板，上面的空心圆柱和中间的十字形肋板 3 部分组成，支架前后对称，倾斜板上有 4 个安装孔。

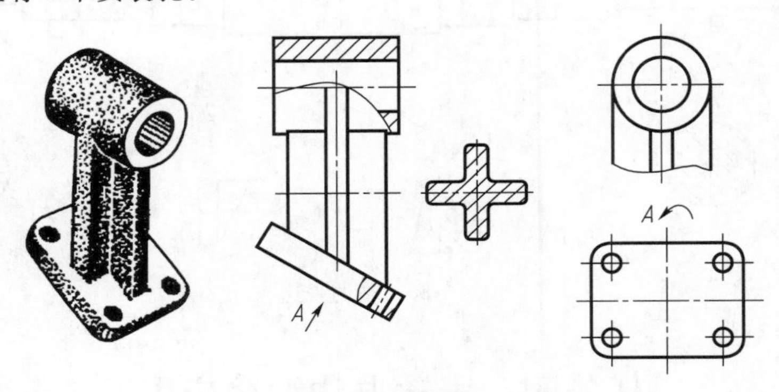

图 3-4-2 支架的表达

(2) 选择主视图

画图时，通常选择最能反映机件形状特征和相对位置特征的投射方向作为主视图的投射方向，同时应将零件的主要轴线或主要平面平行于基本投影面。通过分析比较，把支架的主要轴线——空心圆柱的轴线水平放置（即把支架的前后对称面放成正平面）。主视图采用局部剖，既表达了空心圆柱和倾斜板上安装孔的内部结构，又保留了肋板、空心圆柱、倾斜板的外形。

(3) 确定其他视图

主视图确定之后，应根据机件的特点全面考虑所需要的其他视图，选择其他视图是为了补充表达主视图上尚未表达清楚的结构，此时应注意：

① 应优先选用基本视图或在基本视图上作剖视。

② 所选择的每一视图都应有其表达重点，具有别的视图所不能取代的作用。这样，可以避免不必要的重复，达到制图简便的目的。

由于支架下部的倾斜板与水平投影面和左侧投影面都不平行。因此，若用俯、左视图来表达这个零件，倾斜底板的投影都不能反映实形，作图很不方便，也不利于标注尺寸。所以此零件不宜用俯、左等基本视图来表达。

根据形体分析，左视图采用局部视图表达空心圆柱的形状；采用 A 斜视图表达倾斜板部分实形；用移出断面表达尚未表达清楚的十字肋板。

1. 形体分析

由图 3-4-1 可知，该机件是由Ⅰ、Ⅱ、Ⅲ三部分圆筒组成的四通管件，主体部分是直径较大的垂直圆筒Ⅰ，内孔呈阶梯形，下端设计有圆盘状法兰，且均布有 4 个圆柱小孔，上面是方形法兰盘，四周倒圆角，并设计有 4 个圆柱小孔；主体部分的左上方接有轴线水平的圆筒Ⅲ及圆形端面法兰，也均布 4 个圆柱小孔；主体部分的右前方接有一个圆筒Ⅱ及腰形端面法兰，法兰两侧水平分布有 2 个圆柱小孔。

2. 选择主视图

主视图应能反映四通管件的，还要兼顾其他视图的清晰性。经过分析比对，B 向其形状特征不明显，A 向和 C 向比较，选择 A 为主视图投射方向为好，如图 3-4-1 所示。由于圆筒Ⅱ和圆筒Ⅲ的两孔轴线不在一个平面内，所以主视图采用两相交剖切平面剖切而得的 $B—B$ 全剖视图表达，如图 3-4-3 所示。

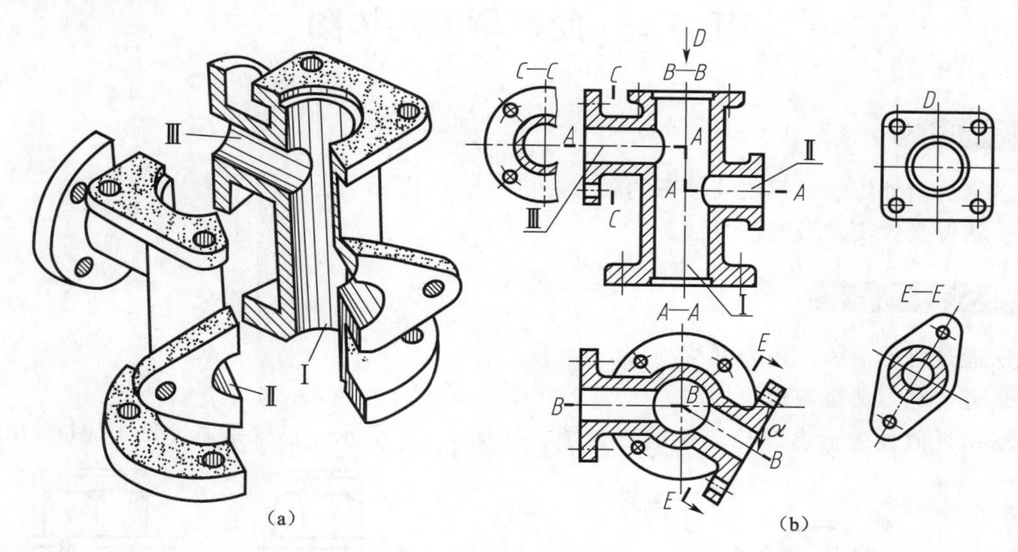

图 3-4-3　四通管的表达

3. 确定其他视图

主视图确定以后，一般优先考虑俯、左视图的选择。因四通管的主体内部结构主视图已经反映清楚，所以左视图无需再画；由于圆筒Ⅱ向前倾斜，需要用俯视图表达，其内孔轴线与左侧圆筒Ⅲ又不在一个平面内，因此，俯视图采用两平行剖切平面剖切的 $A—A$ 全剖视图表达。左侧圆形法兰盘采用右视图 $C—C$ 单一剖切面剖得的全剖视图表达，并采用了简化画法。“D”局部视图和“$E—E$”斜剖视图分别反映了顶部方形端面法兰和侧面腰形法兰凸缘的形状，同时也表达了法兰盘上孔的分布情况，如图 3-4-3（b）所示。

机件的表达方法很多，应尽可能采用最简单的视图将机件完整、清晰地表达出来。

单元四　标准件与常用件

机械图样有两种表示法，一种是基本表示法，即以真实投影为基础的画法，比如前面介绍的视图、剖视图、断面图等表示法；另一种是比真实投影更为简单、且有特殊规定的图样画法，即图样的特殊表示法。因为在机械设备中，除一般零件外，还有许多常用零件，如螺栓、螺母、垫圈、齿轮、键、销、滚动轴承等。由于这些常用零部件的应用极为广泛，为了便于批量生产和使用，以及减少设计、绘图工作量，国家标准对它们的结构和尺寸等都全部或部分标准化了，并对其图样规定了特殊表示法：一是以简单易画的图线代替烦琐难画结构（如螺纹、轮齿等）的真实投影；二是以标注代号、标记等方法，表示结构要素的规格和对精度方面的要求。下面分别介绍这些零件的基础知识、国标规定的画法、代号、标注及识读方法。

任务一　绘制螺纹连接图

任务目标

① 掌握内外螺纹及螺纹连接图的画法。

② 掌握螺纹要素及标注方法。

任务内容与要求

① 通过练习册练习内外螺纹画法。

② 通过练习册练习螺纹标注。

③ 用近似画法画出螺栓连接的三视图。如图 4-1-1 所示，已知螺栓 M20、螺母 M20、

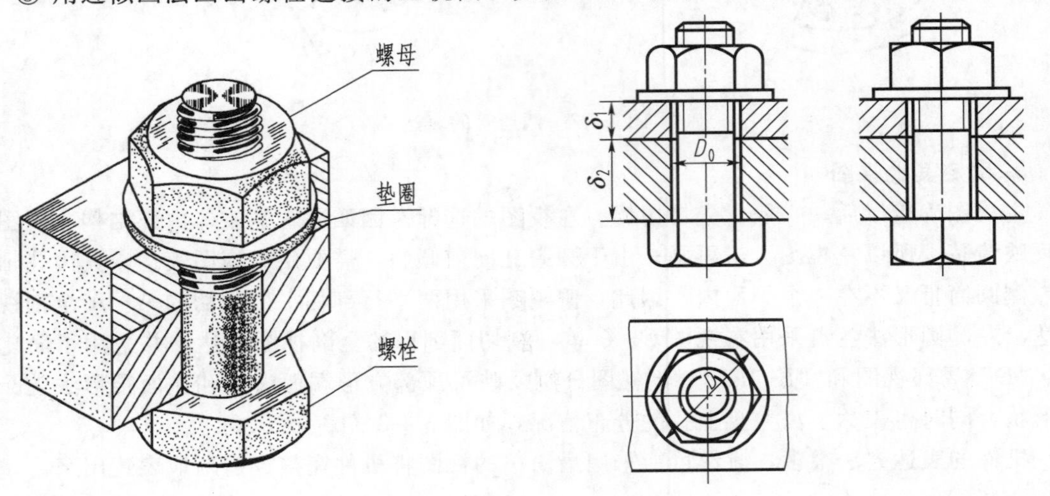

图 4-1-1　螺栓连接的三视图

平垫圈 20、被连接件厚 $\delta_1=20$mm、$\delta_2=30$mm。

④ 用近似画法画出双头螺柱连接的两视图。如图 4-1-2 所示，已知双头螺柱 M16、螺母 M16、弹簧垫圈 16、被连接件厚 $\delta=25$mm、螺孔零件材料为铸铁。

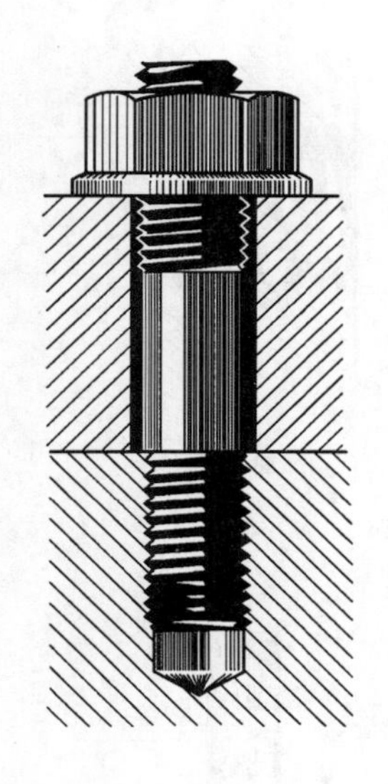

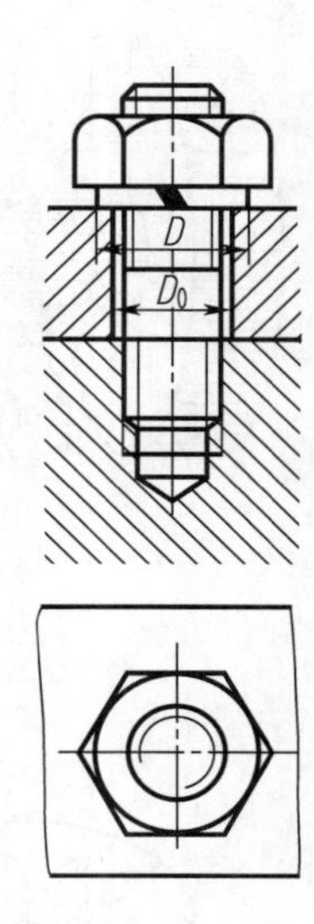

图 4-1-2　双头螺柱连接的两视图

相关知识

- 螺纹的形成
- 螺纹的基本要素
- 螺纹的规定画法
- 螺纹的种类及标注
- 螺纹紧固件及画法

一、螺纹

螺纹是在圆柱或圆锥表面上沿螺旋线形成的具有相同轴向断面（如等边三角形、正方形、锯齿形等）的连续凸起和沟槽。螺纹是零件上常见的一种结构，分为内螺纹和外螺纹两种，成对使用。加工在圆柱或圆锥外表面上的螺纹称为外螺纹，加工在圆柱或圆锥内表面（孔）上的螺纹称内螺纹。

1. 螺纹的形成

（1）螺旋线的形成

如图 4-1-3（a）所示，动点 A 沿圆柱的母线作等速直线运动，同时又绕圆柱轴线作等速旋转运动，动点 A 在圆柱表面上的运动轨迹称为圆柱螺旋线。动点 A 旋转一周沿轴向移动的距离称为导程。

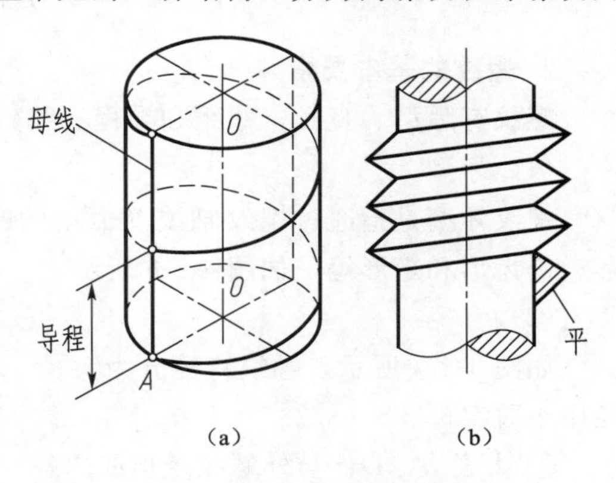

图 4-1-3　螺纹的形成

（2）螺纹的形成

在生产中螺纹是按照图 4-1-3 所示的螺旋线的形成原理在车床上车削加工而成的。如图 4-1-4 所示，工件作等速旋转运动，刀具沿轴向作等速移动，即可在工件上加工出螺纹。对于直径较小的螺纹，可用板牙或丝锥加工，如图 4-1-5 所示。

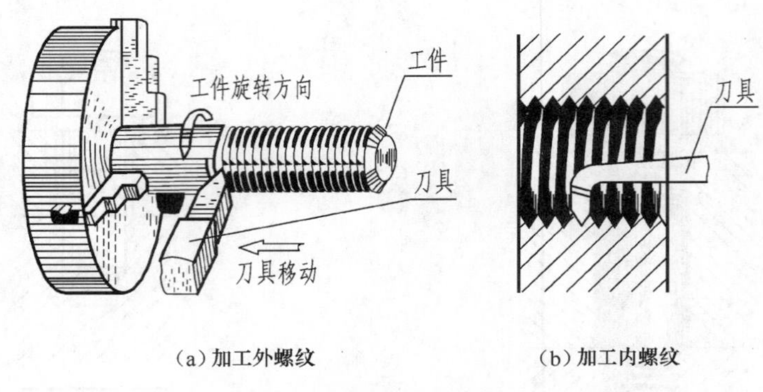

(a) 加工外螺纹　　(b) 加工内螺纹

图 4-1-4　螺纹的车削加工

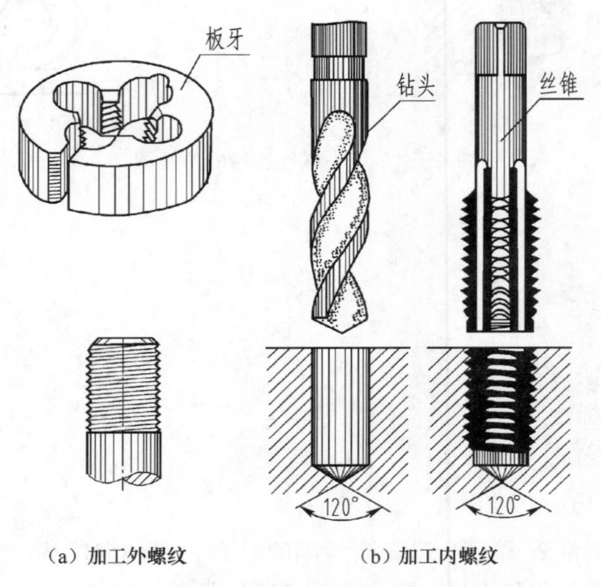

(a) 加工外螺纹　　(b) 加工内螺纹

图 4-1-5　用板牙、丝锥加工螺纹

2. 螺纹的基本要素

螺纹有牙型、直径、螺距和导程、线数、旋向 5 个基本要素。

(1) 牙型

螺纹牙型是指通过螺纹轴线剖面上的螺纹轮廓线形状。常见的螺纹牙型有三角形、梯形、锯齿形和矩形等，如图 4-1-6 所示。

(2) 直径

如图 4-1-7 所示，螺纹直径分为大径、中径、小径，外螺纹直径用大写字母，内螺纹直径用小写字母。

① 大径 d、D：与外螺纹牙顶或内螺纹牙底相重合的假想圆柱的直径称为螺纹大径。

② 小径 d_1、D_1：与外螺纹牙底或内螺纹牙项相重合的假想圆柱的直径称为螺纹小径。

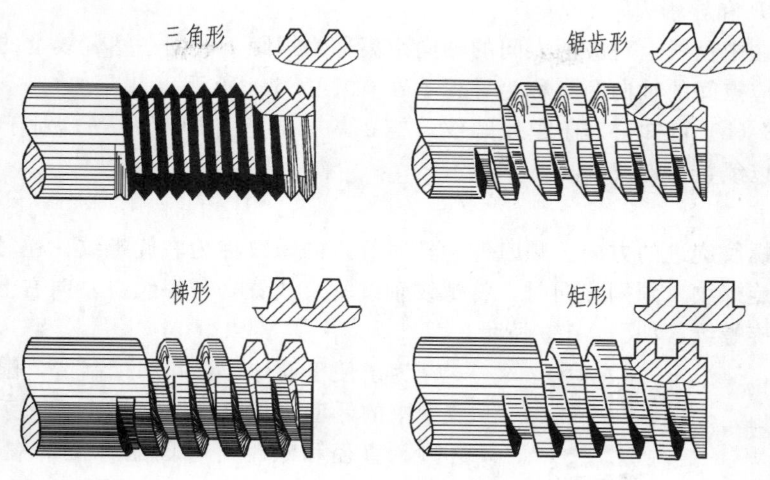

图 4-1-6　螺纹的牙型

③ 中径 d_2、D_2：中径是母线通过牙型上沟槽和凸起宽度相等位置的假想圆柱（称为中径圆柱）直径。

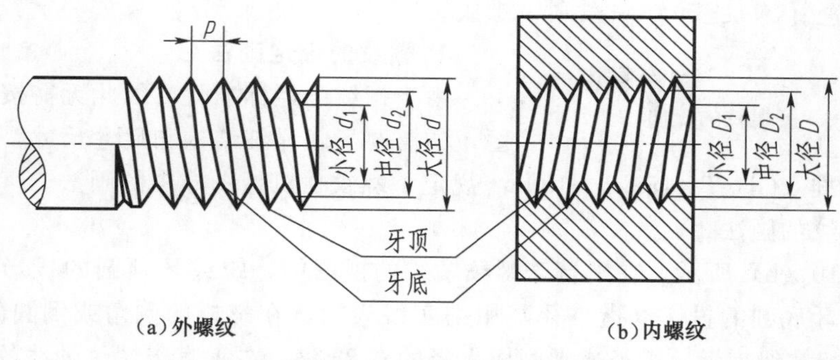

图 4-1-7　螺纹的公称直径（大径）、小径和中径

生产中常用公称直径代表螺纹的直径尺寸，不管内螺纹还是外螺纹，公称直径都指的是螺纹的大径。

(3) 线数 n

线数 n 有单线和多线之分。沿一条螺旋线形成的螺纹，称为单线螺纹，如图 4-1-8（a）所示。沿轴向等距分布的两条或两条以上的螺旋线所形成的螺纹，称为双线或多线螺纹，如图 4-1-8（b）所示。

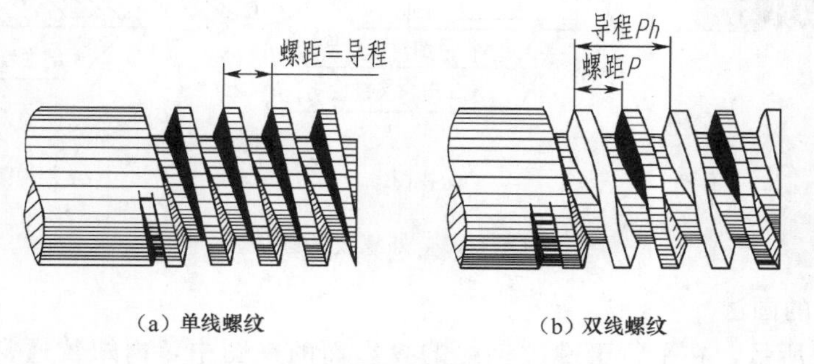

图 4-1-8　螺纹的螺距、导程及线数

(4) 螺距 P 和导程 Ph

相邻两牙在中径线上对应两点间的轴向距离称为螺距 P。同一螺旋线上的相邻牙型，在中径线上两对应点间的轴向距离称为导程 Ph，如图 4-1-8 所示。

由图 4-1-8 (b) 可知，对于单线螺纹，螺距等于导程，即 $P=Ph$；对于多线螺纹，螺距等于导程除以线数，即 $P=Ph/n$。

(5) 旋向

旋向是指螺纹旋进的方向。顺时针旋转时旋入的螺纹称为右旋螺纹；逆时针旋转时旋入的螺纹称为左旋螺纹。判别旋向时，将螺纹轴线垂直放置，若螺纹自左向右上升则为右旋螺纹，反之为左旋螺纹，如图 4-1-9 所示。

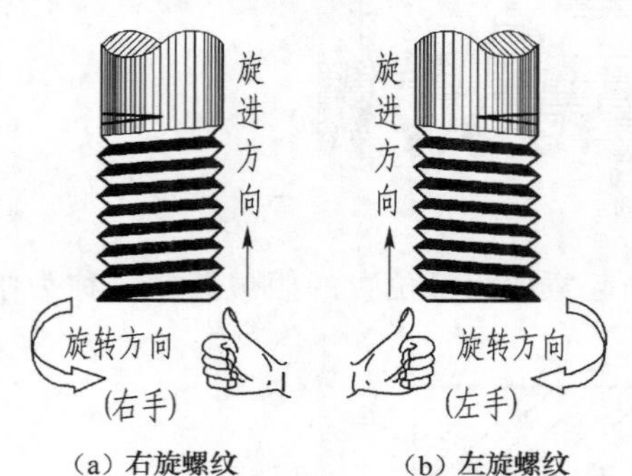

(a) 右旋螺纹　　(b) 左旋螺纹

图 4-1-9　螺纹的旋向

为了便于设计计算和加工制造，国家对上述五项要素中的牙型、直径和螺距都作了一系列规定。凡是牙型、直径和螺距符合国家标准的螺纹称为标准螺纹。而牙型符合标准、直径或螺距不符合标准的，称为特殊螺纹，标注时，应在牙型符号前加“特”字。对于牙型不符合标准的，如方牙螺纹，称为非标准螺纹。

3. 螺纹的规定画法

由于螺纹已经标准化，因此无需按其真实投影画图，如需要了解详细结构和尺寸尺寸，查阅相关手册即可。国家标准（GB/T 4459.1—1995）规定了螺纹在机械图样中的画法。

(1) 外螺纹的画法

如图 4-1-10 (b) 所示，在平行于螺纹轴线的视图中，螺纹牙顶圆的投影（指大径）用粗实线表示，牙底圆的投影（指小径）用细实线表示，在螺杆的倒角或倒圆部分也应画出；螺纹终止线用粗实线表示。小径通常画成大径的 0.85 倍。在垂直于螺纹轴线的投影面的视图中，表示牙底圆的细实线只画约 3/4 圆，此时，螺杆倒角的投影省略不画。当外螺纹被剖切时，剖切部分的螺纹终止线只画到小径处，剖面线画到表示牙顶圆的粗实线，如图 4-1-10 (c) 所示。

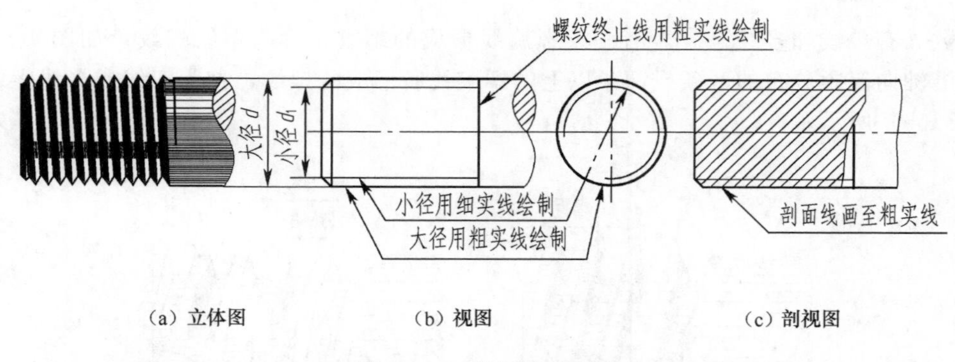

(a) 立体图　　(b) 视图　　(c) 剖视图

图 4-1-10　外螺纹的画法

(2) 内螺纹的画法

如图 4-1-11 所示，在平行于螺纹轴线的投影面的视图中，内螺纹通常画成剖视图，牙顶圆的投影（指小径）用粗实线表示，牙底圆的投影（指大径）用细实线表示，螺纹终止线用粗实线表示。剖面线画到表示牙顶圆的粗实线。在垂直于螺纹轴线的投影面的视图中，表示牙底圆的细实线只画约 3/4 圆，此时，螺纹上倒角的投影省略不画。

当螺纹为不可见时，螺纹的所有图线均用虚线绘制，如图 4-1-11（c）所示。

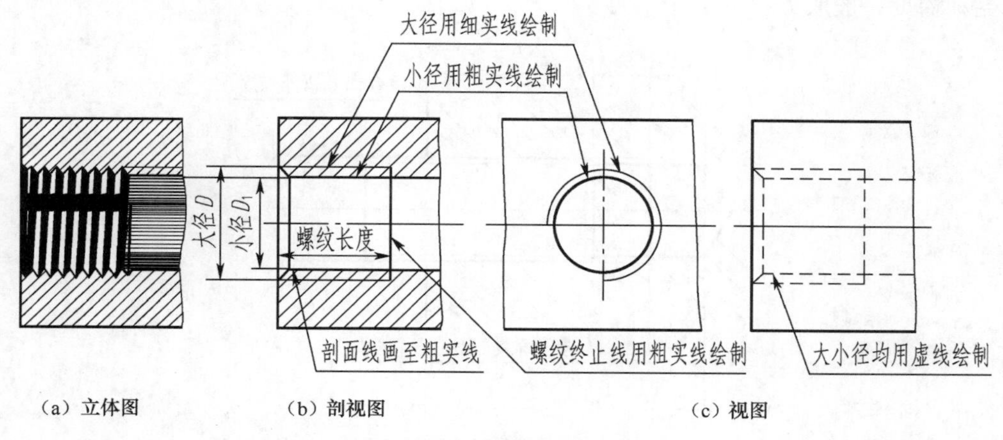

图 4-1-11　内螺纹的画法

对于盲孔的内螺纹，由于其加工时的顺序是先用钻头在实体上钻一个光孔，然后用丝锥在已加工好的光孔上攻丝（即内螺纹），所以画盲孔的内螺纹时要与其加工方法相适应，应注意以下几点。

① 螺纹深度有钻孔深度和螺孔深度两种，一般情况下钻孔深度超出螺孔深度约 $0.5D$。

② 为画图方便，钻孔底部画出顶角为 120°锥顶角，如图 4-1-12（实际钻头的顶角为 118°）所示。

③ 钻孔的直径与内螺纹小径相同。

(3) 螺纹连接的画法

内、外螺纹旋合在一起时，称为螺纹连接。画螺纹连接部分一般采用剖视图。画螺纹连接部分时，制图标准规定连接部分既有外螺纹又有内螺纹，但按外螺纹绘制，此时，螺杆按未剖切绘制。未旋合部分各自按原规定绘制，此时应注意表示大小径的粗、细实线对齐（螺纹要素要相同），其外螺纹的倒角圆要画出，如图 4-1-13 所示。

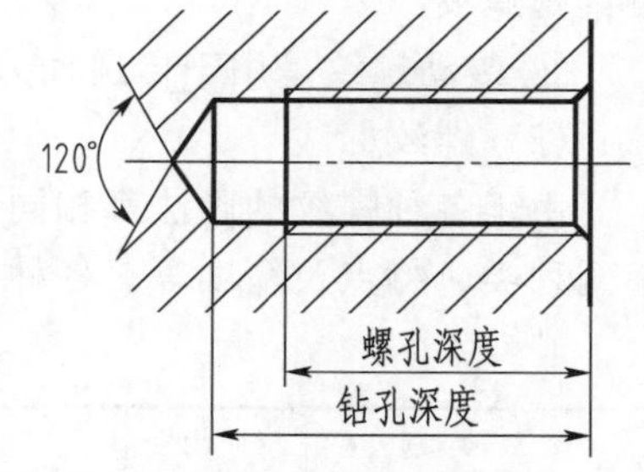

图 4-1-12　盲孔的内螺纹画法

如图 4-1-14 所示表示了不通螺纹孔的旋合长度、螺孔深度及钻孔深度的尺寸关系。对

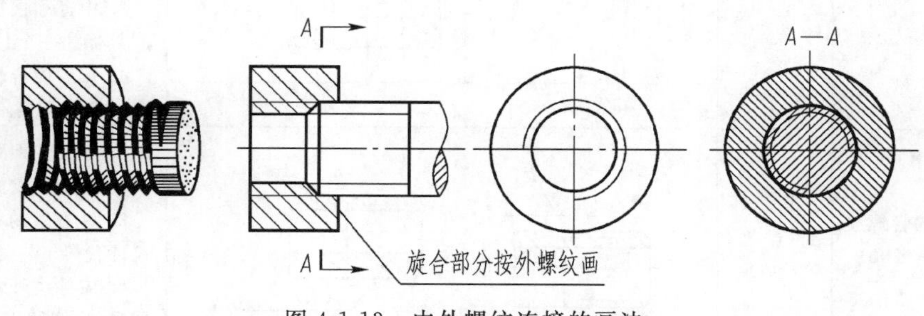

图 4-1-13　内外螺纹连接的画法

于粗牙普通螺纹，其旋合长度 $L_1=(0.5\sim1.5)d$。由于一般连接螺纹多为中等旋合长度的粗牙普通螺纹，所以画螺纹连接图时可按如下关系来画：

旋合长度 $L_1=(0.5\sim1.5)d$；

螺孔深度一般取 $L_1+0.5d$；

钻孔深度一般取 L_1+d。

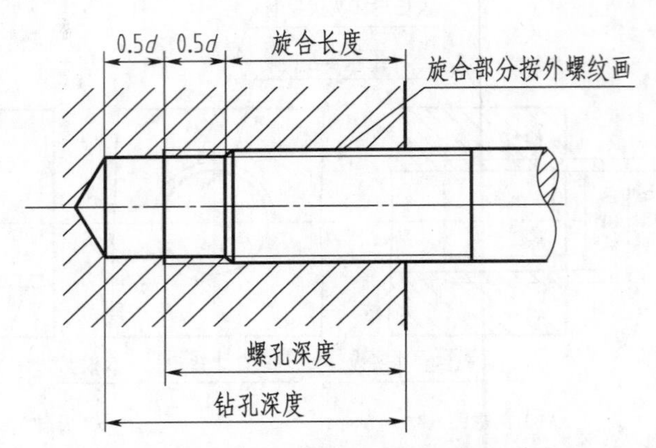

图 4-1-14 旋合长度、螺孔深度及钻孔深度的尺寸关系

4. 常用螺纹的种类及标注螺纹

（1）螺纹种类

螺纹按用途不同主要分为连接和紧固螺纹、传动螺纹两大类。

① 连接和紧固螺纹是起连接和紧固作用的螺纹。常用的有 3 种标准螺纹：普通螺纹（粗牙普通螺纹和细牙普通螺纹）、管螺纹（用螺纹密封的管螺纹和非螺纹密封的管螺纹）以及锥管螺纹。

② 传动螺纹是用于传递动力和运动的螺纹。常用的有梯形螺纹和锯齿形螺纹。

（2）螺纹标注

由于各种螺纹的画法都相同，因而国家标准规定，必须用规定的标记进行标注，以区别不同种类、特点及精度等。各种常用螺纹的标注方式及示例如表 4-1-1 所示。

表 4-1-1 螺纹的标注方式及示例

螺纹类别	特征代号	标记示例		说明
普通螺纹 GB/T 197—2003	M	M30—5g6g—S 粗牙螺纹	M20×2LH—6H 细牙螺纹	1. 粗牙普通螺纹不标注螺距 2. 右旋螺纹不标注旋向，左旋标注“LH” 3. 中径和顶径公差带相同时只标注一个代号，如 6H 4. 螺纹旋合长度为中等旋合长度可省略不标
非螺纹密封的管螺纹 GB/T 7307—2001	G	G1 1/2—A	G1 1/2—LH	1. 不标注螺距 2. 右旋螺纹旋向不标 3. G 右边的数字为管螺纹尺寸代号 4. 应标注外螺纹公差等级代号，内螺纹不标注

续表

螺纹类别	特征代号		标记示例	说明
用螺纹密封的管螺纹 GB/T 7306.1—2000 GB/T 7306.2—2000	圆锥外螺纹	R_1 R_2	R1/2或R2 1/2	R_1、R_2 右边的数字为管螺纹尺寸代号
	圆锥内螺纹	R_c	Rc 1/2	R_c 右边的数字为管螺纹尺寸代号
	圆柱内螺纹	R_p	Rp 1/2	R_p 右边的数字为管螺纹尺寸代号
梯形螺纹 GB/T 5796.4—2005	T_r		Tr36×12(P6)−7H	1. 单线标注螺距、多线标注导程（P 为螺距） 2. 右旋螺纹省略不标，左旋标注“LH” 3. 螺纹旋合长度为中等旋合长度可省略不标 4. 只标注中径公差带代号
锯齿形螺纹 GB/T 13576.1—2008	B		B40×7LH−8c	

① 普通螺纹。普通螺纹的标记及格式如下所示。

特征代号 公称直径 × *Ph* 导程（*P* 螺距）− 公差带代号 − 旋合长度代号 − 旋向

例如，M30×2-5g6g-S-LH。

a. 特征代号。普通螺纹用 M 表示，分为粗牙和细牙两种。

b. 公称直径。公称直径是指螺纹的大径，如示例中 30。

c. 导程（螺距）。普通螺纹是最常用的连接螺纹，有粗牙与细牙之分。粗牙普通螺纹螺距省略不标。细牙普通螺纹多用于薄壁或紧密连接的零件上，其螺距比粗牙普通螺纹小，又有多个螺距可选用，因此在代号中必须标明螺距。如示例中表示细牙螺纹螺距为 2mm。

d. 旋向。常用的右旋螺纹不注旋向，左旋螺纹需加注“LH”。

e. 公差带代号。表达的是螺纹的精度。通常注出中径和顶径公差带代号，代号中外螺纹字母用小写，内螺纹字母用大写，如 7g、6H。当中顶径公差带代号相同时，只注一个。如示例中 5g6g。

f. 旋合长度代号。螺纹旋合长度分为短旋合长度（S)、中等旋合长度（N)、长旋合长度（L)。由于多处使用中等旋合长度，规定省略不注。

例如，M30×2-5g6g-S。

② 管螺纹。管螺纹包括用螺纹密封的管螺纹和非螺纹密封的管螺纹两种。

a. 非螺纹密封的管螺纹标记内容及格式为：

螺纹特征代号 尺寸代号 公差等级代号 － 旋向代号

非螺纹密封的管螺纹螺纹特征代号用 G 表示。

管螺纹标注中的“尺寸代号”并非大径数值，而是指管螺纹的管子通径尺寸，单位为英寸，这类螺纹需用指引线自大径圆柱（或圆锥）母线上引出标注，作图时可根据尺寸代号查出螺纹大径尺寸，如尺寸代号为“1”时，螺纹大径为 33.249mm。

公差等级代号分 A、B 两个精度等级。对外管螺纹，需注公差等级代号，内螺纹不标此项代号。

b. 用螺纹密封的管螺纹包括圆锥内螺纹与圆锥外螺纹、圆柱内螺纹与圆锥外螺纹两种连接形式，其标注格式为：

螺纹特征代号 尺寸代号 － 旋向代号

螺纹特征代号分别为：

R_c 表示圆锥内螺纹；

R_p 表示圆柱内螺纹；

R 表示圆锥外螺纹。

尺寸代号同上，也是以英寸为单位。

右旋螺纹可不标旋向代号，左旋螺纹标“LH”。

③ 梯形螺纹。梯形螺纹的标注方法与普通螺纹基本一致。

梯形螺纹的牙型符号为“Tr”。右旋可不标旋向代号，左旋时标“LH”。旋合长度只分中（N)、长（L）两组，N 可省略不注。

④ 锯齿形螺纹。锯齿形螺纹的标注方法同梯形螺纹。锯齿形螺纹的牙型符号为“B”。

⑤ 特殊螺纹及非标准螺纹的标注。

标注特殊螺纹时，应在牙型代号前加注“特”，必要时也可注出极限尺寸。如“特Tr50×5”。非标准牙型的螺纹应画出牙型并注出所需尺寸及有关要求，如图 4-1-15 所示。

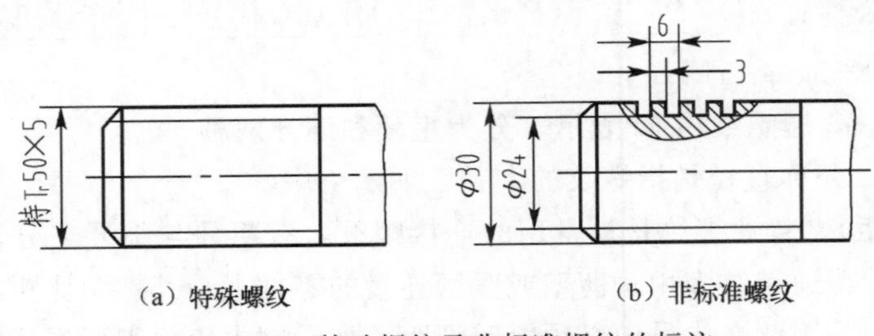

（a）特殊螺纹 （b）非标准螺纹

图 4-1-15 特殊螺纹及非标准螺纹的标注

二、常用螺纹紧固件

1. 常用螺纹紧固件的种类及其标记

螺纹紧固件是起连接和紧固作用的一些零件，常见的有螺栓、螺母、垫圈、螺钉及双头螺柱等，如图 4-1-16 所示。这些零件的结构、尺寸均已标准化，使用时可按要求根据相关标准外购。

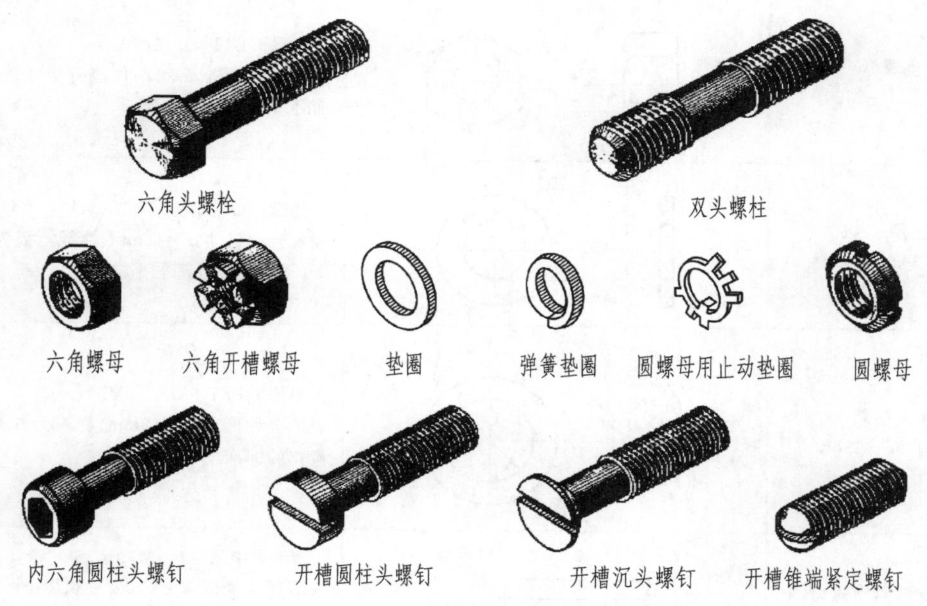

图 4-1-16　常见的螺纹紧固件

常用螺纹紧固件的视图、主要尺寸及规定标记示例如表 4-1-2 所示。

表 4-1-2　常用螺纹紧固件的标记

名称及标准号	简　图	标记示例
六角螺栓-C 级 GB/T 5780—2000	M12　80	螺栓 GB/T 5780　M12×80 螺纹规格 d=12、公称长度 l=80mm，性能等级 4.8 级、不经表面处理、C 级六角螺栓
双头螺柱 GB/T 899—2000	M12　70	螺柱 GB/T 899　M12×70 B 型、两端均为粗牙普通螺纹、螺纹规格 d=12、公称长度 l=70mm，性能等级 4.8 级、不经表面处理的双头螺柱
开槽盘头螺钉 GB/T 65—2000	M6　30	螺钉 GB/T 65　M6×30 表示螺纹规格 d=6、公称长度 l=30mm，性能等级 4.8 级、不经表面处理的 A 级开槽盘头螺钉
开槽沉头螺钉 GB/T 68—2000	M10　60	螺钉 GB/T 68　M10×60 表示螺纹规格 d=10、公称长度 l=60mm，性能等级 4.8 级、不经表面处理的 A 级开槽沉头螺钉
十字槽沉头螺钉 GB/T 819.1—2000	M10　40	螺钉 GB/T 819.1　M10×40 表示螺纹规格 d=10、公称长度 l=40mm，性能等级 4.8 级、H 型十字槽、不经表面处理的 A 级开槽十字沉头螺钉

续表

名称及标准号	简　图	标记示例
I型六角螺母-C级 GB/T 41—2000	M12	螺母 GB/T 41　M12 表示螺纹规格 $d=12$、性能等级5级、不经表面处理的C级六角螺母
平垫圈-C级 GB/T 95—2002	φ13.5	垫圈　GB/T 95 12 100HV 表示公称尺寸 $d=12$mm、性能等级为100HV级、不经表面处理的平垫圈
弹簧垫圈 GB/T 93—1988	φ12.2	垫圈 GB/T 95 12 表示公称尺寸 $d=12$mm、材料为65Mn、表面氧化的标准型弹簧垫圈
开槽锥端紧定螺钉 GB/T 71—1985	M10 35	螺钉 GB/T 71　M10×35 表示螺纹规格 $d=10$、公称长度 $l=35$mm，性能等级14H级、表面氧化处理的开槽锥端紧定螺钉

2. 螺纹紧固件的连接画法

螺纹紧固件连接的基本形式有：螺栓连接、双头螺柱连接、螺钉连接。采用哪种连接应按需要选择。下面分别介绍各种连接的画法。

（1）螺栓连接

螺栓主要用于连接不太厚并能钻成通孔的两个零件，如图4-1-17所示。

画螺栓连接图时，应根据各零件的标记，按其相应标准中的各部分尺寸绘制。但为了方便作图，通常可按其各部分尺寸与螺栓大径 d 的比例关系近似画出，如图4-1-17（b）所示，其比例关系如表4-1-3所示。

表4-1-3　螺栓紧固件近似画法的比例关系

部　位	尺寸比例	部　位	尺寸比例	部　位	尺寸比例
螺栓	$b=2d$　$e=2d$ $R=1.5d$　$c=0.1d$ $k=0.7d$　$d_1=0.85d$ $R_1=d$ s 由作图决定	螺母	$e=2d$ $R=1.5d$ $m=0.7d$　$R_1=d$ r 由作图决定 s 由作图决定	垫圈	$h=0.15d$ $d_2=2.2d$
				被连接件	$D_0=1.1d$

画螺栓连接图应注意以下几点。

① 当剖切平面通过连接件的轴线时，螺栓、螺母及垫圈等均按不剖绘制。

② 在剖视图中，两相邻零件的剖面线方向应相反。但同一零件在各个剖视图中，其剖面线倾斜方向和间距应相同。

③ 两个零件的接触面只画一条粗实线；凡不接触的表面，不论间隙多少，在图中都应

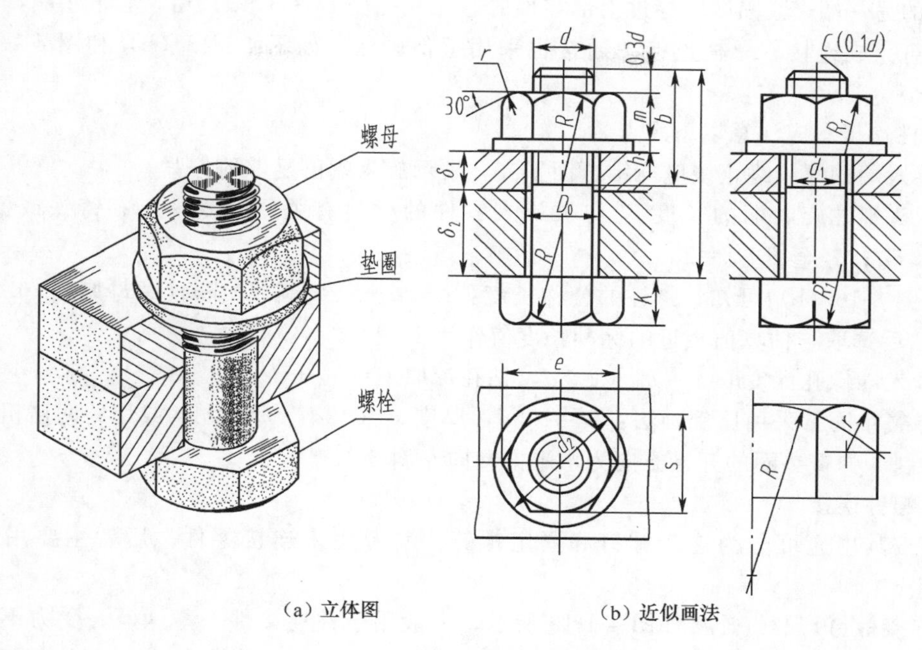

(a) 立体图　(b) 近似画法

图 4-1-17　螺栓及其连接画法

画出两条线（如螺栓与孔之间应画出间隙）。

④ 在剖视图中，当剖切平面通过紧固件轴线时，紧固件均按不剖切绘制。

(2) 双头螺柱连接

当两个被连接零件中，有一个较厚或不适宜加工通孔时，常采用双头螺柱连接。如图 4-1-18 所示，双头螺柱的两端均制有螺纹，较短的一端（旋入端）用来旋入下部较厚零件的螺

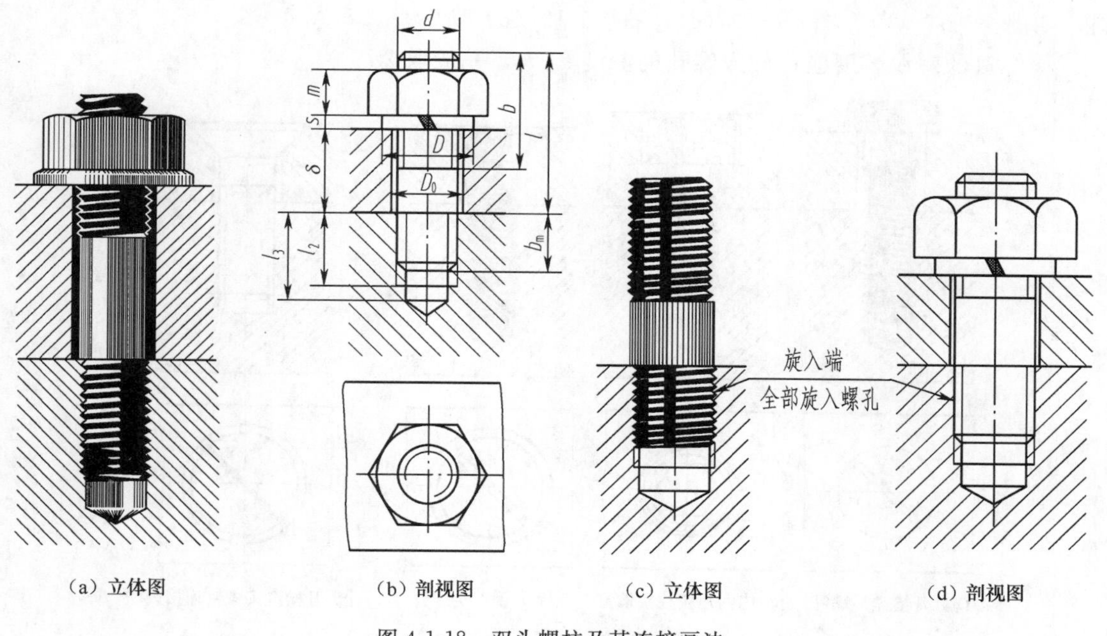

(a) 立体图　(b) 剖视图　(c) 立体图　(d) 剖视图

图 4-1-18　双头螺柱及其连接画法

孔。较长的另一端（紧固端）穿过上部零件的通孔（孔径 $D_0 \approx 1.1d$）后，套上垫圈，然后拧紧螺母即可完成连接。螺柱连接图通常也采用近似画法，如图 4-1-18（b）和图 4-1-18（d）所示。

画螺柱连接图应注意以下几点。

① 旋入端的螺纹终止线应与结合面平齐，表示旋入端已足够地拧紧。

② 双头螺柱旋入端的长度 b_m 与被旋入零件的材料有关（钢 $b_m = d$；铸铁或铜 $b_m = 1.25d \sim 1.5d$；轻金属 $b_m = 2d$）。

③由图 8-16（b）可知，螺柱的公称长度：$L \geqslant d + s$(垫圈厚) $+ m$(螺母厚) $+ 0.3d$（伸出端），然后选取与估算值相近的标准长度值作为 L 值。

④ 旋入端螺孔深度取 $l_2 = b_m + 0.5d$，钻孔深取 $l_3 = b_m + d$。

⑤ 弹簧垫圈常采用比例画法：$D = 1.5d$，厚度 $s = 0.2d$，$m = 0.1d$ 或用约两倍粗实线宽的粗线绘制。弹簧垫圈的开槽方向为水平方向向左斜 60°。

（3）螺钉连接

螺钉按其用途可分为连接螺钉和紧定螺钉。前者用来连接零件；后者主要用来固定零件。

① 连接螺钉。螺钉连接如图 4-1-19 所示，一般用于被连接件一薄一厚、受力不大且需要经常拆装的场合，它的连接图画法除头部形状外，其他部分与螺栓、双头螺柱相似。被连接的下部零件做成螺孔，上部零件做成通孔（孔径一般取 $1.1d$），将螺钉穿过上部零件的通孔，然后与下部零件的螺孔旋紧，即完成连接。

画螺钉连接图时应注意以下几点。

a. 螺纹终止线不应与结合面平齐，而应画在盖板的范围内，以表示当盖板被压紧时螺钉尚有拧紧的余地。

b. 具有槽沟的螺钉头部，在画主视图时，槽沟应被放正，而在俯视图中规定画成 45°倾斜，如图 4-1-19（a）、图 4-1-19（c）、图 4-1-19（d）所示。

c. 螺钉的螺纹长度应比旋入螺孔的深度 b_m 大，一般取 $2d$。

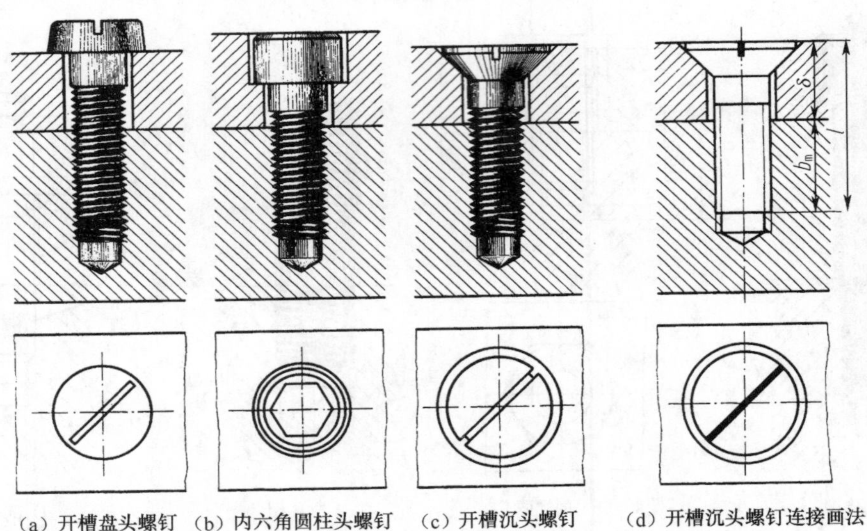

（a）开槽盘头螺钉（b）内六角圆柱头螺钉（c）开槽沉头螺钉（d）开槽沉头螺钉连接画法

图 4-1-19 螺钉及其连接画法

d. 螺钉的公称长度 L 应先按下式计算，然后查表选取相近的标准长度值，如图 4-1-19（d）所示。

$$L=\delta(\text{盖板厚})+b_m(\text{螺钉旋入螺孔的长度})$$

② 紧定螺钉。紧定螺钉常用来防止两个相互配合零件发生相对运动。如图 4-1-20 所示，用开槽锥端紧定螺钉限定轮和轴的相对位置。图 4-1-20（a）表示零件图上螺孔和锥坑的画法，图 4-1-20（b）为装配图上的画法。

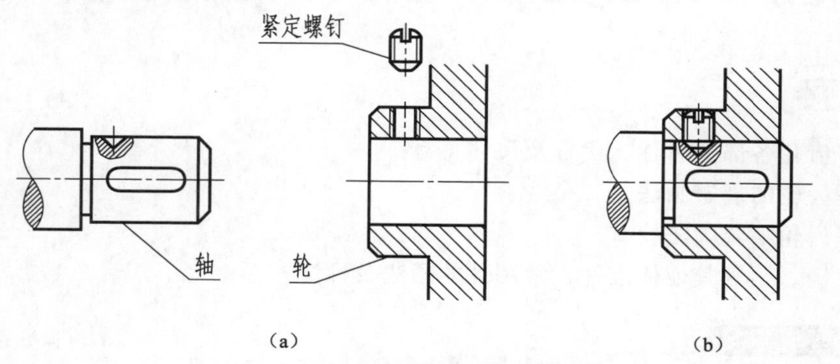

图 4-1-20　紧定螺钉及其连接画法

（4）螺母防松

为了防止螺母松动而脱落，保证连接的紧固，常采用弹簧垫圈，如图 4-1-21 所示；两个重叠的螺母图 4-1-22 所示；或用开口销，如图 4-1-23 所示；也可用槽形螺母及止动垫圈予以锁紧，如图 4-1-24 所示。

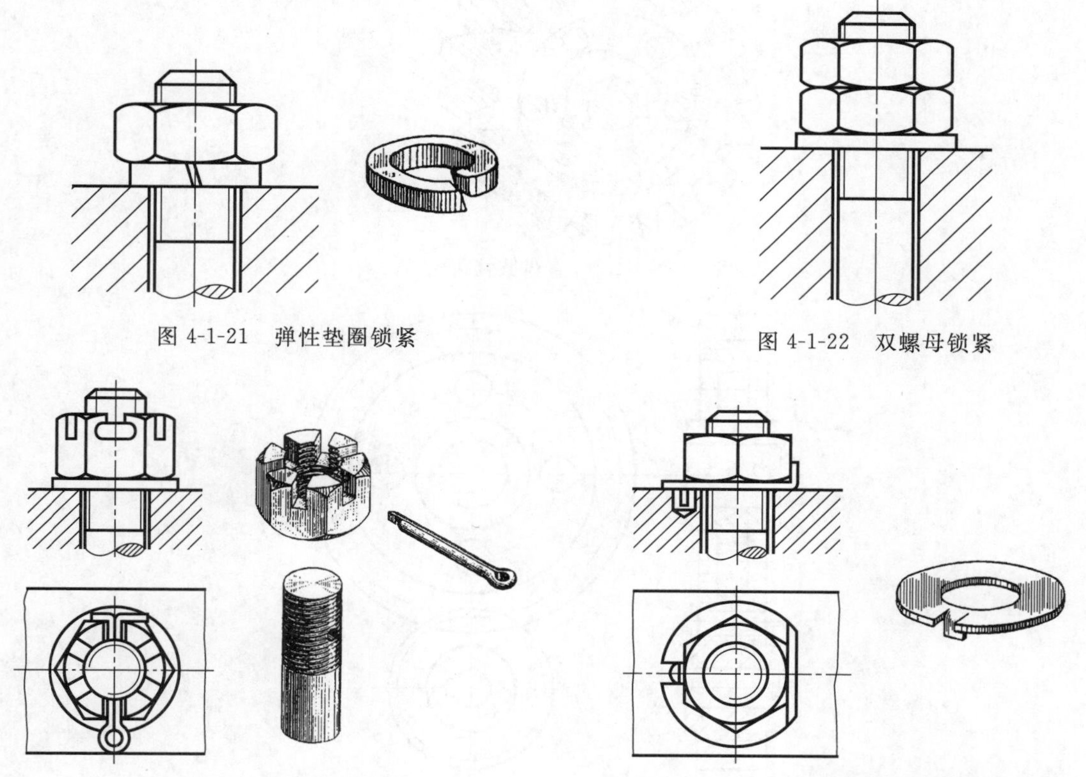

图 4-1-21　弹性垫圈锁紧

图 4-1-22　双螺母锁紧

图 4-1-23　开口销锁紧

图 4-1-24　槽形螺母及止动垫圈锁紧

任务指导

① 用A3图纸，建议采用1∶1。

② 按任务给出的螺纹大径和被连接件厚度等资料，计算出画图所需的尺寸，绘制连接图。

任务二　绘制直齿圆柱齿轮零件图及齿轮啮合图

任务目标

① 了解齿轮各部位名称、代号及尺寸关系。

② 掌握齿轮的规定画法。

③ 掌握齿轮啮合画法。

④ 了解键、销等其他标准件、常用件的画法及标注。

任务内容与要求

① 已知直齿圆柱齿轮轴孔、轮毂、辐板结构如图4-2-1所示，绘制齿轮零件图。

② 绘制直齿圆柱齿轮啮合图，如图4-2-2所示。

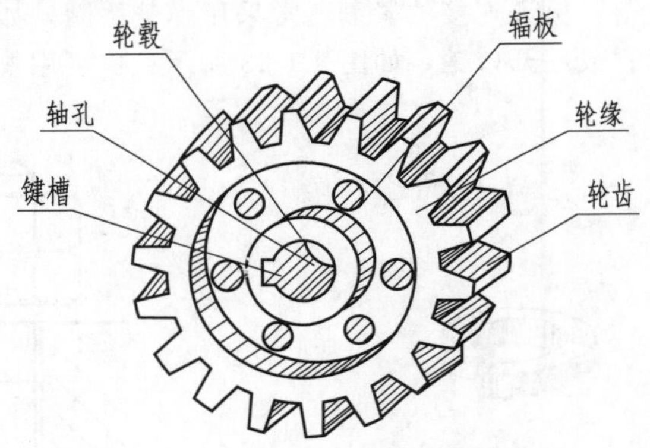

图4-2-1　直齿圆柱齿轮

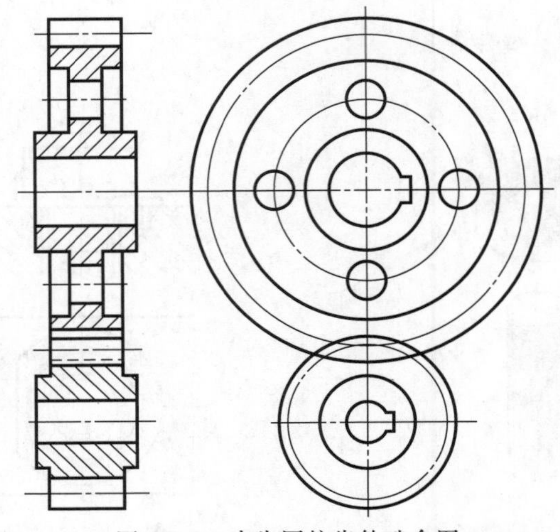

图4-2-2　直齿圆柱齿轮啮合图

相关知识

- 齿轮
- 键连接和销连接
- 滚动轴承
- 弹簧

一、齿轮

齿轮是广泛用于机械设备中的传动零件，它不仅可以用来传递运动和动力，而且还可以改变转速或旋转方向。根据两轴的相对位置，齿轮可分为以下3类。

（1）圆柱齿轮：用于两平行轴之间的传动，如图4-2-3（a）所示。

（2）锥齿轮：用于两相交轴之间的传动，如图4-2-3（b）所示。

（3）蜗轮蜗杆等：如图4-2-3（c）所示。

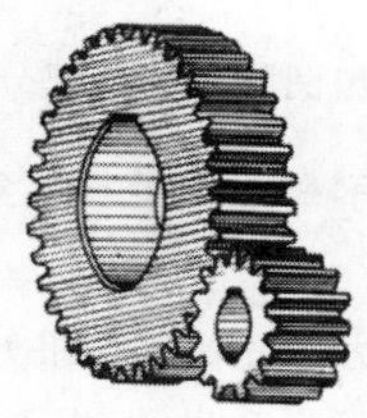
（a）圆柱齿轮

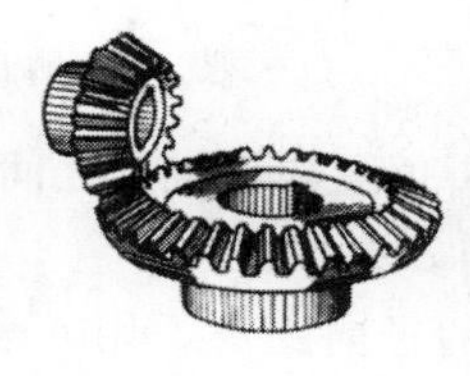
（b）圆锥齿轮

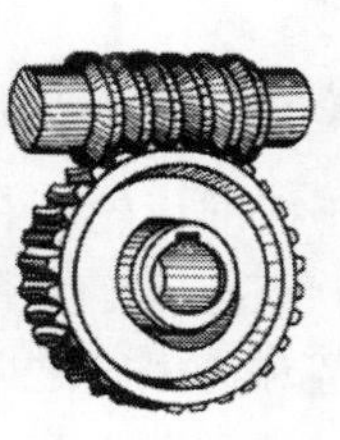
（c）蜗轮蜗杆

图4-2-3　齿轮传动类型

其中，圆柱齿轮根据轮齿的方向不同，又可分为直齿、斜齿、人字齿等，如图4-2-4所示。

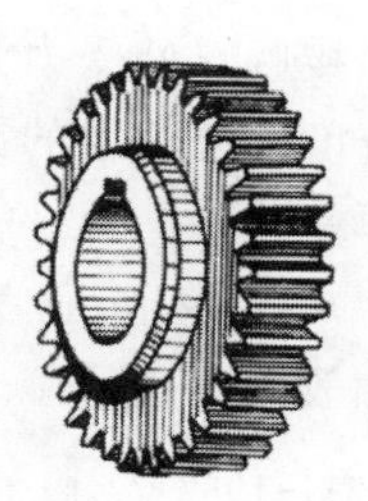
（a）圆柱直齿轮

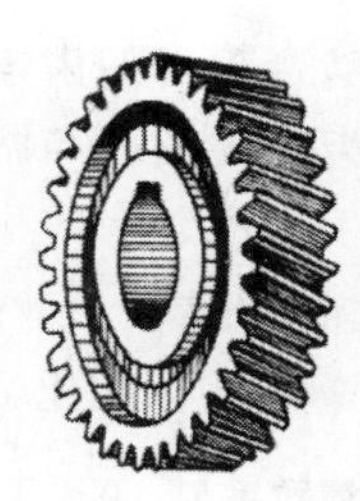
（b）圆柱斜齿轮

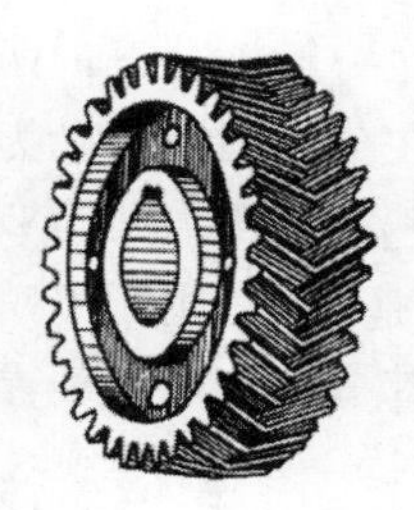
（c）圆柱人字齿轮

图4-2-4　圆柱齿轮的类型

1. 标准直齿圆柱齿轮

齿轮的常见结构如图4-2-5所示。它的最外部分为轮缘，其上有轮齿，中间部分为轮毂，轮毂中间有轴孔和键槽，轮缘和轮毂之间通常由辐板或轮辐连接。

对于直齿圆柱齿轮，轮齿的齿廓曲线可以是渐开线、摆线或圆弧线，常见的是渐开线齿形。

（1）直齿圆柱齿轮的名称、代号及尺寸关系

直齿圆柱齿轮各部分名称和尺寸关系如图4-2-6所示。

① 齿顶圆：通过轮齿顶部的圆，其直径用 d_a 表示。

② 齿根圆：通过轮齿根部的圆，其直径用 d_f 表示。

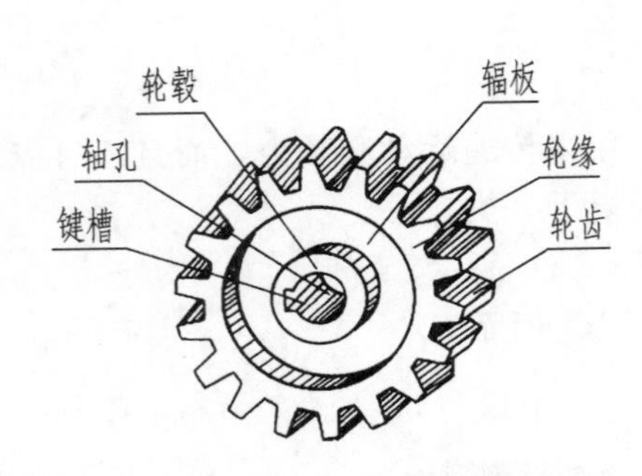

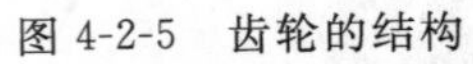
图 4-2-5 齿轮的结构

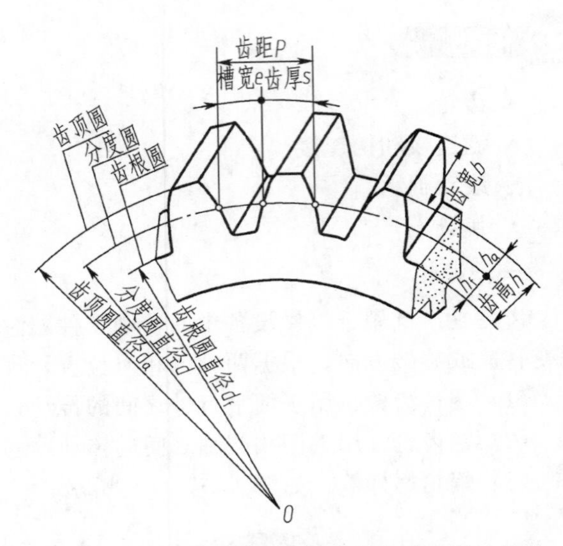

图 4-2-6 直齿圆柱齿轮各部分的名称和尺寸关系

③ 分度圆：对于标准齿轮，在齿顶圆和齿根圆之间有一圆，此圆上的齿厚 s 与槽宽 e 相等，把这一圆称为分度圆，其直径用 d 表示。

④ 齿高：齿顶圆和齿根圆之间的径向距离，用 h 表示。齿顶圆和分度圆之间的径向距离称为齿顶高，用 h_a 表示。分度圆和齿根圆之间的径向距离称为齿根高，用 h_f 表示。齿高 $h=h_a+h_f$。

⑤ 齿距、齿厚、齿槽宽：在分度圆上相邻两齿对应点之间的弧长称为齿距，用 p 表示。一个轮齿齿廓间的弧长称为齿厚，用 s 表示；相邻两个轮齿齿槽间的弧长称为齿槽宽，用 e 表示。对于标准齿轮，$s=e$，$p=s+e$。

⑥ 压力角 α：在一般情况下，两相啮合轮齿的齿廓在接触点处受力方向与运动方向之间的夹角。若接触点在分度圆上，则为两齿廓公法线与两分度圆公切线的夹角，分度圆上的压力角为标准压力角，标准压力角为 20°，用 α 表示。

⑦ 模数：模数是齿距与圆周率的比值，即 $m=p/\pi$，单位为 mm。为了简化计算，规定模数是计算齿轮各部分尺寸的主要参数，且已标准化，如表 4-2-1 所示。

表 4-2-1 标准模数系列 (GB/T 1357—1987)

第一系列	1,1.25,1.5,2,2.5,3,4,5,6,8,10,12,16,20,25,32,40,50
第二系列	1.75,2.25,2.75,(3.25),3.5,(3.75),4.5,5.5,(6.5),7,9,(11),14,18,22,28,(30),36,45

注：优先选用第一系列，其次是第二系列，括号内的数值尽可能不选。

如果用 z 表示齿轮的齿数，则分度圆的周长＝齿数×齿距＝分度圆直径×圆周率，即周长$=zp=\pi d$；所以 $d=zp/\pi=mz$。因此：

- 模数 m 是设计和制造齿轮的重要参数。
- 模数表示了轮齿的大小，模数大，则齿距 p 也大，随之齿厚 s 也增大。因而齿轮的承载能力也大。
- 不同模数的齿轮，要用不同模数的刀具来加工制造。

⑧ 齿数 z：齿数不是标准值，其大小可根据设计要求而定。但由于存在加工方法的限制，齿数最小不能小于 17，否则就会产生根切现象。

⑨ 中心距 a：两啮合齿轮轴线之间的距离称中心距，以 a 表示，在标准情况下大小为

$$a=d_1/2+d_2/2=m(z_1+z_2)/2$$

直齿轮各部分尺寸计算关系如表 4-2-2 所示。

表 4-2-2　标准圆柱直齿轮各部分参数的计算

名　称	代号	计算公式	名　称	代号	计算公式
分度圆直径	d	$d=mz$	齿顶圆直径	d_a	$d_a=d+2h_a=m(z+2)$
齿顶高	h_a	$h_a=m$	齿根圆直径	d_f	$d_f=d-2h_f=m(z-2.5)$
齿根高	h_f	$h_f=1.25m$	中心距	a	$a=\frac{1}{2}(d_1+d_2)=\frac{1}{2}m(z_1+z_2)$
齿高	h	$h=h_a+h_f=2.25m$	齿距	p	$p=\pi m$

(2) 直齿圆柱齿轮的规定画法

① 单个齿轮的规定画法。对于单个齿轮，一般用两个视图表达，或用一个视图加一个局部视图表示，如图 4-2-7 所示。

a. 在视图中，齿顶圆和齿顶线用粗实线绘制；分度圆和分度线用细点画线绘制；齿根圆和齿根线用细实线绘制，如图 4-2-7（b）所示，也可省略不画。

b. 通常将平行于齿轮轴线的视图画成剖视图，在剖视图中，当剖切平面通过齿轮的轴线时，轮齿一律按不剖处理，齿根线用粗实线绘制，如图 4-2-7（c）所示。

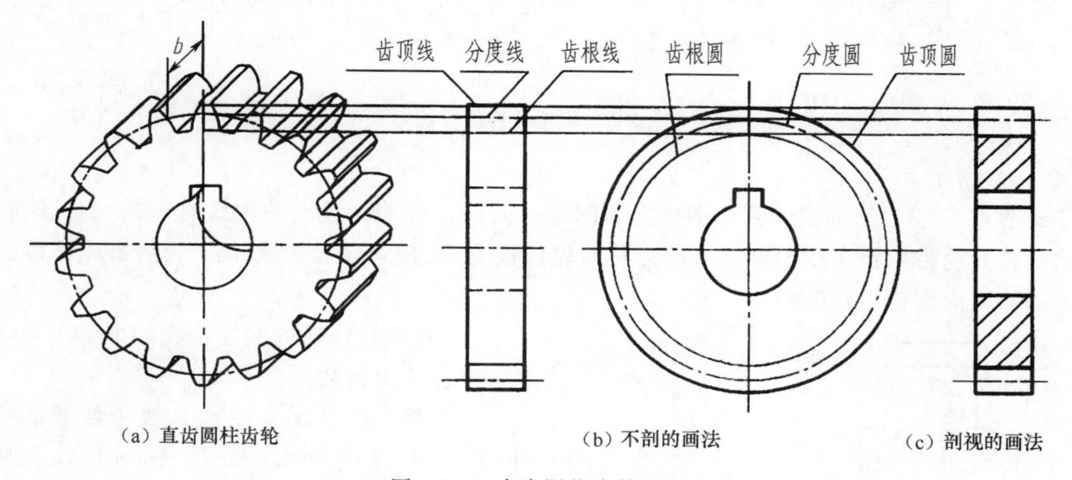

(a) 直齿圆柱齿轮　(b) 不剖的画法　(c) 剖视的画法

图 4-2-7　直齿圆柱齿轮的画法

c. 圆柱齿轮齿形的表示方法为：直齿轮不做任何标记，若为斜齿或人字齿，可用 3 条与齿线方向一致的细实线表示其形状，如图 4-2-8 所示。

② 齿轮啮合的规定画法。齿轮的啮合图，常用两个视图表达：一个用垂直于齿轮轴线的视图，另一个用平行于齿轮轴线的视图或剖视图，如图 4-2-9 所示。

两个标准齿轮相互啮合时，两轮分度圆相切，此时分度圆又称为节圆。

a. 在垂直于轴线的视图中，啮合区内的齿顶圆有两种画法：一种是将两齿顶圆用粗实线完整画出，如图 4-2-9（a）所示；另一种是将啮合区内的齿顶圆省略不画，如图 4-2-9（b）所示。节圆用细点画线绘制。

b. 在平行于齿轮轴线的视图中，啮合区的齿顶线不需画出，节线用粗实线绘制，如图

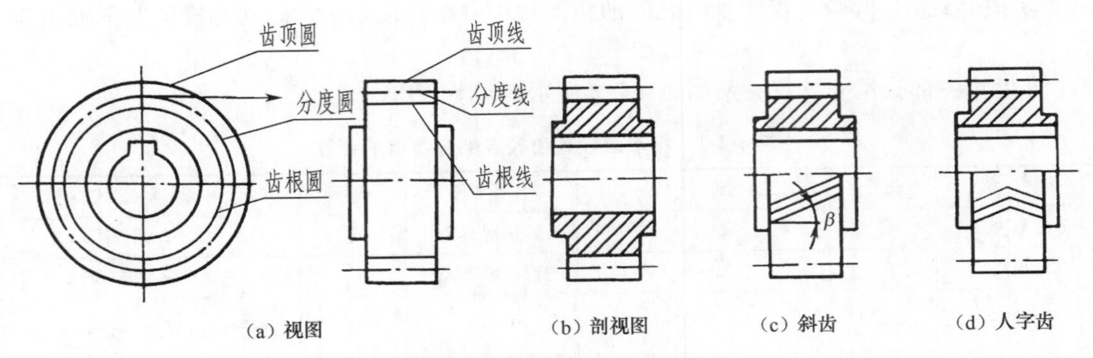

（a）视图　（b）剖视图　（c）斜齿　（d）人字齿

图 4-2-8　圆柱齿轮齿形的表示方法

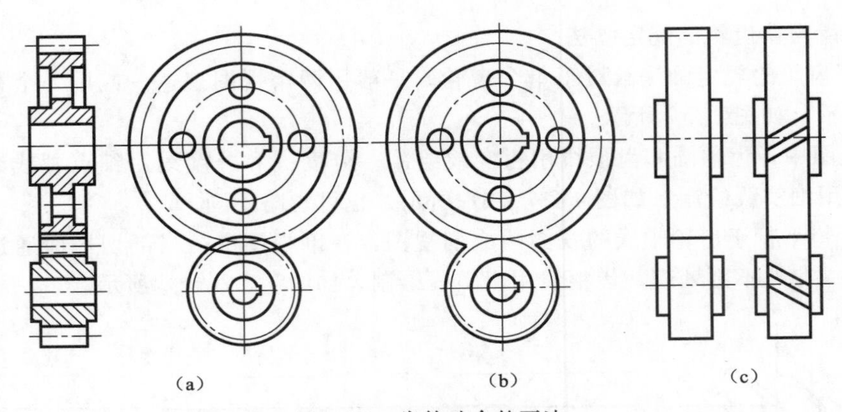

（a）　（b）　（c）

图 4-2-9　齿轮啮合的画法

4-2-9（c）所示。

c. 在平行于齿轮轴线的剖视图中，当剖切平面通过两啮合齿轮的轴线时，在啮合区内，主动齿轮的轮齿用粗实线绘制，从动齿轮的轮齿被遮挡的部分用虚线绘制，也可省略不画。

（3）直齿圆柱齿轮的测绘

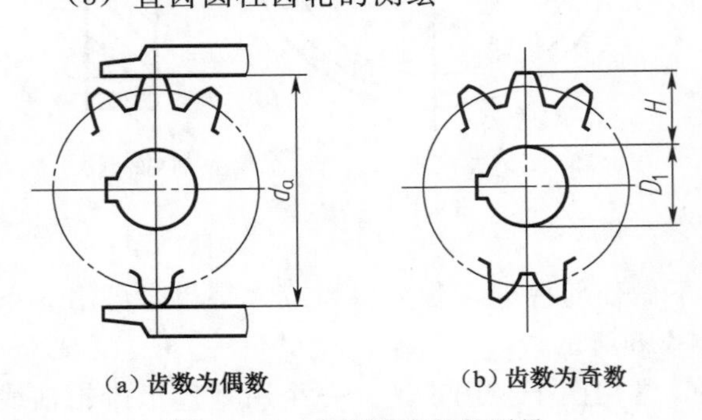

（a）齿数为偶数　（b）齿数为奇数

图 4-2-10　齿顶圆直径的测量

直齿圆柱齿轮的测绘步骤如下。

① 数出齿数 z。

② 测出齿顶圆直径 d_a。当齿数是偶数时，d_a 可直接量出，如图 4-2-10（a）所示。当齿数是奇数时，应先测出孔径 D_1 及孔壁到齿顶的间距离 H，则 $d_a=2H+D_1$，如图 4-2-10（b）所示。

③ 确定模数 m。根据 $m=d_a/(z+2)$，求出模数，然后根据标准值校核，取较接近的标准模数。

④ 计算轮齿各部分尺寸。根据标准模数和齿数，按表 4-2-2 所示的公式计算 d、d_a、d_f 等。

⑤ 测量与计算齿轮的其他部分尺寸。

⑥ 绘制直齿圆柱齿轮的零件图，如图 4-2-11 所示。

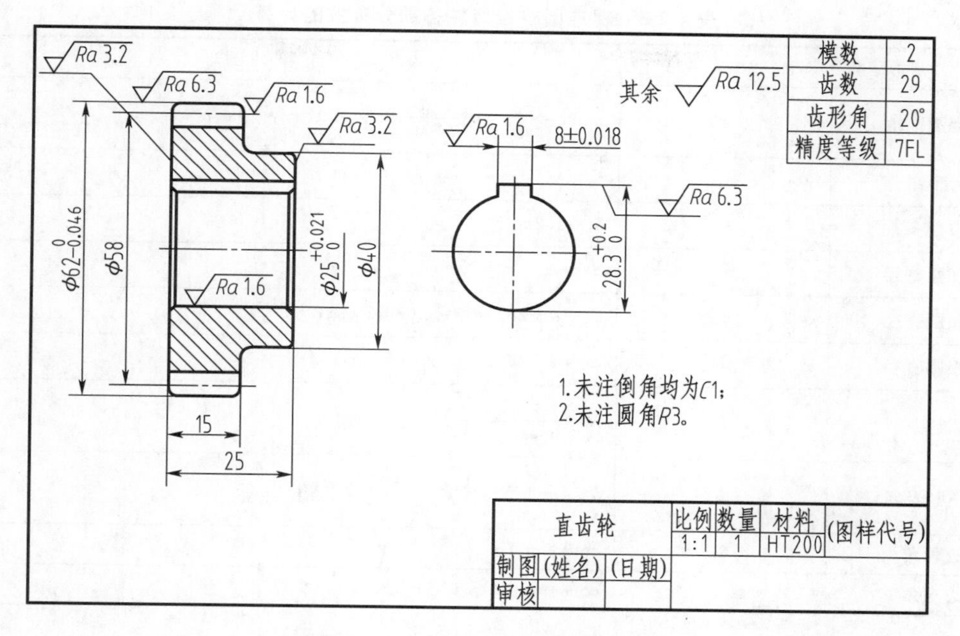

图 4-2-11 直齿圆柱齿轮的零件图

2. 直齿圆锥齿轮

(1) 直齿圆锥齿轮各部分名称及尺寸关系

直齿圆锥齿轮用于垂直相交两轴间的传动，如图 4-2-12 所示。由于锥齿轮的轮齿分布在圆锥表面上，所以轮齿沿齿宽方向由大端向小端逐渐变小，故轮齿全长上的模数、齿高、齿厚等都不相同。国家标准规定以大端参数为标准值。因此通常所说的锥齿轮的模数、齿顶圆直径、分度圆直径、齿顶高等都是指的大端参数。

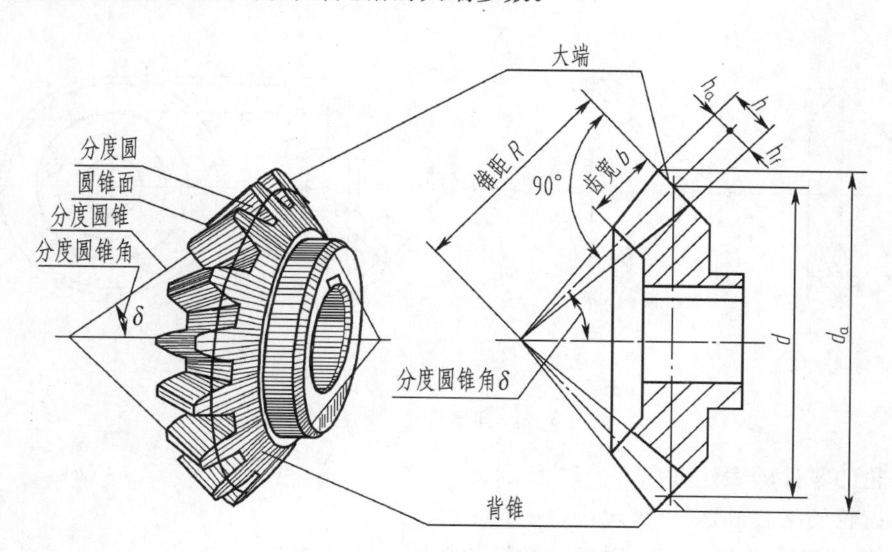

图 4-2-12 圆锥齿轮各部分名称

直齿锥齿轮几何尺寸计算的基本参数有模数 m、齿数 z 和分度圆锥角 δ。其轮齿部分的尺寸计算如表 4-2-3 所示。

表 4-2-3 标准圆柱锥齿轮各部分参数的计算

名称	代号	计算公式
分度圆锥角	δ	$\tan\delta_1=\frac{z_1}{z_2}$，$\tan\delta_2=\frac{z_2}{z_1}$ 或 $\delta_2=90°-\delta_1$
齿顶高	h_a	$h_a=m$
齿根高	h_f	$h_f=1.2m$
分度圆直径	d	$d=mz$
齿顶圆直径	d_a	$d_a=d+2h_a\cos\delta=m(z+2\cos\delta)$
齿根圆直径	d_f	$d_f=d-2h_f\cos\delta=m(z-2.4\cos\delta)$
锥距	R	$R=\frac{d_1}{2\sin\delta_1}=\frac{d_2}{2\sin\delta_2}$
齿宽	b	$b\leqslant 4m$ 或 $b\leqslant\frac{1}{3}R$
齿顶角	θ_a	$\cot\theta_a=h_a/R$
齿根角	θ_f	$\cot\theta_f=h_f/R$

(2) 单个圆锥齿轮的规定画法

单个锥齿轮的轮齿画法与圆柱齿轮相近，要点如下。

① 一般用两个视图表达，也可以用一个视图加一个局部视图表示。

② 平行于轴线的视图常取剖视图。

③ 在垂直于齿轮轴线的视图中，规定用粗实线画出大端和小端的顶圆，用细点画线画出大端的分度圆，大、小端齿根圆及小端分度圆均不画出。

④ 除轮齿按上述规定画法外，齿轮其余部分均按投影绘制，如图 4-2-13 所示。

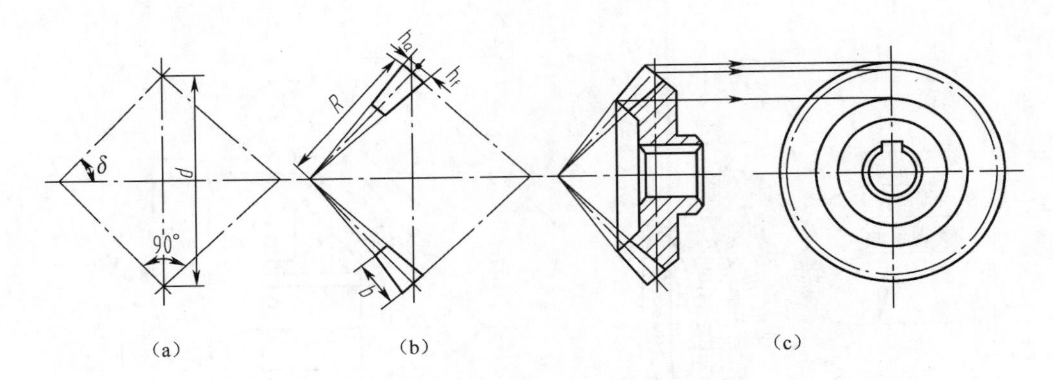

图 4-2-13 圆锥齿轮的画法

圆锥齿轮的零件图表达如图 4-2-14 所示。

(3) 锥齿轮的啮合画法

① 锥齿轮的啮合条件为：一对齿轮的模数相等，节锥相切。

② 节圆锥顶点交于一点，轴线相交为 90°，即 $\delta_1+\delta_2=90°$，$\tan\delta_1=z_1/z_2$，同理 $\tan\delta_2=z_2/z_1$。

其画图步骤，如图 4-2-15 所示。

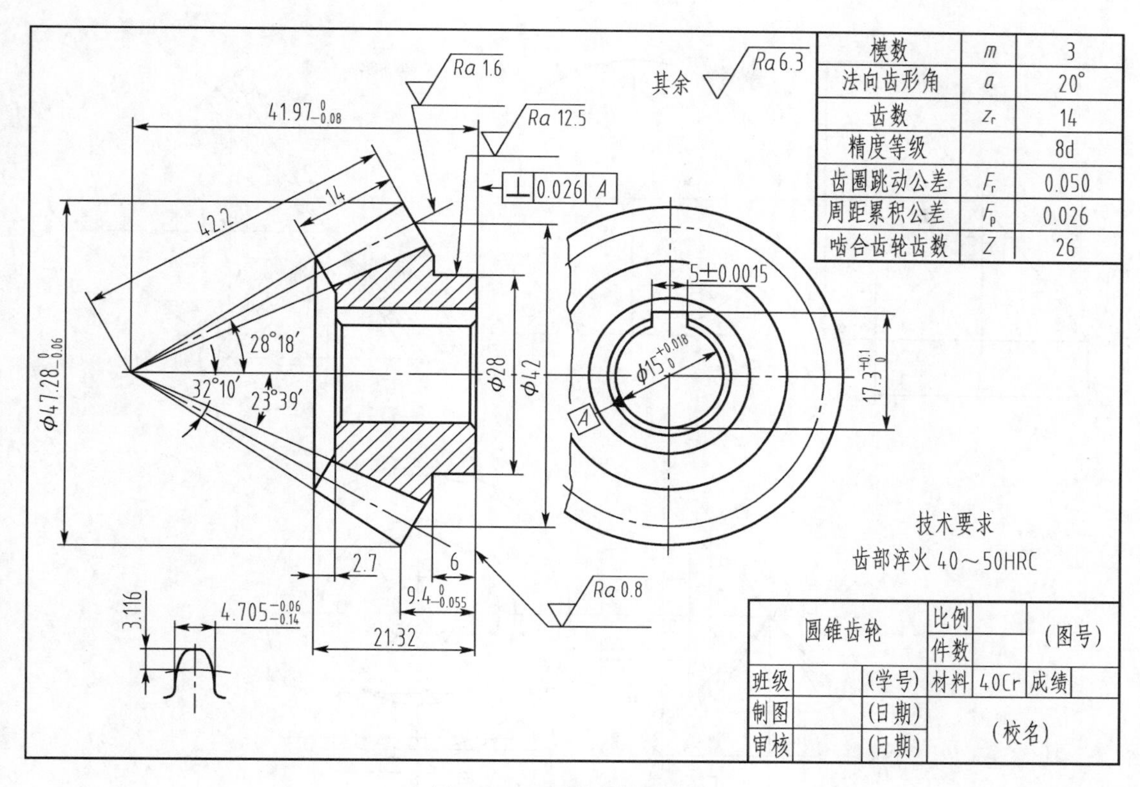

图 4-2-14　圆锥齿轮零件图

3. 蜗杆、蜗轮

蜗杆、蜗轮传动，一般用于轴线垂直交叉的场合。蜗杆、蜗轮传动最大的特点是具有反向自锁作用，即蜗杆为主动，蜗轮为从动，反向则自锁，故常用于减速机构。同时蜗轮蜗杆传动，可以得到很大的传动比，结构紧凑、传动平稳，但传动效率较低。最常用的蜗杆为圆柱形，类似梯形螺杆。蜗轮类似斜齿圆柱齿轮，由于它们垂直交叉啮合，所以为了增加接触面，蜗轮常加工成凹形环面。

(1) 蜗杆、蜗轮的主要参数及计算关系

① 模数：为设计和加工方便，规定以蜗杆的轴向模数 m_x 和蜗轮的端面模数 m_t 为标准模数，一对啮合的蜗杆、蜗轮其模数应相等。

② 蜗杆直径系数 q：蜗杆分度圆直径 d_1 与轴向模数 m_x 之比，称为蜗杆的直径系数。q 为规定的标准值，如表 4-2-4 所示。即 $q=d_1/m_x$，则 $d_1=qm_x$。

表 4-2-4　轴向模数与蜗杆直径系数

m_x	1	1.5	2	2.5	3	4	5	6	8	(9)	10	12	14	16	18	20	25
q	14	14	13	12	12	11	10	9	8	8	8	8	9	9	8	8	8

蜗杆直径系数 q 的意义在于对某一模数值时的蜗杆分度圆直径作了限定，从而减少了蜗轮滚刀的数量。

③ 导程角 γ 与螺旋角 β：一对互相啮合的蜗杆、蜗轮，蜗轮的螺旋角 β 与蜗杆的导程角 γ 应大小相等，方向相同。当蜗杆的 q 和 z_1 选定后，蜗杆圆柱上的导程角就唯一确定了。

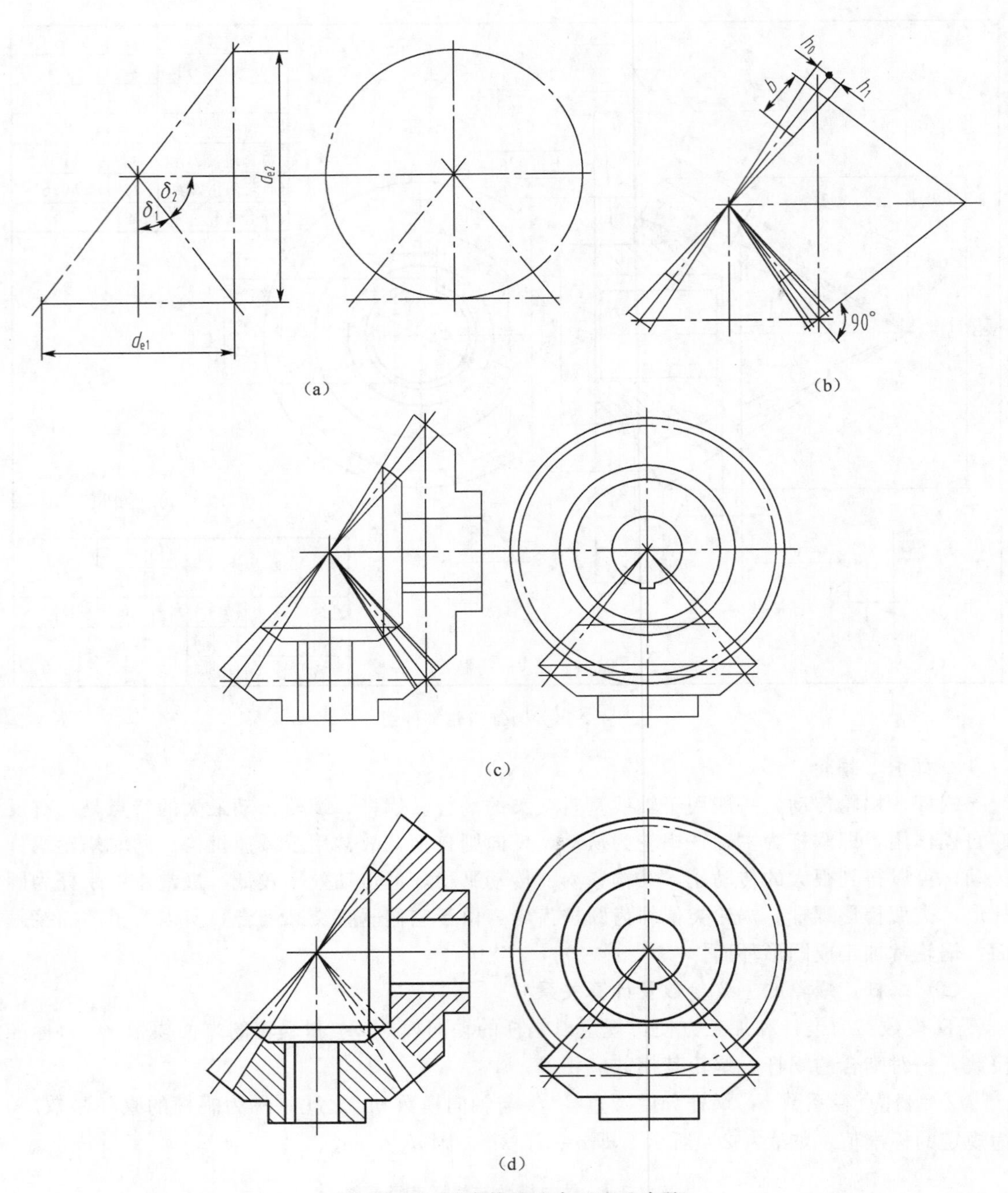

图 4-2-15 锥齿轮的啮合画法及步骤

$$\tan\gamma=\frac{\text{导程}}{\text{分度圆周长}}=\frac{\text{蜗杆头数}\times\text{轴向齿距}}{\text{分度圆周长}}=\frac{z_1 p_x}{\pi d_1}=\frac{z_1\pi m}{\pi m q}=\frac{z_1}{q}$$

④ 中心距 a：蜗杆与蜗轮两轴的中心距用 a 表示，与模数 m、蜗杆直径系数 q 和蜗轮齿数 z_2 之间的关系为

$$a=(d_1+d_2)/2=m(q+z_2)/2$$

（2）蜗杆的规定画法

蜗杆规定画法如图 4-2-16 所示。

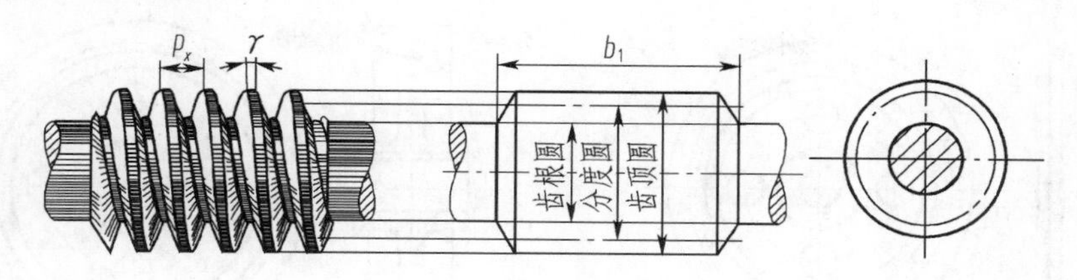

图 4-2-16　蜗杆的规定画法

① 在平行于蜗杆轴线的视图中，齿顶线用粗实线绘制，分度线用细点画线绘制，齿根线用细实线绘制，可省略不画，若剖开齿根线用粗实线绘制。

② 在垂直于蜗杆轴线的视图中，齿顶圆用粗实线绘制，分度圆用细点画线绘制，齿根圆可省略不画。

(3) 蜗轮的规定画法

蜗轮规定画法如图 4-2-17 所示。

① 蜗轮一般用两个视图，也可用一个视图和一个局部视图表达。

② 主视图采用平行于蜗轮轴线的剖视图，在垂直于蜗轮轴线的视图中，只画出最大圆和分度圆，而其他各圆不画。

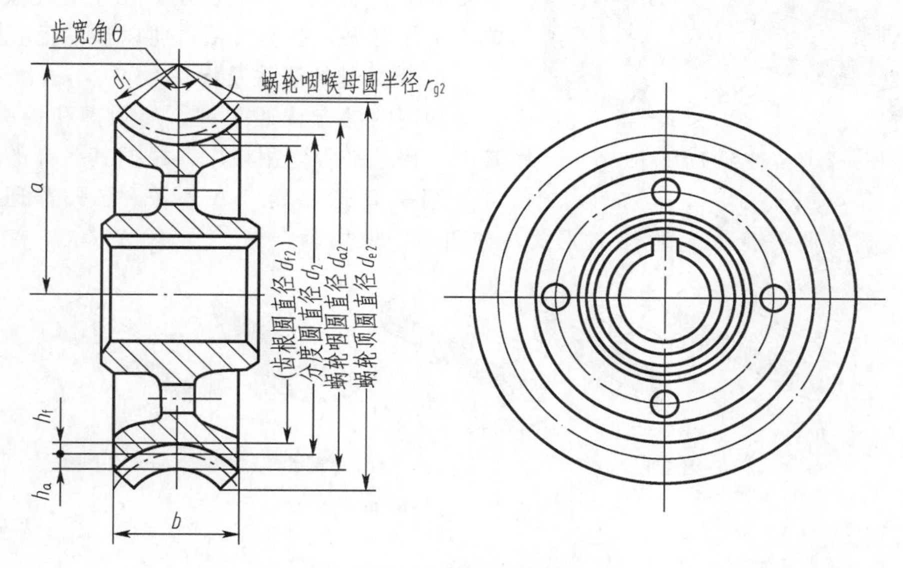

图 4-2-17　蜗轮的规定画法

(4) 蜗杆蜗轮的啮合画法

蜗杆蜗轮啮合画法如图 4-2-18 所示。

① 在蜗杆为圆的视图上，蜗轮与蜗杆投影重合部分，只画蜗杆，如图 4-2-18 (a) 所示。

② 在剖视图中，当剖切平面通过蜗轮的轴线时，蜗杆的齿顶圆用粗实线绘制，而蜗轮轮齿被遮挡部分可省略不画，如图 4-2-18 (b) 所示。

③ 在蜗轮为圆的视图上，啮合区内蜗轮的节圆与蜗杆的节线相切。

④ 在垂直于蜗轮轴线的视图中，啮合部分用局部剖视表达，蜗杆的齿顶线画至与蜗轮

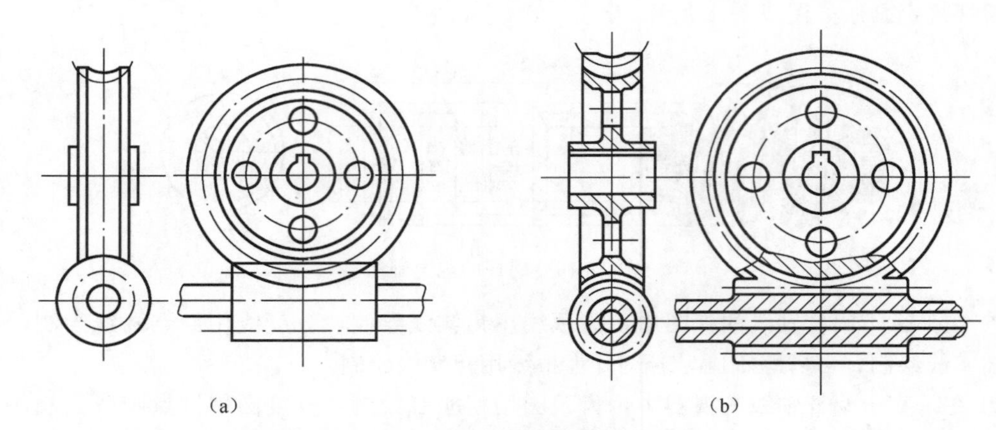

(a)　　(b)

图 4-2-18　蜗杆蜗轮啮合的规定画法

的齿顶圆相交为止，如图 4-2-18（b）所示。

二、键连接及销连接的画法

键主要用于连接轴与轴上的传动件（如凸轮、带轮和齿轮等），以便与轴一起转动，传递扭矩和旋转运动，如图 4-2-19 所示。由于键连接的结构简单，工作可靠，装拆方便，所以被广泛应用。

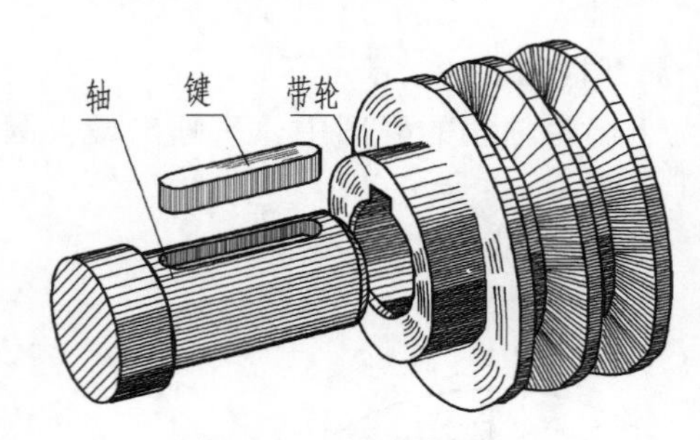

图 4-2-19　键连接的应用

1. 常用键的画法及标注

常用的键有普通平键、半圆键和钩头楔键等。其中，普通平键应用最广，根据其头部的结构不同可分圆头普通平键（A 型）、方头普通平键（B 型）、单圆头普通平键（C 型）3 种形式。如图 4-2-20 所示。

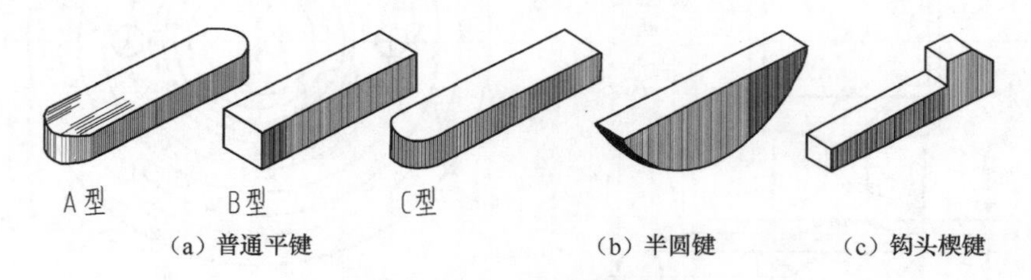

(a) 普通平键　　(b) 半圆键　　(c) 钩头楔键

图 4-2-20　常用键的种类

(1) 常用键的标记

键已标准化，其结构形式、尺寸和标记都有相应的规定，如表 4-2-5 所示。

表 4-2-5　常用键的结构形式、尺寸和标记

名　称	标　准　号	图　例	标　记
普通平键	GB/T 1096—2003	C或r　h　R=0.5b　b　L	键 16×100　GB/T 1096—2003 圆头普通平键 $b=16\text{mm}$，$h=10\text{mm}$，$L=100\text{mm}$

续表

名　称	标　准　号	图　例	标　记
半圆键	GB/T 1099—2003		键 6×25　GB/T 1099—2003 半圆键 $b=6$mm，$h=10$mm，$d_1=25$mm，$L=24.5$mm
钩头楔键	GB/T 1565—2003		键 18×100　GB/T 1565—2003 钩头楔键 $b=18$mm，$h=11$mm，$L=100$mm

（2）常用键的连接画法

常用键的连接画法如表 4-2-6 所示。

表 4-2-6　常用键的连接画法

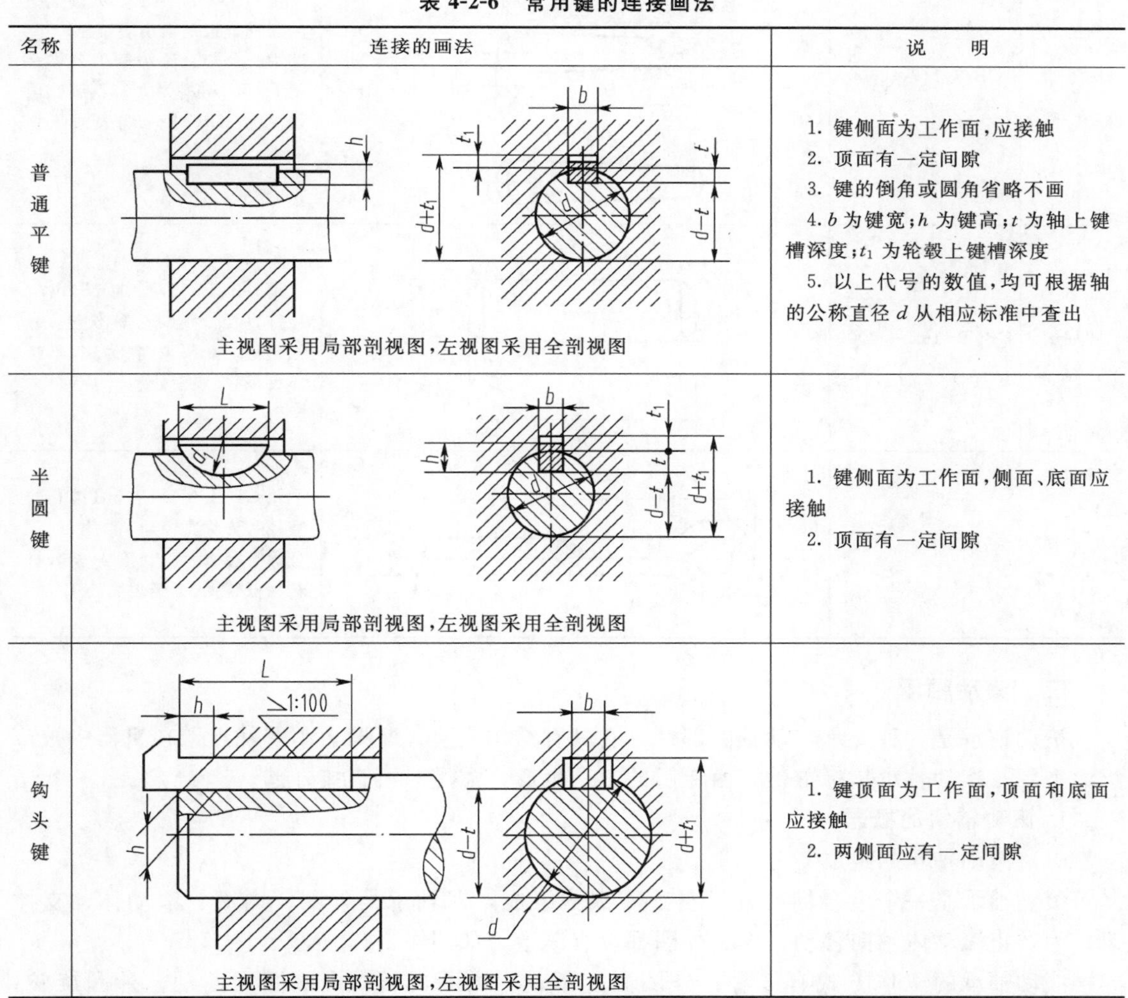

名称	连接的画法	说　明
普通平键	主视图采用局部剖视图，左视图采用全剖视图	1. 键侧面为工作面，应接触 2. 顶面有一定间隙 3. 键的倒角或圆角省略不画 4. b 为键宽；h 为键高；t 为轴上键槽深度；t_1 为轮毂上键槽深度 5. 以上代号的数值，均可根据轴的公称直径 d 从相应标准中查出
半圆键	主视图采用局部剖视图，左视图采用全剖视图	1. 键侧面为工作面，侧面、底面应接触 2. 顶面有一定间隙
钩头键	主视图采用局部剖视图，左视图采用全剖视图	1. 键顶面为工作面，顶面和底面应接触 2. 两侧面应有一定间隙

2. 销及其连接

销主要用于零件间的连接和定位。常用的有圆柱销、圆锥销和开口销等。销是标准件，其结构简图、标记和尺寸如表 4-2-7 所示，其连接画法如图 4-2-21 所示。

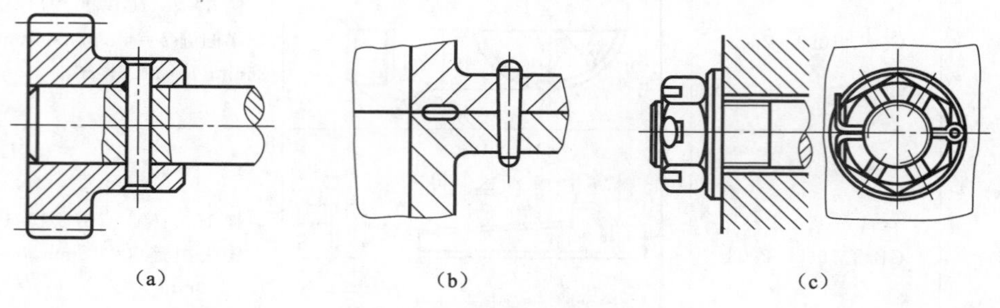

(a)　　(b)　　(c)

图 4-2-21　销连接的画法

表 4-2-7　常用销的结构简图、标记和尺寸

名称	标准号	图例	标记
圆锥销	GB/T 117—2000	端面 Ra 6.3 A型（磨削） 1:50 Ra 0.8 d r1 r2 a a l B型（车削或冷镦） Ra 3.2	销 GB/T 117 10×60（圆锥销的公称直径是指小端直径） 圆锥销公称直径 $d=10$，公称长度 $l=60$，材料为 35 钢、热处理硬度为 HRC28～38 表面氧化处理
圆柱销	GB/T 119.1—2000	Ra 1.6 15° d c c l	销 GB/T 119.1　8 m6×30 公称直径 $d=8$，公称长度 $l=30$，公差为 m6，材料为钢，不经淬火，不经表面处理
开口销	GB/T 91—2000	b l a c d	销 GB/T 91　5×50（销孔的直径＝公称直径） 公称直径 $d=5$，长度 $l=50$，材料为低碳钢，不经表面处理

三、滚动轴承

滚动轴承是一种支承转动轴的部件，它具有结构紧凑、摩擦力小等优点，在机器中被广泛地采用。滚动轴承是标准件，由专门的工厂生产，需用时可直接外购。

1. 滚动轴承的概念

(1) 滚动轴承的组成

滚动轴承是一个组合标准件，它由 4 部分组成，即轴承的外圈、内圈、滚动体、支撑架。为防止滚动体轴向移动，内、外圈都设有滚道。如图 4-2-22 所示。

滚动轴承的工作方式有 3 种：外圈固定不动，内圈旋转；内圈固定不动，外圈旋转；

内、外圈均旋转。常见的是外圈固定不动，内圈旋转。

（2）滚动轴承的类型

滚动轴承的类型很多，按照承受受力的方向不同，可分为以下 3 种。

① 向心轴承：主要承受径向载荷，常用的有深沟球轴承，如图 4-2-22（a）所示。

② 向心推力轴承：能同时承受径向和轴向载荷，常用的有圆锥滚子轴承，如图 4-2-22（b）所示。

③ 推力轴承：只承受轴向载荷，常用的有推力轴承，如图 4-2-22（c）所示。

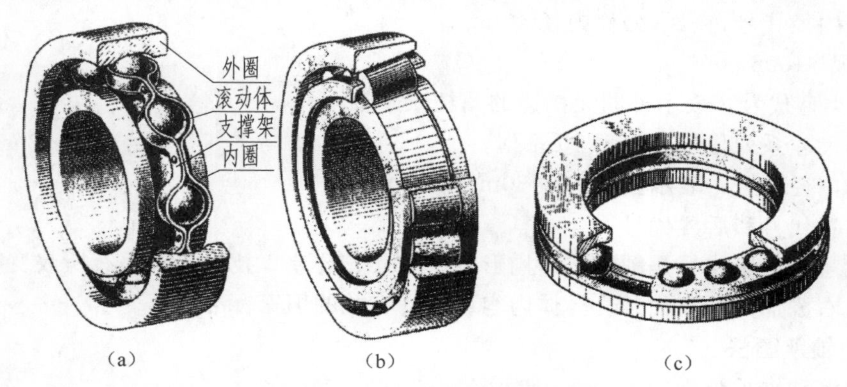

图 4-2-22　滚动轴承的组成和类型

按滚动体按形状不同可分为圆球轴承、圆柱轴承、圆锥滚子轴承、球面轴承、滚针滚子轴承等几种类型。

2. 滚动轴承的代号

滚动轴承的代号用数字或字母加数字组成，如轴承 6206 或轴承 N1006。完整的代号包括前置代号、基本代号和后置代号 3 部分。

（1）基本代号的组成

基本代号由轴承类型代号、尺寸系列代号和内径代号 3 部分自左至右顺序排列组成。

① 类型代号。类型代号表示轴承的基本类型，用阿拉伯数字或大写英文字母表示，如表 4-2-8 所示。

表 4-2-8　轴承类型代号

代　号	轴承类型	代　号	轴承类型
0	双列角接触球轴承	7	角接触球轴承
1	调心球轴承	8	推力圆柱滚子轴承
2	调心滚子轴承和推力调心滚子轴承	N	圆柱滚子轴承
3	圆锥滚子轴承	NN	双列或多列圆柱滚子轴承
4	双列深沟球轴承	U	外球面球轴承
5	推力球轴承	QJ	四点接触球轴承
6	深沟球轴承		

② 尺寸系列代号。尺寸系列代号由轴承的宽（高）度系列代号和直径系列代号组合而成，用两位数字表示。它主要用来区别内径相同而宽（高）度和外径不同的轴承。

③ 内径代号。内径代号表示滚动轴承的公称内径，是滚动轴承的重要参数，用两位阿拉伯数字表示。当内径代号为 00，01，02，03 时，公称内径对应为 10，12，15，17；当内径代号为≥04 时，公称内径对应为代号数字乘以 5；此时用于内径在 20～480mm 的轴承

(22，28，32 除外)；若内径不在此范围内，内径代号另有规定，可查阅有关标准或滚动轴承手册。

为了便于识别轴承，生产厂家一般将轴承代号打印在轴承圈的端面上。

(2) 基本代号示例

① 轴承 6208。

6——类型代号，表示深沟球轴承；

2——尺寸系列代号，表示 02 系列（0 省略）；

08——内径代号，表示公称内径 40mm。

② 轴承 N1006。

N——类型代号，表示外圈无挡边的圆柱滚子轴承；

10——尺寸系列代号，表示 10 系列；

06——内径代号，表示公称内径 30mm。

(3) 前置代号和后置代号

前置代号和后置代号是轴承在结构形状、尺寸、公差、技术要求等有所改变时，在其基本代号左、右添加的补充代号。具体内容可查阅有关的国家标准。

3. 滚动轴承画法

常见的滚动轴承画法如表 4-2-9 所示。

表 4-2-9 常用滚动轴承名称、类型、画法

轴承名称、类型及标准号	类型代号	查表主要数据	规定画法	特征画法	装配示意图
深沟球轴承 GB/T 276—1994	6	D、d、B	B、$\frac{B}{2}$、$\frac{A}{2}$、A、d、D、60°	B、$\frac{2}{3}B$、A、$\frac{B}{6}$、d、D	
圆锥滚子轴承 GB/T 297—1994	3	D、d、B、 T、C	T、C、$\frac{A}{2}$、$\frac{A}{4}$、A、D、d、$\frac{T}{2}$、B、15°	$\frac{2}{3}B$、30°、A、d、$\frac{B}{6}$、D、B	

续表

轴承名称、类型及标准号	类型代号	查表主要数据	规定画法	特征画法	装配示意图
推力球轴承 GB/T 301—1995	5	D、d、T			

(1) 通用画法

在剖视图中，当不需要确切地表示滚动轴承的外形轮廓、载荷特性、结构特征时，可用通用画法示意表示，其画法是用矩形线框及位于线框中央正立的十字形符号表示。十字形符号不应与矩形线框接触，如图 4-2-23 (a) 所示。如需确切地表示滚动轴承的外形，则应画出其断面轮廓，中间十字符号画法与上面相同，如图 4-2-23 (b) 所示。通用画法的尺寸比例，如图 4-2-24 所示。

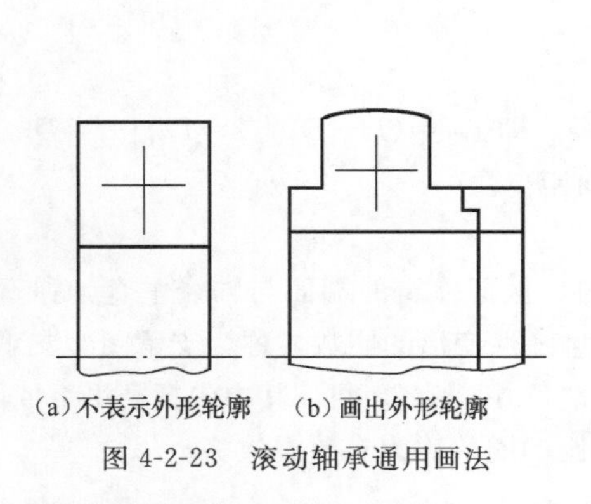

(a) 不表示外形轮廓　(b) 画出外形轮廓

图 4-2-23　滚动轴承通用画法

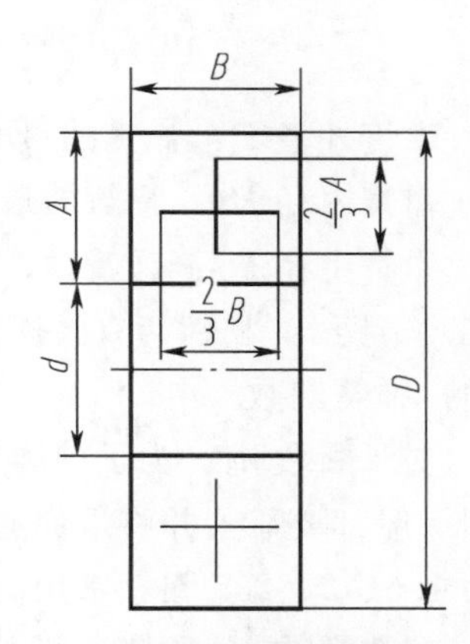

图 4-2-24　滚动轴承通用画法尺寸比例

(2) 规定画法和特征画法

如需要表达滚动轴承的主要结构时，可采用规定画法或特征画法。此时轴承的滚动体不画剖面线，各套圈可画成方向和间隔相同的剖面线。规定画法一般只绘制在轴的一侧，另一侧用通用画法绘制。在装配图中，滚动轴承的保持架及倒角等可省略不画。深沟球轴承、圆锥滚子轴承和推力球轴承的规定画法及尺寸比例如表 4-2-9 所示。

四、弹簧

弹簧具有储存能量的特性，所以在机械中广泛地用来减振、夹紧、测力等。它的种类很多，有螺旋弹簧、碟形弹簧、平面涡卷弹簧、板弹簧及片弹簧等。常见的螺旋弹簧又有压缩弹簧、拉伸弹簧及扭力弹簧等，如图 4-2-25 (a)～图 4-2-25 (c) 所示。这里主要介绍圆柱螺旋压缩弹簧的尺寸计算和画法，其他弹簧可参阅 GB/T 4459.4—2003 的有关规定。

1. 圆柱螺旋压缩弹簧的基本尺寸

圆柱螺旋压缩弹簧的基本尺寸及其在图中的标注，如图 4-2-26 所示。

(1) 线径 d：弹簧钢丝的直径。

(2) 弹簧直径。

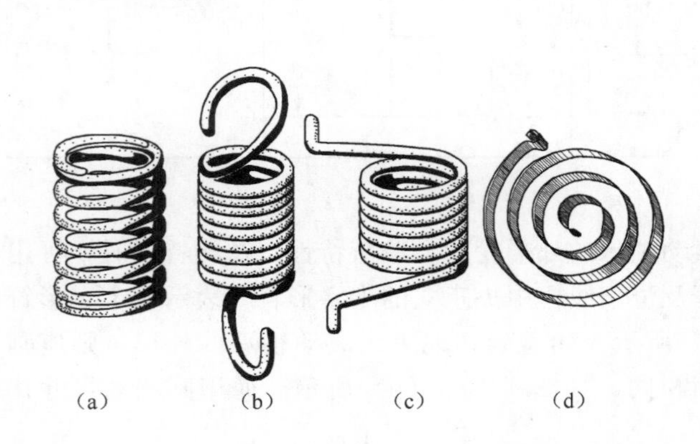

图 4-2-25 常用弹簧的种类

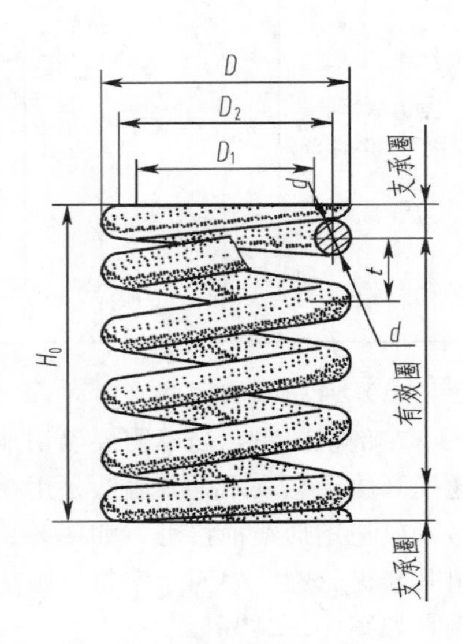

图 4-2-26 压缩弹簧各部分名称和尺寸

- 弹簧外径 D：弹簧的最大直径。
- 弹簧内径 D_1：弹簧的最小直径，$D_1=D-2d$。
- 弹簧中径 D_2：弹簧内、外直径的平均直径，即 $D_2=(D+D_1)/2=D_1+d=D-d$

(3) 节距 t：相邻两有效圈上对应点间的轴向距离。

(4) 弹簧圈数。

- 支承圈数 n_2：为了使弹簧工作时受力均匀，保证弹簧的端面与轴线垂直，弹簧两端的几圈一般都要靠紧并将端面磨平。这部分不产生弹性变形的圈数，称为支承圈。支承圈数一般为 1.5、2、2.5 圈，常用的为 2.5 圈，即两端各并紧 1.25 圈，其中包括磨平 3/4 圈。
- 有效圈数 n：除支承圈数外，保持相等节距的圈数称为有效圈数。
- 总圈数 n_1：有效圈数与支承圈数之和，即 $n_1=n+n_2$。

(5) 自由长度 H_0：弹簧在不受外力时，处于自由状态的长度，$H_0=nt+(n_2-0.5)d$，当支承圈 $n_2=2.5$ 时，$H_0=nt+2d$。

(6) 弹簧钢丝的展开长度 L：制造弹簧的簧丝长度，$L\approx n_1\sqrt{(\pi D_2)^2+t^2}$

2. 圆柱螺旋压缩弹簧的规定画法

圆柱螺旋压缩弹簧可以画成视图、剖视图和示意图 3 种形式，如图 4-2-27 所示。

剖视图画图步骤如图 4-2-28 所示。

(1) 在平行于弹簧轴线的剖视图中，弹簧各圈的轮廓线应画成粗实线。

(2) 螺旋弹簧均可画成右旋，但左旋弹簧，不论画成左旋或右旋，一律要注出旋向“左”字。

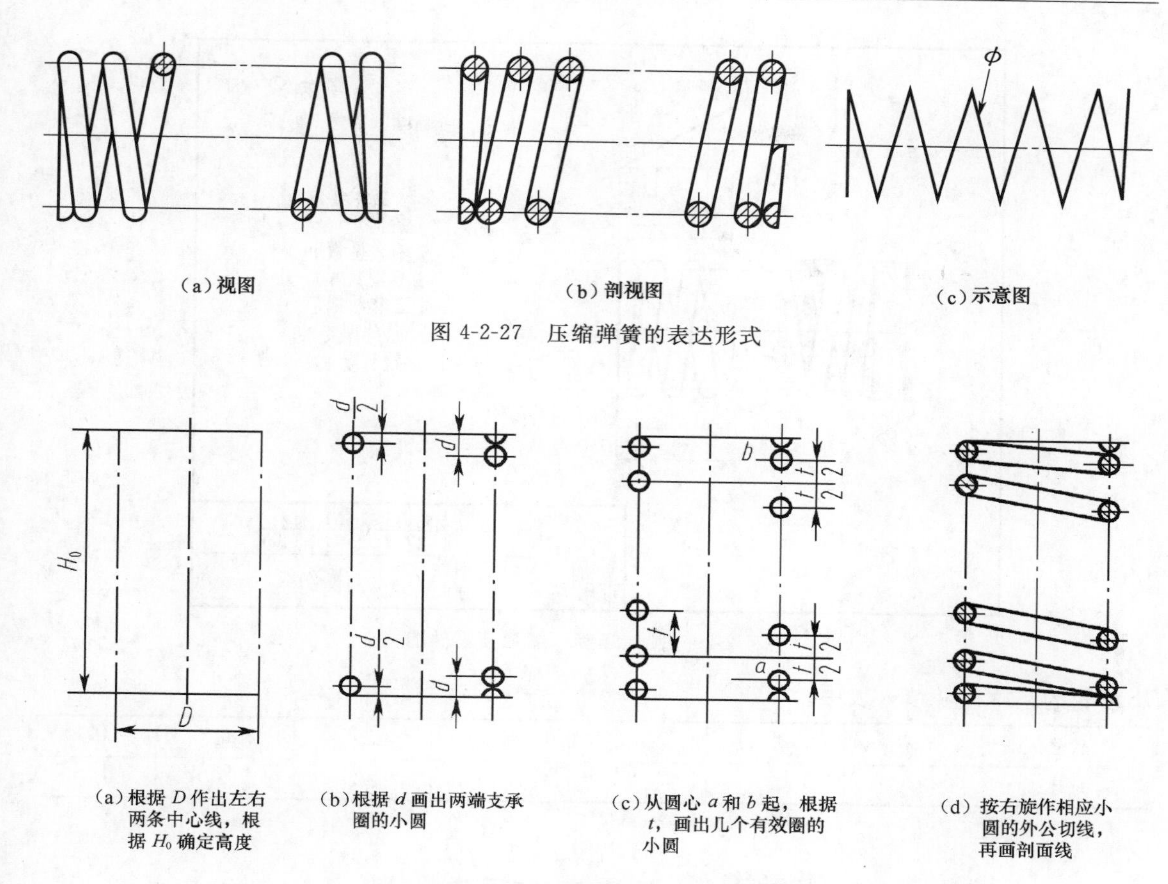

(a) 视图　(b) 剖视图　(c) 示意图

图 4-2-27　压缩弹簧的表达形式

(a) 根据 D 作出左右两条中心线，根据 H_0 确定高度　(b) 根据 d 画出两端支承圈的小圆　(c) 从圆心 a 和 b 起，根据 t，画出几个有效圈的小圆　(d) 按右旋作相应小圆的外公切线，再画剖面线

图 4-2-28　圆柱螺旋压缩弹簧的画图步骤

(3) 弹簧如要求两端并紧且磨平时，不论支承圈的圈数多少和末端贴紧情况如何，均按图 4-2-28 绘制。

(4) 有效圈数在 4 圈以上的弹簧，中间部分可以省略，并允许适当缩短图形的长度。但表示弹簧轴线和钢丝中心线的点画线仍应画出。

3. 弹簧的零件图

图 4-2-29 所示为圆柱螺旋压缩弹簧的零件图，在主视图上方用斜线表示外力与弹簧变形之间的关系，代号 F_1、F_2 为工作负荷，F_j 为极限负荷。

任务指导

1. 绘制直齿圆柱齿轮零件图

(1) 已知直齿圆柱齿轮齿顶圆直径 $d_a=80$，$z=38$，求出模数 m，分度圆直径 d，齿根圆直径 d_f。

(2) 齿轮轴孔、轮毂、辐板结构如图 4-2-1 和图 4-2-30 所示，按 1∶1 比例，绘制齿轮零件图。

(3) 按零件图要求标注尺寸。

2. 绘制齿轮啮合图

(1) 已知齿轮的模数 $m=2$，大齿轮齿数 $z_1=38$，两齿轮轮中心距 $a=58$mm，试计算大

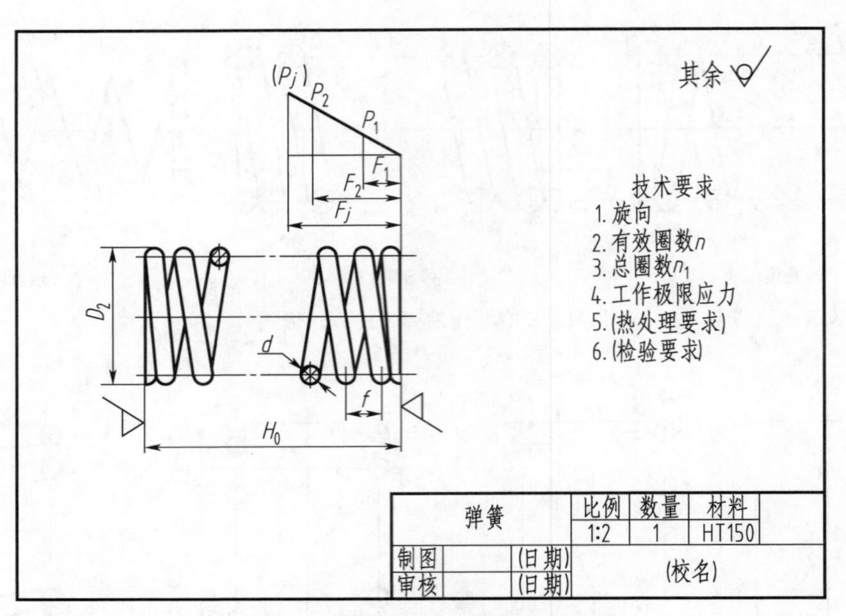

图 4-2-29 圆柱螺旋压缩弹簧零件图

小齿轮的基本尺寸填入表中。

代号	z_2	d_{a1}	d_{f1}	d_1	d_{a2}	d_{f2}	d_2
尺寸							

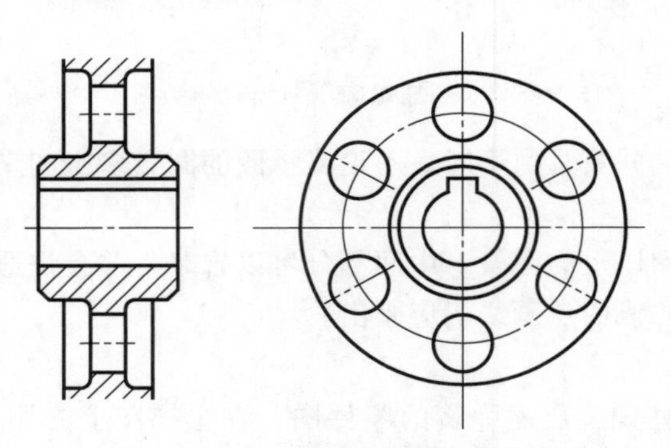

图 4-2-30 直齿圆柱齿轮部分结构

(2) 按 1∶1 比例，绘制齿轮啮合图，如图 4-2-2 所示。

单元五 零件图的绘制与识读

任务一 绘制典型零件图

任务目标

① 学习画零件图的方法和步骤。

② 掌握绘制零件图的能力。

任务内容与要求

① 绘制如图 5-1-1 所示轴的零件工作图。要求用 A3 图幅，比例自定。

② 分析结构特点，合理选择表达方案，完整、清晰地表示零件内外结构形状。

③ 合理选择尺寸基准，完整、清晰的标注尺寸。

④ 正确标注技术要求，如表面粗糙度、尺寸公差、形位公差等。

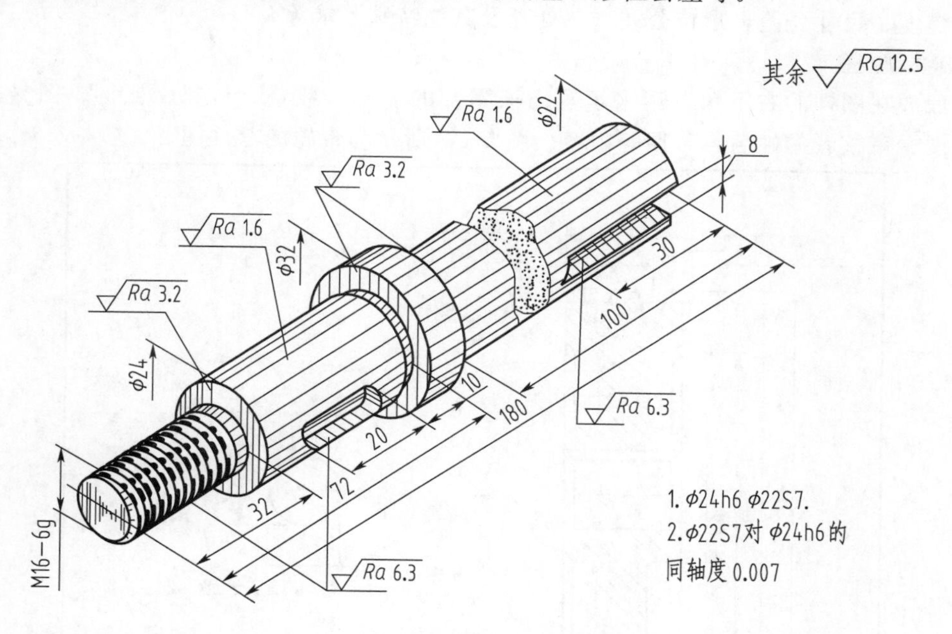

图 5-1-1 轴的立体图

相关知识

- 零件图的作用和内容
- 零件图的视图选择和尺寸注法
- 零件的工艺结构和技术要求在图样上的标注方法

一、零件图概述

1. 零件图的定义

机器或部件都是由许多零件按一定的装配关系和要求装配而成的，如图 5-1-1 所示。用于表示零件结构形状、尺寸大小及技术要求的图样称为零件图。

2. 零件图的作用

零件图是制造和检验零件的主要依据，是生产过程中必备的重要技术文件。机械零件的生产过程是：先根据零件图中所注的材料进行备料，然后按零件图中的图形、尺寸和其他要求进行加工制造，再按技术要求检验该零件是否达到质量要求。专用零件一般均应绘制零件图。

3. 零件图的内容

一张完整的零件图，一般应具有下列内容：

（1）一组图形

用必要的视图、剖视图、断面图及其他表达方法，正确、完整、清晰地表达零件的内、外结构形状。

（2）完整的尺寸

正确、完整、清晰、合理地标注出能满足零件制造、检验和装配所需的全部尺寸。

（3）技术要求

用规定的代号、符号和文字标注出零件在加工、检验、装配和使用时应达到的要求，如表面粗糙度、尺寸公差、形位公差、热处理及其他特殊要求等。

（4）标题栏

一般放在图样的右下角，用来填写出该零件的名称、数量、材料、比例、图号以及设计、制图、审核者的姓名、日期等内容。图 5-1-2 所示为带轮的零件图。

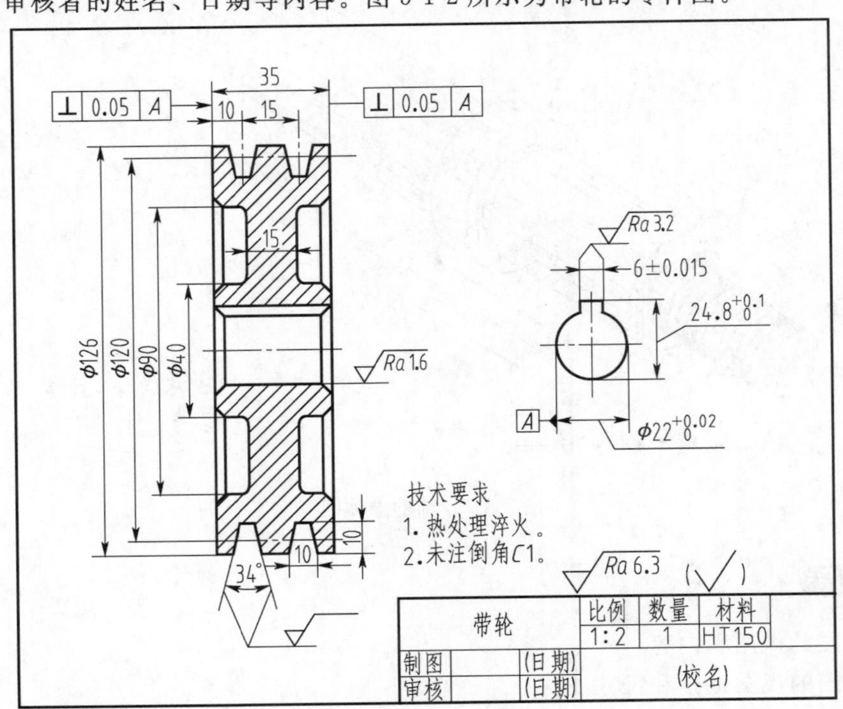

图 5-1-2 带轮的零件图

二、零件视图的选择

零件图视图的选择，应在分析零件结构形状、加工方法以及它在机器或部件中所处位置等特点的基础上，选用适当的表达方法，以最少数量的图形，正确、完整、清晰地表达出零件各部分的结构形状。视图选择包括零件主视图的选择和其他图形数量、表达方法的选择。

1. 主视图的选择

主视图是零件图中最重要的视图。其选择是否合理，不但直接影响到零件结构形状表达得清楚与否，而且影响到其他视图的数量和位置的确定，画图和读图的方便程度，甚至影响到图纸幅面的合理利用等问题，因此，主视图的选择一定要慎重。

选择主视图时，一般应从主视图的投射方向和零件的位置两方面来考虑。

(1) 确定主视图的投射方向

一般应把最能反映零件结构形状特征的一面作为画主视图的方向，使人看了主视图后，就能抓住它的主要特征，如图 5-1-3 所示。又如图 5-1-4 所示的轴承盖，可分别用 A、B 方向作为主视图的投影方向，但经过比较，A 向更为清晰地表现了轴承座盖半圆孔的形状、螺钉孔的形状和它们之间的相对位置，故选择 A 向作为该零件主视图的投影方向。

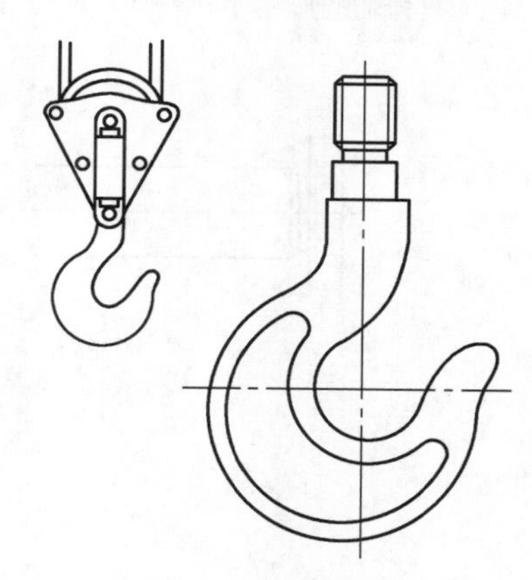

图 5-1-3　吊钩的主视图选择

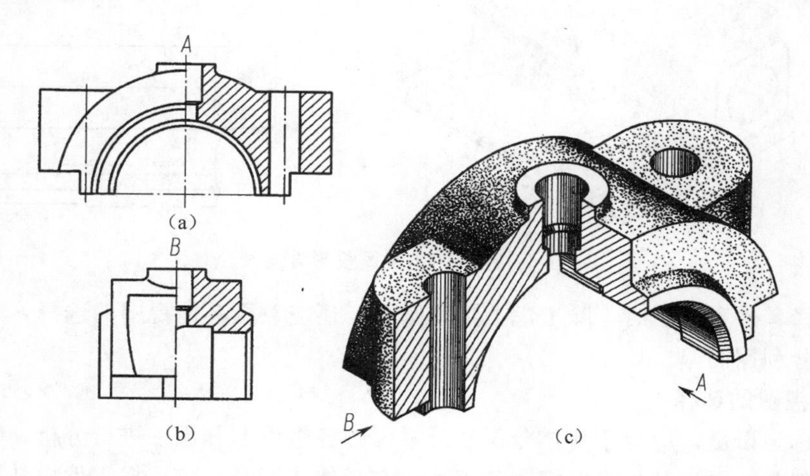

图 5-1-4　轴承盖的主视图选择

(2) 确定主视图的位置

当零件主视图的投射方向确定以后，其位置可按以下原则考虑。

① 加工位置原则。对工作位置不易确定的零件，主视图应尽量与零件在机械加工中所处的位置相一致，如对在车床或磨床上加工的轴、套、轮、盘等零件，应考虑其加工位置，将这些零件按轴线水平横向放置，这样在加工时方便看图，以减少差错，如图 5-1-5 所示。

② 工作位置或安装位置原则。画主视图时的位置应尽量与零件在机器中的工作位置或安装位置相一致，如图 5-1-6 所示，还应尽可能地和装配图中的位置保持一致，对画图和看图都较为方便。这样便于把零件和整个机器联系起来，想象其工作或安装情况。

③ 自然安放平稳原则。当加工位置各不相同，或零件为运动件，工作位置又不固定时，可按零件自然安放平稳的位置作为其主视图的位置。

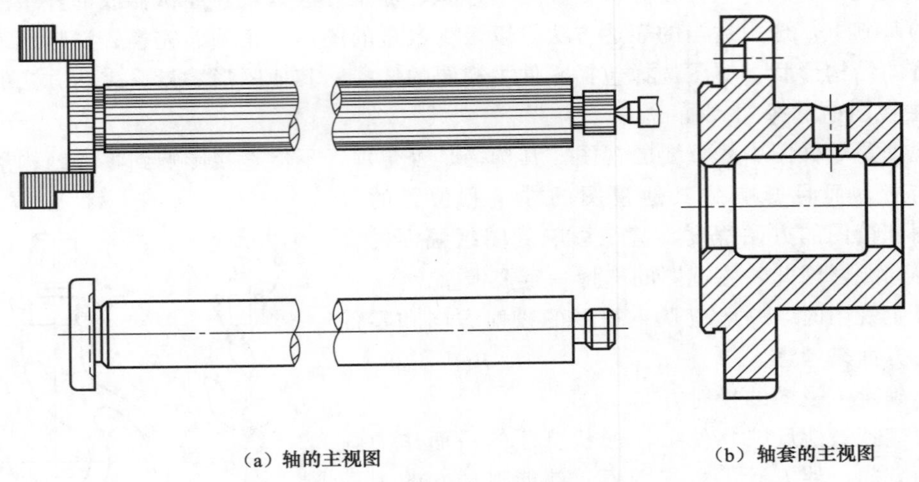

（a）轴的主视图　　（b）轴套的主视图

图 5-1-5　按加工位置选择主视图

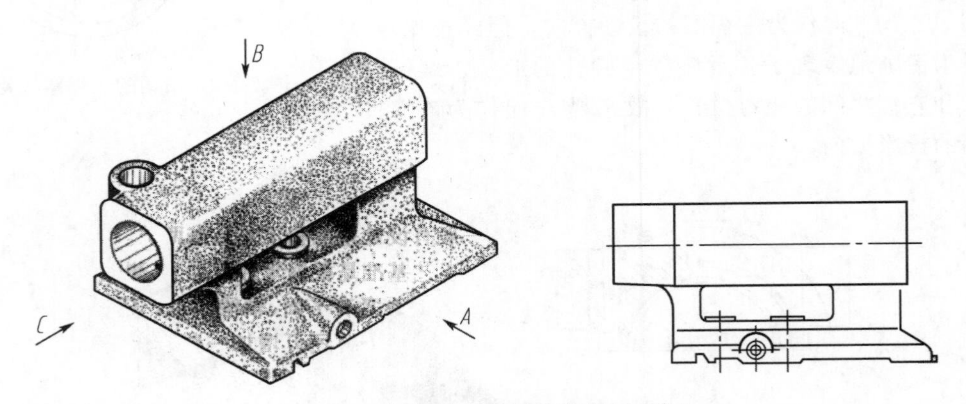

图 5-1-6　尾架体主视图投影方向及位置

具体选择零件主视图时，除考虑上述原则外，还应兼顾其他视图的选择，考虑视图的合理布局，充分利用图幅。

2. 其他视图的选择

主视图选定以后，应运用形体分析法对零件的各组成部分逐一进行分析，对主视图没有表达清楚的部分，再选其他视图完善其表达。在具体选用时，应根据零件内外结构形状的复杂程度来决定其他视图、剖视图、断面图的数量、画法及位置。应使每一个视图都有其表达的重点内容，具有独立存在的意义。各个视图所表达的内容应相互配合，彼此互补，注意避免不必要的细节重复。在正确、完整、清晰地表达零件结构形状的前提下，所选用的视图数量要尽量少。力求画图简便，读图方便，而不应该为表达而表达，使图形复杂化。

其他视图的选择，一般可按下述步骤进行。

（1）首先应考虑零件各个主要形体的表达，除主视图外，还需要几个必要的基本视图和其他视图。

（2）根据零件的内部结构，选择适当的剖视和断面图。

(3) 对尚未表达清楚的局部和细小结构，采用一些局部视图和局部放大图。

(4) 考虑是否可以省略、简化或取舍一些视图，对总体方案作进一步修改完善。

三、零件图上的尺寸标注

1. 零件图上尺寸标注的要求

零件图上的尺寸是零件加工、检验的重要依据。因此，在零件图中标注尺寸时，要认真负责，一丝不苟。其基本要求如下。

(1) 正确。尺寸的注写应符合国家标准《机械制图》的要求。

(2) 完整。注全零件各部分结构形状的所有尺寸，既不能多注，也不能少注。

(3) 清晰。尺寸布置要整齐清晰，便于看图查找。

(4) 合理。注写尺寸要正确合理地选择尺寸基准，满足设计和加工工艺要求。但要使标注的尺寸能真正做到工艺上合理，还需要有较丰富的生产实际经验和有关的机械制造知识。

前三项要求已在前面内容中作了介绍，这部分仅就零件图上合理标注尺寸应注意的问题作一些讨论。

2. 零件图上尺寸标注的方法与步骤

(1) 选择、确定尺寸基准

标注尺寸时，首先要正确地选择尺寸基准。零件图上的尺寸基准根据零件在生产过程中所起的作用可分为设计基准和工艺基准两类：

① 设计基准。根据零件的结构和设计要求而选定的尺寸起始点。常见的设计基准有零件上主要回转结构的轴线、对称平面、重要的支撑面、装配面、结合面以及主要加工面等。当选择设计基准标注尺寸时，其优点是能反映设计要求，保证设计的零件达到机器该零件的工作要求，满足机器的工作性能。

例如图 5-1-7 (a) 所示的轴承架，在机器中是用接触面Ⅰ、Ⅲ和对称面Ⅱ [见图 5-1-7 (b)] 来定位的，以保证下面 $\phi20^{+0.033}_{0}$ 轴孔的轴线与对面另一个轴承架（或其他零件）上轴孔的轴线在同一直线上，并使相对的两个轴孔的端面间的距离达到必要的精确度。因此，上述 3 个平面是轴承架的设计基准。

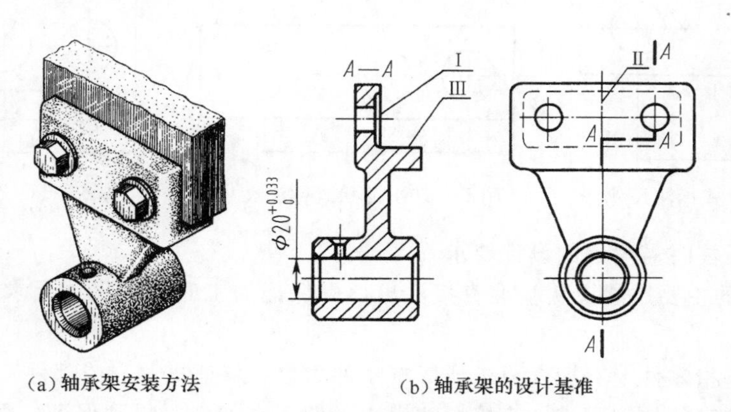

(a) 轴承架安装方法　　(b) 轴承架的设计基准

图 5-1-7　轴承架的设计基准

② 工艺基准。根据零件在加工、测量、装配时的要求而选定的尺寸起始点。用来作为工艺基准的，大多是加工时作为零件定位和对刀起点及测量起点的面、线和点。当选择工艺基准标注尺寸时，其优点是能反映零件的工艺要求，使零件便于加工和测量。

如图 5-1-8 所示的轴套零件在车床上加工时，用其左端的大圆柱面来定位；而测量有关轴向尺寸 a、b、c 时，则以右端面为起点，因此，这两个面都是工艺基准。

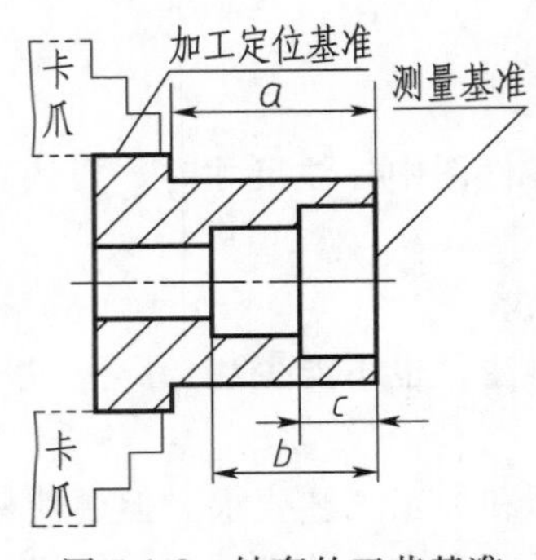

图 5-1-8 轴套的工艺基准

在标注尺寸时应尽可能地将设计基准和工艺基准重合，这样既可以满足设计要求，又可以满足工艺要求；若两基准不能重合，则应以保证设计要求为主。一般情况下，设计基准为主要基准。

任何一个零件总有长、宽、高 3 个方向的尺寸，每个方向上至少应当选择一个尺寸基准。但有时考虑加工和测量方便，常增加一些辅助基准。一般把确定重要尺寸的基准称为主要基准，把附加的基准称为辅助基准，基准与基准之间一定要有尺寸联系。

(2) 标注定位尺寸和定形尺寸

由于零件设计要求和工艺方法不同，尺寸基准的选择也不同，因而零件图上应由基准出发，注出零件上各部分形体的定位尺寸，然后标注定形尺寸。

定位尺寸的标注形式有：

① 坐标式（同一基准）。如图 5-1-9 所示，所有尺寸（A、B、C）从同一基准注起，O_1、O_2、O_3 孔的中心位置只分别取决于尺寸 A、B、C，不受其他尺寸在加工时产生的误差的影响。

② 链状式。如图 5-1-10 所示，是把同一方向的一组尺寸，逐段连续标注，基准各不相同，前一个尺寸的终止处就是后一个尺寸的基准，因此 O_2 孔的中心位置将受到尺寸 A、B 加工时产生的误差的影响，而 O_3 孔的中心位置将受尺寸 A、B、C 加工时产生的误差的影响。

③ 综合式。综合式是上述两种尺寸标注形式的综合，如图 5-1-11 所示。此种形式最能满足零件设计与工艺要求，在尺寸标注中应用得最为广泛。

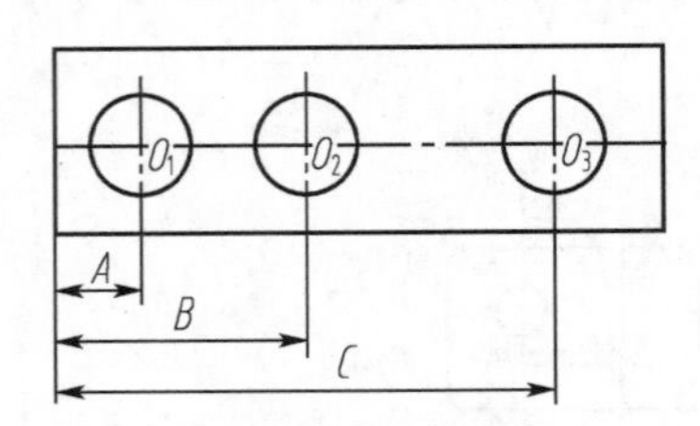

图 5-1-9 坐标式标注尺寸

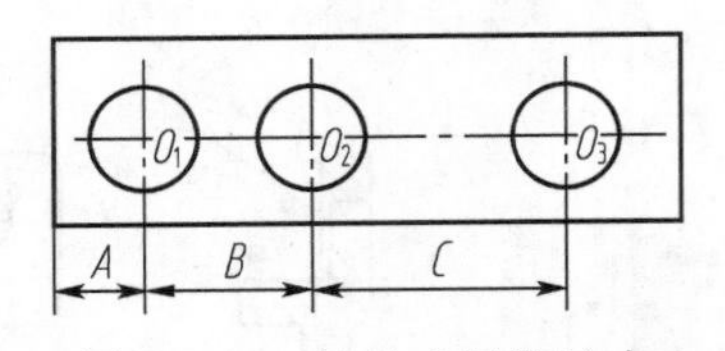

图 5-1-10 链状式标注尺寸

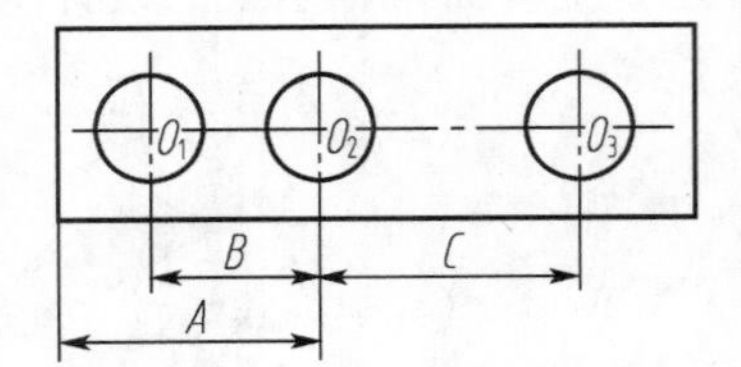

图 5-1-11 综合式标注尺寸

(3) 尺寸标注时需考虑的设计要求

① 零件上的主要尺寸应从基准直接注出，以保证加工时达到尺寸要求，避免换算尺寸之弊。

主要尺寸是指零件上有配合要求或影响零件质量、保证机器（或部件）性能的尺寸。这种尺寸一般有较高的加工要求，直接标注出来，便于在加工时得到保证。如图 5-1-12 所示，尺寸 a 是影响中间滑轮与支架装配的尺寸，是主要尺寸，应当直接标注，以保证加工时容易达到尺寸要求，不受累积误差的影响。

② 尺寸不注成封闭的形式。一组首尾相连的链状尺寸称为尺寸链，组成尺寸链的各尺寸称为尺寸链的组成环，如图 5-1-13 (a) 所示。在尺寸链中，任何一环的尺寸误差同其他

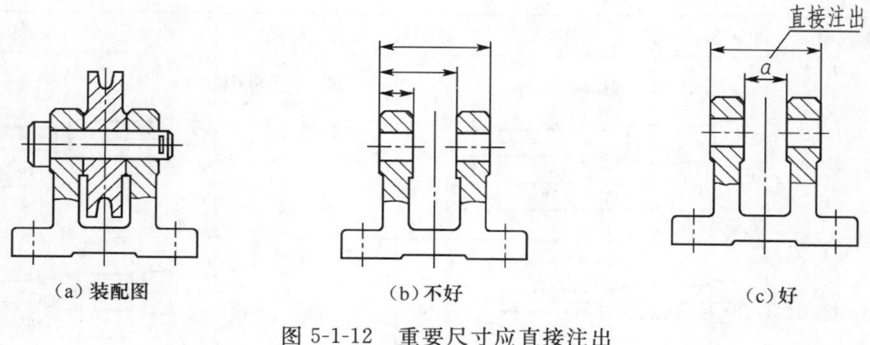

图 5-1-12　重要尺寸应直接注出

各环的加工误差有关，若尺寸注成封闭尺寸链形式，有各段尺寸精度相互影响的缺点，很难同时保证图中各个尺寸的精度，给加工带来困难。因此，在一般情况下不要注成封闭的形式，应选择其中不太重要的一环不注尺寸（称开口环），如图 5-1-13（b）所示。

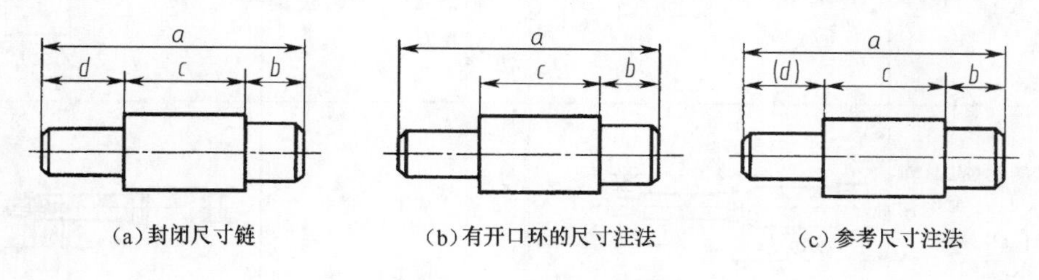

图 5-1-13　尺寸标注的尺寸链

（4）尺寸标注时需考虑的工艺要求

① 按加工顺序标注尺寸。为了便于工人看图和加工，在满足零件设计要求的前提下，尽量按加工顺序标注尺寸，如图 5-1-14 所示。加工顺序如表 5-1-1 所示。

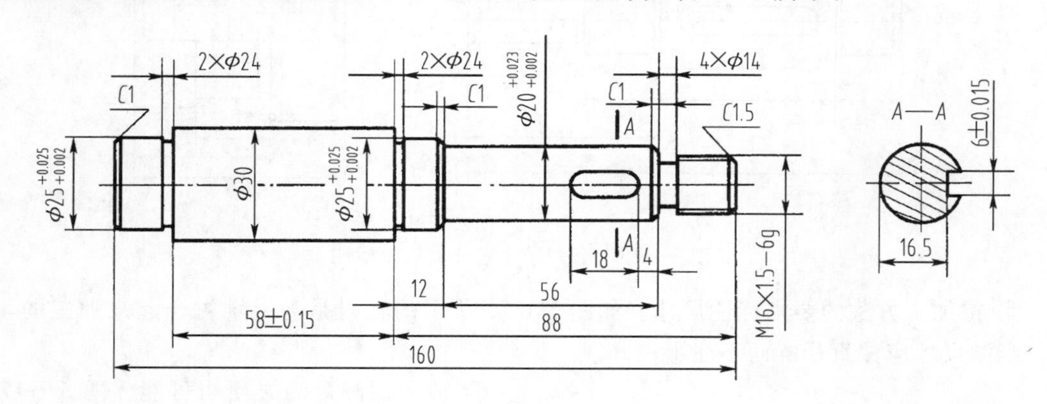

图 5-1-14　轴的尺寸标注举例

② 按加工工序不同分别注出尺寸。如图 5-1-15（a）所示，键槽是在铣床上加工的，阶梯轴的外圆柱面是在车床上加工的。因此键槽尺寸集中标注在视图上方，而外圆柱面的尺寸集中注在视图的下方，使尺寸布置清晰，便于不同工种的工人看图加工。

③ 加工面与非加工面的尺寸标注。零件上加工与不加工的尺寸、内部与外部尺寸应分类集中标注，如图 5-1-15（b）所示，使工人看图方便，减少差错。

表 5-1-1　轴的加工与尺寸标注

序号	加工说明	加 工 简 图	序号	加工说明	加 工 简 图
1	车 $\phi30$，长 164，再车 $\phi25$，长 88	$\phi25$　$\phi30$　88　164	5	车螺纹 M16×1.5-6g	M16×1.5-6g
2	车 $\phi20$，留长 12	12　$\phi20$	6	按总长 160 切断	160
3	车 $\phi16$，留长 56	56　$\phi16$	7	调头，车 $\phi25$，留长 58±0.15，再车槽 2×$\phi24$ 和倒角 C1	C1　$\phi25$　2×$\phi24$　58±0.15
4	车槽 2×$\phi24$，车槽 4×$\phi14$，车倒角 C1、C1、C1.5	C1　C1　C1.5　2×$\phi24$　4×$\phi14$	8	加工键槽	A—A　A　6　18　4　16.5　A

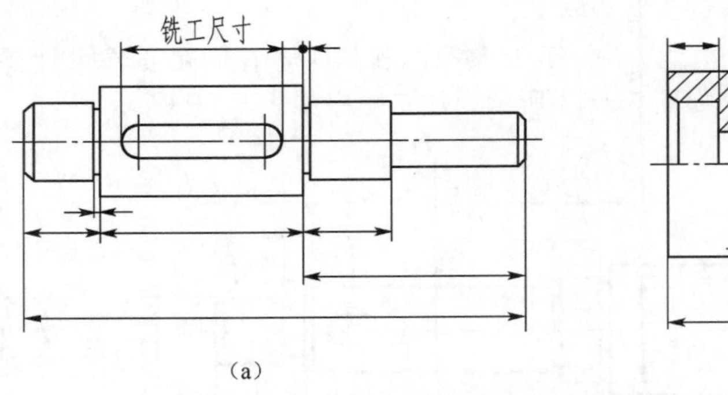

（a）

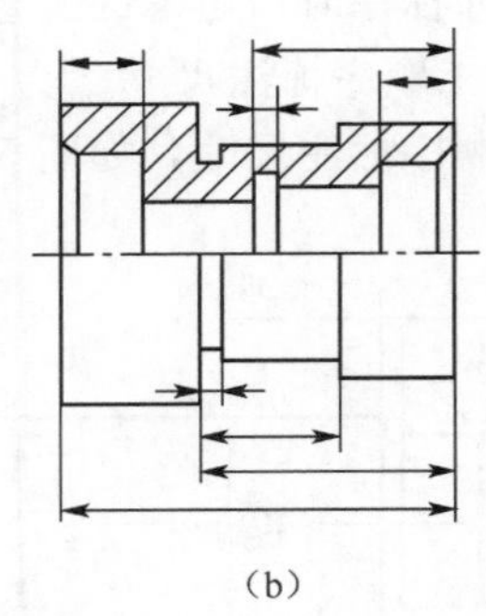

（b）

图 5-1-15　有关尺寸应分类集中标注

④ 按加工方法的要求标注尺寸。如图 5-1-16 所示的轴衬是与上轴衬合起来加工的，因此，半圆尺寸应注直径 ϕ 而不注半径 R。

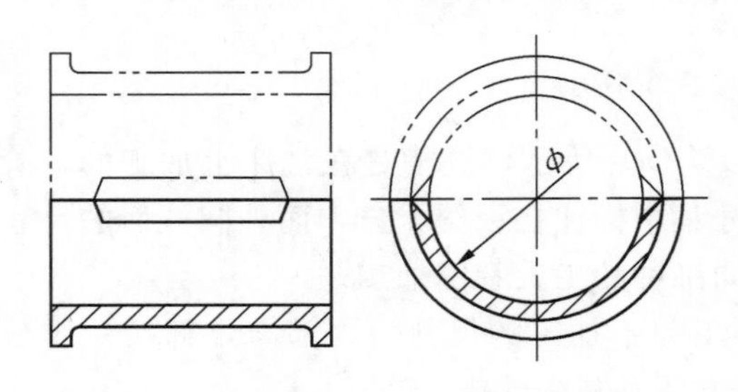

图 5-1-16　根据加工方法要求标注尺寸

⑤ 应考虑测量的方便与可能。图 5-1-17 所示为测量方便与测量不便的图例。

⑥ 毛坯面的标注。标注零件上毛坯面的尺寸时，在同一方向上最好只有一个毛坯面与加工面有直接尺寸联系，其他毛坯面只与该毛坯面有尺寸联系，如图 5-1-18（a）所示。图 5-1-18（b）所示标注看起来各个尺寸都以底面为基准，层次分明，但是并不合理。因为铸件

的尺寸误差大，各个毛坯面之间相对尺寸精度不高，如果大量尺寸都与底面有直接的尺寸关联，在加工底面时，要同时保证这些尺寸会造成极大困难，甚至无法实现。

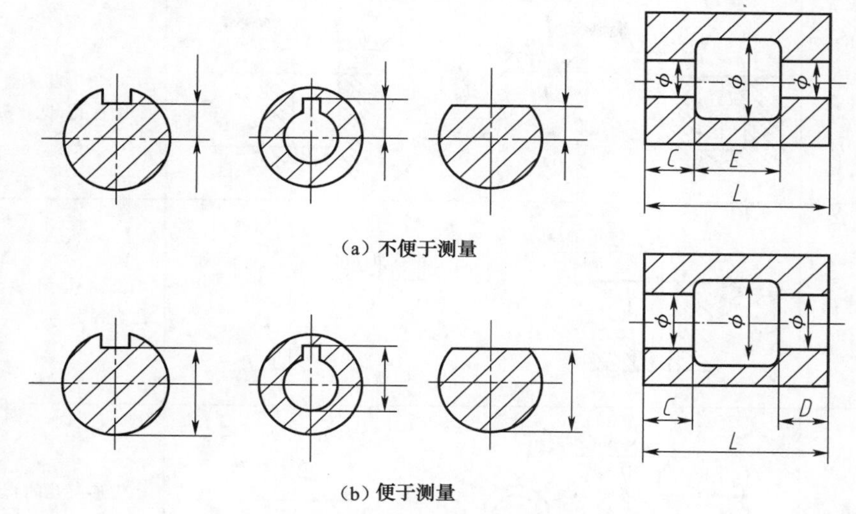

图 5-1-17　尺寸标注应便于测量

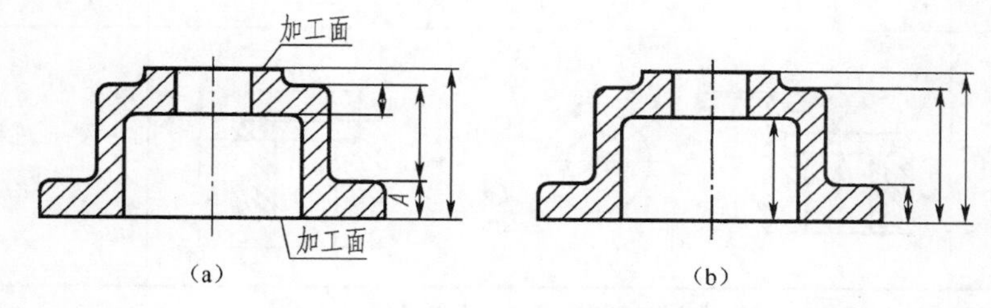

图 5-1-18　毛坯面、加工面尺寸联系

(5) 零件常见结构尺寸的规定注法

零件上经常有光孔、螺纹孔等结构，这些孔用表 5-1-2 所示的方法标准。

表 5-1-2　零件上典型结构的尺寸标注

结构类型		尺寸标注	说　明
螺孔	不通孔	3×M6-7H▼18　3×M6-7H▼18　3×M6-7H　18　25	3×M6 表示螺纹公称直径为 6 的 3 个螺纹孔，攻丝深度为 18
	通孔	3×M6-7H　3×M6-7H　3×M6-7H	3×M6 表示螺纹公称直径为 6 的 3 个螺纹通孔

续表

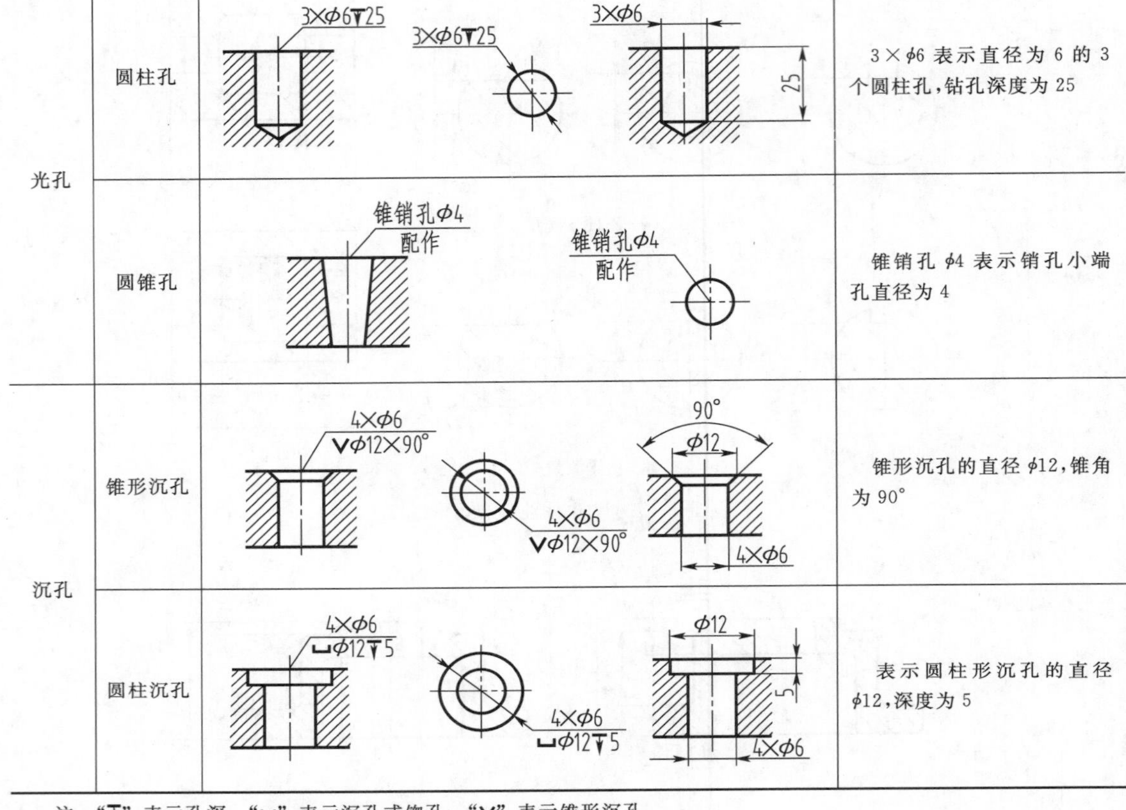

结构类型		尺寸标注	说明
光孔	圆柱孔	3×ϕ6▼25；3×ϕ6▼25；3×ϕ6，25	3×ϕ6 表示直径为 6 的 3 个圆柱孔，钻孔深度为 25
	圆锥孔	锥销孔ϕ4 配作；锥销孔ϕ4 配作	锥销孔 ϕ4 表示销孔小端孔直径为 4
沉孔	锥形沉孔	4×ϕ6 ⌵ϕ12×90°；4×ϕ6 ⌵ϕ12×90°；90°，ϕ12，4×ϕ6	锥形沉孔的直径 ϕ12，锥角为 90°
	圆柱沉孔	4×ϕ6 ⌴ϕ12▼5；4×ϕ6 ⌴ϕ12▼5；ϕ12，5，4×ϕ6	表示圆柱形沉孔的直径 ϕ12，深度为 5

注："▼"表示孔深；"⌴"表示沉孔或锪孔；"⌵"表示锥形沉孔。

四、零件图的技术要求

零件图中除了图形和尺寸以外，还应该注写加工和检验零件所需的技术要求。零件图上的技术要求通常指表面粗糙度、尺寸公差、几何公差、材料及热处理等，这些内容凡是已经有规定代号的，可用代号直接标注在图上，无规定代号的则可用文字说明注写在标题栏上方，这里就有关技术要求及其标注方法简单介绍如下。

1. 表面结构要求（GB/T 131—2006）

国家标准规定，在零件图上必须标注出零件各表面的表面结构要求，其中不仅包括直接反应表面微观几何形状特性的参数值，而且还可以包含说明加工方法，加工纹理方向以及表面镀覆前后的表面结构要求等其他内容。

对于机械零件的表面结构要求，一般采用粗糙度轮廓参数评定。

（1）表面粗糙度的概念

零件在加工过程中，由于刀具运动的摩擦、机床的振动以及材料被切削时产生塑性变形等各种因素的影响，零件的表面不可能是一个理想的光滑表面，在显微镜下观察，有许多高低不平的波峰和波谷，如图 5-1-19 所示。这种在零件的加工表面上具有的较小间距和峰谷所组成的微观几何形状特征，称为表面粗糙度。

零件表面粗糙度对零件的配合性质、疲劳强度、抗腐蚀性、密封性等影响较大。因此，要根据零件表面的不同情况，合理选择其参数值。粗糙度轮廓的评定参数有：轮廓算术平均偏差（Ra）和轮廓最大高度（Rz）。目前，在生产中用来评定零件表面质量宜优先选用 Ra。

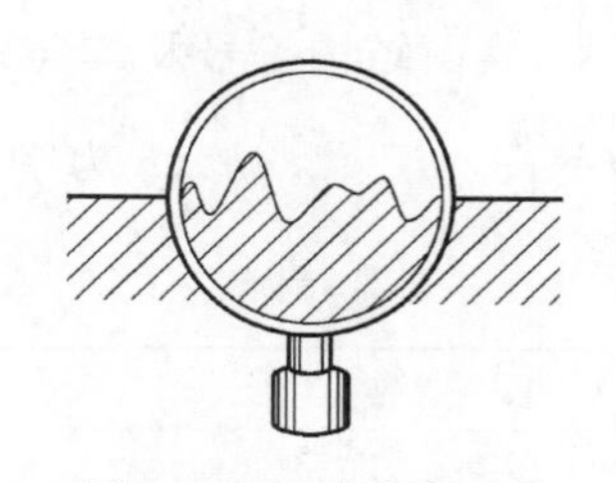

图 5-1-19　零件表面的不平分布

轮廓算术平均偏差（Ra）：即在一个取样长度 l_r 内，纵向 Z（X）绝对值的算术平均值，它反映了轮廓的平均缺陷程度。表 5-1-3 列出了表面粗糙度 Ra 值与加工方法的关系，从表中可以看出：Ra 值愈小，表示对该零件表面的粗糙度要求愈高，零件表面愈平整光滑，也意味着加工工序愈复杂，生产成本越高。所以，应在满足零件表面功能的前提下，合理选用表面粗糙度参数。

表 5-1-3　表面粗糙度 Ra 值与加工方法的关系

Ra/μm	表面特征	加工方法	应用举例
50,25,12.5	可见刀痕	粗车、粗铣、粗刨、钻孔、锯断以及铸、锻、轧制等	多用于粗加工的非配合面，如机座底面、轴的端面、倒角、钻孔、键槽非工作面等
6.3,3.2,1.6	可见加工痕迹	精车、精铣、精刨、铰孔、刮以及拉削等	较重要的接触面和一般配合面，如键槽和键的工作面、轴套及齿轮的端面、定位销的压入孔等
0.8,0.4,0.2	不可见加工痕迹	精铰、精磨、抛光等	要求较高的接触面和配合面，如齿轮的工作面、轴承的重要表面、圆锥销孔等
0.1,0.05,0.012	光泽面	研磨、超级精密加工等	高精度的配合表面，如要求密封性能好的表面、精密量具的工作面等

（2）表面粗糙度的符号、代号及其标注

表 5-1-4 列出了常见粗糙度符号的意义。

表 5-1-4　粗糙度符号的意义

符　号	意　义
	基本符号，表示表面可用任何方法获得。当不加注粗糙度参数值或有关说明（如表面处理、局部热处理状况等）时，仅适用于简化代号标注
	基本符号上加一短横线，表示表面粗糙度是用去除材料的方法获得，例如，车、铣、钻、磨、剪切、抛光、腐蚀、电火花加工、气割等
	基本符号上加一小圆，表示表面粗糙度是用不去除材料的方法获得，例如铸、锻、冲压变形、热轧、冷轧、粉末冶金等或者是用于保持原供应状况的表面（包括保持上道工序的状况）
	在上述 3 个符号的长边上均可加一横线，用于标注有关参数和说明
	在上述 3 个符号上均可加一小圆，表示所有表面具有相同的表面粗糙度要求

表面结构符号及其含义见表 5-1-5。表面粗糙度的符号的画法，如图 5-1-20 所示，其中，$d=\frac{h}{H}$，$H=1.4h$（h 为字体高度）。

表 5-1-5　表面结构符号及其含义

符　　号	含义/解释
Ra 3.2（不允许去除材料符号）	不允许去除材料，单向上限值，默认传输带，R 轮廓，算术平均偏差为 3.2μm，评定长度为 5 个取样长度（默认），16%规则（默认）
Rzmax 3.2（去除材料符号）	表示去除材料，单向上限值，默认传输带，R 轮廓，粗糙度最大高度值为 3.2μm，评定长度为 5 个取样长度（默认），最大规则（默认）
0.008-0.8/Ra 3.2（去除材料符号）	表示去除材料，单向上限值，传输带 0.008～0.8mm，R 轮廓，算术平均偏差为 3.2μm，评定长度为 5 个取样长度（默认），16%规则（默认）
-0.8/Ra3 3.2（去除材料符号）	表示去除材料，单向上限值，传输带：根据 GB/T 6062，取样长度 0.8μm，R 轮廓，算术平均偏差为 3.2μm，评定长度包含 3 个取样长度，16%规则（默认）
U Ramax 3.2 L Ra 0.8（不允许去除材料符号）	表示不允许去除材料，双向极限值，两极限值均使用默认传输带，R 轮廓。上限值：算术平均偏差 3.2μm，评定长度为 5 个取样长度（默认），“最大规则”。下限值：算术平均偏差 0.8μm，评定长度为 5 个取样长度（默认），16%规则（默认）

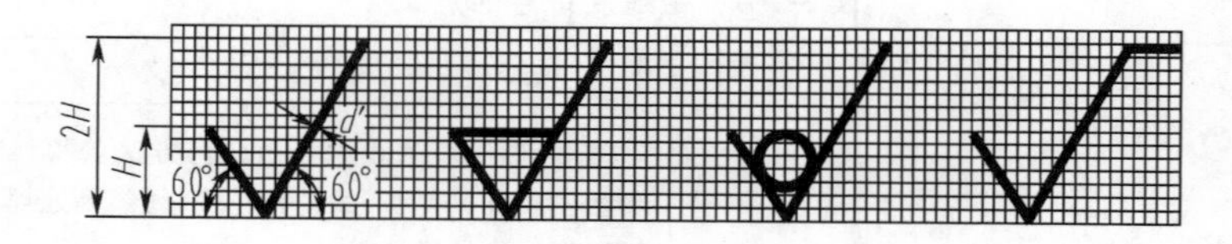

图 5-1-20　表面粗糙度符号的画法

（3）表面粗糙度在图样上的标注方法

图样上所注的表面粗糙度符号、代号是指该表面完工后的要求。

① 如图 5-1-21 所示，表面粗糙度代（符）号一般注在可见轮廓线、尺寸界线、引出线或它们的延长线上。符号的尖端必须从材料外指向表面，并且要与所注表面的轮廓线接触。

② 数字及符号的方向如图 5-1-21（b）所示。

③ 在同一图样上，每一表面一般只标注一次代（符）号，并尽可能靠近有关尺寸线，当空间狭小或不便标注时，代（符）号可以引出标注，如图 5-1-21（d）所示。

④ 当零件的大部分表面具有相同的表面结构要求时，可在标题栏附近统一标注，并在圆括号内给出无任何其他标注的基本图形符号，或在圆括号内给出图中已经标出的几个不同的表面结构代号，如图 5-1-21（a）、图 5-1-21（c）所示。

⑤ 为了使绘图简便，图面清晰，应尽可能采用简化注法，具体标注如图 5-1-22～图 5-1-28所示。

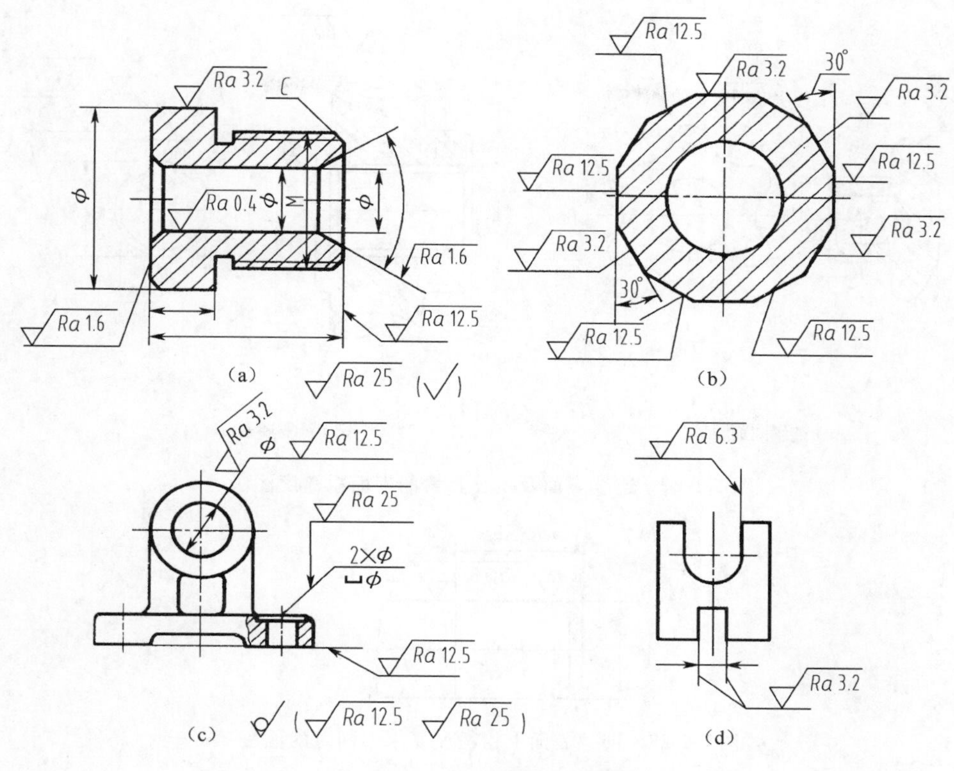

图 5-1-21　表面粗糙度标注示例

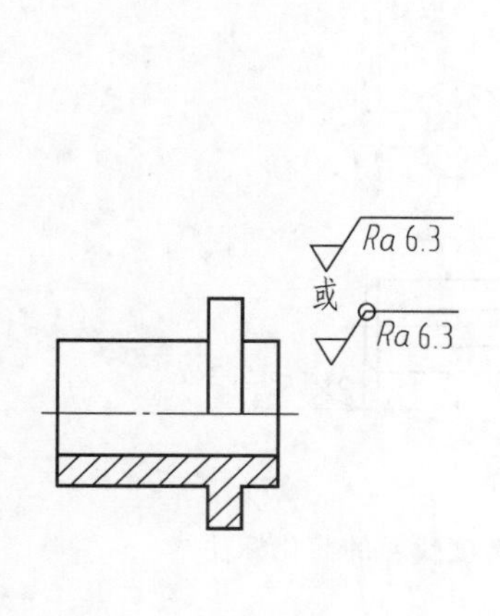

图 5-1-22　所有表面粗糙度要求相同时的注法

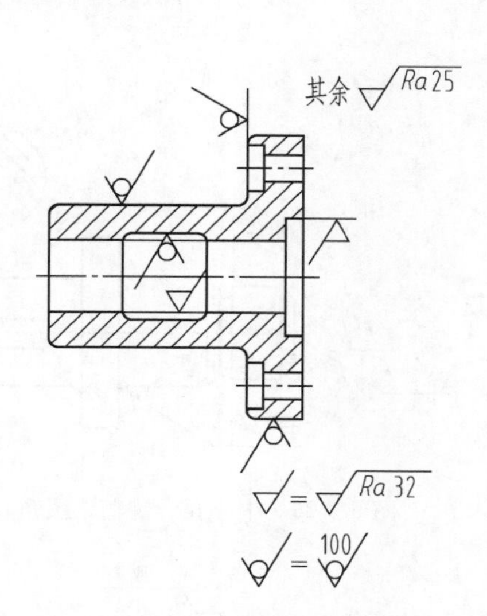

图 5-1-23　简化或省略标注

2. 极限与配合（GB/T 1800.1—2009）

（1）互换性的概念

在成批、大量的生产过程中，从规格大小相同（即按同一图样加工）的零件中任取一个，不经挑选或修配，就能顺利地装配到机器上，并能达到规定的技术性能要求，这种性质

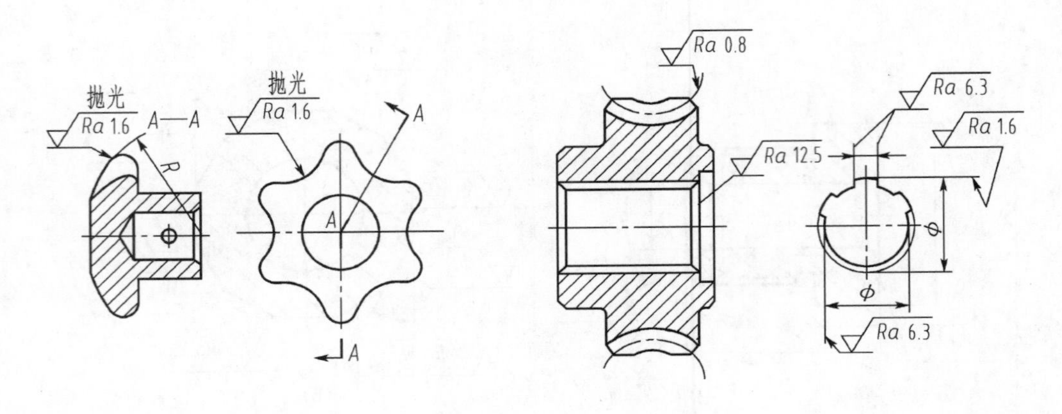

(a) 连续表面　　(b) 重复要素

图 5-1-24　连续表面及重复要素的表面粗糙度注法

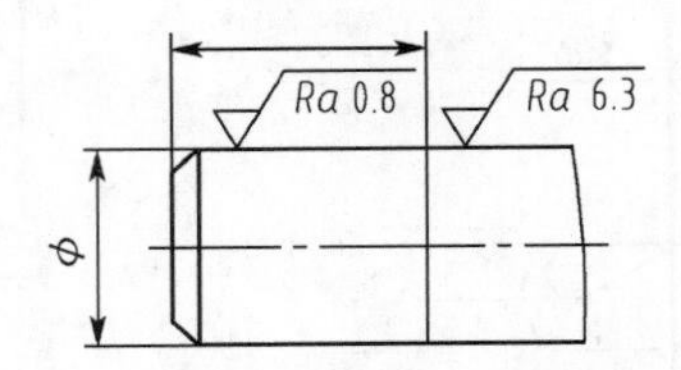

图 5-1-25　同一表面上粗糙度要求不同时的注法

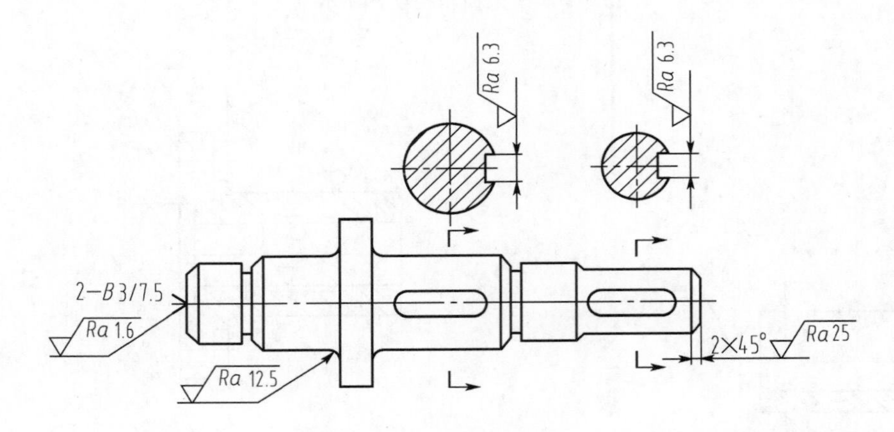

图 5-1-26　中心孔、键槽、圆角、倒角的表面粗糙度代号的简化标注

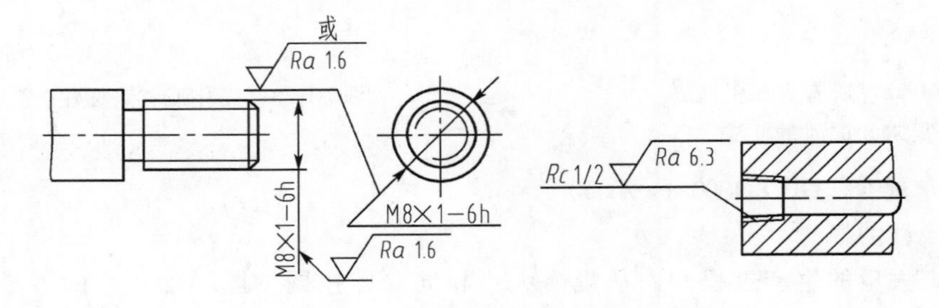

图 5-1-27　螺纹的表面粗糙度注法

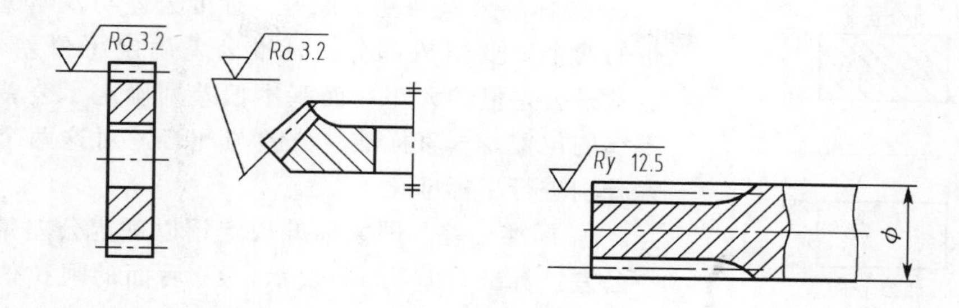

图 5-1-28　齿轮、花键的表面粗糙度注法

称为互换性。零部件具有互换性后，可简化零、部件的制造和维修工作，提高生产效率，降低成本，同时也能保证产品质量的稳定性。

(2) 极限与配合术语及定义（GB/T 1800.1—2009）

实际生产中，由于机床、刀具、量具以及操作人员技术水平等因素的影响，零件加工后的尺寸不可能绝对准确无误，为了使零件具有互换性，就必须对零件尺寸限定一个变动范围，这个范围既要保证相互结合零件的尺寸之间形成一定的关系，以满足零件不同的使用要求，又要在制造上经济合理，这就形成了“极限与配合”。

下面以图 5-1-29 为例介绍极限与配合的常用名词、术语及相互关系。

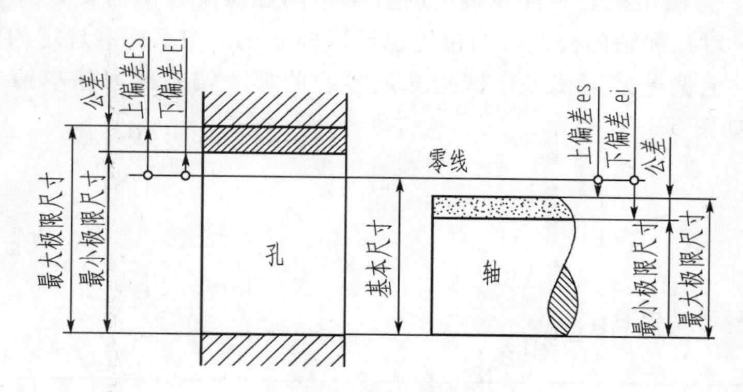

图 5-1-29　极限与配合示意图

① 基本尺寸。设计时给定的尺寸。

② 实际尺寸。零件完工后实际测量所得的尺寸。

③ 极限尺寸。允许尺寸变化的两个界限值。它以基本尺寸为基数来确定，极限尺寸中较大的一个称为最大极限尺寸（A_{max}），较小的一个称为最小极限尺寸（A_{min}）。

④ 尺寸偏差（简称偏差）。尺寸偏差有上偏差和下偏差之分。

上偏差(轴 es,孔 ES)＝最大极限尺寸(A_{max})－基本尺寸(A)

下偏差(轴 ei,孔 EI)＝最小极限尺寸(A_{min})－基本尺寸(A)

⑤ 尺寸公差（简称公差）。允许零件尺寸的变动量。

公差＝最大极限尺寸(A_{max})－最小极限尺寸(A_{min})＝上偏差－下偏差

⑥ 零线。在公差带图中，表示基本尺寸的一条基准直线。当零线画成水平时，零线之上的偏差为正，零线之下的偏差为负。

⑦ 尺寸公差带（简称公差带）。在公差带图中，由代表上、下偏差的两条直线所限定的一个区域，如图 5-1-30 所示。

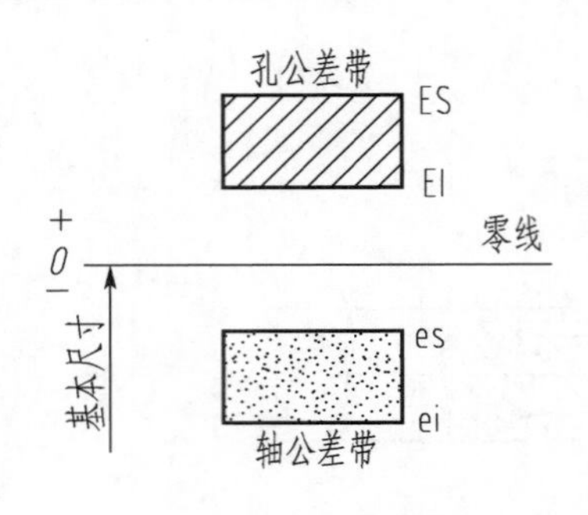

图 5-1-30　公差带图

⑧ 标准公差与基本偏差。标准公差与基本偏差是公差带的两个重要组成部分，标准公差确定了公差带的大小，也就是公差值的大小，而基本偏差则确定了公差带相对于零线的位置。国家标准《公差与配合》对这两个独立的要素分别进行了标准化。

a. 标准公差。国家标准规定用以确定公差带大小的任一公差。标准公差用 IT 表示，IT 后面的阿拉伯数字是标准公差等级。为了将公差数值标准化，以减少刀、量具的规格，同时满足各种零件所需要的精度要求，国家标准将公差等级分为 20 级，即从 IT01/IT0/IT1～IT18，其尺寸精度从 IT01～IT18 依次降低。IT01 为最高，IT18 为最低。换言之，在同一基本尺寸下，IT01 的公差数值为最小，IT18 的公差数值为最大。

标准公带数值根据不同分段尺寸的大小及确定的公差等级由公差表查得（附录附表 24），同一等级，同一基本尺寸，只有一个确定的标准公差值，对孔、轴都一样，且不随配合而改变。例如，基本尺寸为 $\phi20$ 的孔（轴），若公差等级为 IT7，其标准公差值可由附录附表 24 查得为 21 μm。

b. 基本偏差。为满足机器零件在装配时各种不同性质配合的需要，除了标准公差的数值予以标准化外，对孔和轴的公差带的位置也予以标准化。国家标准规定的用以确定公差带相对于零线位置的上偏差或下偏差，即指靠近零线的那个偏差称为基本偏差。孔和轴各有 28 个基本偏差，如图 5-1-31 所示。

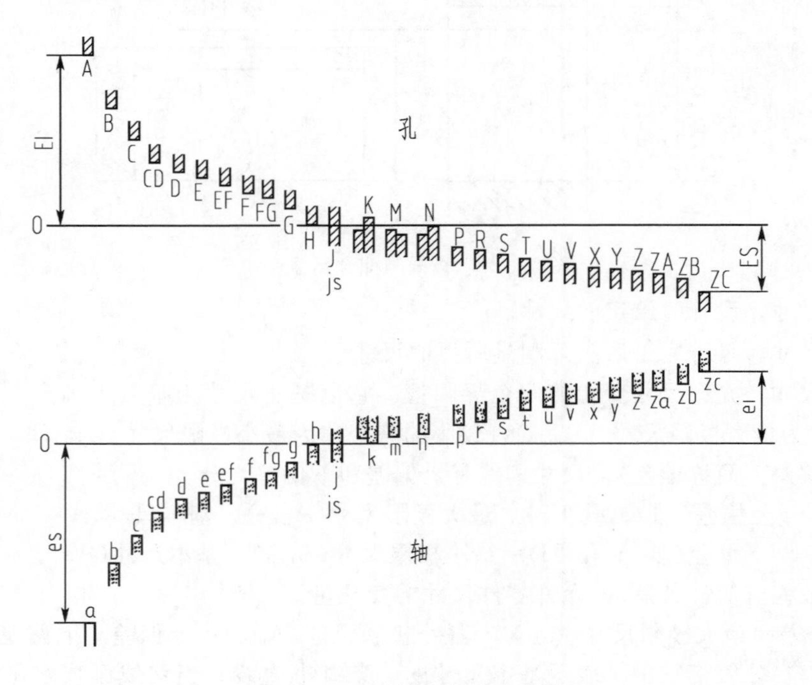

图 5-1-31　基本偏差系列示意图

从图 5-1-31 可以看出，孔的基本偏差用大写字母表示，轴的基本偏差用小写字母表示；当公差带在零线上方时，基本偏差为下偏差，当公差带在零线下方时，基本偏差为上偏差。

基本偏差决定了公差带的一个极限偏差，另一个极限偏差由标准公差决定，所以基本偏差和标准公差这两个独立部分，分别决定了公差带的两个极限偏差。例如，ϕ20H8 的孔，它的基本偏差为零，即孔的下偏差为零，它的上偏差根据基本尺寸 20 及 8 级公差等级查表而知为 33μm，所以 ϕ20 孔的上偏差为＋0.033。

【例 5-1-1】 说明 ϕ25H7 的含义。

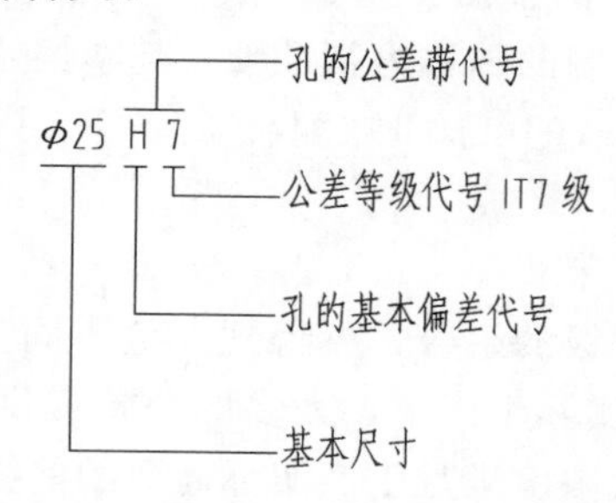

此公差带的全称是，基本尺寸为 ϕ25，公差等级为 7 级，基本偏差为 H 的孔的公差带。

(3) 配合与配合制

① 配合。基本尺寸相同的相互结合的孔和轴公差带之间的关系，称为配合。根据零件的工作要求不同，配合分成间隙配合、过盈配合及过渡配合 3 类，如表 5-1-6 所示。

表 5-1-6　配合的种类

名称	公差带图例	说　明
间隙配合	孔公差带　最小间隙　最大间隙　轴公差带　孔公差带　最大间隙　轴公差带　最小间隙等于零	孔公差带在轴公差带之上，任取一对孔和轴相配，都有间隙，包括间隙为零的极限情况
过盈配合	轴公差带　最大过盈　最小过盈　孔公差带　最小过盈等于零　轴公差带　最大过盈　孔公差带	孔公差带在轴公差带之下，任取一对孔和轴相配，都有过盈，包括过盈为零的极限情况
过渡配合	最大过盈　孔公差带　最大间隙　轴公差带　最大过盈　孔公差带　最大间隙　轴公差带　最大过盈　轴公差带　最大间隙　孔公差带	孔公差带在轴公差带相互交叠，任取一对孔和轴相配，都有过盈，可能具有间隙，也可能具有过盈

② 配合制。配合制是指同一极限制的孔与轴组成配合的一种制度。国家标准规定了两种配合制度：基孔制配合和基轴制配合。采用配合制的目的是为了统一基准件的极限偏差，减少定位刀具和量具规格的数量，获得最大的经济效益。

a. 基孔制。基本偏差为一定的孔的公差带，与不同基本偏差的轴的公差带形成各种配合的一种制度称为基孔制。基孔制的孔，称为基准孔，基本偏差代号为 H，下偏差为零，如图 5-1-32（a）所示，基孔制中 a～h 用于间隙配合，j～n 用于过渡配合，p～zc 用于过盈配合。

b. 基轴制。基本偏差为一定的轴的公差带，与不同基本偏差的孔的公差带形成各种配合的一种制度称为基轴制。基轴制的轴称为基准轴，基本偏差代号为 h，上偏差为零，如图 5-1-32（b）所示，基轴制中 A～H 用于间隙配合，J～N 用于过渡配合，P～ZC 用于过盈配合。

（4）常用、优先选用的公差带和配合

任一基本偏差和任一公差等级的组合，可得到大量不同大小与不同位置的公差带（孔、轴各有五百多个公差带），但在实际生产中，太多的公差带供选择，不但不经济，也不利于生产，更无此必要，所以在最大限度满足生产实际需要的前提下，对公差与配合有必要作出限制，以减少定值刀、量具及工艺装备的品种和规格。国家标准规定轴的一般用途公差带 119 种，常用 59 种，优先 13 种。孔的一般用途公差带 105 种，常用 44 种，优先 13 种。国家标准还制订了基孔制及基轴制的常用配合及优先配合，见附录附表 22、表 23。

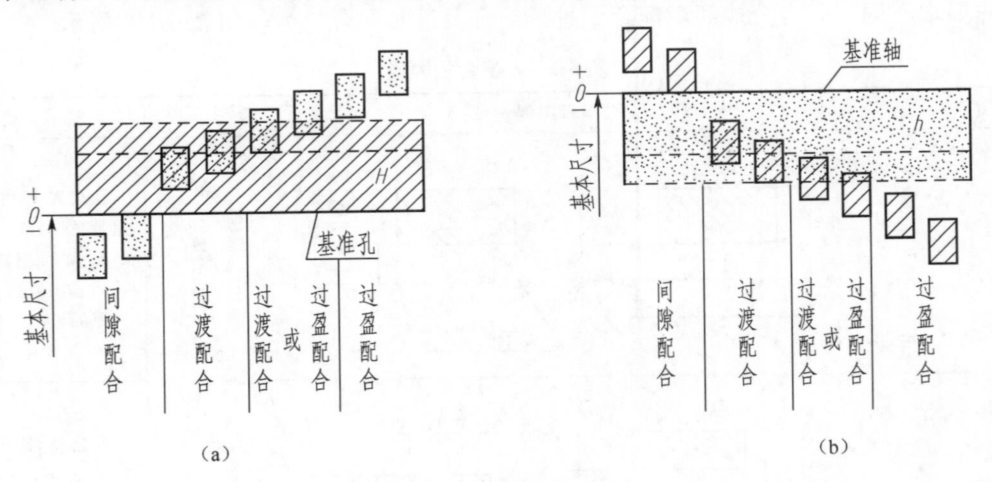

图 5-1-32 基孔制与基轴制

（5）公差配合的标注及查表方法

① 零件图上的标注。用于大批量生产的零件图，可只注公差带代号，公差带代号应注在基本尺寸的右边，如图 5-1-33（a）所示。用于中、小批量生产的零件图，一般可只注极限偏差，上偏差应注在基本尺寸的右上方，下偏差与基本尺寸在同一底线上，如图 5-1-33（b）所示。若要求同时标注公差带代号及相应的极限偏差时，则后者应加上圆括号，如图 5-1-33（c）所示。

标注极限偏差数值时应注意上下偏差的小数点必须对齐，小数点后的位数也必须相同；若上偏差或下偏差为“零”时，用数字“0”标出，并与下偏差或上偏差的小数点前的个位数对齐，如图 5-1-33 所示。若公差带相对于基本尺寸对称配置时，两个偏差值相同，只需注写一次，并在偏差与基本尺寸之间注出符号“±”且两者数字高度相同，如 $\phi25\pm0.2$。

② 装配图上的标注。在装配图上标注线性尺寸的配合代号时，必须在基本尺寸的右边，用分数形式注出，分子为孔的公差带代号，分母为轴的公差带代号，如图 5-1-34（a）所示，

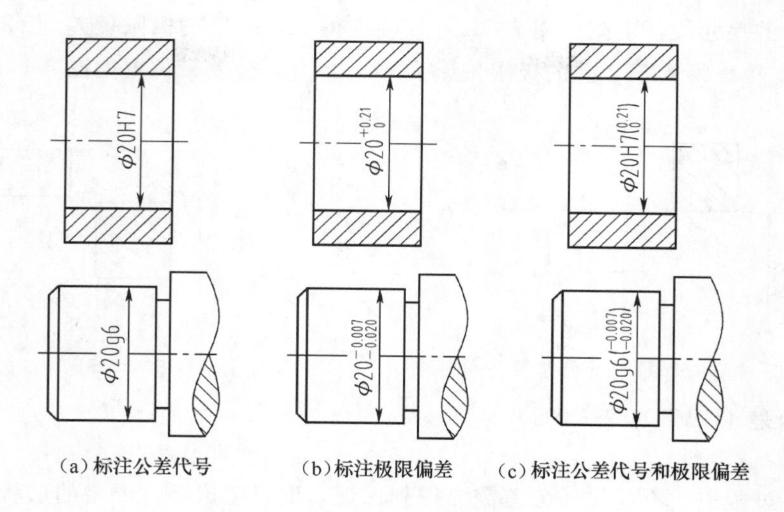

(a) 标注公差代号　(b) 标注极限偏差　(c) 标注公差代号和极限偏差

图 5-1-33　零件图上公差的标注

也允许按图 5-1-34（b）或图 5-1-34（c）所示形式标注。

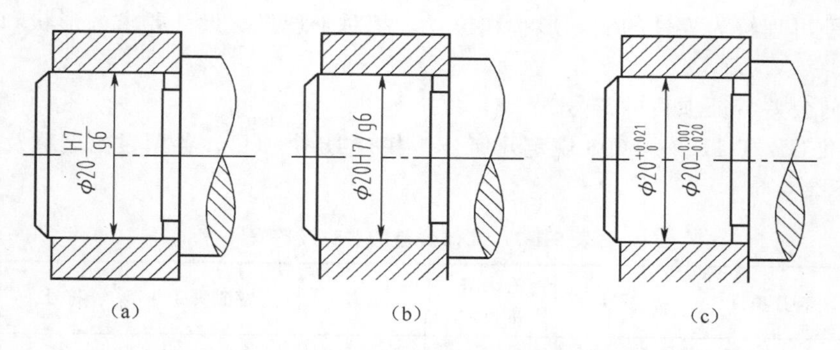

(a)　(b)　(c)

图 5-1-34　装配图上标注配合代号时公差的标注

标注标准件、外购件与零件（孔或轴）的配合代号时，可以只标注相配零件的公差带代号（见图 5-1-35），因为滚动轴承的公差不能选用《公差与配合》标准，因而不能注成分数形式。

③ 查表方法举例。基本尺寸、基本偏差、公差等级确定以后，偏差数值可以从相应表格中查得。

【例 5-1-2】 查 $\phi25H7/g6$ 的偏差数值。

$\phi25H7/g6$ 为基孔制间隙配合，基本尺寸 25 属于 18～30mm 尺寸段，由附录附表 24 可查得标准公差 7 级的孔公差值为 21 μm。标准公差 6 级的轴公差值为 13 μm，公差带的位置可由相应的基本偏差数值表查得。也可根据孔和轴的极限偏差表，直接查出极限偏差值，如根据 $\phi25H7$，由附录附表 23 可直接查得孔的极限偏差为 $\phi25^{+0.021}_{0}$。根据 $\phi25g6$ 由附录附表 22 直接查得轴的极限偏差为 $\phi25^{-0.007}_{-0.020}$，其公差带的位置如图 5-1-36 所示。

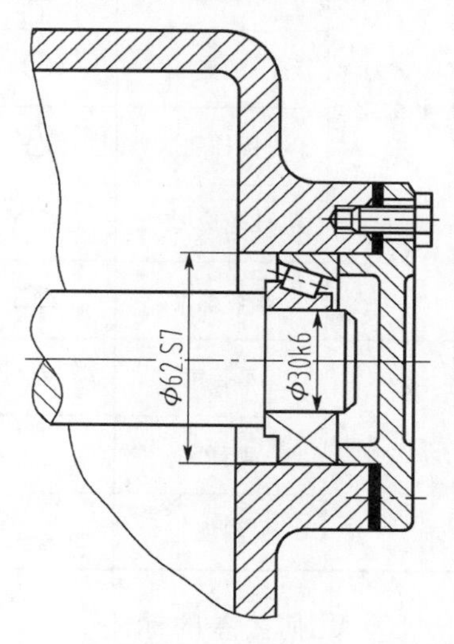

图 5-1-35　零件与标准件、外购件配合时只注零件的公差带代号

【例 5-1-3】 查 $\phi25P7/h6$ 的偏差数值。

$\phi25$ P7/h6 是基轴制的过盈配合，基本尺寸 25 属大于 18～30mm 的尺寸段，由附录附表 22 可直接查得 ϕ25h6 轴的极限偏差为 $\phi25_{-0.013}^{\ \ 0}$，由附录附表 23 可直接查得 ϕ25P7 孔的极限偏差为 $\phi25_{-0.035}^{-0.014}$，公差带位置如图 5-1-37 所示。

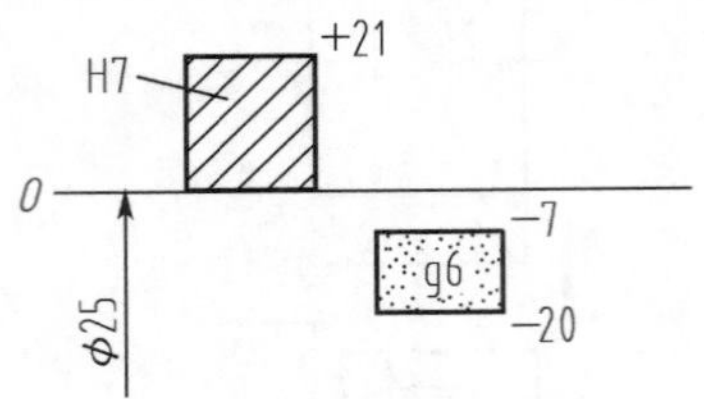

图 5-1-36　ϕ25H7/g6 公差带

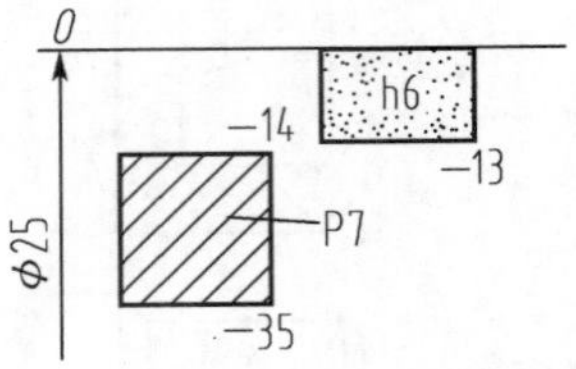

图 5-1-37　ϕ25P7/h6 公差带

3. 几何公差（GB/T 1182—2008）

（1）概述

零件加工过程中，不仅尺寸公差需要得到保证，而且组成零件要素的形状和位置也应有一定的准确性，这样才能满足零件的使用和装配要求，保证互换性，因此形状和位置公差（简称形位公差）同尺寸公差、表面粗糙度一样是评定零件质量的一项重要指标。

几何公差可理解为零件的实际形状和位置，相对于理想、设计要求的形状和位置的允许变动量。

（2）几何公差特征项目的符号

国家标准 GB/T 1182—2008 规定几何公差共有 18 个项目，各项目的名称及对应符号如表 5-1-7 所示。

表 5-1-7　几何公差的名称及符号

公差	特征项目	符号	有无基准要求	公差	特征项目	符号	有无基准要求
形状公差	直线度	—	无	方向公差	线轮廓度	⌒	有
	平面度	⏥	无		面轮廓度	⌓	有
	圆度	○	无	位置公差	位置度	⌖	有或无
	圆柱度	⌭	无		同轴度(同心度)	◎	有
	线轮廓度	⌒	无		对称度	⌯	有
	面轮廓度	⌓	无		线轮廓度	⌒	有
方向公差	平行度	//	有		面轮廓度	⌓	有
	垂直度	⊥	有	跳动公差	圆跳动	↗	有
	斜度	∠	有		全跳动	⌰	有

（3）几何公差的标注

几何公差代号包括形位公差符号、几何公差框格及指引线、几何公差数值、基准符号等。如图 5-1-38 表示几何公差代号的内容，图 5-1-39 给出指引线的画法，图 5-1-40 表示几何公差基准符号的画法，图 5-1-41 给出了基准符号的标注方法。方框用细实线绘制，框高为图纸中字体高的两倍（$2h$），方框由 2 格或多格组成。框格中的内容从左到右按以下次序填写：公差特征的符号，公差值，基准。框格一端用带箭头的指引线与被测要素相连。基准由基准字母表示，带小圆的大写字母用细实线与粗的短画线相连，为不致引起误解，不用 E、I、J、M、O、P、L、R、F 等字母。

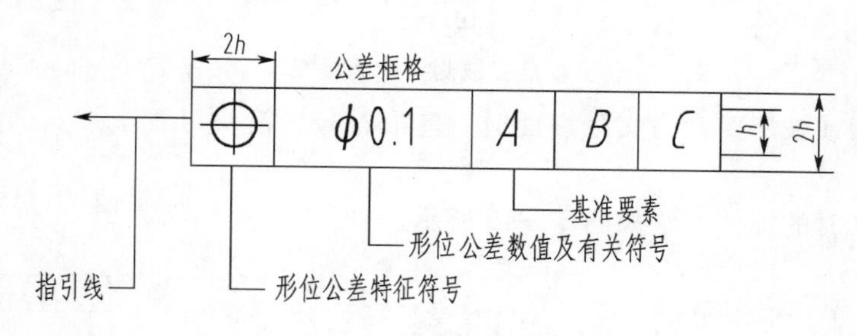

图 5-1-38　几何公差代号的内容

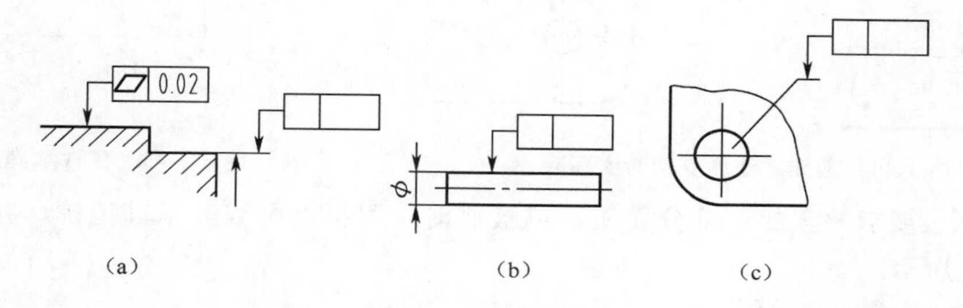

图 5-1-39　指引线的画法

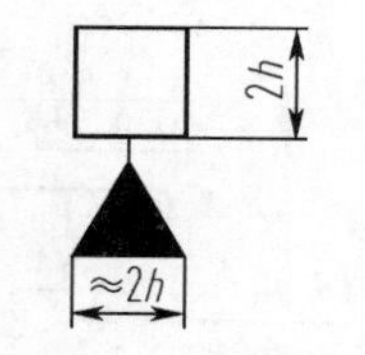

图 5-1-40　基准符号的画法

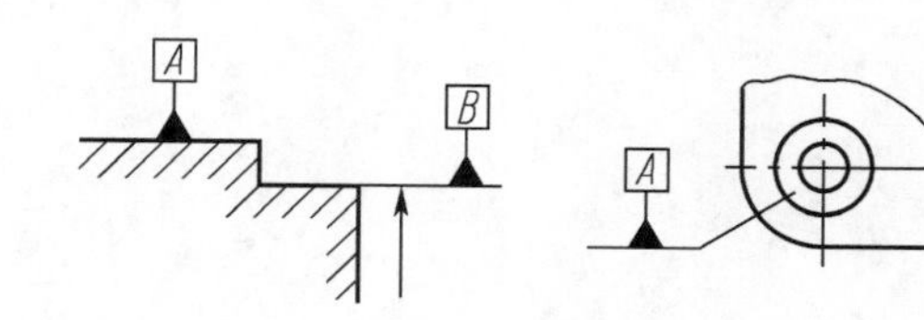

图 5-1-41　基准符号的标注方法

（4）标注几何公差时的注意事项

① 当基准要素或被测要素公差涉及轮廓线或表面时，带字母的短画线及指引线箭头应画在要素的轮廓线或它的延长线上，并应与尺寸线明显错开，如图 5-1-42 所示。

② 当基准要素、被测要素为轴线、中心平面或由带尺寸要素的确定点时，基准符号中的线、带箭头的指引线应与尺寸线对齐或与尺寸线延长线重合，如图 5-1-43 所示。

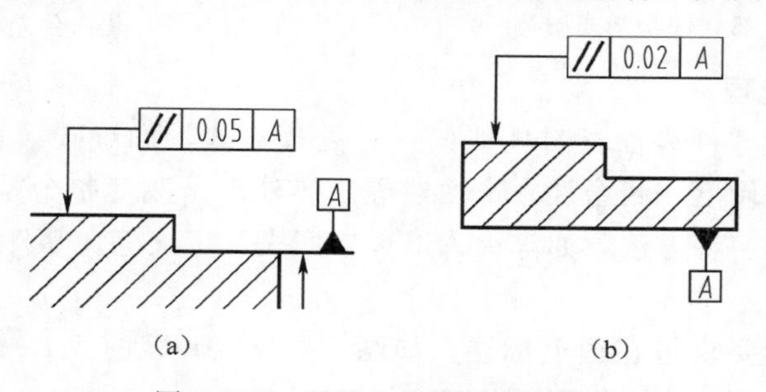

图 5-1-42　基准、被测要素为线和面

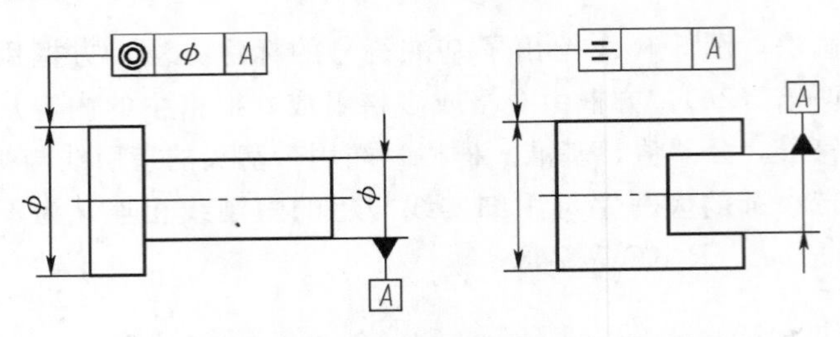

图 5-1-43 基准、被测要素为轴线或中心平面

③ 基准要素或被测要素为实际表面时，基准符号、箭头可置于带点的参考线上，如图 5-1-44 所示。

④ 任选基准时的标注方法如图 5-1-45 所示。

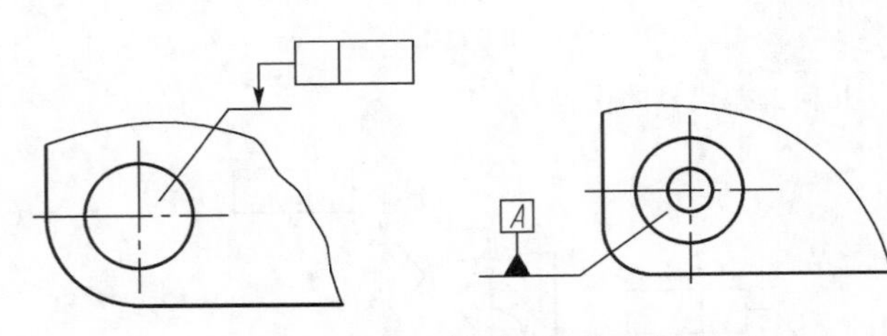

图 5-1-44 基准、被测要素为实际表面

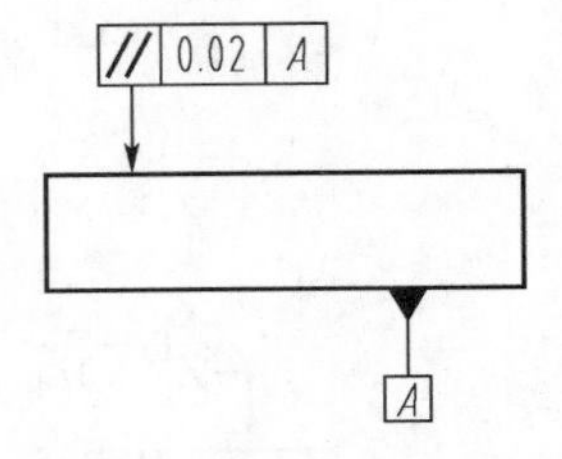

图 5-1-45 任选基准的标注方法

⑤ 如果仅要求要素的一部分作基准或被测时，用粗点画线表示其范围，并加注尺寸，如图 5-1-46 所示。

(5) 几何公差标注示例

几何公差在图样上的标注示例如图 5-1-47 所示。几何公差标注的含义如表 5-1-8 所示。

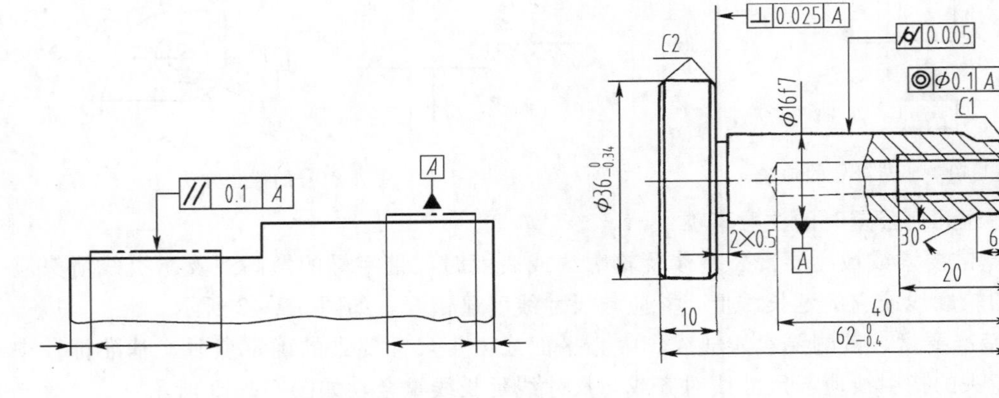

图 5-1-46 仅要求一部分作基准或被测

图 5-1-47 几何公差标注综合示例

4. 表面处理及热处理

表面处理是为改善零件表面材料性能的一种处理方式，如渗碳、表面淬火、表面涂层等，以提高零件表面的硬度、耐磨性、抗蚀性等。热处理是改变整个零件材料的金相组织，以提高材料力学性能的一种方法，如淬火、退火、回火、正火等。零件对力学性能的要求不同，处理方法也不同。

表面处理和热处理要求可在图上标注，如图 5-1-48 (a)、图 5-1-48 (b) 所示。也可以用文字注写在技术要求项目内，如图 5-1-48 (c) 所示。

表 5-1-8　几何公差标注的含义

标注代号	含义说明
基准符号 A	以 ϕ16f7 圆柱的轴心线为基准
圆柱度 0.005	ϕ16f7 圆柱面的圆柱度公差为 0.005mm，其公差带是半径差为 0.005mm 的两同轴圆柱面，是该圆柱面纵向和正截面形状的综合公差
同轴度 ϕ0.1 A	M8×1 的轴线对基准 A 的同轴度公差为 0.1mm，其公差带是与基准 A 同轴，直径为公差值 0.1mm 的圆柱面
圆跳动 0.1 A	$\phi14_{-0.24}^{0}$ 的端面对基准 A 的端面圆跳动公差为 0.1mm，其公差带是与基准轴线同轴的任一直径位置的测量圆柱面上，沿母线方向宽度为公差值 0.1mm 的圆柱面区域
垂直度 0.025 A	$\phi36_{-0.34}^{0}$ 的右端面对基准 A 的垂直度公差为 0.025mm，其公差带是垂直于基准轴线的距离为公差值 0.025mm 的两平行平面内

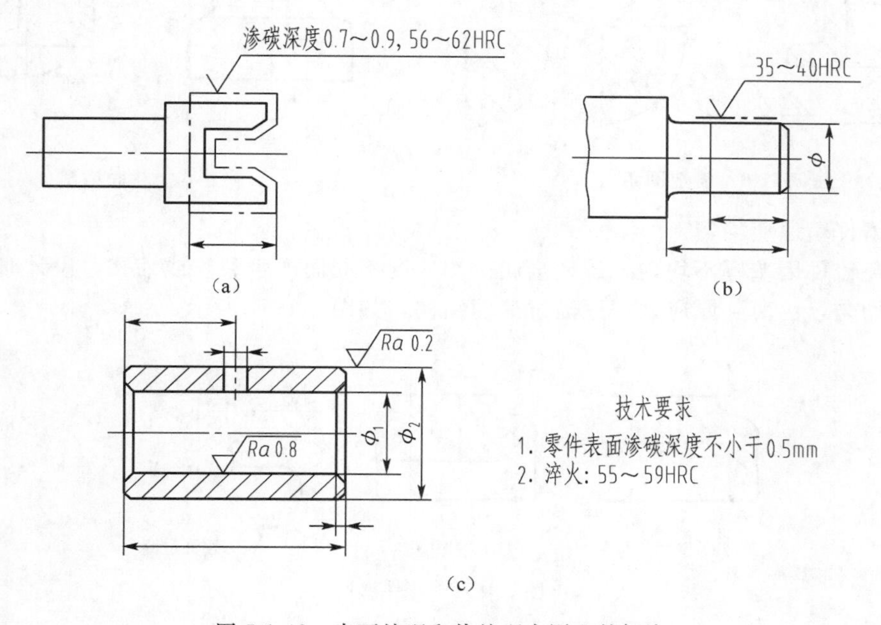

图 5-1-48　表面处理和热处理在图上的标注

5. 材料

零件的材料，应填写在零件图的标题栏内，机械制造工业中常用的金属材料可参见相关手册。

五、零件上常见的工艺结构

机器中的零件通常都是先铸造出毛坯件，再将毛坯件经机械加工制作而成。因此，零件的结构除了应满足设计要求外，还必须满足铸造工艺和机械加工工艺要求，使零件具有良好的结构工艺性。下面介绍一些零件上常见的工艺结构。

1. 铸造工艺结构

（1）铸造圆角

在零件铸造时，为防止起模时转角处的型砂脱落和浇注溶液时将砂型冲坏，同时也为了避免铸件冷却收缩时产生裂纹和缩孔形成铸造缺陷，在铸件表面转角处应做成圆角，称之为铸造圆角，铸造圆角的存在，还可使零件的强度增加，如图 5-1-49 所示。

铸造圆角应在零件图中画出，其半径一般取 $R3$～$R5$mm，或取壁厚的 0.2～0.4 倍。通常标注在技术要求中，如“未注铸造圆角为 $R3$～$R5$”。注意只有两个不加工的铸造表面相交处才有铸造圆角，当其中一个是加工面时，不应画圆角，转角处应画成倒角或尖角，如图 5-1-49 所示。

(2) 起模斜度

铸件在造型时，为了便于从砂型中顺利取出模型，铸件一般沿起模方向设计一定的斜度，称为起模斜度。如图 5-1-50 所示，起模斜度一般为 1∶20，也可用角度表示（可取 3°～6°）。该斜度在图上一般不一定画出，也不标注。必要时在技术要求中用文字说明。

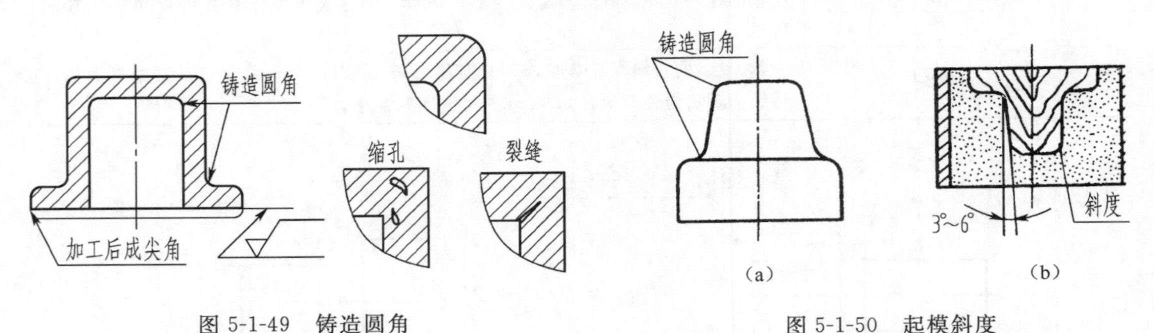

图 5-1-49 铸造圆角　　图 5-1-50 起模斜度

(3) 铸件壁厚应均匀

为避免铸件因壁厚不均匀，致使金属冷却速度不同而产生裂纹或缩孔，设计时应使铸件壁厚保持均匀，由薄到厚应采用逐渐过渡的结构，如图 5-1-51 所示。

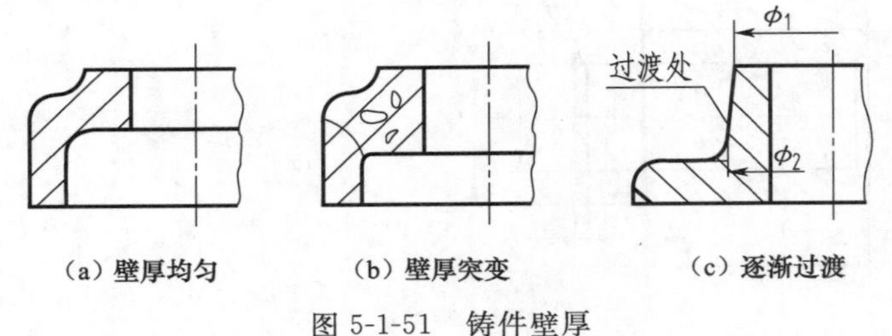

图 5-1-51 铸件壁厚

(4) 过渡线

由于设计、工艺上的要求，在机件的表面相交处，常用铸造圆角或锻造圆角进行过渡，而使物体表面的交线变得不明显，把这种不明显的交线称为过渡线，其投影用细实线表示。过渡线的画法与没有圆角时交线的画法完全相同，只是两回转面相交时，过渡线不与圆角的轮廓线接触；当两回转面的轮廓相切时，过渡线在切点附近应断开；对零件上常见肋板、连接板与平面或圆柱相交，且有圆角过渡时，过渡线的画法取决于板的截断面形状和相交或相切关系。如图 5-1-52 所示。

2. 机械加工对零件结构的要求

(1) 倒角和倒圆

为了便于孔、轴的装配和去除零件加工后形成的毛刺、锐边，在轴或孔的端部，一般都加工成倒角。常见倒角为 45°，也有 30°和 60°等，它们的标注形式如图 5-1-53 所示 $C1$，其中 C 表示倒角，1 为倒角的轴向距离。为了避免因应力集中而产生裂纹，同时也为了增加其

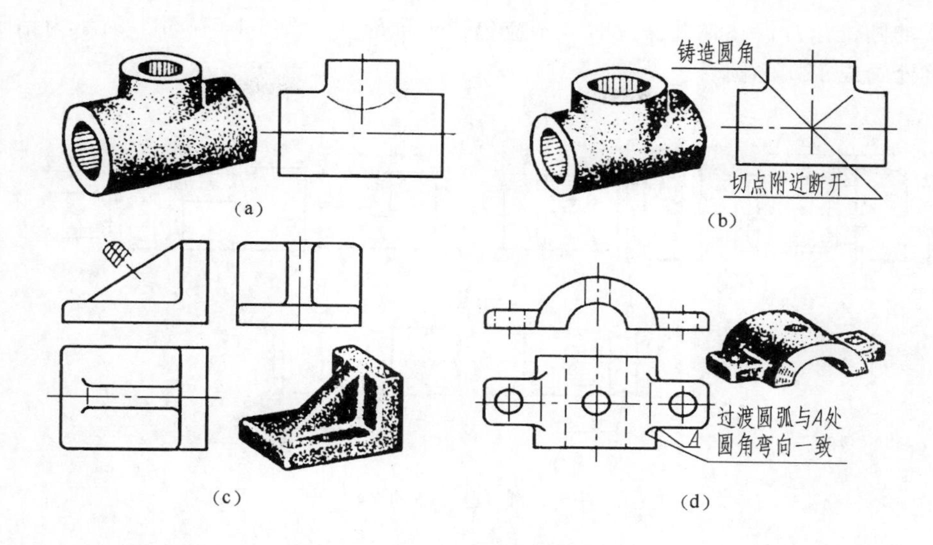

图 5-1-52　过渡线的画法

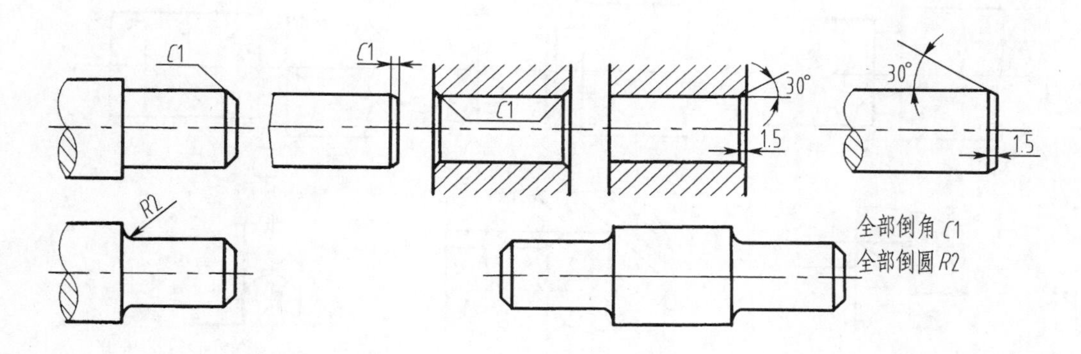

图 5-1-53　倒角和倒圆

强度，在轴或孔中直径不等的两段交接处，常加工成环面过渡，称为倒圆，如图 5-1-53 所示。圆角半径 R 的尺寸系列及 R 值与直径的关系可查阅附录附表 18。

（2）退刀槽和砂轮越程槽

在零件在切削加工时为了进、退刀方便或使被加工表面达到完全加工，常在轴肩和孔的台阶部位预先加工出退刀槽或砂轮越程槽。其形式和尺寸可根据轴、孔直径的大小，从相应标准中查得。其尺寸注法可按“槽宽×槽深”或“槽宽×直径”的形式集中标注，如图 5-1-54和图 5-1-55 所示。

（3）凸台和凹坑

零件与零件接触的表面一般都应加工，为了降低加工费用，保证零件接触良好，应尽量减少加工面积及加工面的数量，因此在零件表面上常设计出凸台、凹坑，如图 5-1-56 所示。

（4）钻孔结构

零件上有各种不同用途和不同形式的孔，常用钻头加工而成。图 5-1-57 表示用钻头加工的不通孔和阶梯孔的情况。其中图 5-1-57（a）所示为钻不通孔，其底部的圆锥孔应画成顶角120°的圆锥角。标注钻孔深度时，不应包括锥坑部分。图5-1-57（b）所示为钻阶梯孔，此时交接处画成120°的圆台。

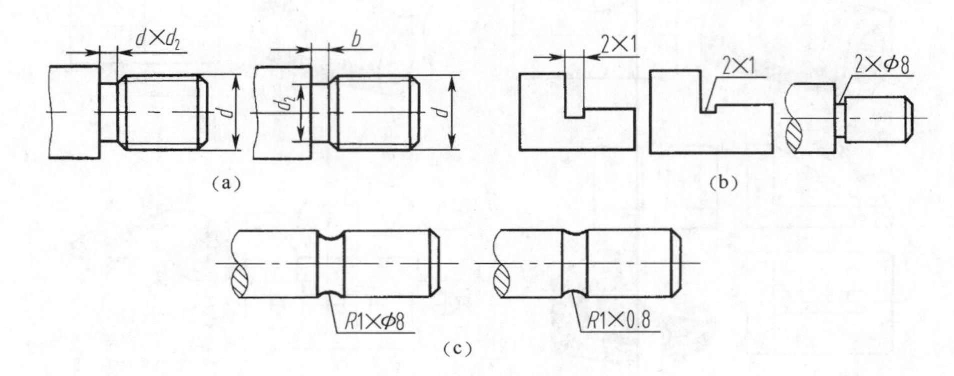

图5-1-54　退刀槽的结构

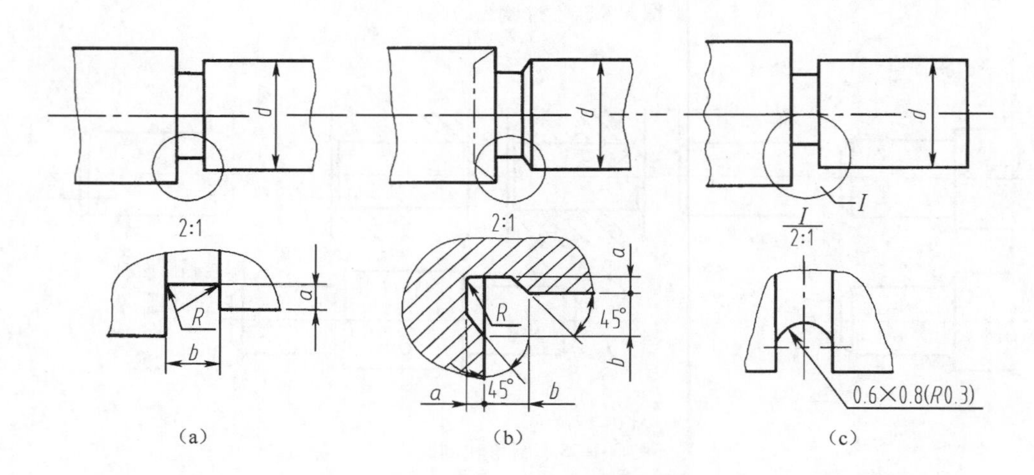

图5-1-55　砂轮越程槽

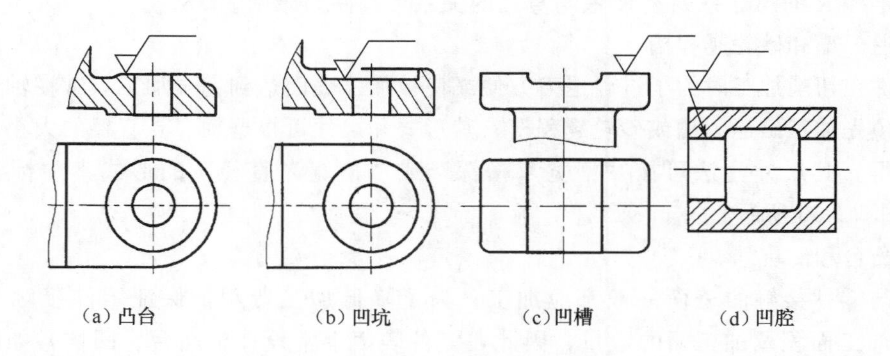

图5-1-56　凸台和凹坑的结构

需用钻头钻孔的零件钻孔时，钻头的轴线应垂直于孔的端面，以避免钻头因单边受力产生偏斜或折断钻头。当孔的端面为斜面或曲面时，可设置与孔的轴线垂直的凸台或凹坑，如图5-1-58所示。同时，还要保证钻孔的方便与可能。

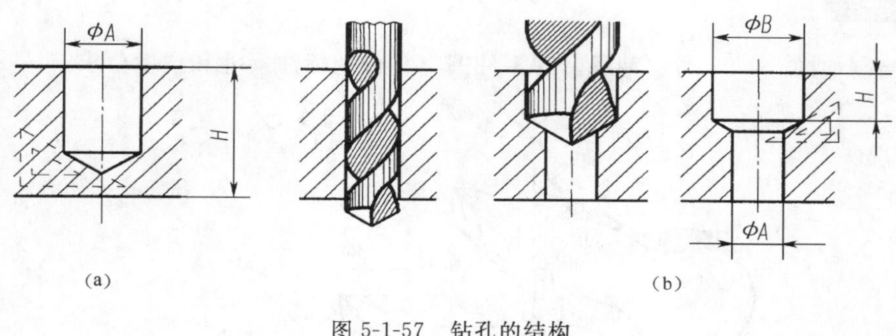

图 5-1-57　钻孔的结构

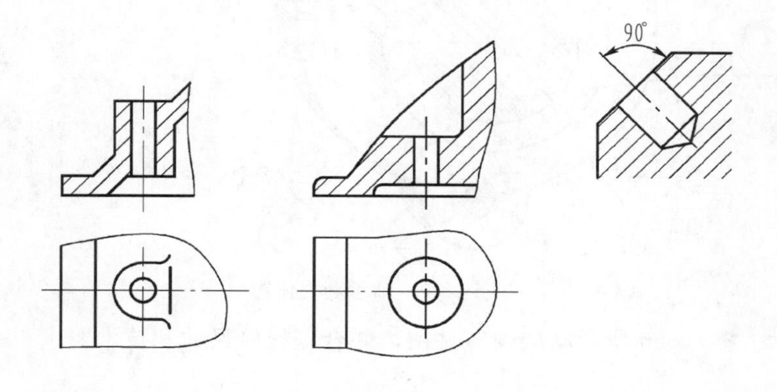

图 5-1-58　孔的布置

绘图步骤：

1. 形体分析

轴套类零件大多数由位于同一轴线上数段直径不同的回转体组成，它们长度方向的尺寸一般比回转体直径尺寸大。根据设计、安装、加工等要求，轴上常常还有一些工艺结构，如轴肩、键槽、螺纹、退刀槽、砂轮越程槽、圆角、倒角、中心孔等。

2. 表达方法

该轴的主要工序在车床、磨床上进行，加工时轴线成水平位置，主视图将轴线水平横向放置。用一个基本视图（主视图）把轴上各段回转体的相对位置和形状表达清楚。对轴上的孔、键槽等局部结构可用局部视图、局部剖视图或断面图表达；对退刀槽、越程槽和圆角等细小结构可用局部放大图加以表达。

3. 尺寸标注

该零件常以端面作为长度方向的主要尺寸基准，而以回转轴线作为另两个方向的主要尺寸基准，为保证传动平稳，齿轮啮合正确，就要求各轴颈能在同一轴线上，为此标注径向尺寸时，以轴线作为主要基准。为了加工测量方便，选择主要端面为长度方向尺寸标注的第一辅助基准。

4. 技术要求

根据轴的立体图正确标注表面粗糙度、尺寸公差、形位公差及技术要求。

任务延伸

（1）绘制如图 5-1-59 所示轴承套的零件图，并合理标注尺寸和技术要求。

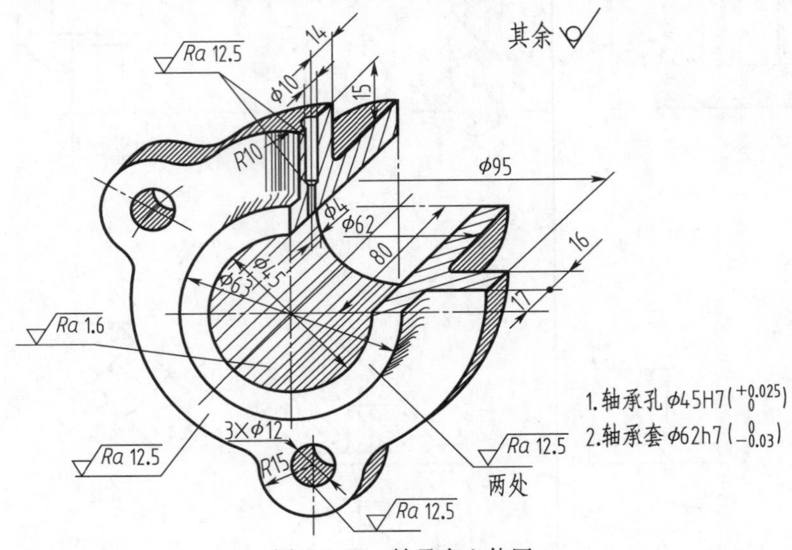

图 5-1-59 轴承套立体图

（2）绘制如图 5-1-60 所示踏架的零件图，并合理标注尺寸和技术要求。

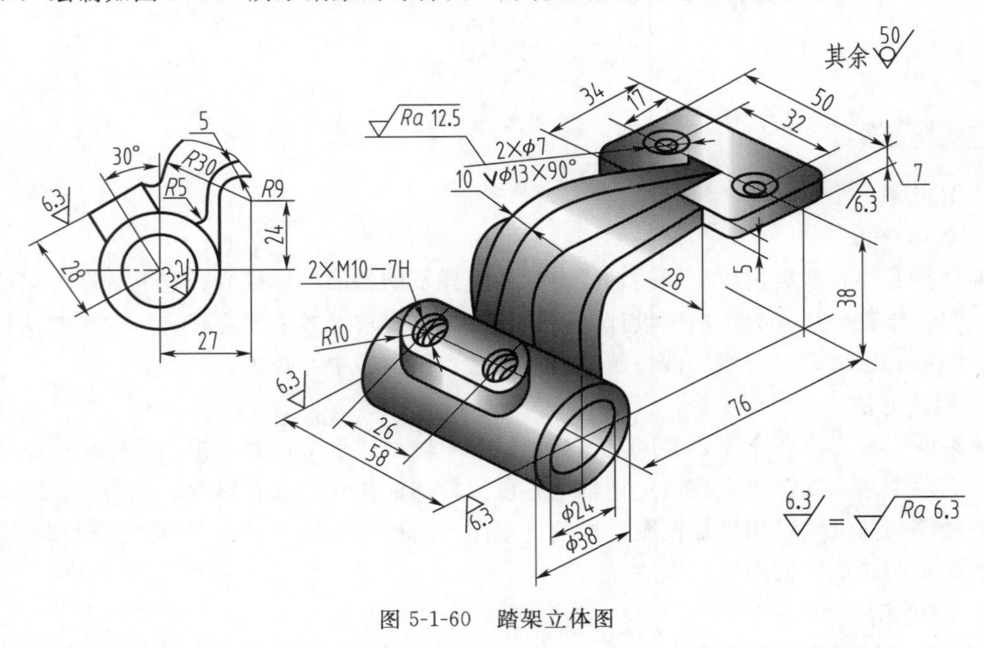

图 5-1-60 踏架立体图

任务二 识读典型零件图

任务目标

① 掌握识读零件图的方法。

② 弄清零件图中表面粗糙度、尺寸公差、形位公差的含义。

任务内容与要求

① 读懂如图 5-2-1 所示端盖的零件图，并按图中要求完善图形，分析并回答问题，然后抄画端盖的零件图。

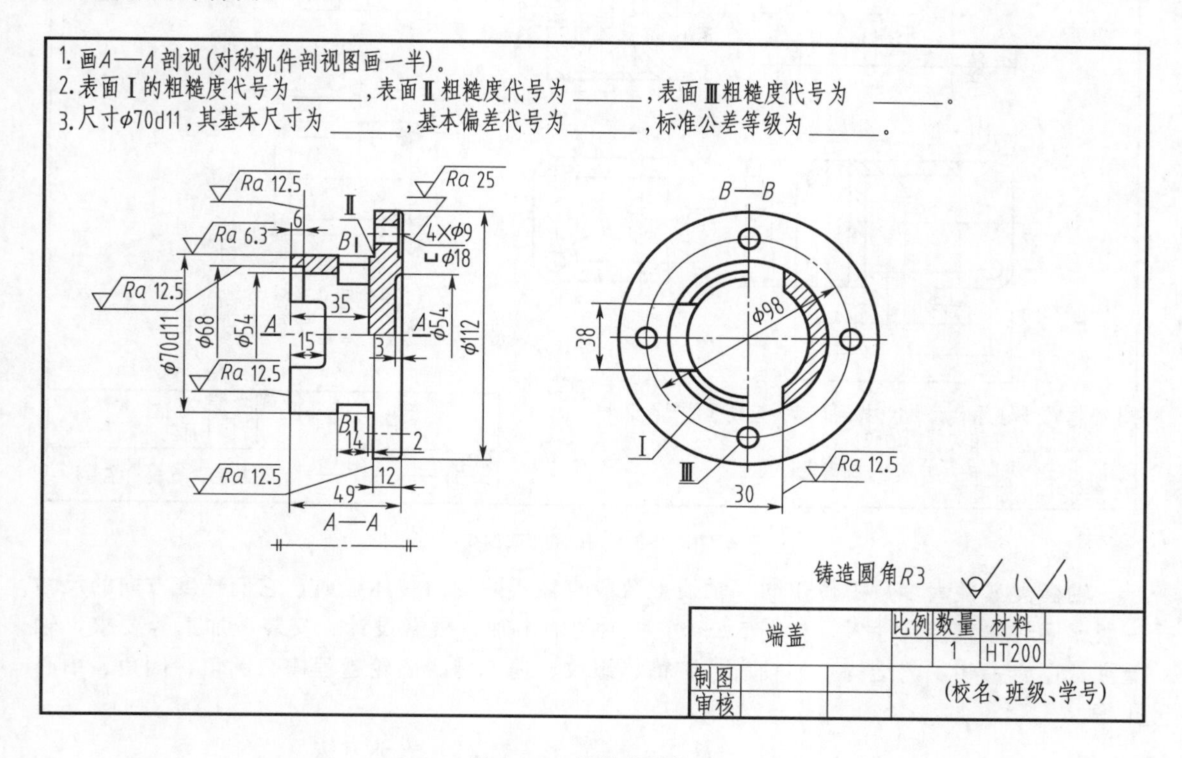

图 5-2-1　端盖的零件图

② 读懂如图 5-2-2 所示阀体的零件图，并按图中要求完善图形，然后抄画阀体的零件图。

相关知识

• 典型零件的表达方法
• 读零件图的方法和步骤

一、典型零件图例分析

零件的种类很多，其结构形状也千差万别，但根据它们的结构特点以及在机器或部件中的作用，大致可以分为轴套类、盘盖类、叉架类和箱体类四种典型零件。熟悉四类典型零件的结构特点、视图表达、尺寸标注、制造方法等，有助于更好地掌握零件图视图选择的一般规律，对学习绘制、阅读各种零件图也会有很大的帮助。

1. 轴套类零件

(1) 结构分析

轴套类零件是机器中最常见的一类零件，包括各种轴、丝杆、套筒等，主要用来支承传动件（如齿轮、链轮、带轮等）、传递运动和动力。

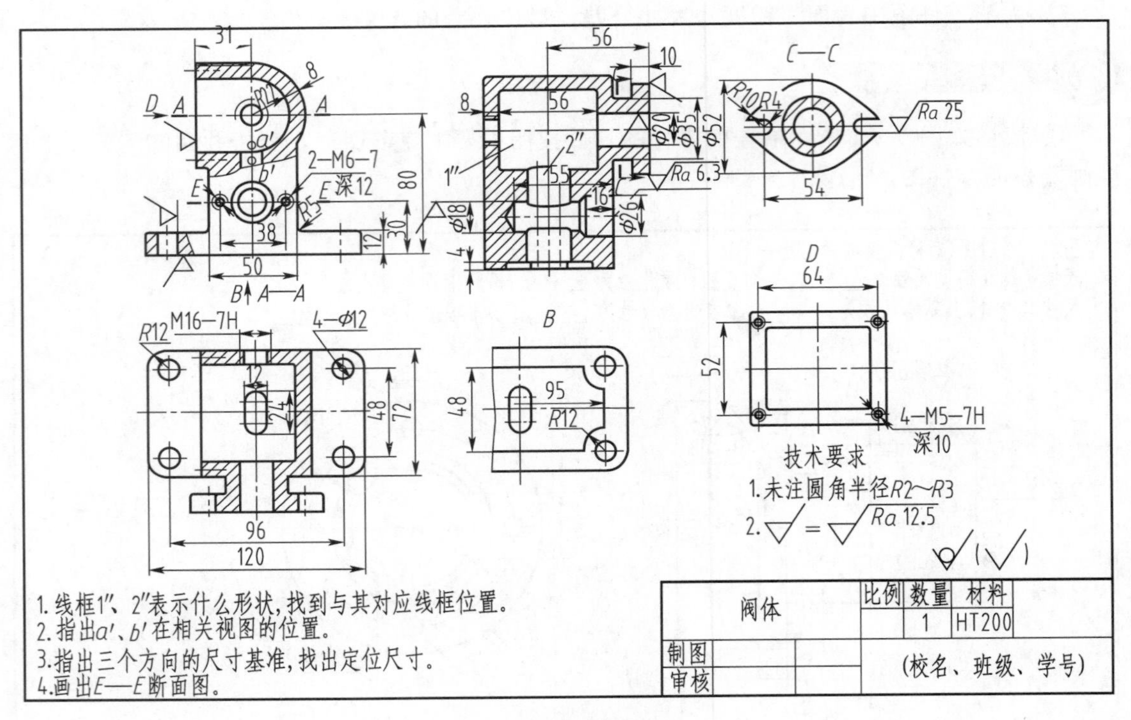

图 5-2-2 阀体的零件图

轴套类零件大多数由位于同一轴线上数段直径不同的回转体组成，它们长度方向的尺寸一般比回转体直径尺寸大，如图 5-2-3 中所示的输出轴。根据设计、安装、加工等要求，轴上常常还有一些工艺结构，如轴肩、键槽、螺纹、退刀槽、砂轮越程槽、圆角、倒角、中心孔等。

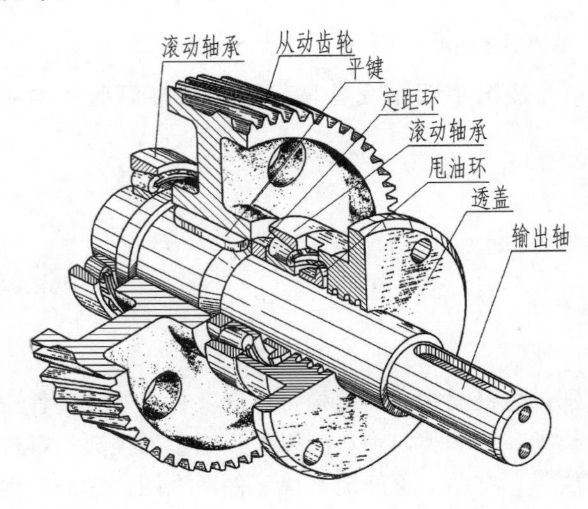

图 5-2-3 减速器输出轴

(2) 表达方法

由于轴套类零件加工的主要工序一般都在车床、磨床上进行，加工时轴线成水平位置，为便于操作工人对照图纸进行加工，主视图常将轴线水平横向放置，以符合加工位置原则。一般用一个基本视图(主视图)把轴上各段回转体的相对位置和形状表达清楚，如图 5-2-4 所示。对轴上的孔、键槽等局部结构可用局部视图、局部剖视图或断面图表达；对退刀槽、越程槽和圆角等细小结构可用局部放大图加以表达。

(3) 尺寸标注

轴套类零件要求注出各轴段直径大小的径向尺寸和各轴段长度的轴向尺寸。该类零件常以端面作为长度方向的主要尺寸基准，而以回转轴线作为另两个方向的主要尺寸基准，如图 5-2-4 所示输出轴，在 $\phi40$、$\phi35$ 的轴颈上将安装从动齿轮及滚动轴承，为保证传动平稳，齿轮啮合正确，就要求各轴颈能在同一轴线

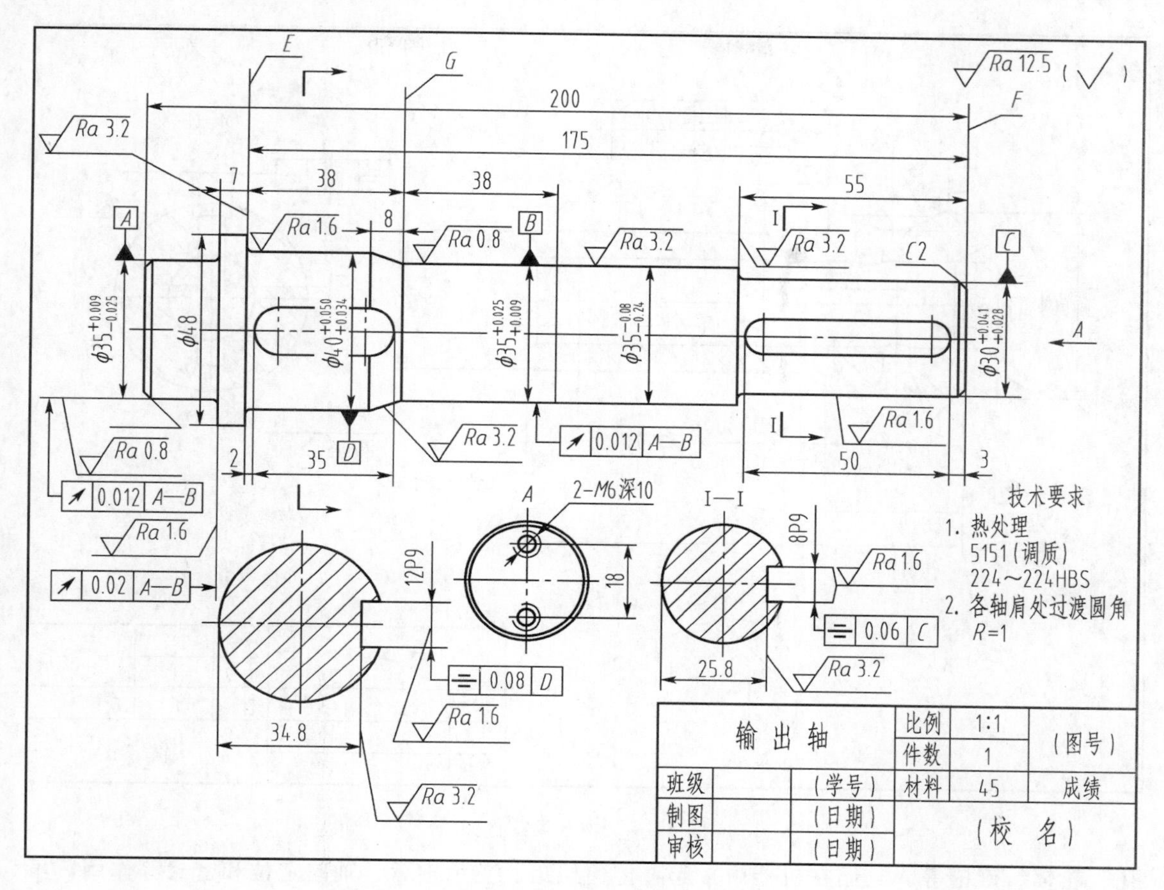

图 5-2-4　输出轴零件图

上，为此标注径向尺寸时，以轴线作为主要基准。轴肩端面 E 为从动齿轮装配时的定位端面，因而以 E 面为该轴长度方向尺寸标注时的主要基准，由此定出 38、7 及键槽位置尺寸 2 等。为了加工测量方便，选择端面 F 为长度方向尺寸标注的第一辅助基准，以此注出 55、3 及全长 200 等尺寸，两基准之间的联系尺寸为 175。G 面为长度方向尺寸标注时的第二辅助基准，由此注出 38 及 8 等尺寸。

(4) 技术要求

根据零件具体工作情况来确定表面粗糙度、尺寸公差及形位公差，有配合要求的表面，表面粗糙度要求较高，且应选择并标注尺寸公差。有配合的轴颈和重要的端面应有形位公差要求，如同轴度、径向圆跳动、端面圆跳动及键槽的对称度等。如 $\phi35$、$\phi40$ 等轴颈，由于分别同滚动轴承及从动齿轮配合，因而表面粗糙度 Ra 值分别定为 0.8μm 和 1.6μm，尺寸精度也较高。这类轴颈及重要端面应标注形位公差，如图 5-2-4 中的径向圆跳动、端面圆跳动及键槽的对称度等。图 5-2-5 所示为柱塞套，请自行分析。

2. 盘盖类零件

这类零件包括各种端盖、法兰盘和各种轮子（齿轮、手轮、带轮）等。

(1) 结构分析

盘盖类零件的主体一般为回转体或其他平板形，厚度方向的尺寸比其他两个方向的尺寸小，通常由铸或锻制成毛坯，经必要的切削加工而成，常见的结构有凸台、凹坑、螺孔、销

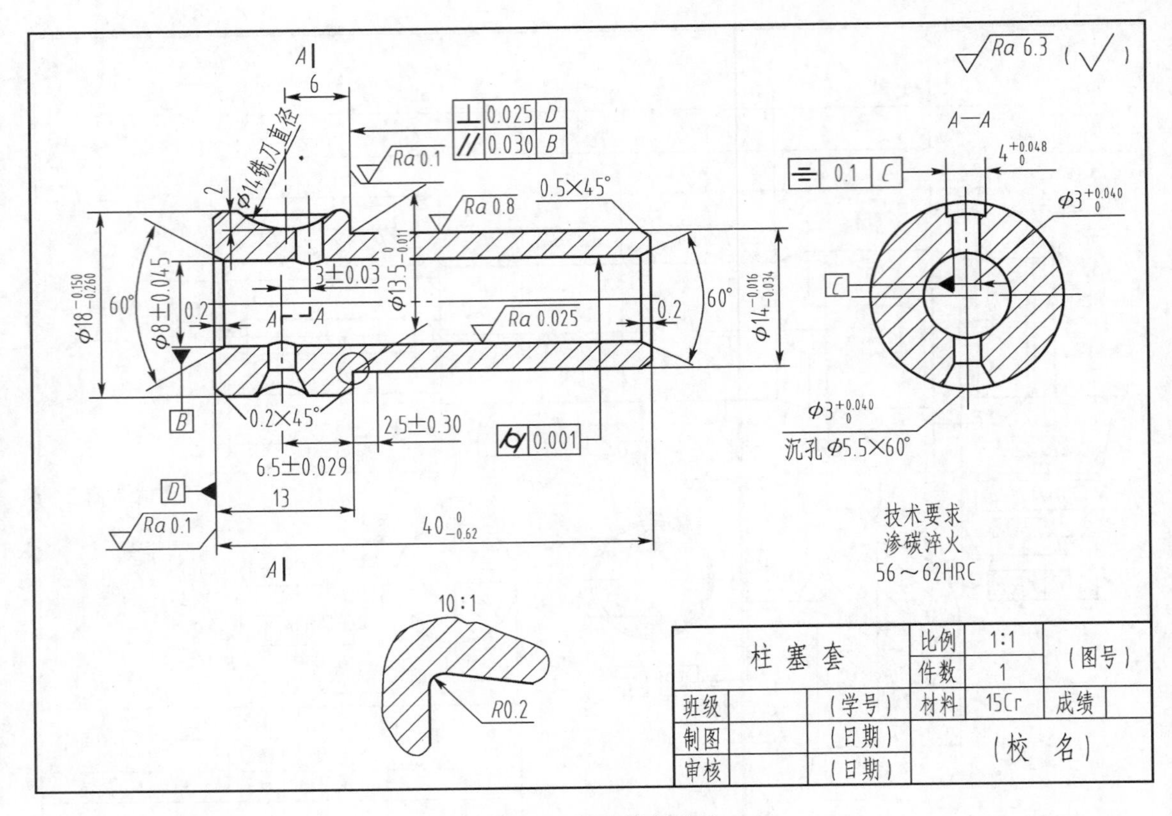

图 5-2-5　轴套类零件图

孔、轮辐、键槽等。它们在机器中常起着传递扭矩、支承轴承、轴向定位和密封等作用，虽然作用各不相同，但在结构上和表达方法上都有共同之处。如图 5-2-6 所示手轮的结构，由轮毂、轮缘、轮辐（或辐板）三部分组成。

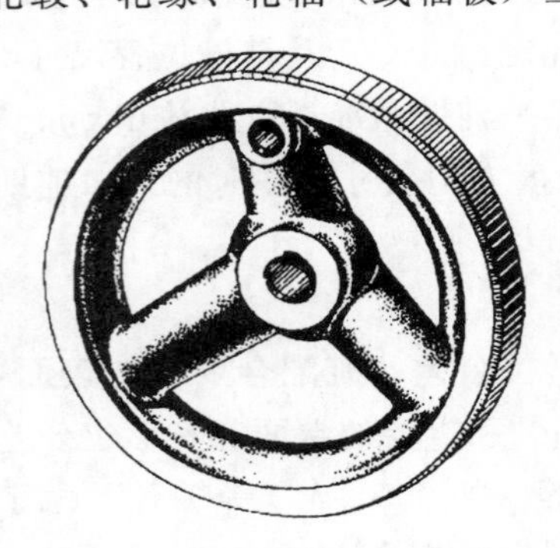

图 5-2-6　手轮的立体图

(2) 表达方法

盘盖类零件一般采用主、左或主、俯两个基本视图，以工作或加工位置，反映盘盖厚度方向的一面作为画主视图的方向，用单一剖切面或旋转剖、阶梯剖等剖切方法作出全剖视图或半剖视图，表示各部分结构之间的相对位置。可用剖面、局部剖视、局部放大图等方法表达其上个别细节。如图 5-2-7 所示，可采用主、左两个基本视图，3 个轮辐呈辐射状均匀分布结构。为了表示装手柄的圆孔，在主视图上采用了局部剖视，表达了零件主要轮廓。左视图表达手轮轮辐的数量、宽度及键槽的宽和深，并用 A—A 移出断面表达了轮辐的断面形状。

(3) 尺寸标注

轮盘类零件的尺寸，主要有径向尺寸和长度方向尺寸。径向尺寸是以轴线为主要基准，而长度方向通常以端面为主要基准。如图 5-2-7 所示，右端面为长度方向尺寸基准，轴向为径向尺寸基准。轮毂与轮缘直径 $\phi28$、$\phi125$，轮毂与轮缘宽度 18、16，以上这些都是此零件的重要尺寸。

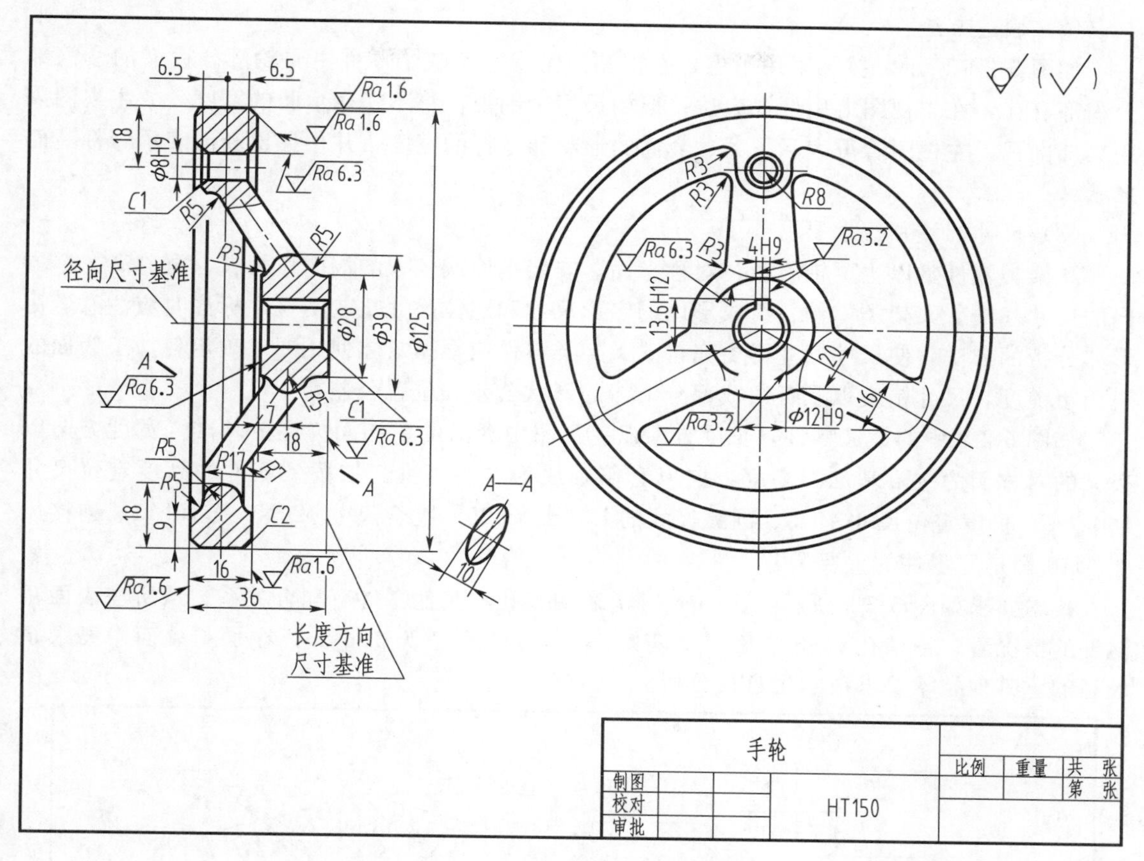

图 5-2-7 手轮的零件图

盘盖类零件各组成形体的定位尺寸和定形尺寸比较明显，具体标注时，还应注意运用形体分析的方法，使尺寸标注得更完善。

(4) 技术要求

有配合要求或起定位作用的表面，其表面要求光滑，尺寸精度相应地要高。端面、轴心线与轴心线之间，或端面与轴心线之间常应有形位公差要求。如图 5-2-7 中 ϕ12H9，表明了该孔与其他零件的配合关系。从所注表面粗糙度的情况看，轮缘端面的 Ra 上限值为 1.6mm，在加工表面中要求是最高的。其他表面的粗糙度请学生自行分析。

3. 叉架类零件

(1) 结构分析

叉架类零件通常有轴座或拨叉等几个主体部分，用不同截面形状的肋板或实心杆件支撑连接起来，形式多样，结构复杂，常由铸造或模锻制成毛坯，经必要的机械加工而成，具有铸（锻）造圆角、起模斜度、凸台、凹坑等常见结构。如图 5-2-8 所示零件的名称为拨叉，结构比较复杂，由三部分构成，即支持部分、工作部分和连接部分。连接部分是肋板结构，且形状弯曲、扭斜。支持部分和工作部分细部结构也较多，如圆孔、螺孔、油槽、油孔等。毛坯多为铸件，经多道工序加工制成。

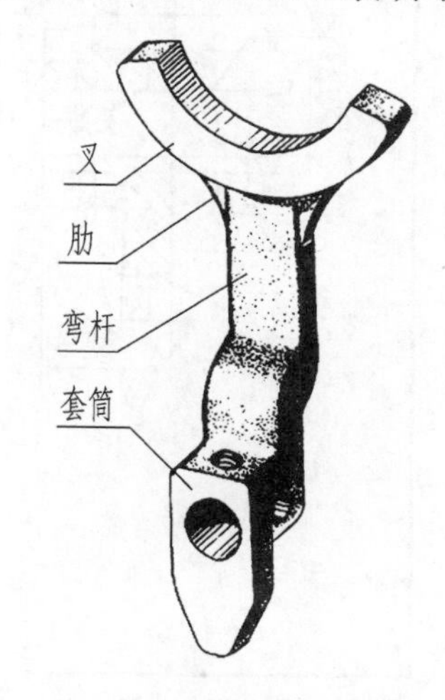

图 5-2-8 拨叉的轴测图

(2) 表达方法

如图 5-2-9 所示，拨叉采用了主、左视图。主视图反映了零件主要轮廓。拨叉的套筒部分内部有孔，在主视图上用剖视表达，但如果用全剖视，将不能表示肋的宽度，故主视图采用局部剖视。左视图着重表示了叉、套筒的形状和弯杆的宽度，并用移出断面表示弯杆断面形状。

(3) 尺寸标注和技术要求

叉架类零件常以主要轴心线、对称平面、安装平面或较大的端面作为长、宽、高 3 个方向的尺寸基准。叉架类零件各组成形体的定形尺寸和定位尺寸比较明显，标注时应注意运用形体分析的方法，使尺寸标注得更完善。叉架类零件应根据具体使用要求确定各加工表面的表面粗糙度、尺寸精度以及各组成部分形体的形状公差和位置公差。

如图 5-2-9 中的拨叉零件，长度方向以主视图中套筒的左端面为主要基准，宽度方向以拨叉的对称面为主要基准，高度方向以套筒轴线为主要基准。如拨叉零件的高度定位尺寸 $160_{-0.5}^{\ 0}$、长度定位尺寸 42.5、圆弧尺寸的 $R38\pm0.025$、配合尺寸 ϕ20N7 及 16b11、连接尺寸 M10 都是此零件的重要尺寸。

技术要求如图 5-2-9 所示，其中 ϕ20N7 表明该孔与其他零件有配合关系。从所注表面粗糙度的情况看，锥销孔 ϕ6 孔表面、叉两侧面的 Ra 上限值为 1.6μm，在加工表面中要求是最高的。其他技术要求请学生自行分析。

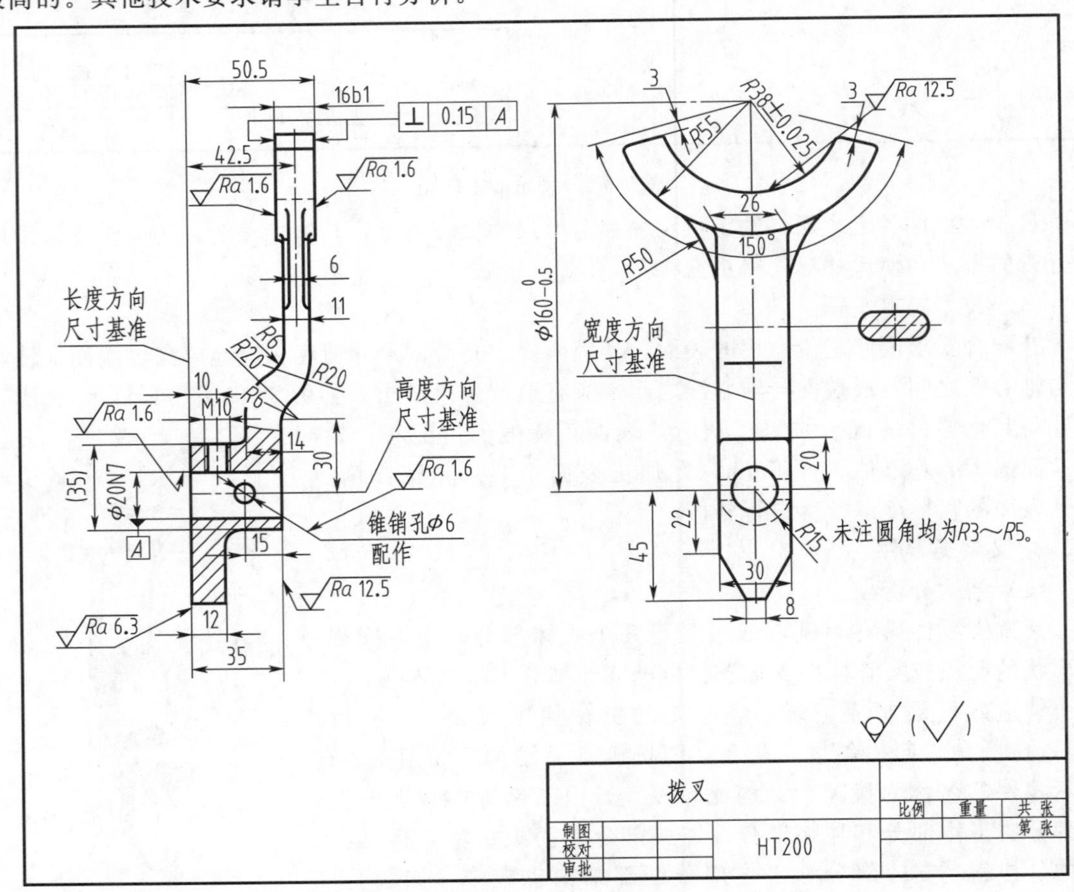

图 5-2-9　拨叉的零件图

4. 箱体类零件

（1）结构分析

箱体类零件的结构比较复杂，它的总体特点是由薄壁围成不同形状的空腔，以容纳运动零件及油、汽等介质。多数由铸造制成毛坯，经必要的机械加工而成，具有加强肋、凹坑、凸台、铸造圆角、起模斜度等常见结构。如图 5-2-10 所示，零件的名称为缸体，是内部为空腔的箱体类零件，属于结构比较简单的箱体类零件。

（2）表达方法

箱体类零件由于结构、形状比较复杂，加工位置变化较多，通常选择自然安放位置或工作位置，一般需用 3 个以上的基本视图，并可根据具体零件的需要选择合适的视图、剖视图、剖面图来表达其复杂的内外结构。

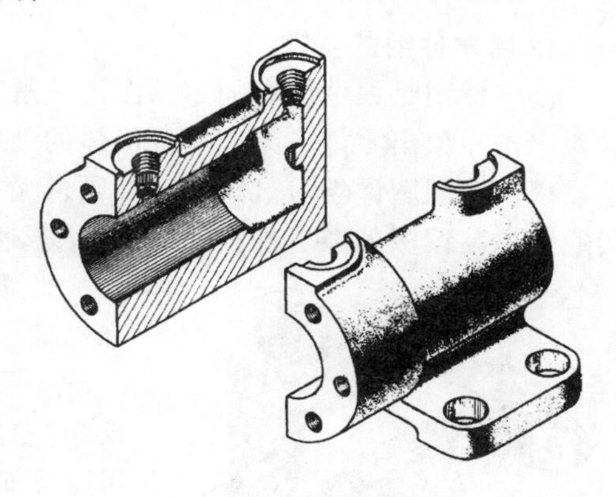

图 5-2-10　缸体轴测图

如图 5-2-11 所示，缸体采用了主、俯、左 3 个基本视图。主视图是全剖视图，其中，左端的 M6 螺孔未剖到，采用规定画法绘制；左视图是半剖视图，由单一剖切平面（侧平面）通过底板上销孔的轴线剖切，由左向右投射。其中，在半个视图中又采取了一个局部剖，以表示沉孔的结构；俯视图为外形图，由上向下投射。

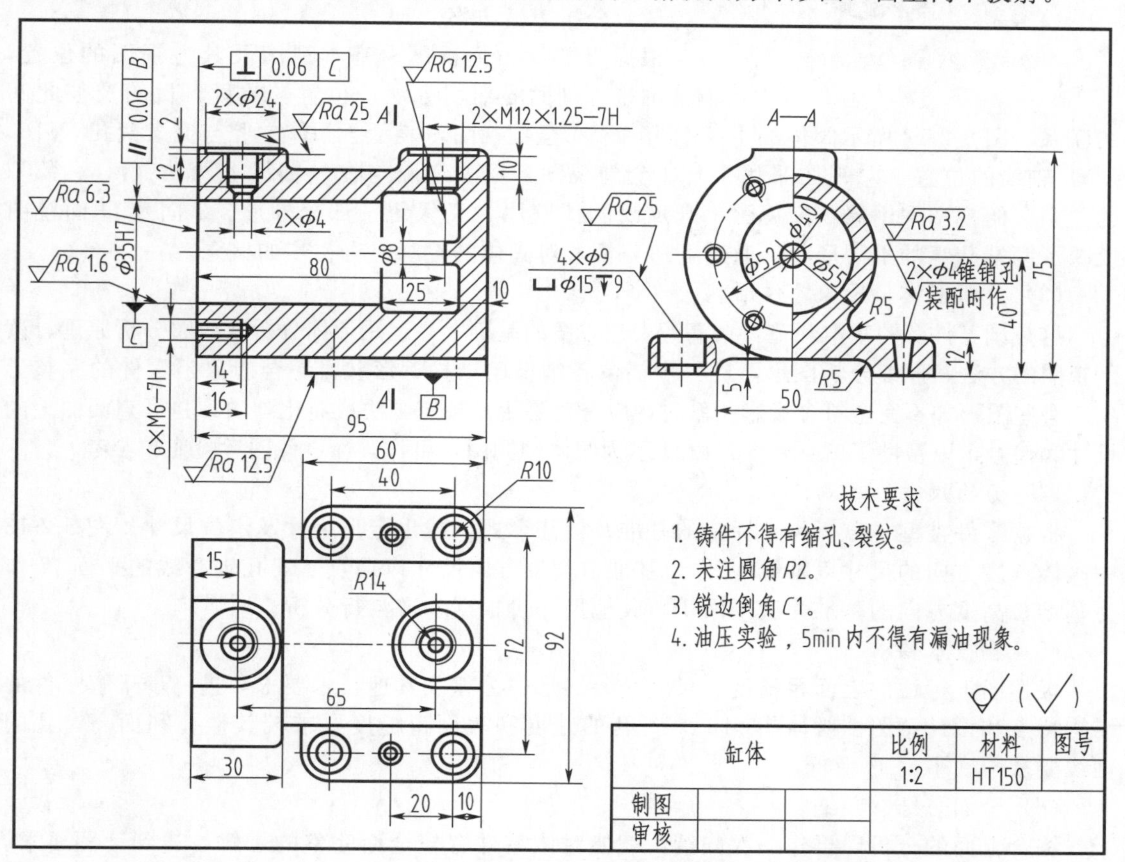

图 5-2-11　缸体零件图

(3) 尺寸标注及技术要求

箱体类零件由于形体比较复杂，尺寸数量较多，通常运用形体分析的方法来标注尺寸。常选用主要孔的轴心线，零件的对称平面或较大的加工平面。

箱体类零件应根据具体使用要求确定各加工表面的表面粗糙度及尺寸精度。各重要表面及重要形体之间，如重要的轴心线之间、重要轴心线与结合面或端面之间应有形位公差要求。

二、读零件图

1. 读零件图的要求

读零件图是根据已有的零件图，了解零件的名称、材料、用途，分析其图形、尺寸、技术要求，想象出零件各组成部分形体的结构、大小及相对位置，从而理解设计意图，了解加工过程。在制图课学习过程中，必须遵循一定的思路，多看、多想、多积累零件的图像，从实践中提高读图的准确性与速度。图 5-2-12 所示为阀体轴测图。

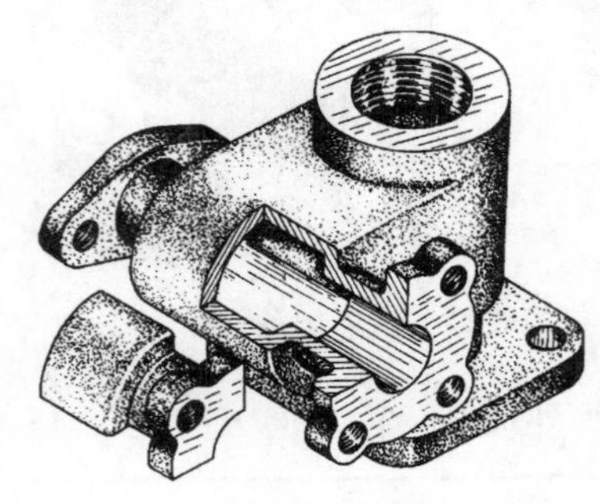

图 5-2-12 阀体轴测图

2. 读图的方法与步骤

(1) 看标题栏

从标题栏了解零件的名称、材料、比例、重量及机器或部件的名称，联系典型零件的分类特点，对零件的类型、用途及加工路线有一个初步的概念。图 5-2-13 所示阀体为箱壳类零件，结构形状较复杂，材料为铸铝，由铸造制成毛坯，经必要的机械加工而成。

(2) 分析表达方案

根据图纸找出主视图、基本视图及其他视图的位置，搞清剖视、剖面的剖切方法、位置、数量、目的及彼此间的联系。图 5-2-13 所示阀体的主视图为 A—A 全剖视图，表示了阀体空腔与交叉两孔（$\phi16$、$\phi25$）轴线的位置，左视图采用 B—B 全剖视图，反映空腔与在一轴线上两孔（$\phi16$、$\phi20$）的关系，俯视图采用局部剖视图，既反映阀体壁厚，又保留了部分外形。C 向及 D 向视图反映了两端凸缘的不同形状。通过上述分析，对阀体的轮廓应有初步的概念。

(3) 分析形体，想象零件形状

这是读零件图的基本环节，在搞清表达方案的基础上，运用形体分析及线面分析原理、读剖视图的方法，仔细分析图形，进一步搞清各细节的结构、形状，综合想象出零件的完整形象。有些图形如不完全符合投影关系时，应查对是否是规定画法或简化画法，并可查阅图上的尺寸和代号，以帮助了解。图 5-2-12 所示为阀体轴测图，可作读懂零件图后验证和参考。

(4) 分析尺寸

根据零件类型，分析尺寸标注的基准及标注形式，找出定形尺寸及定位尺寸。图 5-2-13 中阀体长度方向的尺寸以轴线 M 作为基准，宽度方向尺寸以通过 $\phi25$ 孔轴心线的平面 N 作为基准，高度方向的基准为底平面 P，其他尺寸可根据基准自行分析。

(5) 看技术要求

根据图上标注的表面粗糙度、尺寸公差、形位公差及其他技术要求，进一步了解零件的结构特点和设计意图。阀体中 $\phi16^{+0.043}_{0}$ 孔的精度和表面粗糙度要求较其他孔和面高，孔的轴线要求与底平面 P 平行。

(6) 全面总结、归纳

综合上面的分析，再作一次归纳，就能对该零件有较全面完整的了解，达到读图要求，但应注意的是在读图过程中，上述步骤不能机械地分开，而应穿插进行分析。

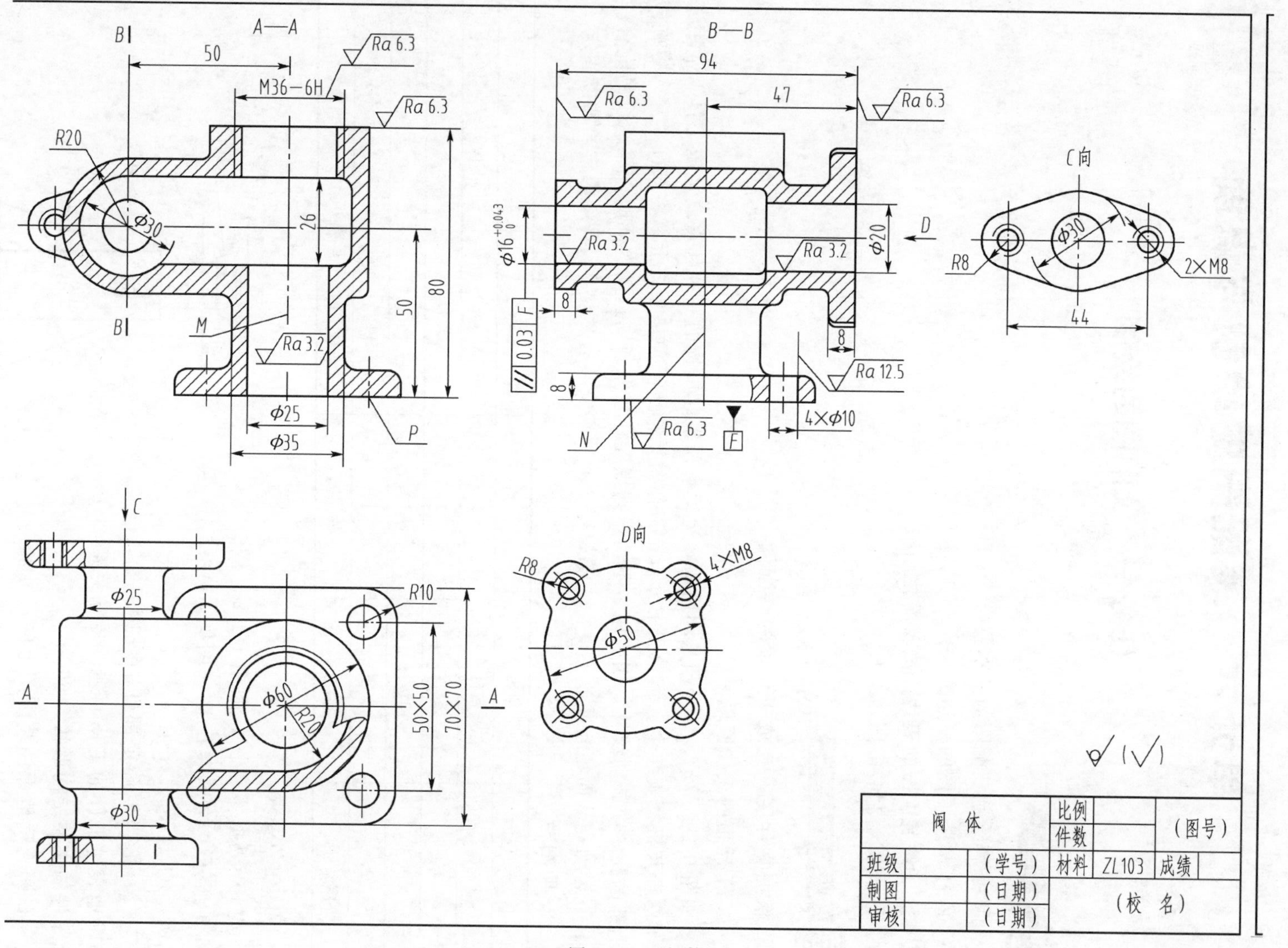
A—A
B—B
C向
D向
M36—6H
Ra 6.3
Ra 3.2
Ra 12.5
4×M8
2×M8
4×φ10
阀　体
比例
件数
（图号）
班级
（学号）
材料
ZL103
成绩
制图
（日期）
（校　名）
审核
（日期）

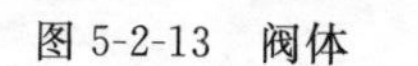
图 5-2-13　阀体

单元六　装配图的绘制与识读

任务一　装配图的绘制

任务目标

① 了解绘制装配图的基本要求。

② 了解装配图的表达方法。

③ 了解装配图的表达方法及简化画法。

③ 能够绘制装配图。

任务内容与要求

根据零件图，完成千斤顶的装配图

1. 千斤顶的工作原理

如图 6-1-1 所示，千斤顶是利用螺旋运动来顶举起重物的一种起重或顶压工具，常用于汽车修理及机械安装中。示意图中分析，工作时重物压于顶垫 5 之上，将绞杠 3 穿入螺旋杆 2 上部的孔中，旋动绞杠，因底座 1 不动，则螺旋杆在做圆周运动的同时，靠螺纹的配合作上、下运动，从而顶起或放下重物。螺旋杆 2 的顶端安装有顶垫 5，并用螺钉 4 加以固定。

2. 明细栏

5	顶垫	1	45	
4	螺钉	1	45	GB/T 67—2000
3	绞杠	1	Q235	
2	螺旋杆	1	45	
1	底座	1	HT250	
序　号	名　称	数　量	材　料	备　注

3. 任务要求

（1）根据零件图，如图 6-1-2～图 6-1-5 所示，绘制装配图。图幅，A2；比例，1∶1。

（2）恰当地确定部件的表达方案，清晰地表达工件的工作原理、装配关系及零件的主要结构形状。

（3）正确地标注装配图上的尺寸和技术要求。

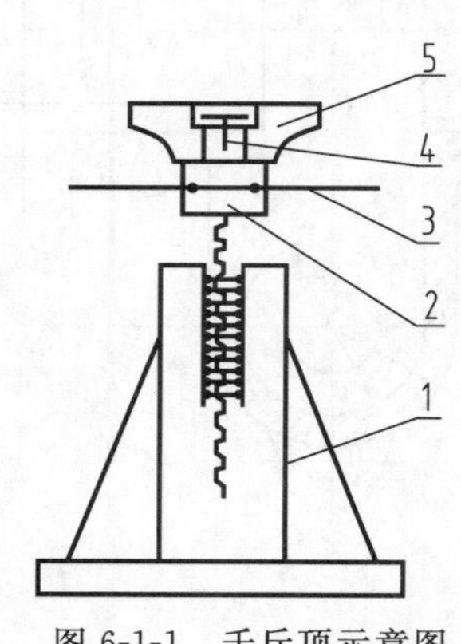

图 6-1-1　千斤顶示意图

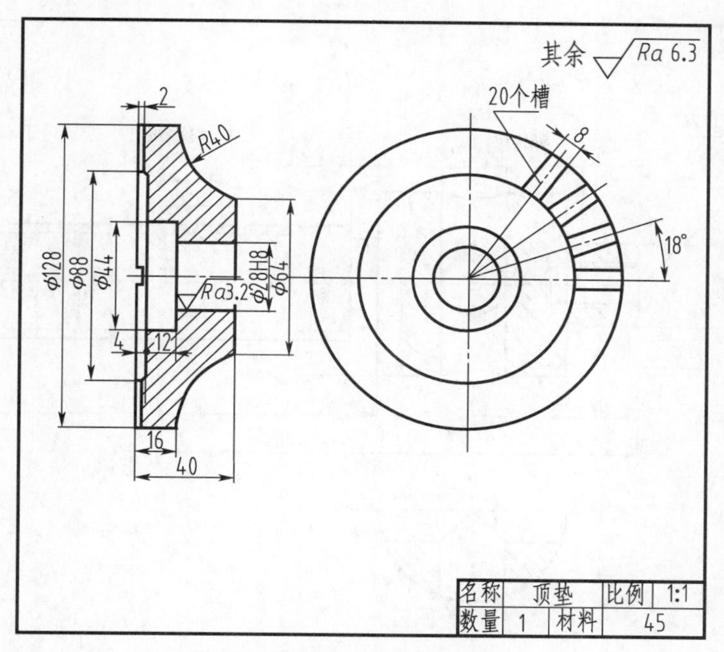

图 6-1-2　顶垫零件图

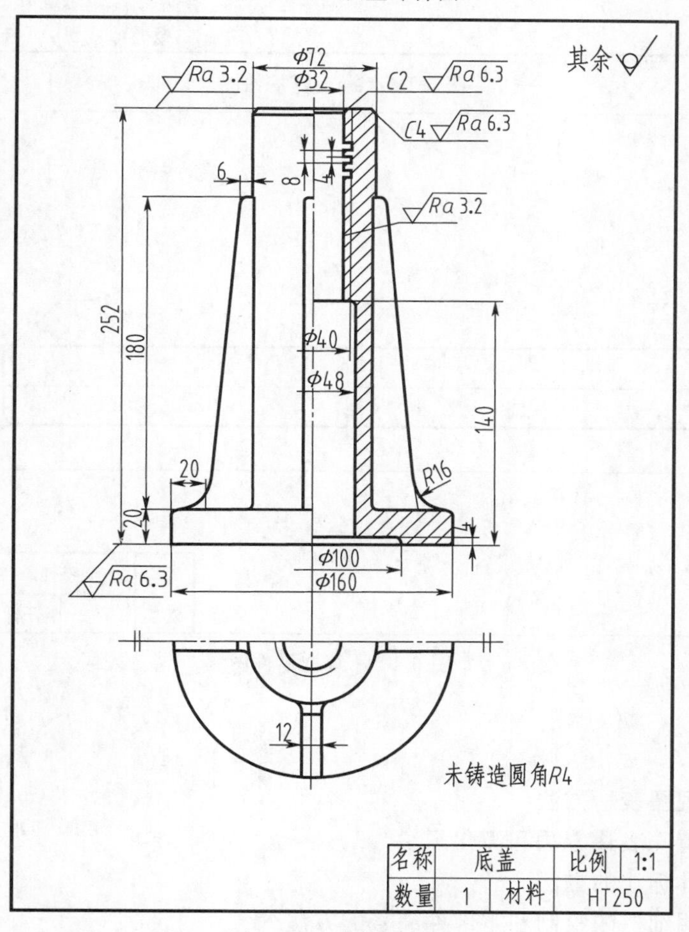

图 6-1-3　底盖零件图

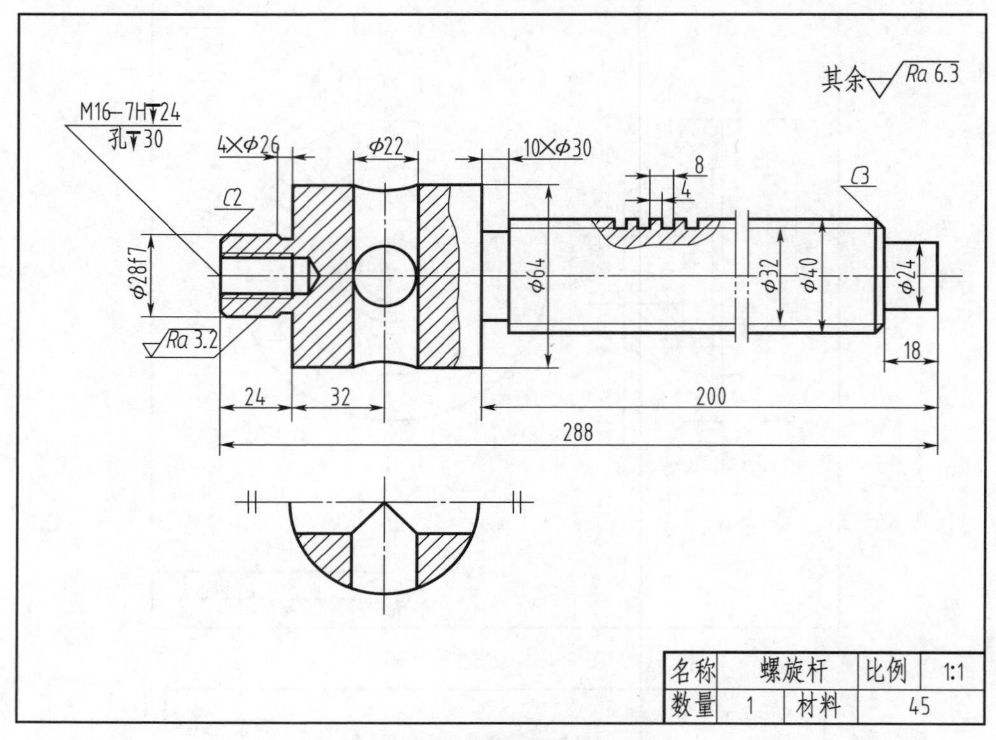

图 6-1-4 螺旋杆零件图

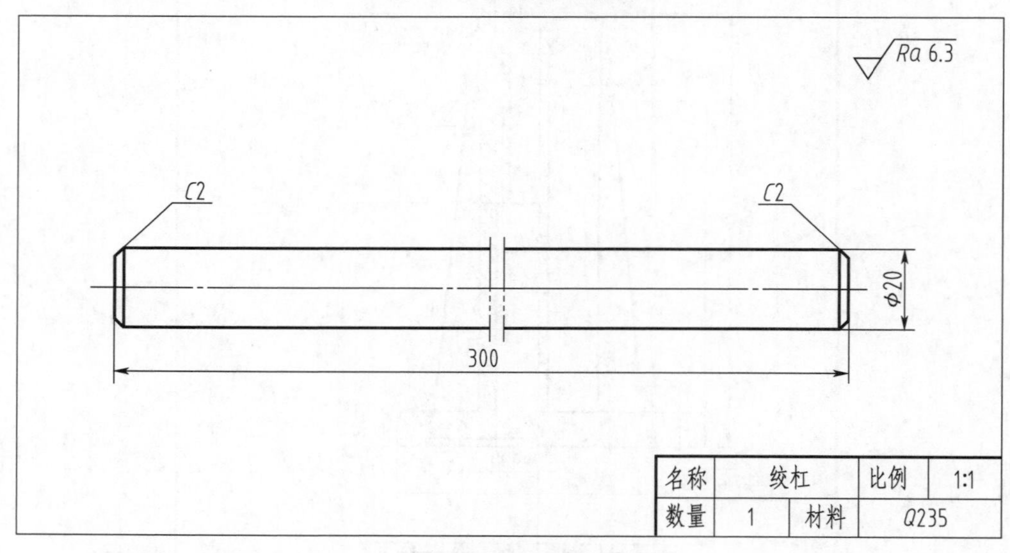

图 6-1-5 绞杠零件图

相关知识

- 装配图的视图表达方法
- 装配图的特殊表达方法和简化画法
- 装配图尺寸标注的方法
- 装配图中明细栏的绘制和零部件编号的方法

• 装配体常见的工艺结构

一、装配图的概述

机器和部件都是由若干个零件按一定的装配关系和要求装配而成的，如图 6-1-6 所示轴承座总成。这种表达机器或部件的工作原理及零件间装配连接关系等内容的图样，称为装配图。这里主要介绍装配图的相关知识、部件的表达方法及阅读和绘制装配图的基本方法。

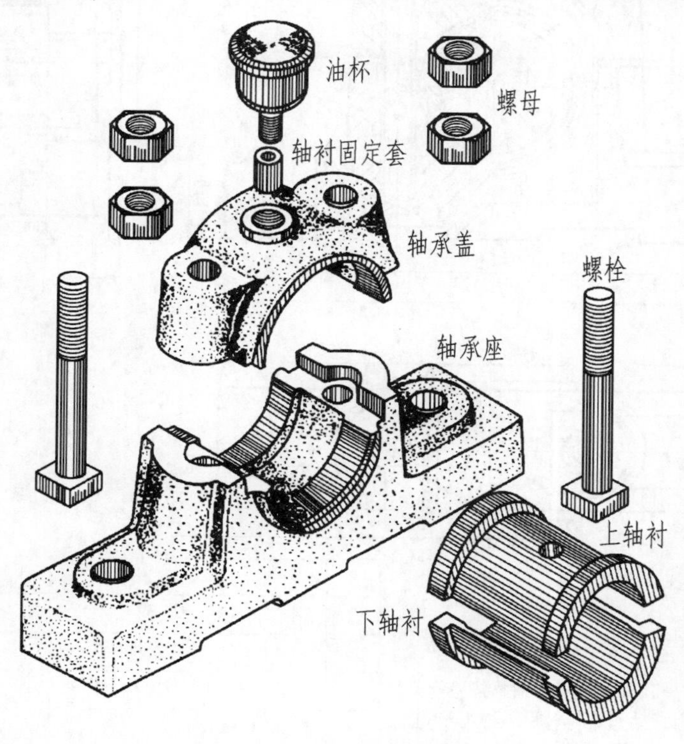

图 6-1-6　滑动轴承座总成

装配图是生产中重要的技术文件，它主要表达机器或部件的结构、形状、装配关系、工作原理和技术要求，同时，它还是安装、调试、操作、检修机器和部件的重要依据。

1. 装配图的作用

装配图的作用主要体现在以下两个方面。

(1) 在新产品开发设计或测绘装配体时，要求画出装配图，用来确定各零件的主要结构、零件间的相对位置、机器或产品的工作原理、连接方式、动作顺序和传动路线等，以便在图上判别、校对各零件的结构是否合理，各零件之间是否干涉、装配关系是否正确、可行等。这种装配图称为设计装配图。

(2) 当加工好的零件进行装配时，要求读懂装配图，指导装配工作能顺利进行。这种装配图着重表明各零件之间的相互位置及装配关系，而对每个零件的结构、对同装配无关的尺寸，没有特别的要求。

零件图的重点在于表达零件的结构细节，而装配图的重点在于表达零件之间的正确装配关系。

2. 装配图的内容

装配图的内容包括以下 4 个方面。

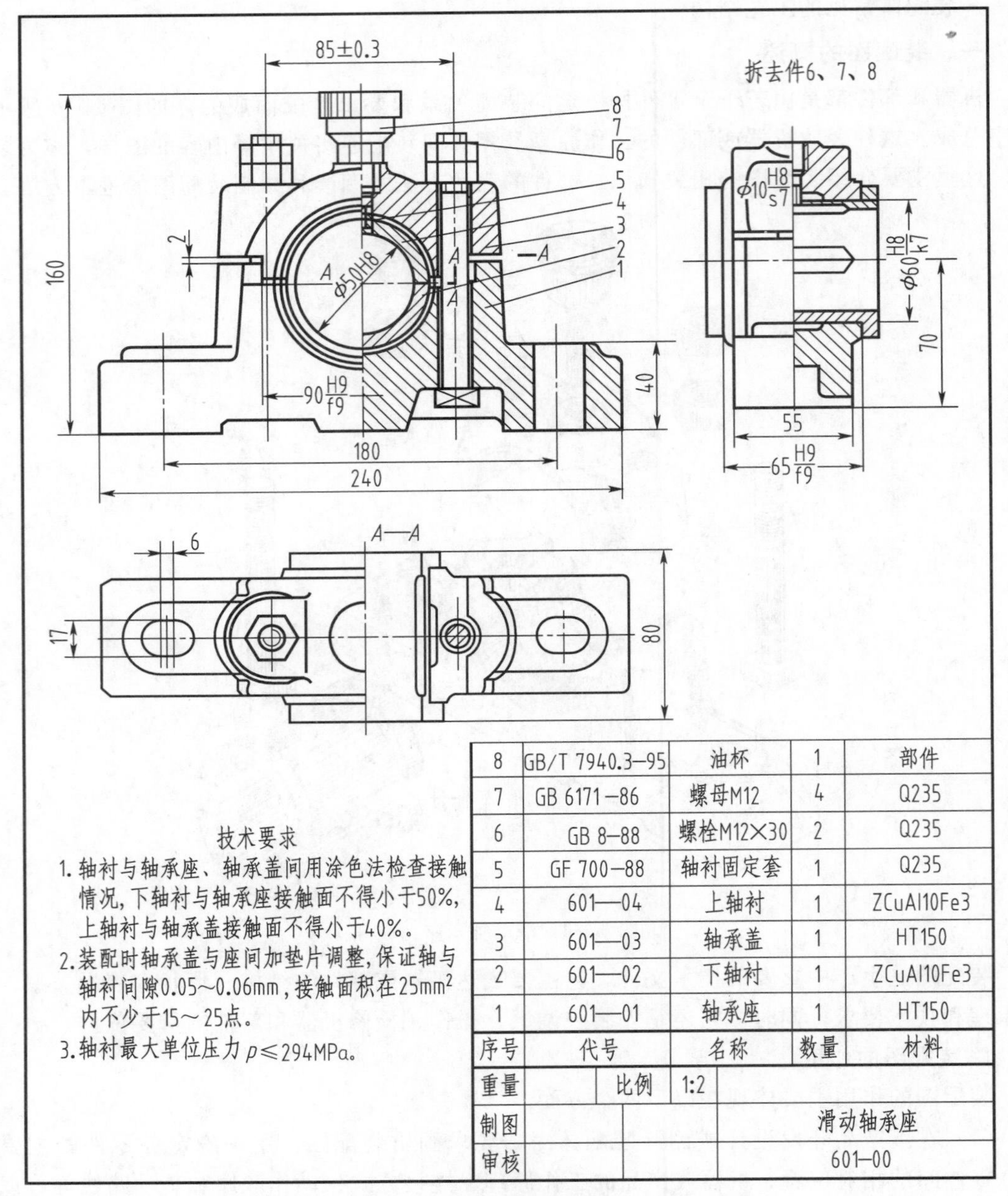

8	GB/T 7940.3—95	油杯	1	部件
7	GB 6171—86	螺母M12	4	Q235
6	GB 8—88	螺栓M12×30	2	Q235
5	GF 700—88	轴衬固定套	1	Q235
4	601—04	上轴衬	1	ZCuAl10Fe3
3	601—03	轴承盖	1	HT150
2	601—02	下轴衬	1	ZCuAl10Fe3
1	601—01	轴承座	1	HT150
序号	代号	名称	数量	材料

重量	比例	1:2	
制图			滑动轴承座
审核			601—00

图 6-1-7　滑动轴承座总成装配图

（1）一组视图。用来表达装配体的工作原理、各零件之间的装配、连接关系以及零件的主要结构、形状等，如图 6-1-7 所示。

（2）必要的尺寸。标注装配图的尺寸不必向零件图那样，每个结构一一标出，只需标注必要的尺寸，如规格性能尺寸、装配尺寸、安装尺寸、总体外形尺寸等。

（3）技术要求。用文字、符号等说明装配体在装配、调试、检验、安装及使用等方面的要求。

（4）标题栏、零件序号和明细栏。标题栏位于图纸的右下角，注明装配体的名称、图号、比例以及责任者的签名和日期等。在标题栏上方列出明细表，表中注明各种零件的名称、数量、材料等。为了便于读图，在视图中对组成装配体的每一个零件，按顺序编上序号，并与明细表中的序号一一对应。

3. 装配图的尺寸标注

由于装配图的作用与零件图不同，因此在图上标注尺寸的要求也不同。在装配图中要求注出与装配体的装配、检验、安装或调试等有关的必要的尺寸。

一般常注的有下列几方面的尺寸。

(1) 规格特性尺寸

表示装配体性能、规格和特征的尺寸，这些尺寸是设计时确定的，也是了解和选用该装配体的依据。如图 6-1-7 所示滑动轴承装配图中的尺寸 ϕ50H8 和 70。

(2) 装配尺寸

表示装配体中各零件之间相互配合关系和相对位置的尺寸。这种尺寸是保证装配体装配性能和装配质量的尺寸。

① 配合尺寸。用于表示零件间的配合性质和相对运动情况，是分析部件工作原理的重要依据，也是设计零件和制订装配工艺的重要依据。图中 6-1-7 轴承座与轴承盖之间的尺寸 90H9/f9 就是配合尺寸。

② 相对位置尺寸。指零件之间或部件之间，或它们与机座之间必须保证的相对位置尺寸。此类尺寸可以依靠制造某零件时保证，也可以在装配时靠调整得到。有些重要的相对位置尺寸是装配时靠增减垫片或更换垫片得到的。图 6-1-7 中轴承座与轴承盖两平面的间距 2 即为相对位置尺寸。

(3) 安装尺寸

这是部件之间、或部件与机体之间安装时需要的尺寸。包括安装面大小，定位和紧固用孔、槽的定形、定位尺寸等。如图 6-1-7 中轴承座的两孔中心距 180。

(4) 外形尺寸

表示装配体外形的总体尺寸，即总的长、宽、高。这是装配体在包装、运输、厂房设计时所需的依据，如图 6-1-7 中滑动轴承的总长 240、总宽 80、总高 160 都属于外形尺寸。

(5) 其他尺寸

这是在设计中确定的、而又未包括在上述几类尺寸之中的主要尺寸。如运动件的极限尺寸，主体零件的重要尺寸等。

上述 5 类尺寸并非孤立无关，有些尺寸往往同时具有多种作用。在一张装配图中，并不一定需要全部注出上述 5 类尺寸，而是要根据具体情况和要求来确定。如果是设计装配图，所注的尺寸应全面些；如果是装配工作图，则只需标注与装配有关的尺寸。

4. 装配图的技术要求

在装配图中，通常还应注出装配体的技术要求。装配图上的技术要求主要包括该装配体的工作性能、装配及检验要求、调试要求、使用与维护要求，不同的装配体具有不同的技术要求。装配图上的技术要求一般采用文字注写在明细表上方或图样右下方的空白处，如图 6-1-7 所示。

(1) 装配要求

对机器或部件的装配准确、运动灵活、间隙恰当、润滑良好等装配要求。如图 6-1-7 中技术要求第 1 条，有上、下轴承与轴承座及轴承盖之间的接触面要求。

(2) 调试和检验要求

对机器或部件设计功能的调试和检验要求。如图 6-1-7 中技术要求第 2 条，要求调整轴与轴承的间隙及其接触面积。

(3) 使用要求

对机器或部件的技术性能、参数、维护、使用等要求。如图中 6-1-7 技术要求第 3 条，指明了轴承使用的最大承受压力。

5. 装配图的零部件序号和明细表

装配图中所有零、部件都必须编号，并填写明细表，图中零、部件的序号应与明细表中的序号一致。明细表的主要作用是便于读图时对照查阅，也可根据明细表做好生产准备工作。

(1) 零部件序号的编排方法

① 序号写在指引线的水平线上或小圆内。序号字号应比该图中尺寸数字大一号或二号，如图 6-1-8 所示。

② 指引线应自所指零件的可见轮廓内引出，并在其末端画一圆点；若所指的部分不宜画圆点，如很薄的零件或涂黑的剖面等，可在指引线的末端画一箭头，并指向该部分的轮廓。

③ 如果是一组紧固件或装配关系清楚的零件组，可以采用公共指引线，如图 6-1-9 所示。

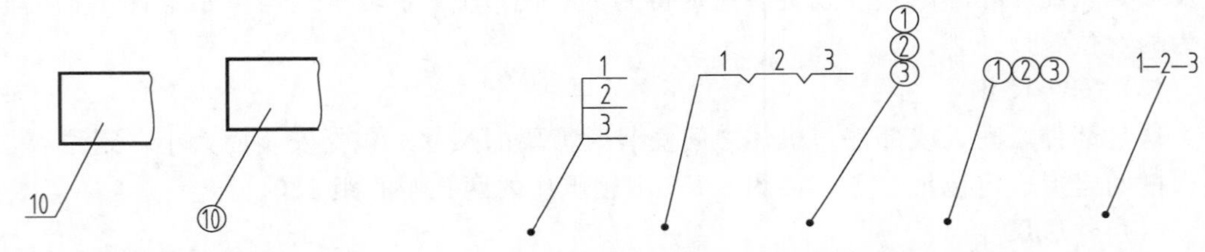

图 6-1-8 零部件序号的表示方法

图 6-1-9 公共指引线的表示方法

④ 指引线应尽可能分布均匀且不要彼此相交，也不要过长。指引线通过有剖面线的区域时，要尽量不与剖面线平行，必要时可画成折线，但只允许折一次。

⑤ 编号应按水平或垂直方向排列整齐，并按顺时针或逆时针方向顺序排列，如图 6-1-9 所示。

(2) 明细栏和标题栏

在装配图的右下角必须设置标题栏和明细栏。明细栏的外框为粗实线，内格为细实线。明细栏位于标题栏的上方，并和标题栏紧连在一起，如图 6-1-10 所示。

明细栏是装配体全部零、部件的详细目录，其序号填写的顺序要由下而上。如空间不够时，可移至标题栏的左边继续编写。

对于标准件，应将其规定标记填写在备注栏内，以便外购。

二、装配图的表达方法

零件图上所采用的各种表达方法，如视图、剖视、断面、局部放大图等也同样适用于装配图。但零件图表达对象仅仅是一个零件，而装配图表达对象则是由许多零件组成的装配体。

装配图表达的侧重点与零件图不同，一般都采用剖视图作为主要表示方法，重点表达装

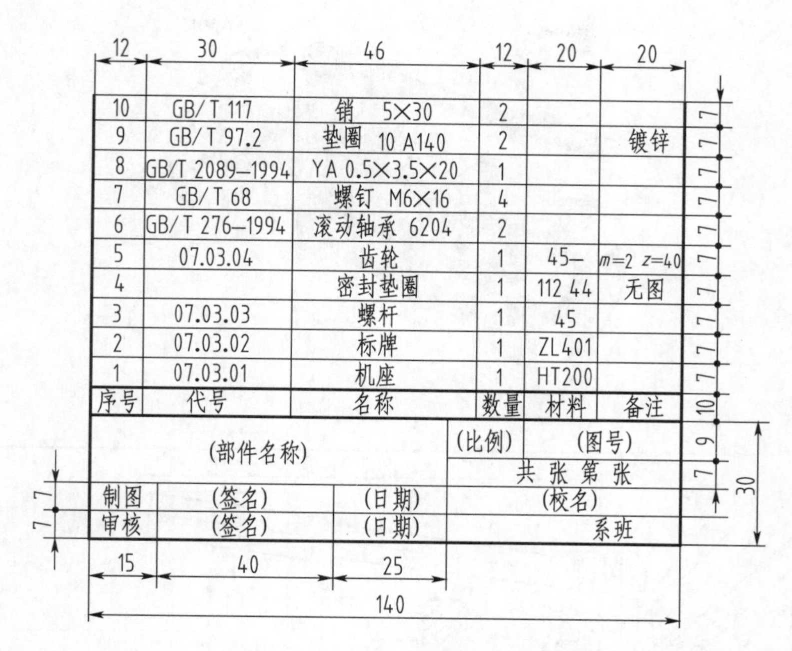

序号	代号	名称	数量	材料	备注
10	GB/T 117	销　5×30	2		
9	GB/T 97.2	垫圈　10 A140	2		镀锌
8	GB/T 2089—1994	YA 0.5×3.5×20	1		
7	GB/T 68	螺钉　M6×16	4		
6	GB/T 276—1994	滚动轴承 6204	2		
5	07.03.04	齿轮	1	45—	m=2　z=40
4		密封垫圈	1	112 44	无图
3	07.03.03	螺杆	1	45	
2	07.03.02	标牌	1	ZL401	
1	07.03.01	机座	1	HT200	

图 6-1-10　标题栏及明细栏格式

配体的主要结构特点、工作原理以及各零件间的装配关系，而不必表达清楚每一个零件的结构、形状和大小。为了在确保表达准确的前提下尽量简化图形，国家标准允许在装配图中采用规定画法、特殊画法和简化画法。

1. 装配图的视图选择

装配图同零件图一样，要以主视图的选择为中心来确定整个一组视图的表达方案。表达方案的确定依据是装配图的工作原理和零件之间的装配关系。

如图 6-1-11 所示球阀，选择主视图时，主要考虑以下基本原则。

(1) 能反映部件的工作状态或安装状态。

(2) 能反映部件的整体形状特征。

(3) 能表示主装配线零件的装配关系。

(4) 能表示部件主要的工作原理。

(5) 能表示重要零件的结构形状。

通常装配体的工作位置倾斜时，应放正后进行表达。

主视图中未表示清楚的部分可通过其他视图来表达，但其他视图尽可能少。起到相互补充的作用，避免重复。

2. 装配图的规定画法

在装配图中，为了便于区分不同的零件，正确地表达出各零件之间的关系，在画法上有以下规定。

(1) 相邻两零件的接触面和配合表面规定只画一条线（如图 6-1-11 所示，阀体 10 与阀体接头 5 之间 $\phi55$ 的配合面等）；不接触面和非配合表面，即使间隙很小，也必须画成两条线（如图 6-1-11 所示，阀杆 13 与阀体 10 的通孔之间）。

(2) 在装配图中，相邻两零件的剖面线方向相反，或方向一致而间隔不同和错开。如图 6-1-11 中，相邻零件 5、6 的剖面线画法；但同一个零件在各视图中，其剖面线方向必须一

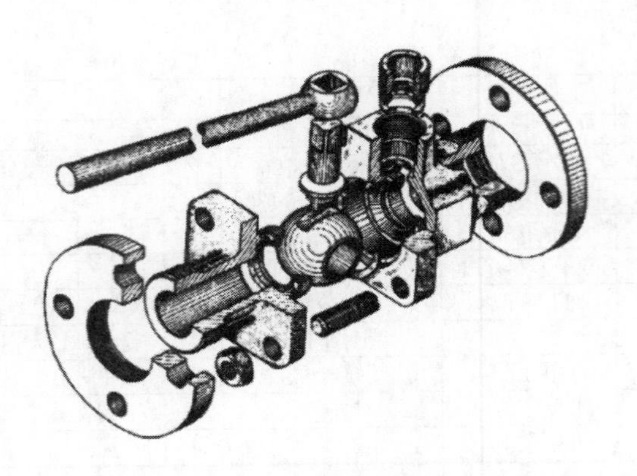

（a）轴测图

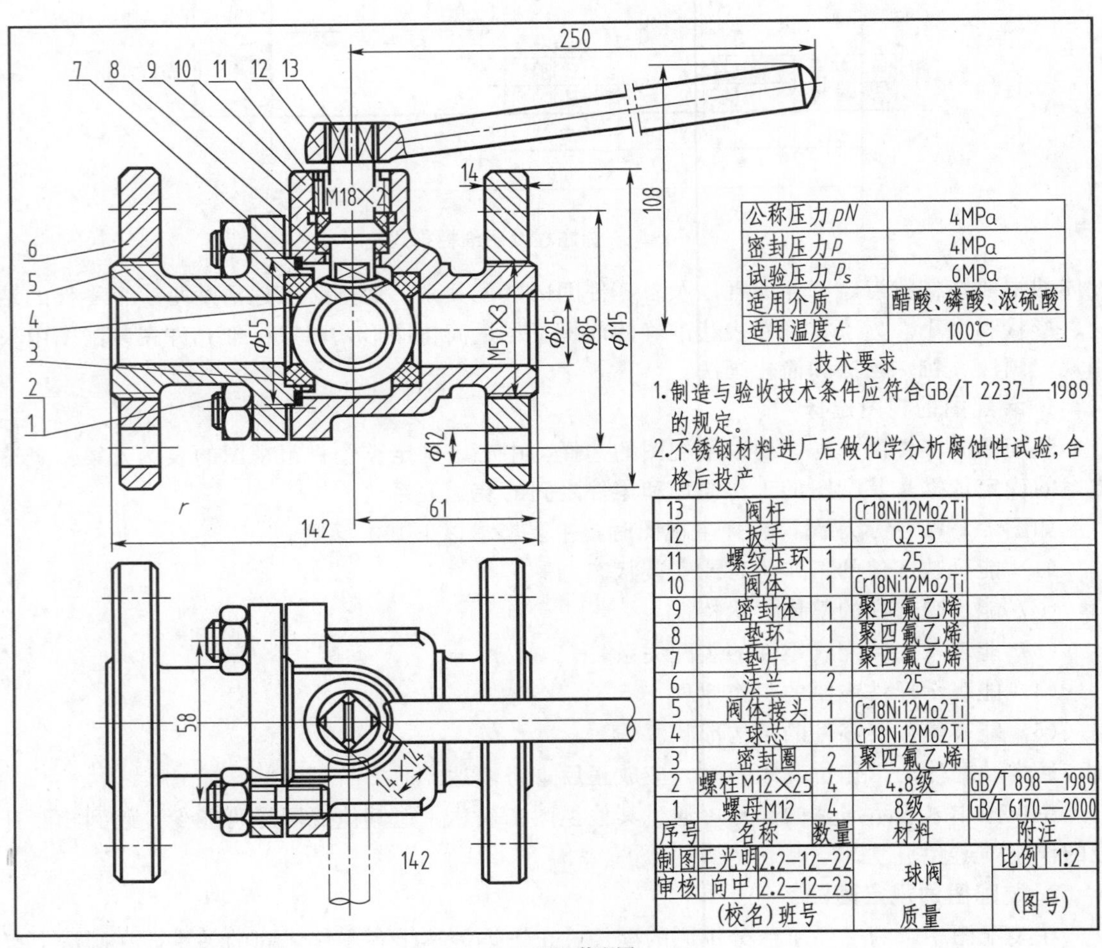

（b）装配图

图 6-1-11　球阀轴测图与装配图

致且间隔相等。

（3）当装配图中零件的剖面厚度小于 2 mm 时，允许将剖面涂黑以代替剖面线。

（4）若剖切平面通过实心零件（如轴、杆等）和标准件（如螺栓、螺母、销、键等）的轴线时，这些零件按不剖绘制。但其上的孔、槽等结构需要表达时，可采用局部剖视。当剖切平面垂直于其轴线剖切时，则需画出剖面线，如图 6-1-12 所示齿轮式机油泵的装配图，其装配零件立体图如图 6-1-13 所示。

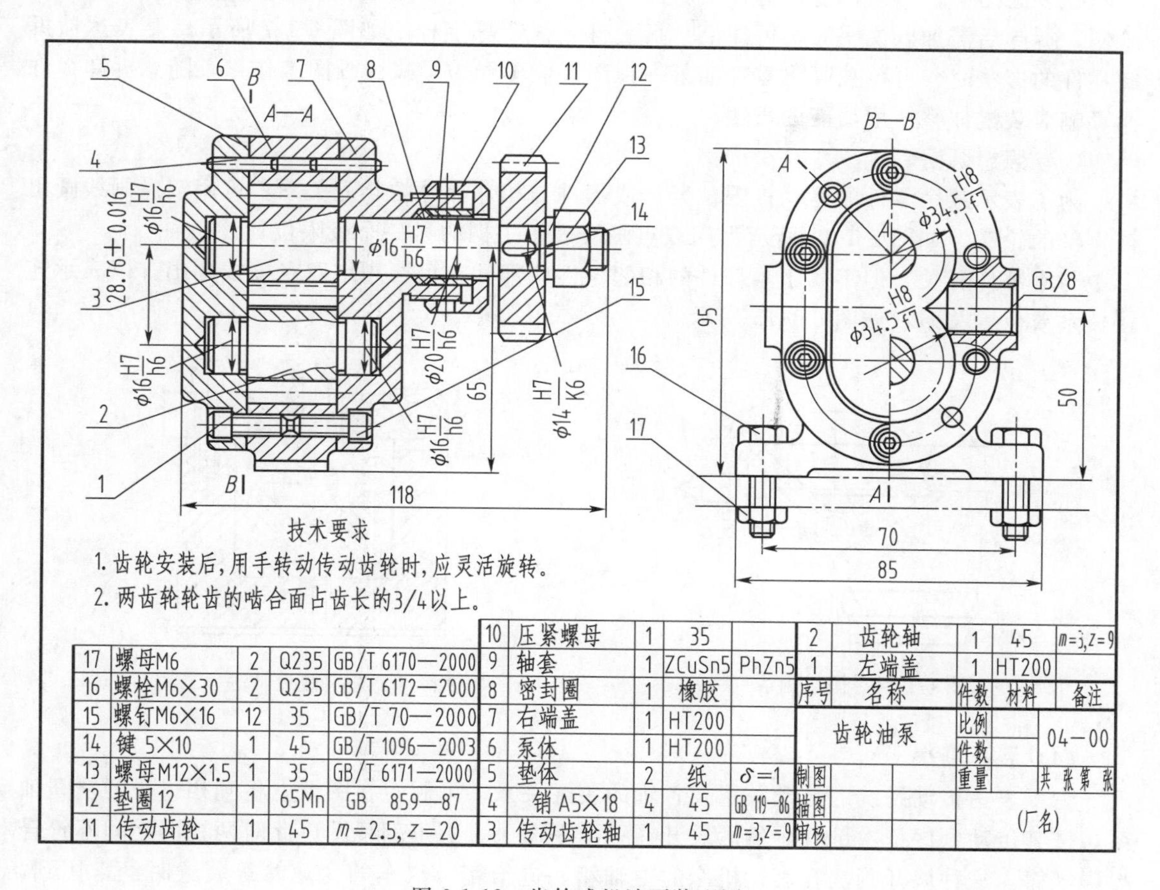

序号	名称	件数	材料	备注
17	螺母M6	2	Q235	GB/T 6170—2000
16	螺栓M6×30	2	Q235	GB/T 6172—2000
15	螺钉M6×16	12	35	GB/T 70—2000
14	键 5×10	1	45	GB/T 1096—2003
13	螺母M12×1.5	1	35	GB/T 6171—2000
12	垫圈12	1	65Mn	GB　859—87
11	传动齿轮	1	45	$m=2.5,z=20$
10	压紧螺母	1	35	
9	轴套	1	ZCuSn5	PhZn5
8	密封圈	1	橡胶	
7	右端盖	1	HT200	
6	泵体	1	HT200	
5	垫体	2	纸	$\delta=1$
4	销 A5×18	4	45	GB 119—86
3	传动齿轮轴	1	45	$m=3,z=9$
2	齿轮轴	1	45	$m=3,z=9$
1	左端盖	1	HT200	

图 6-1-12　齿轮式机油泵装配图

图 6-1-13　齿轮式机油泵立体图

3. 装配图的特殊画法

为了简便清楚地表达部件，国家标准还规定了装配图中的一些特殊表达方法。

（1）沿结合面剖切画法

为了把装配体中某部分零件表达得更清楚，可以假想沿某些零件的结合面进行剖切，此时不用画出剖面线，但要注意横向剖切的实心零件，如轴、螺栓、销等，应画出剖面线。如

图 6-1-7 中的俯视图。

(2) 拆卸画法

在装配图中，当某些零件遮住了所需表达的部分时，可以将装配体中的某些零件拆卸后绘制，拆卸后需加以说明时，可注上“拆去件××”等字样，如图 6-1-7 所示。要表达被拆卸零件的形状时，可单独画出零件的某一视图。但不能为了减少画图工作量，随意拆卸零件而影响对装配体整体形功能的表达。

(3) 假想画法

为了表示某个零件的运动极限位置，或部件与相邻部件的装配关系，可用双点画线画出该零件的轮廓，如图 6-1-14 所示为用双点画线表示手柄的另一个极限位置。

与本部件有关，但不属于本部件的相邻零件或部件，也可用细双点画线画出，以表示连接关系或位置关系，如图 6-1-15 所示。

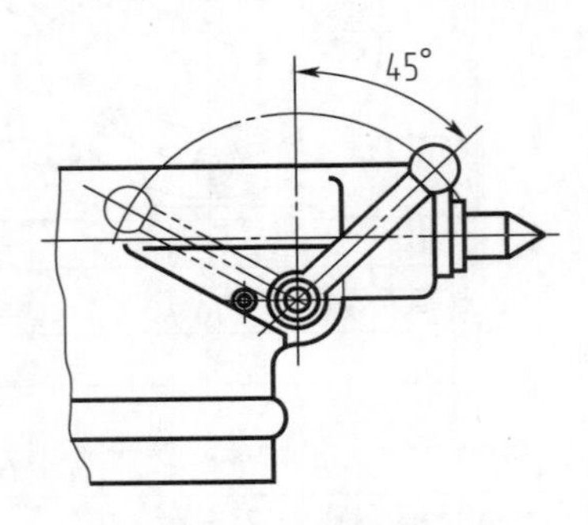

图 6-1-14 假想画法（一）

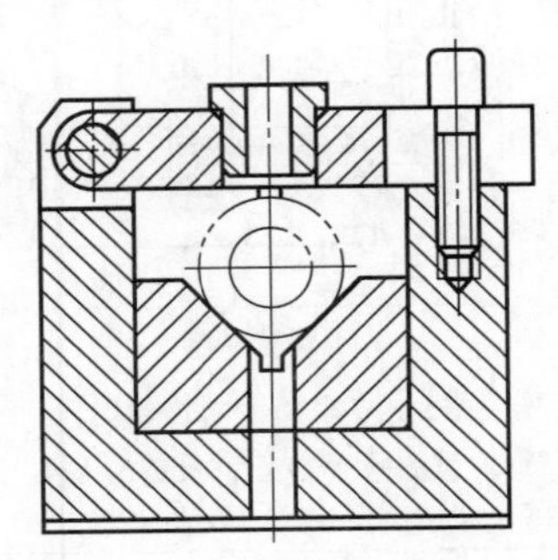

图 6-1-15 假想画法（二）

(4) 展开画法

为了表达传动系统的传动关系及各轴的装配关系，可假想在图纸上将互相重叠的空间轴系，按其传动顺序依次剖开，然后展开在一个平面上，画出剖视图，此时两视图之间不符合投影规律。这种展开画法在表达机床的主轴箱、进给箱、汽车的变速箱等装置时经常用到，用此方法画图时，必须在所得展开图上方标出“×—×展开”字样，如图 6-1-16 所示的挂轮架装配图。

(5) 夸大画法

在装配图上，对薄垫片、小间隙、小锥度等小结构，若按它们的实际尺寸在装配图中很难画出或难以明显表示时，允许将其适当夸大画出，以便于画图和看图。

(6) 单独表达某零件的画法

在装配图中，当某个零件的结构形状未表达清楚，对理解装配关系有影响时，可单独画出该零件的视图，但必须在视图上方注明该零件的名称或序号，在相应视图附近用箭头指明投射方向，并注上同样的字母，如图 6-1-17 所示为转子油泵中泵盖的 B 向视图。

4. 装配图的简化画法

装配图中可以采用以下简化画法：

(1) 装配图中若干相同的零件组，如螺栓、螺钉等，允许较详细地画出一处，其余只要画出中心线位置即可，如图 6-1-18 所示。

(2) 在装配图中，零件的工艺结构，如圆角、倒角、退刀槽等允许省略不画。如图 6-1-19所示轴承的内孔和轴肩的倒角。

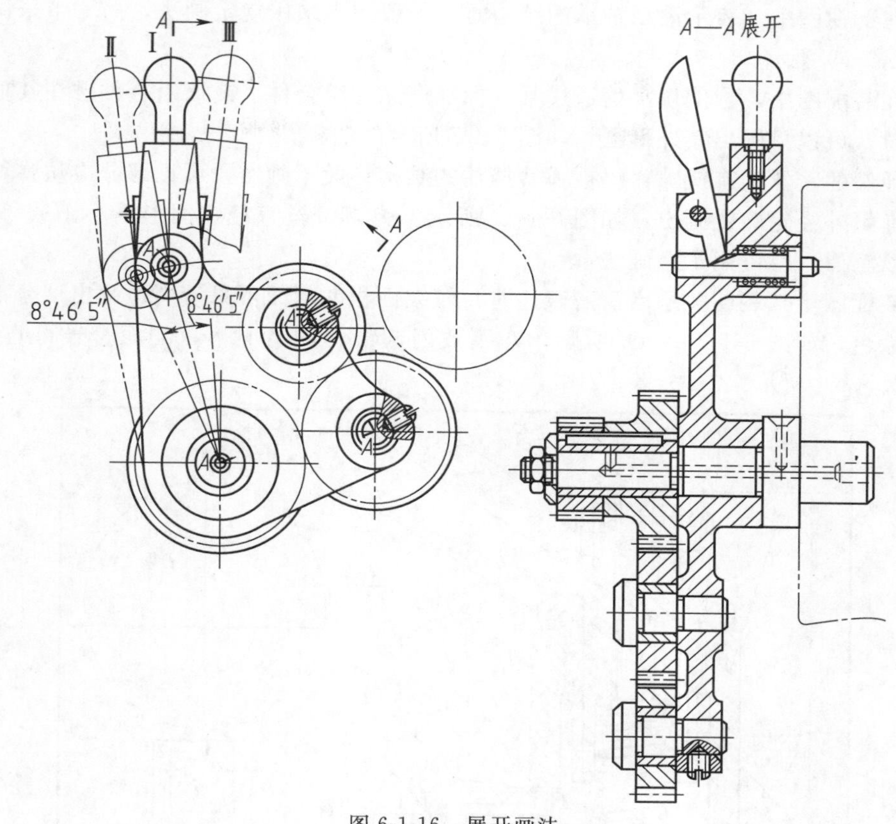

图 6-1-16 展开画法

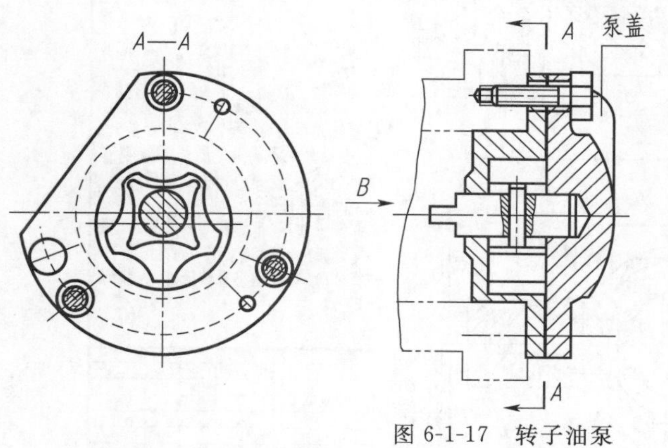

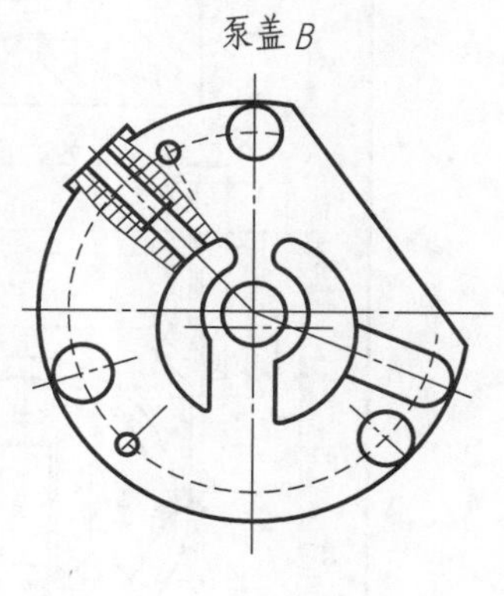

图 6-1-17 转子油泵

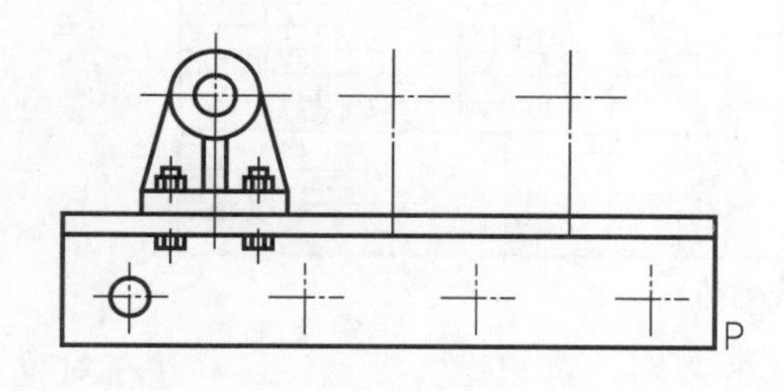

图 6-1-18 螺纹组件简化画法

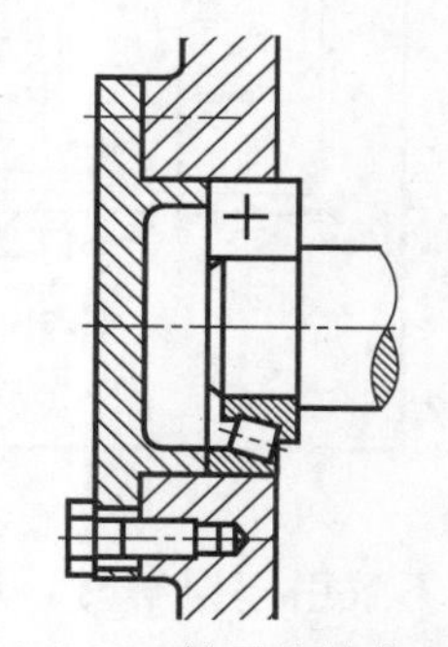

图 6-1-19 轴承的简化画法

（3）在剖视图中，表示滚动轴承的结构时，一般一半采用规定画法，另一半采用通用画法，如图 6-1-19 所示。

（4）在装配图中，当剖切平面通过某些标准产品的组合件，或该组合件已在其他视图上表示清楚时，可以只画出其外形图，如图 6-1-7 所示的油杯。

（5）弹簧的簧丝间有缝隙，但被弹簧挡住的结构一般不画出，可见部分应从弹簧簧丝剖面中心或弹簧外径轮廓线画出，如图 6-1-20 所示。弹簧簧丝直径在图形上小于或等于 2mm 的剖面可以涂黑，也可用示意画法。

（6）装配图中，装配关系已清楚表达时，较大面积的剖面可只沿周边画出部分剖面符号或沿周边涂色，如图 6-1-21（a）所示。在不致引起误解的情况下，剖面符号可省略不画，如图 6-1-21（b）所示。

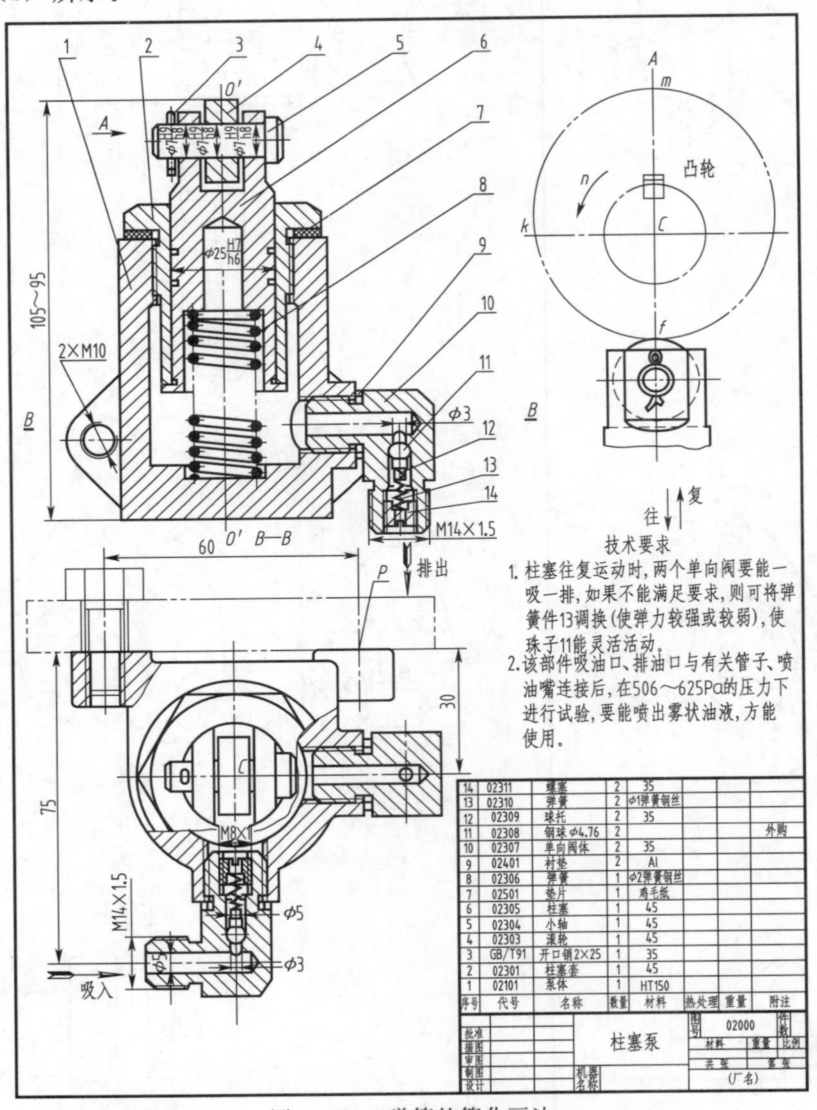

序号	代号	名称	数量	材料	热处理	重量	附注
14	02311	螺塞	2	35			
13	02310	弹簧	2	φ1弹簧钢丝			
12	02309	球托	2	35			
11	02308	钢球 φ4.76	2				外购
10	02307	单向阀体	2	35			
9	02401	衬垫	2	Al			
8	02306	弹簧	1	φ2弹簧钢丝			
7	02501	垫片	1	鸡毛纸			
6	02305	柱塞	1	45			
5	02304	小轴	1	45			
4	02303	滚轮	1	45			
3	GB/T91	开口销2×25	1	35			
2	02301	柱塞套	1	45			
1	02101	泵体	1	HT150			

图 6-1-20　弹簧的简化画法

（7）在不致引起误解时，对于装配图中对称的视图，可只画 1/2 或 1/4，并在对称中心线的两端画出两条与其垂直的平行细实线，如图 6-1-22 所示。

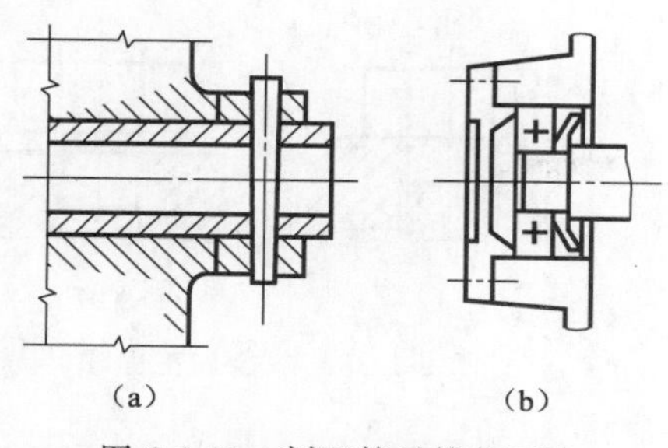

图 6-1-21　剖面符号简化画法

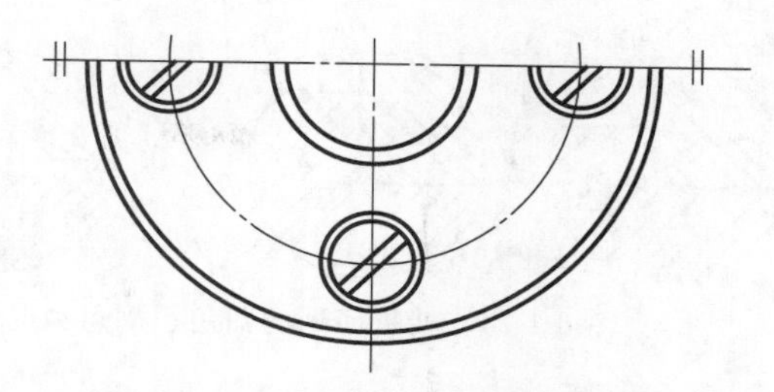
图 6-1-22　对称结构简化画法

5. 装配工艺结构的画法

为了保证装配体的质量，在设计装配体时，应注意到零件之间装配结构的合理性，装配图上需要把这些结构正确地反映出来。

(1) 零部件接触面、配合面的结构

① 两零件装配时，在同一方向上，一般只宜有一个接触面，否则就会给制造和装配带来困难，如图 6-1-23 (a) 所示。

② 两配合零件在转角处不应设计成相同的尖角或圆角，否则既影响接触面之间的良好接触，又不易加工，如图 6-1-23 (b) 所示。

③ 当轴与孔配合时，为保证零件在转折面处接触良好和便于加工，应在转折处画出圆角、倒角或退刀槽等结构，如图 6-1-23 (c) 和图 6-1-24 所示。

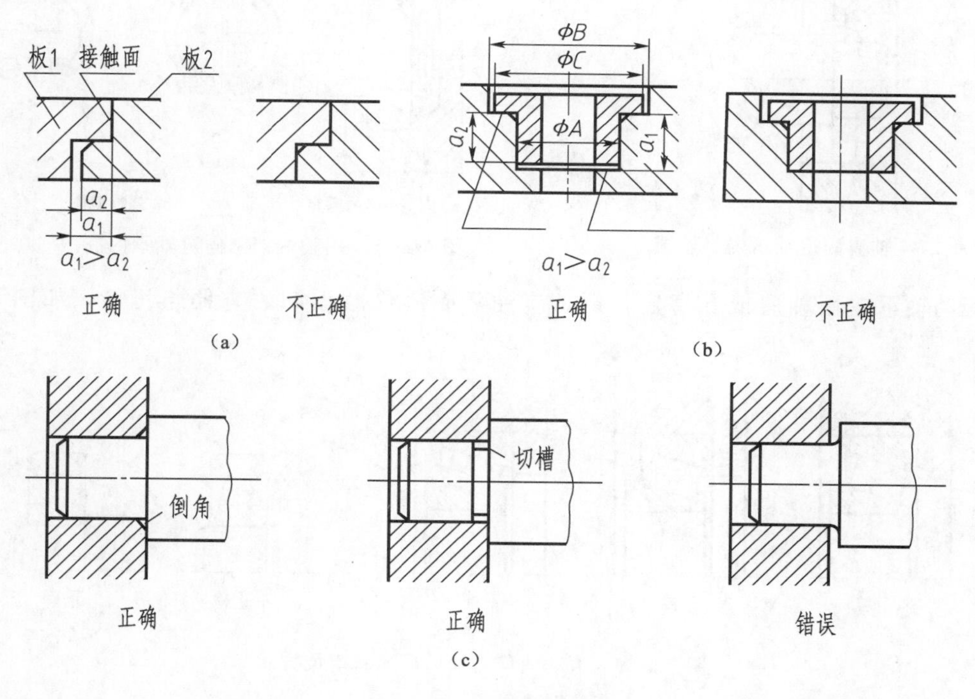

图 6-1-23　接触面的画法

④ 在装配体中，应尽可能合理地减少零件与零件之间的接触面积，这样可使机械加工的面积减少，保证接触的可靠性，并降低加工成本，如图 6-1-25、图 6-1-26 所示。

(2) 轴向定位结构

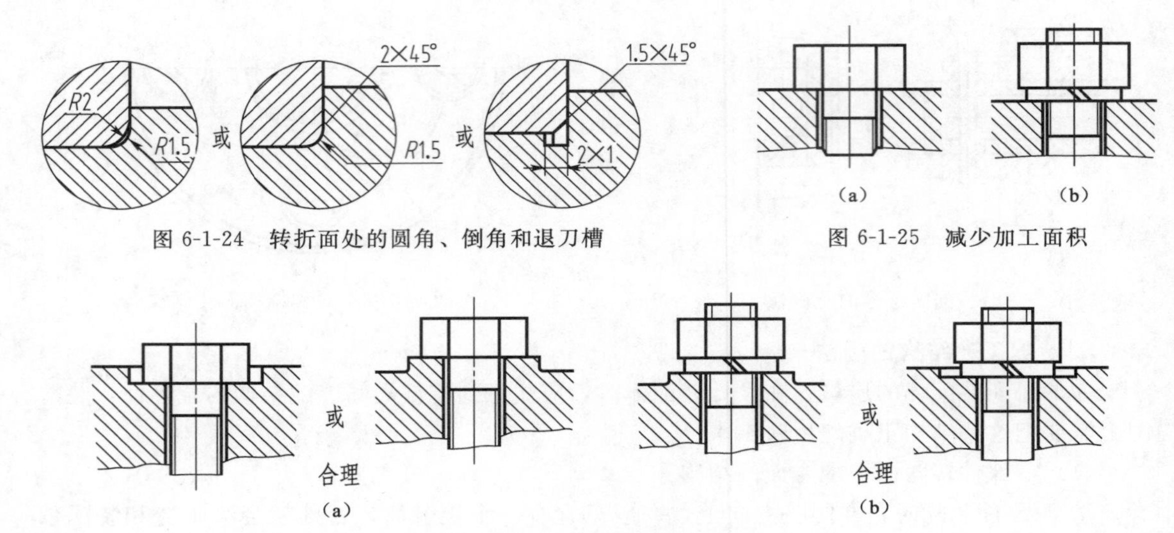

图 6-1-24　转折面处的圆角、倒角和退刀槽

图 6-1-25　减少加工面积

图 6-1-26　凸台及凹坑的结构

装在轴上的滚动轴承及齿轮等一般都要有轴向定位装置，如轴肩、轴套、弹性挡圈等，以免运动时发生轴向移动，以致脱落，如图 6-1-27 和图 6-1-28 所示。

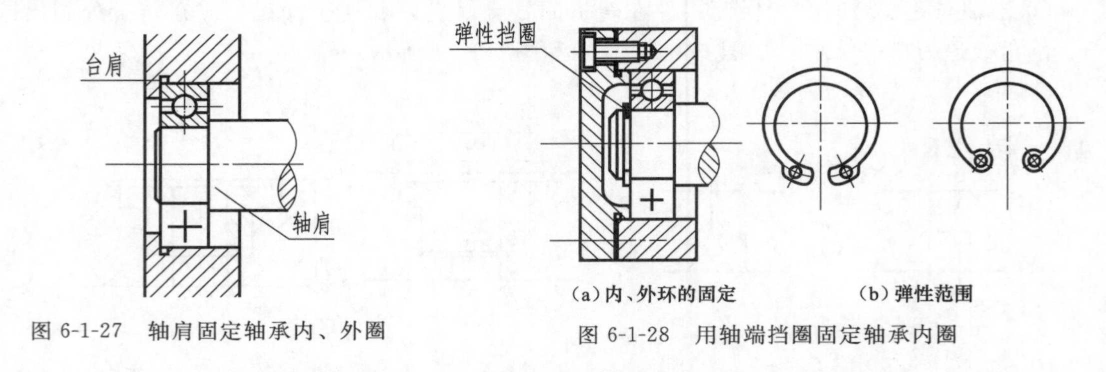

图 6-1-27　轴肩固定轴承内、外圈

图 6-1-28　用轴端挡圈固定轴承内圈

滚动轴承在用轴肩或孔肩定位时，应注意到维修时拆卸的方便与可能，如图 6-1-29 所示。

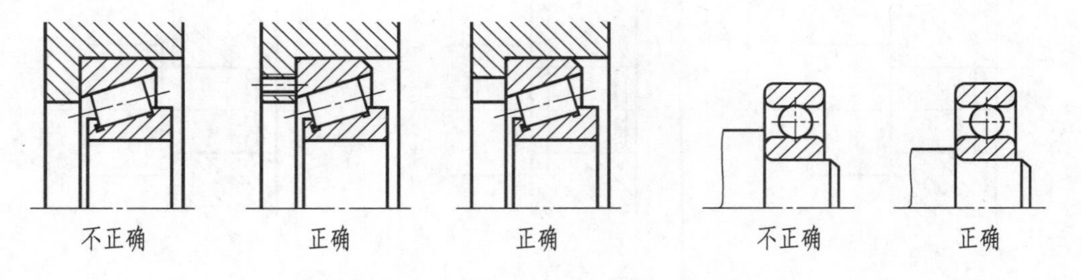

图 6-1-29　滚动轴承用轴肩或孔肩定位方式

(3) 密封结构

在一些部件或机器中，常需要有密封装置，以防止液体外流或灰尘进入。常见的密封方法如图 6-1-30 所示。各种密封方法所用零件，有的已经标准化，如矩形密封圈等；有的局部结构也已标准化，如轴承盖的毡圈槽等。这些尺寸均在相关手册中查取。

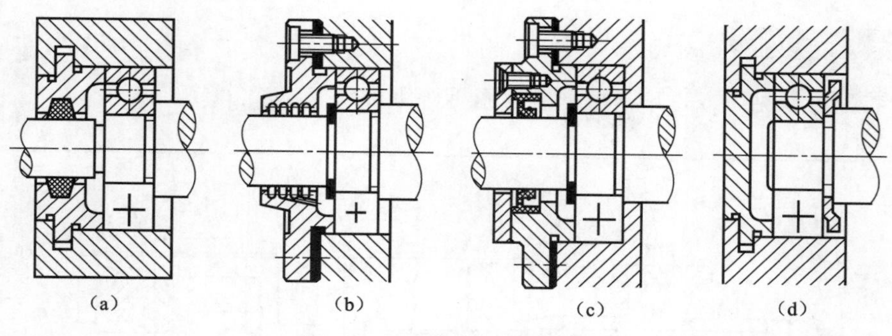

图 6-1-30　滚动轴承的密封

(4) 其他结构

当用螺纹连接件连接零件时，应考虑到拆装的可能性及拆装时的操作空间，如图 6-1-31 所示。

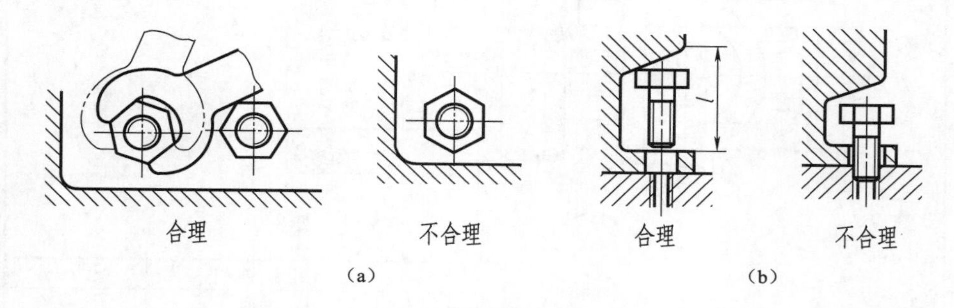

图 6-1-31　扳手空间和螺钉装、拆空间

任务指导

(1) 仔细阅读每张零件图，想出零件的结构形状；参阅部件装配示意图，弄清部件原理、各零件间的装配关系和零件的作用。

(2) 选定部件表达方案后，可先画出主体零件，然后按照一定顺序拼画出装配图。注意正确运用装配图的规定画法、特殊表达方法和简化画法。

(3) 注意装配结构的合理性以及相关零件间尺寸的协调关系。

(4) 标注必要的尺寸，编写零（部）件序号，填写明细栏、标题栏和技术要求。

(5) 明细栏衔接在标题栏上方，当上方位置不够时可续接在标题栏左方，明细栏中的序号应按自下而上顺序排列，并应与图上序号一致。

任务二　装配图的识读

任务目标

① 掌握装配图的读图方法。

② 学会识读装配图。

③ 学会根据装配图绘制零件图。

任务内容与要求

识读装配图（见图 6-2-1），根据装配图拆画零件图。

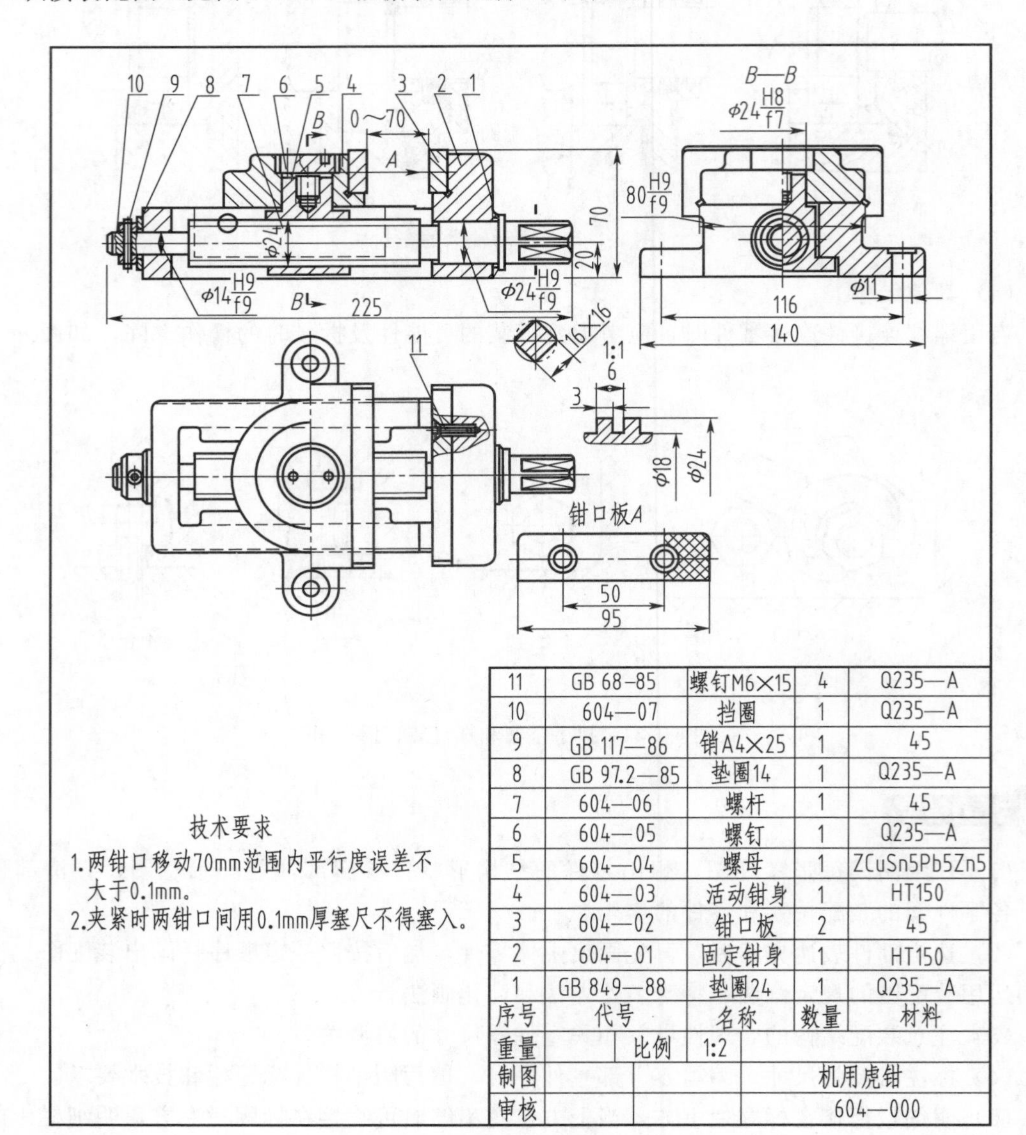

11	GB 68-85	螺钉M6×15	4	Q235—A
10	604—07	挡圈	1	Q235—A
9	GB 117—86	销A4×25	1	45
8	GB 97.2—85	垫圈14	1	Q235—A
7	604—06	螺杆	1	45
6	604—05	螺钉	1	Q235—A
5	604—04	螺母	1	ZCuSn5Pb5Zn5
4	604—03	活动钳身	1	HT150
3	604—02	钳口板	2	45
2	604—01	固定钳身	1	HT150
1	GB 849—88	垫圈24	1	Q235—A
序号	代号	名称	数量	材料
重量	比例	1:2		
制图			机用虎钳	
审核			604—000	

图 6-2-1　机用虎钳装配图（一）

任务指导

1. 读装配图的方法和步骤

通过读装配图可以了解装配体的名称、用途、结构及工作原理；了解各零件之间的连接形式及装配关系；搞清各零件的结构形状和作用，想象出装配体中各零件的动作过程。现以图 6-2-2 所示机用虎钳为例来说明读装配图的方法和步骤，其装配图如图 6-2-1 所示。

（1）概括了解

① 根据标题栏和明细表，了解装配体及各组成零件的名称，由名称可略知它们的用途；由比例及件数可知道装配体的大小及复杂程度。

如图 6-2-1 所示标题栏及明细表可知，图形所表达的装配体为机用虎钳，按 1∶2 比例绘制。是机器附件之一，它是机床上用来夹持加工零件的部件。从明细栏里可知该部件共有 11 种零件，以及它们的名称、代号、数量、材料等；其中标准件有 4 种共 7 件，非标准零件有 7 种共 8 件，虎钳由 15 个零件装配而成，体积不大，也不太复杂。

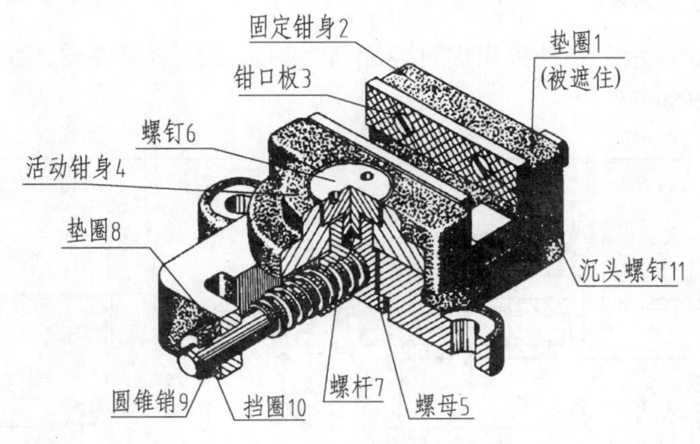

图 6-2-2　机用虎钳轴测图

② 根据装配图的视图、剖视图、剖面图，找出它们的剖切位置、投影方向及相互间的联系，初步了解装配体的结构和零件之间的装配关系。

如图 6-2-1 所示，机用虎钳装配图共用了 6 个图形，主视图采用了全剖视图，表达了虎钳的工作位置和装配关系。俯视图主要表达整个部件的结构外形，并用一处局部剖视图来表达固定钳身与钳口板的螺钉连接关系；左视图采用了半剖视图，表达了整个部件的内、外结构形状；移出断面表达螺杆右端的方形断面，局部放大图表达矩形螺纹的牙型。*A* 向视图表达钳口板形状。

（2）分析零件

利用件号、不同方向或不同疏密的剖面线，把一个个零件的视图范围划分出来，找对投影关系，想象出各零件的形状，了解它们的作用及动作过程，对于某些投影关系不易直接确定的部分。应借助于分规和三角板来判断，并应考虑是否采用了简化画法或习惯画法。

分析图 6-2-1 可以看出，螺杆轴线为主的一条装配干线上，有固定钳身、螺杆、螺母、活动钳身、垫圈、挡圈、圆锥销等零件。主视图上螺杆与固定钳身间的配合代号为 H9/f9，说明两零件间为基孔制间隙配合，公差等级 IT9 级。由此可知螺杆能在固定钳身的 $\phi24$ 和 $\phi14$ 两孔中旋转。螺杆与螺母间为矩形传动螺纹配合，当螺杆在固定钳身内旋转时，通过螺母使活动钳身作往复直线移动，两钳口板将工件夹紧或松开。钳口板与活动钳身之间用螺钉固定。

（3）综合归纳

在概括了解及分析的基础上，对尺寸、技术条件等进行全面的综合，使对装配体的结构原理、零件形状、动作过程有一个完整、明确的认识。实际读图时，上述三步是不能截然分开的，常常是边了解、边分析、边综合地进行，随着各个零件分析完毕，装配体也就可综合、阅读清楚。

2. 由装配图拆画零件图

在大型机械的设计过程中，一般先画出装配图，然后再根据装配图拆画出零件图。

一般情况下，主要零件的结构形状在装配图上已表达清楚，而且其形状和尺寸还会影响其他零件。因此，拆画零件图可以从拆画主要零件开始，因为主要零件结构形状定了，次要的、小的零件的结构形状就比较容易确定。对于标准件，只需要确定其规定标记，可以不拆画零件图。

下面以图 6-2-3 所示另一种机用虎钳装配图为例，来拆画零件图。在拆画过程中，要注意处理好下面的几个问题。

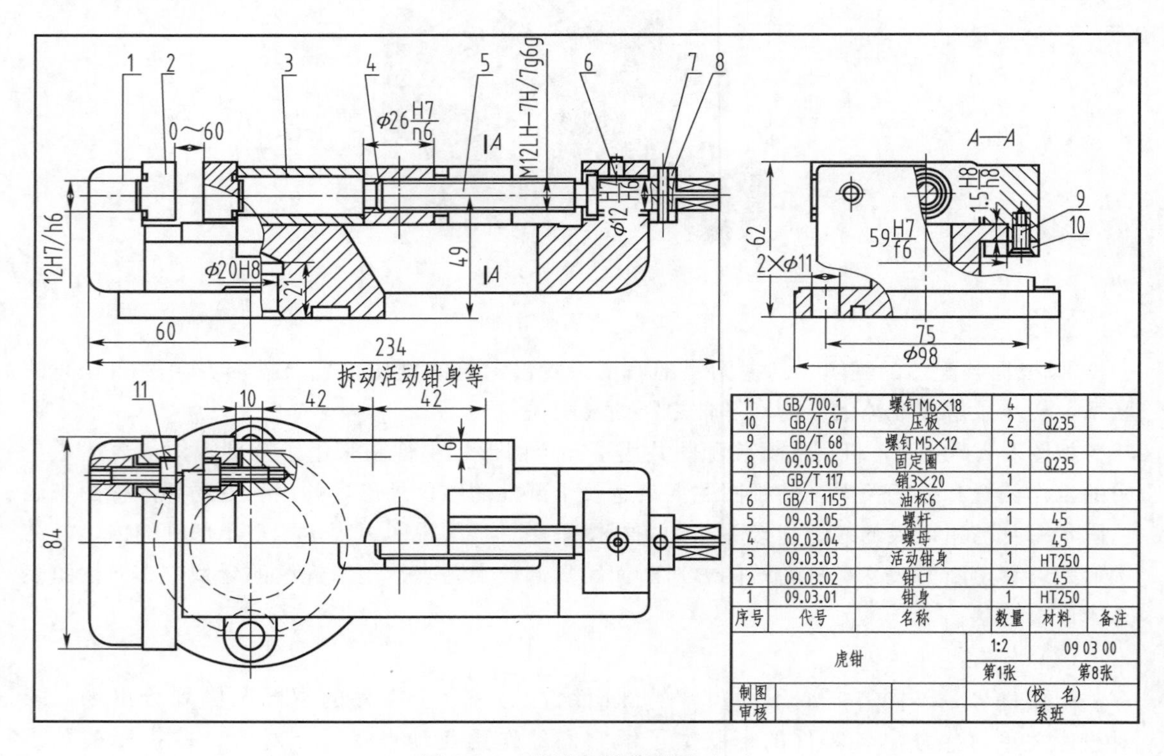

11	GB/700.1	螺钉M6×18	4		
10	GB/T 67	压板	2	Q235	
9	GB/T 68	螺钉M5×12	6		
8	09.03.06	固定圈	1	Q235	
7	GB/T 117	销3×20	1		
6	GB/T 1155	油杯6	1		
5	09.03.05	螺杆	1	45	
4	09.03.04	螺母	1	45	
3	09.03.03	活动钳身	1	HT250	
2	09.03.02	钳口	2	45	
1	09.03.01	钳身	1	HT250	
序号	代号	名称	数量	材料	备注
虎钳			1:2	09 03 00	
			第1张	第8张	
制图			(校 名)		
审核			系班		

图 6-2-3　机用虎钳装配图（二）

（1）视图表达方案的选定

装配图的视图选择方案主要从表达装配体的装配关系和整个工作原理考虑；而零件图的视图选择则主要从表达零件的结构形状这一特点来考虑。由于表达的出发点和主要要求不同，所以在选择视图方案时，就不一定与装配图一致，即零件图不能简单地照抄装配图上对于该零件的视图数量和表达方法，而应该重新确定零件图的视图选择和表达方案。

（2）零件结构形状的处理

在装配图中对零件上某些局部结构可能表达不完全，而且对一些工艺标准结构还允许省略（如圆角、倒角、退刀槽、砂轮越程槽等）。但在画零件图时均应补画清楚，不可省略。

（3）零件图上的尺寸标注

拆画零件时应按零件图的要求注全尺寸。

① 装配图已注的尺寸，在有关的零件图上应直接注出。对于配合尺寸，一般应注出偏差数值。

② 对于一些工艺结构，如圆角、倒角、退刀槽、砂轮越程槽、螺栓通孔等，应尽量选用标准结构，查阅有关标准尺寸标注。

③ 对于与标准件相连接的有关结构尺寸，如螺孔、销孔等的直径，要从相应的标准中查取后标注到图中。

④ 某些尺寸数值，应根据装配图所给定的尺寸，通过计算而定，如齿轮的轮齿部分尺寸，分度圆、齿顶圆等尺寸。

⑤ 量取在装配图上没有标注出的其他部分的尺寸数值，可按装配图的比例，在图上量得。

⑥ 配合零件的相关尺寸不可互相矛盾。例如，图 6-2-3 中的螺母 4 的外径公差尺寸和与它相配合的活动钳身中的孔径公差尺寸应满足配合要求。压板 10 上的螺钉通孔、活动钳身上螺孔的大小和定位尺寸应彼此协调，不能矛盾。

（4）零件图中的技术要求

零件各表面的表面粗糙度，应根据该表面的作用和要求来确定。有配合要求的表面要选择适当的精度及配合类别。根据零件的作用，还可加注其他必要的要求和说明。

图 6-2-4 和图 6-2-5 所示是根据图 6-2-1 机用虎钳装配图所拆画的零件图，分别为固定钳身和活动钳身的零件图（图中未标出形位公差），作为拆画零件图的例子，以供参考。

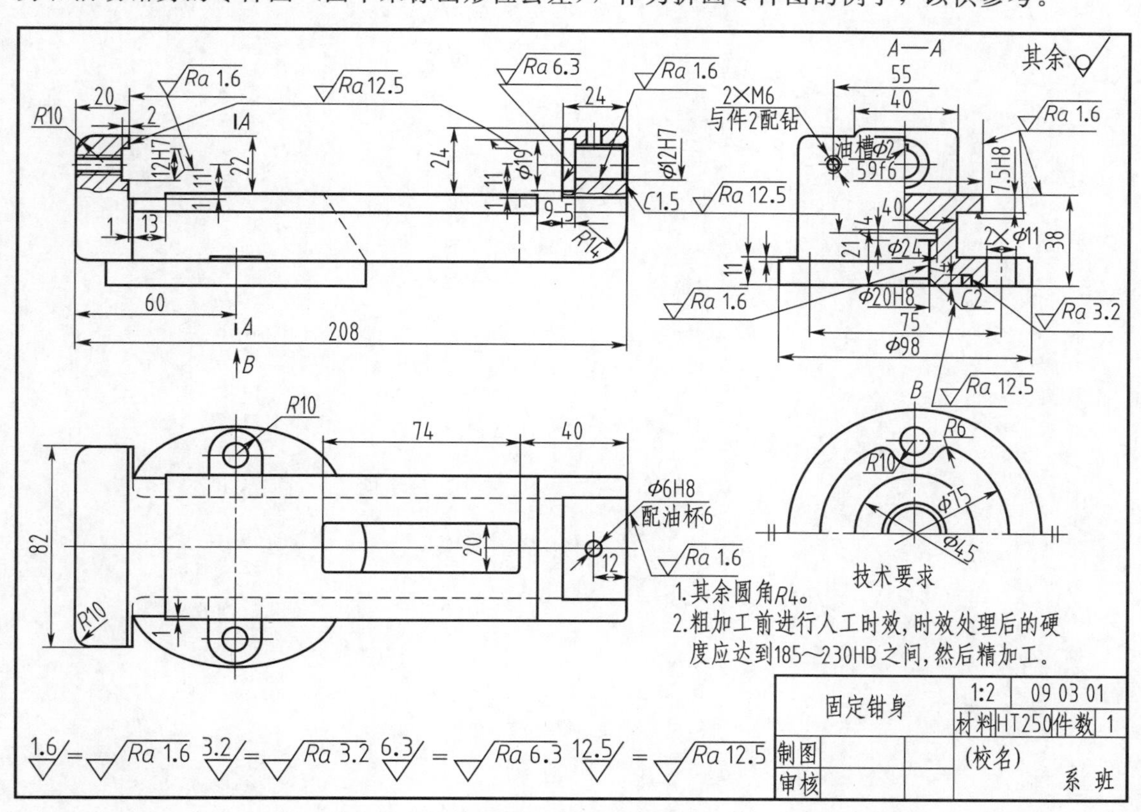

图 6-2-4　固定钳身零件图

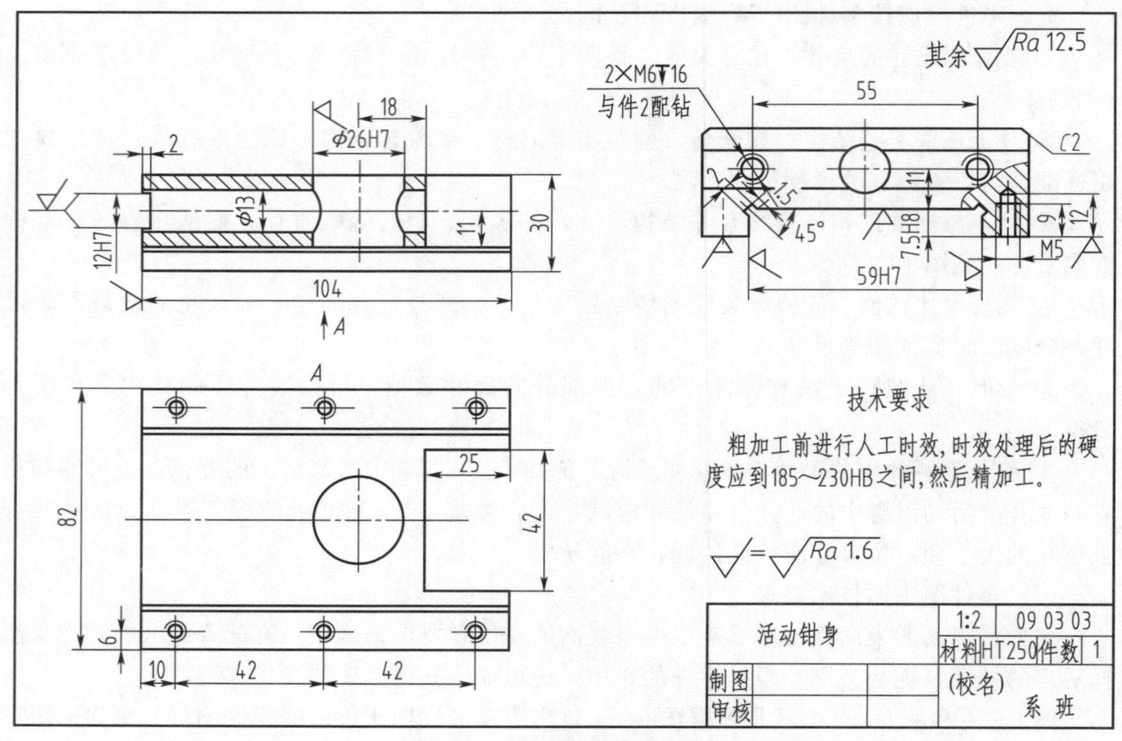

图 6-2-5　活动钳身零件图

几何量测量模块

单元七　测量技术实训

任务一　量块的组合与应用

任务目标

① 了解量块的材料、形状、特点及用途。
② 掌握量块的组合方法及应用场合。
③ 熟知量块按“等”和“级”使用的区别。

任务内容与要求

① 能将所选用的量块正确地研合在一起。
② 要求能用量块组合所需的尺寸。
③ 要求学会量块的维护与保养方法。

相关知识

- 测量技术的基本知识
- 量块的基本知识

一、测量技术的基本知识

1. 检测的概念

机械制造中，加工后的零件，其几何参数需要测量和检验，以保证零件符合技术要求和实现互换性。测量就是把被测的量（如长度、角度等）与具有测量单位的标准量进行比较的过程。

一个完整的测量过程应包含被测对象、计量单位、测量方法（含测量器具）和测量精度四个要素。

被测对象：在几何量测量中，被测对象是指长度、角度、形位误差、表面粗糙度以及螺纹、齿轮等零件的几何参数。

计量单位：长度单位为米（m）、毫米（mm）、微米（μm），角度单位为弧度（rad）、度、分、秒。

测量方法：指测量原理、测量器具和测量条件的总和。

测量精度：测量结果与被测量真值的一致程度。

2. 长度基准与量值传递

（1）长度基准

在国际单位制及我国法定计量单位中，长度的基本单位名称是“米”。

1983 年第 17 届国际计量大会上通过了作为长度基准的米的新定义，规定：“米”是在真空中在 1/299792458s 的时间间隔内行进路程的长度。我国采用碘吸收稳定的 0.633μm 氦氖激光辐射作为波长标准来复现“米”定义。

(2) 量值传递

在实际应用中，不便于用光波作为长度基准进行测量，为了保证量值的准确和统一，必须把复现的长度基准的量值逐级准确地传递到生产中所应用的各种计量器具和被测工件上去，如图 7-1-1 所示为两个平行的系统向下传递，一个是端面量具（量块）系统，另一个是刻线量具（刻纹尺）系统。其中，以量块为量值传递媒介的系统应用较广。

3. 计量器具和测量方法

(1) 计量器具的分类

计量器具按测量原理、结构特点及用途可分为标准量具、量规、通用计量器具、测量装置四类。

标准量具是以固定的形式复现量值的计量器具，是测量中体现标准量的量具，通常用来校对和调整其他计量器具，或作为标准量与被测工件进行比较。包括单值量具和多值量具。单值量具是在测量中体现固定量值的标准量的器具，如量块、角度量块、直角尺等。多值量具是在测量中体现一定范围内各种量值的标准量的计量器具，如线纹尺。

量规是没有刻度的专用计量器具，用来检验工件实际尺寸和形位误差的综合结果。量规只能判断工件是否合格，而不能获得被测几何量的具体数值，如光滑极限量规、螺纹量规等。

通用计量器具是一种通用性较强的计量器具。它可测量某一范围内的任意尺寸，并能获得具体读数值，其特点是一般都有指示、放大系统。通用计量器具按其结构特点又可分为游标类量具、螺旋类量具、机械式量仪、光学式量仪、气动式量仪、电动式量仪、光电式量仪等。

测量装置指为确定被测量所必需的测量装置和辅助设备的总体。

(2) 计量器具的度量指标

① 分度间距（刻度间距）：计量器具的刻度标尺或度盘上两相邻刻线中心间的距离。为便于读数，一般做成刻线间距为 1～2.5mm 的等距离刻线。

② 分度值（刻度值）：计量器具的标尺或刻度盘上每一刻度间距所代表的量值，其单位与标在标尺上的单位一致。如千分表的分度值为 0.001mm，百分表的分度值为 0.01mm。分度值通常取 1、2、5 的倍数，一般长度量仪的分度值有 0.1mm、0.01mm、0.02mm、0.001mm、0.0005mm 等。对于数显式量仪，其分度值称为分辨率。通常情况下，分度值越小，计量器具的精度越高。

③ 示值范围：由计量器具的读数装置所能显示或指示的最小值到最大值的范围。

④ 测量范围：计量器具所能测量的被测量值的最小值至最大值的范围。应注意的是，不要把测量范围和示值范围混为一谈。如测量范围为 25～50mm 的外径千分尺，其示值范围是 25mm。

⑤ 示值误差：测量仪器的示值与被测量的真值的代数差。

⑥ 修正值：指为消除计量器具的示值误差，用代数法加到测量结果上的量值。其值与计量器具的示值误差的绝对值相等而符号相反。

⑦ 不确定度：由于计量器具的误差而对被测量的真值不能肯定的程度。它反映了计量器具精度的高低。计量器具的不确定度主要由未定系统误差和随机误差按一定方法综合的结果，用极限误差表示。

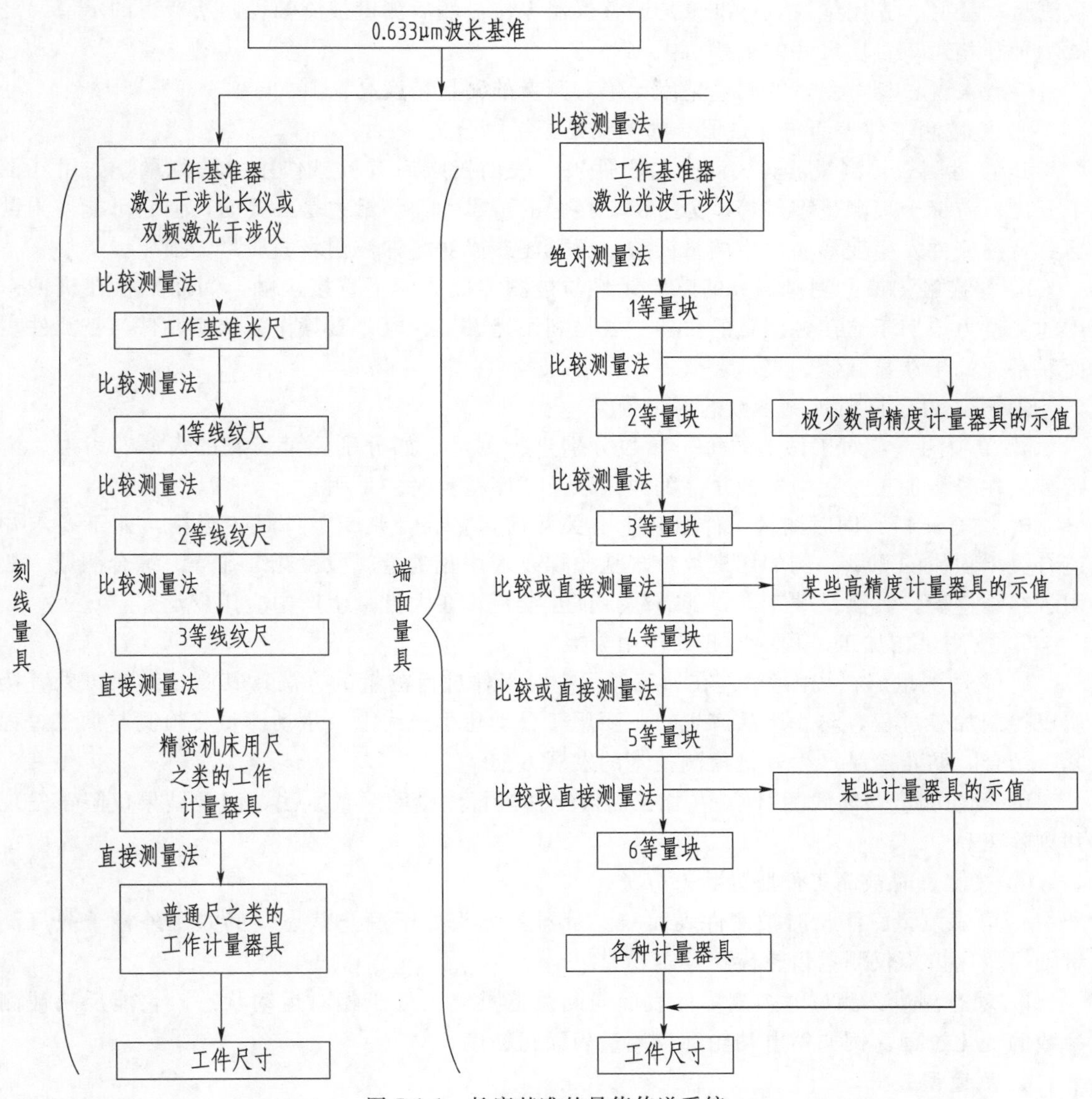

图 7-1-1　长度基准的量值传递系统

(3) 测量方法的分类

① 按获得结果的方式分类

a. 直接测量：直接从计量器具获得被测量的量值的测量。如用游标卡尺、千分尺测量零件的直径。

b. 间接测量：首先测出与被测量有一定函数关系的其他几何量，然后按函数关系计算，求得被测量的量值。

② 按测得值是否是被测量的整个量值分类

a. 绝对测量：从测量器具上直接得到被测参数的整个量值的测量。例如用游标卡尺测量轴的直径。

b. 相对测量（比较测量）：计量器具的读数装置上显示的数值是被测量相对于已知标准量的偏差值，而被测量的量值为计量器具的示值与标准量的代数和的测量方法。例如用比较仪测量轴径时，先用量块（标准量）调整仪器零位，然后测量被测轴径，所获得的示值就是被测轴径相对于量块尺寸的偏差值。

一般来说，相对测量的测量精度比绝对测量的测量精度高。

③ 按被测工件表面与计量器具的测头是否接触分类

a. 接触测量：测量器具的测头与零件被测表面接触后有机械作用力的测量。如用外径千分尺、游标卡尺测量零件等。为了保证接触的可靠性，测量力是必要的，但它可能使测量器具及被测件发生变形而产生测量误差，还可能造成对零件被测表面质量的损坏。

b. 非接触测量：测量器具的感应元件与被测零件表面不直接接触，因而不存在机械作用的测量力。属于非接触测量的仪器主要是利用光、气、电、磁等作为感应元件与被测件表面联系。如干涉显微镜、气动量仪等。

④ 按工件上同时被测参数的多少分类

a. 单项测量：对工件上的每一参数分别进行测量。如分别测量齿轮的齿厚、齿形、齿距等。在分析加工过程中造成次品的原因以及工序检验时多采用它。

b. 综合测量：同时测量工件上几个有关几何量，综合判断零件是否合格，而不要求知道有关单项值的测量。例如用螺纹量规检验螺纹，用花键量规检验花键孔等。综合测量一般用于终结检验，其测量效率高，能有效保证互换性，在大批量生产中应用广泛。

⑤ 按测量在加工过程中所起的作用分类

a. 主动测量（在线测量）：在加工过程中对工件进行测量的方法。其测量结果可以直接用以控制加工过程，防止废品产生，主要用于自动化生产线上。主动测量将检测与加工过程紧密结合，防止废品产生，是检测技术的发展方向。

b. 被动测量（离线测量）：在加工后对工件进行测量的测量方法，测量结果仅限于发现并剔除废品。

⑥ 按测量时被测工件所处状态分类

a. 静态测量：测量时被测件表面与测量器具测头处于静止状态。例如用外径千分尺测量轴径、用齿距仪测量齿轮齿距等。

b. 动态测量：测量时被测零件表面与测量器具测头处于相对运动状态。它能反映被测参数的变化过程。例如用电动轮廓仪测量表面粗糙度。

4. 测量误差

(1) 测量误差的概念

任何测量过程，无论采用如何精密的测量方法，其测得值都不可能为被测几何量的真值。这种由于计量器具本身的误差以及测量方法和条件的限制，而产生的测得结果与被测量的真值之间之差称为测量误差。

(2) 测量误差的分类

根据测量误差的性质、出现的规律和特点，可分为三类，即：系统误差、随机误差和粗大误差。

① 系统误差：在相同条件下多次测量同一量值时，误差的大小和符号保持不变或按一定规律变化的误差。这种误差可以通过实验分析或计算加以确定，并在测量结果中加以修

正。系统误差对测量结果影响较大，要尽量减少或消除系统误差，提高测量精度。

② 随机误差：在相同的测量条件下，对同一被测尺寸进行多次测量时，其误差值会发生变化，且变化没有一定规律的误差。大量实验表明，随机误差通常服从正态分布规律。因此，可以利用概率和数理统计的一些方法来掌握随机误差的分布特性，估算误差范围，对测量结果进行处理。

③ 粗大误差：由主观原因造成的误差。如使用有缺陷的计量器具、读数错误、操作错误、环境条件反常突变等。如测得值含有粗大误差，则将此数值剔除不用。

二、量块的基本知识

1. 量块的结构和用途

长度量块（简称量块）是没有刻度、截面为矩形的平面平行端面量具，如图 7-1-2 所示。量块用特殊合金钢制成，具有线膨胀系数小、不易变形、硬度高、耐磨性好、工作面粗糙度值小以及研合性好等特点。

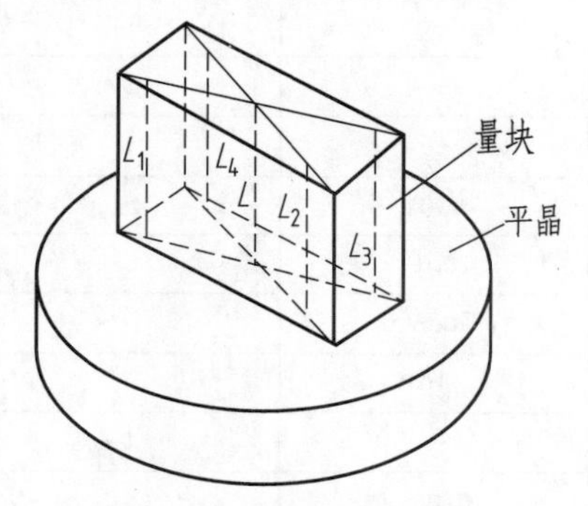

图 7-1-2　长度量块

量块有两个平面度精度高并相互平行的测量面，其表面光滑平整，两个测量面间具有精确的尺寸，另外还有四个非测量面。从量块一个测量面上任意一点（距边缘 0.8mm 区域除外）到与此量块相对的另一个测量面的垂直距离称为量块长度 L_i；从量块一个测量面的中心到与其相对应的另一个测量面之间的垂直距离称为量块的中心长度 L。量块上标出的尺寸称为量块的标称长度。标称尺寸≤6mm 的量块，尺寸值标记在测量面上；标称尺寸大于 6mm 的量块，尺寸值标记在非测量面上。

量块除了作为量值传递的实物基准，还广泛用于计量器具的校准和鉴定，精密设备的调整、精密划线和精密工件的测量。

2. 量块的精度等级

根据不同的使用要求，量块做成不同的精度等级。划分量块精度有两种规定：按“级”划分和按“等”划分。国家标准 GB/T 6093—2001《几何量技术规范（GPS）长度标准量块》中，按制造精度将量块分 00、0、1、2、3 共五级，其中 00 级最高，精度依次降低；另外还规定了校准级——K 级，K 级具有与 00 级相同的精度。量块的“级”主要是依据量块长度极限偏差和量块长度变动量的允许值来确定。国家计量局标准 JJG 146—2003 按检定精度将量块分为 1、2、3、4、5 共五等，精度依次降低。分等是主要依据量块测量的不确定度和量块长度变动量的允许值来确定的。

量块按“级”使用时，是以量块的标称长度作为工作尺寸，该尺寸将量块的制造误差引入到测量结果中去，但因不需要加修正值，故使用较方便；量块按“等”使用时，是以量块检定后列出的量块中心长度的实际尺寸作为工作尺寸，该尺寸排除了量块的制造误差，仅包含检定时较小的测量误差。因此，量块按“等”使用比按“级”使用测量精度高。

3. 量块的组合应用

量块是单值量具，一个量块只有一个确定的工作尺寸。量块测量面上的粗糙度数值和平面度误差都很小，具有很好的研合性，将量块顺其测量面加压推合，就能研合到一起。所以量块使用时，常常将几个不同尺寸的量块研合成量块组使用，以获得所需要的尺寸。为了能用较少的块数组合成所需要的尺寸，量块应按一定的尺寸系列成套生产供应。根据 GB/T

6093—2001的规定，我国生产的成套量块有91块、83块、46块、38块、12块、10块、8块、6块、5块等17种套别。表7-1-1列举了91块、83块、46块等套别量块的标称尺寸系列。

表7-1-1 成套量块的标称尺寸

套别	总块数	级别	尺寸系列/mm	间隔/mm	块数
1	91	0,1	0.5	—	1
			1	—	1
			1.001,1.002,…,1.009	0.001	9
			1.01,1.02,…,1.49	0.01	49
			1.5,1.6,…,1.9	0.1	5
			2.0,2.5,…,9.5	0.5	16
			10,20,…,100	10	10
2	83	0,1,2	0.5	—	1
			1	—	1
			1.005	—	1
			1.01,1.02,…,1.49	0.01	49
			1.5,1.6,…,1.9	0.1	5
			2.0,2.5,…,9.5	0.5	16
			10,20,…,100	10	10
3	46	0,1,2	1	—	1
			1.001,1.002,…,1.009	0.001	9
			1.01,1.02,…,1.09	0.01	9
			1.1,1.2,…,1.9	0.1	9
			2.3,…,9	1	8
			10,20,…,100	10	10

在使用量块组测量时，为了减少量块的组合误差，应尽量减少量块的组合块数，一般不超过4块。选用量块时，应从所需组合尺寸的最后一位数开始，每选一块至少应减去所需尺寸的一位尾数。

例如：从83块一套的量块中选取几块组成尺寸为36.745mm，则可选取1.005mm、1.24mm、4.5mm和30mm四个量块。

具体选择步骤如下：

36.745 ………………所需尺寸
− 1.005 ………………第一块量块尺寸
35.740
− 1.24 ………………第二块量块尺寸
34.500
− 4.5 ………………第三块量块尺寸
30.000 ………………第四块量块尺寸

4. 量块的保养维护与注意事项

量块是精密标准量具，为保持量块长度的准确度和延长量块的使用寿命，必须采取相应的措施，注意维护和保养。否则将导致量块生锈，碰伤或严重的划痕损坏表面质量，丧失研合性，造成量块降等降级，甚至无法修复而报废。

（1）防锈

① 量块不用时要涂上防锈涂料，一般涂凡士林油或防锈油纸包装后放入盒内。但时间长了涂料也会变质，因此长期不用的量块也应周期地进行清洗，重涂防锈油，至少每年一次。南方气候温湿，最好在三月、九月各清洗一次。

② 与量块接触的物质，如洗涤剂、防锈涂料、包装纸、匣、擦布、盛器等都不能含有腐蚀性物质，如酸、碱和水分，因为这些物质易使量块氧化生锈。储存和使用量块的场所要远离腐蚀性源。

③ 使用量块时忌用手直接触摸，必须戴上手套，不要对着量块讲话，以防唾液溅到量块表面导致生锈。

④ 量块应存放在干燥、无腐蚀性气体、通风良好，无灰尘的地方、房间温度18～25℃，湿度不大于50%。常用量块可放入干燥器内，随用随取，可省去涂油和清洗时间，但必须保持测量面清洁。

⑤ 量块在温差较大两地移动，需对量块加以保护措施，如在量块盒外包裹包皮，避免由于温度骤变而使量块生锈。

⑥ 绝对不许量块长期研合在一起，避免生锈。

（2）防划痕

① 使用量块的场所必须清洁，以防量块在研合时由于测量而存在尘埃而划伤。

② 与量块测量面接触的平晶、平板、仪器工作台等不允许有锈蚀、碰伤、毛刺等缺陷，避免划伤量块。

③ 防止量块发生磁化现象，磁化量块含吸附铁性粉末，给量块清洗和组合带来困难，还会划伤量块表面。

（3）防碰伤

① 量块应整齐平行地排放在盛器内，切不要乱放，以免量块角碰伤其他量块测量面或边缘，以产生缺口或局部起毛。

② 移动盛放量块的盛器时要平稳，以防盛器倾斜而造成量块相互碰撞。

③ 夹持10mm以上量块要用大镊子，并采取相应措施，增加镊子与量块间的摩擦，防止量块滑落而跌伤。量块剧烈碰撞不但会严重损伤测量面，还会使量块内部应力改变而产生变形。

必须注意，当量块测量面产生锈蚀，严重划痕或碰伤时，切不可用砂纸打磨。如遇上述情况应送计量机构进行检修。

任务指导

练习从83块一套的量块中，组合下列尺寸：29.875mm，48.98mm，40.79mm，10.56mm。

（1）先选择能够组合成所需尺寸的几块量块。

（2）将几块量块研合到一起。

任务二 销轴轴径的检测

任务目标

① 掌握游标卡尺和外径千分尺的操作方法。

② 掌握轴类零件的测量、数据处理等方面的知识。

任务内容与要求

根据如图 7-2-1 所示销轴的尺寸精度要求，完成下列要求：

① 识读零件图上销轴的尺寸精度要求。

② 测量销轴的轴径，记录数据，填写任务单。

③ 判断销轴的轴径是否合格。

④ 要求掌握游标卡尺、外径千分尺的使用方法。

⑤ 要求掌握游标卡尺、外径千分尺的读数方法。

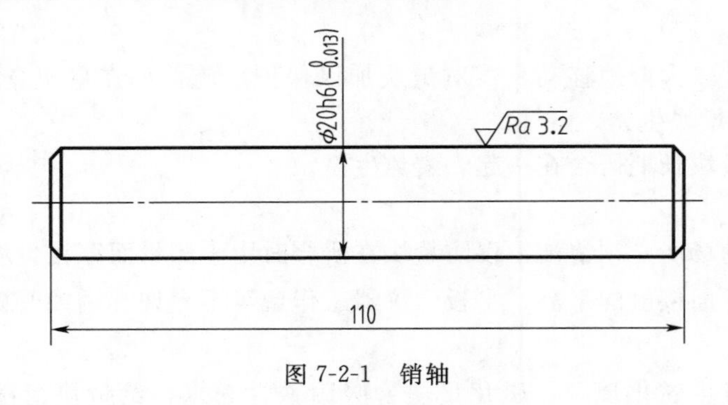

图 7-2-1 销轴

学习任务单：

<table>
<tr><td colspan="7">任务二 销轴轴径的检测</td></tr>
<tr><td>班级</td><td colspan="2"></td><td>姓名</td><td></td><td>学号</td><td></td></tr>
<tr><td rowspan="2">计量器具</td><td colspan="2">名称</td><td colspan="2">分度值/mm</td><td>示值范围/mm</td><td>测量范围/mm</td></tr>
<tr><td colspan="2"></td><td colspan="2"></td><td></td><td></td></tr>
<tr><td rowspan="2">被测工件</td><td>名称</td><td>公差带代号</td><td>上偏差</td><td>下偏差</td><td>最大极限尺寸</td><td>最小极限尺寸</td></tr>
<tr><td></td><td></td><td></td><td></td><td></td><td></td></tr>
<tr><td>被测零件图</td><td colspan="6"></td></tr>
</table>

续表

<table>
<tr><th colspan="7">任务二　销轴轴径的检测</th></tr>
<tr><td>班级</td><td colspan="2"></td><td>姓名</td><td colspan="2"></td><td>学号</td></tr>
<tr><td rowspan="3">测量记录</td><td colspan="6">局部实际尺寸/mm</td></tr>
<tr><td>1</td><td>2</td><td>3</td><td>4</td><td>5</td><td>6</td></tr>
<tr><td></td><td></td><td></td><td></td><td></td><td></td></tr>
<tr><td rowspan="2">数据处理</td><td>实际尺寸</td><td>判断合格性</td><td colspan="4">理由</td></tr>
<tr><td></td><td></td><td colspan="4"></td></tr>
</table>

相关知识

• 有关常用外径计量器具的介绍

一、游标卡尺的基本结构、读数原理与使用方法

游标卡尺是一种常用的量具，具有结构简单、使用方便、精度中等和测量的尺寸范围大等特点，可以用它来测量零件的外径、内径、长度、宽度、厚度、深度和孔距等，应用范围很广。

1. 游标卡尺的基本结构

测量范围为 0～125mm 的游标卡尺，制成带有刀口形的上下量爪和带有深度尺的形式，如图 7-2-2。

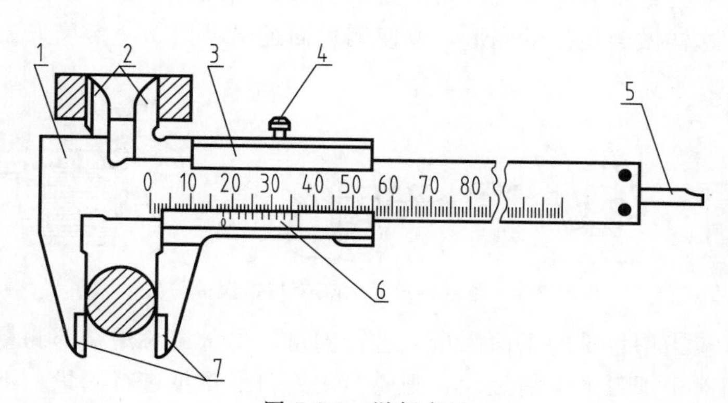

图 7-2-2　游标卡尺

1—尺身；2—上量爪；3—尺框；4—紧固螺钉；5—深度尺；6—游标；7—下量爪

2. 游标卡尺主要组成部分

（1）具有固定量爪的尺身，主尺的长度决定于游标卡尺的测量范围。

（2）具有活动量爪的尺框。尺框上有游标，游标卡尺的游标读数值可制成为 0.1mm、0.05mm 和 0.02mm 三种。游标读数值，就是指使用这种游标卡尺测量零件尺寸时，卡尺上能够读出的最小数值。

（3）在 0～125mm 的游标卡尺上，还带有测量深度的深度尺，如图 7-2-2 中的 5。深度

尺固定在尺框的背面，能随着尺框在尺身的导向凹槽中移动。测量深度时，应把尺身尾部的端面靠紧在零件的测量基准平面上。

3. 游标卡尺的读数方法

现把游标读数值为 0.02mm 的游标卡尺的读数方法介绍如下，分三步：

(1) 读整数。读出游标零线与左边靠近零线最近的尺身刻线数值，读数值就是被测工件尺寸的整数值。

(2) 读小数。找出与尺身刻线对齐的游标刻线，将其格数乘以游标分度值 0.02mm 所得的积，即为被测工件尺寸的小数值。

(3) 求和。把上面的整数值和小数值相加，就是被测工件的尺寸值。

4. 游标卡尺的使用方法

使用游标卡尺测量零件尺寸时，必须注意下列几点：

(1) 测量前应把卡尺擦干净，检查卡尺的两个测量面和测量刃口是否平直无损，把两个量爪紧密贴合时，应无明显的间隙，同时游标和主尺的零位刻线要相互对准。这个过程称为校对游标卡尺的零位。

(2) 移动尺框时，活动要自如，不应过松或过紧，更不能有晃动现象。用固定螺钉固定尺框时，卡尺的读数不应有所改变。在移动尺框时，不要忘记松开固定螺钉，亦不宜过松以免掉了。

(3) 当测量零件的外尺寸时：卡尺两测量面的连线应垂直于被测量表面，不能歪斜。测量时，可以轻轻摇动卡尺，放正垂直位置，如图 7-2-3 所示。否则，量爪若在如图 7-2-3 所示的错误位置上，将使测量结果 a 比实际尺寸 b 要大；先把卡尺的活动量爪张开，使量爪能自由地卡进工件，把零件贴靠在固定量爪上，然后移动尺框，用轻微的压力使活动量爪接触零件。如卡尺带有微动装置，此时可拧紧微动装置上的固定螺钉，再转动调节螺母，使量爪接触零件并读取尺寸。绝不可把卡尺的两个量爪调节到接近甚至小于所测尺寸，把卡尺强制地卡到零件上去。这样做会使量爪变形，或使测量面过早磨损，使卡尺失去应有的精度。

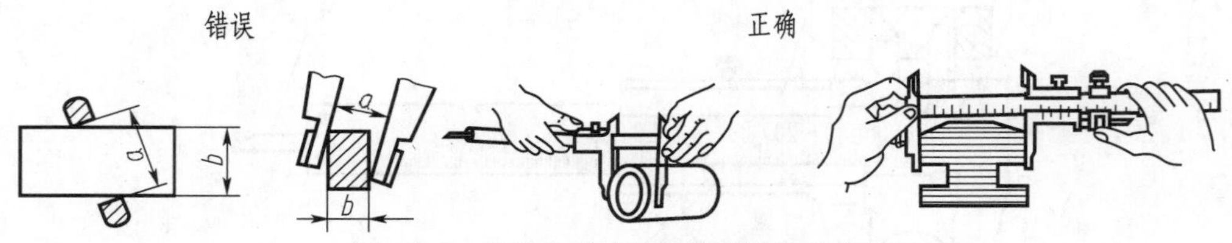

图 7-2-3 测量外尺寸时正确与错误的位置

测量沟槽时，应当用量爪的平面测量刃进行测量，尽量避免用端部测量刃和刀口形量爪去测量外尺寸。而对于圆弧形沟槽尺寸，则应当用刀口形量爪进行测量，不应当用平面形测量刃进行测量，如图 7-2-4 所示。

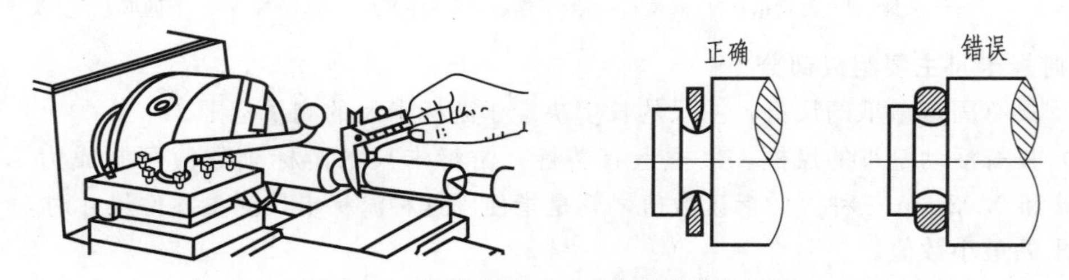

图 7-2-4 测量沟槽时正确与错误的位置

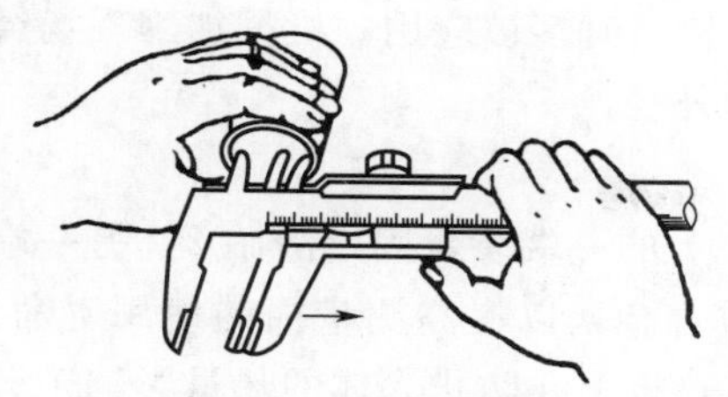
图 7-2-5　内孔的测量方法

（4）当测量零件的内尺寸时：如图 7-2-5 所示，要使量爪分开的距离小于所测内尺寸，进入零件内孔后，再慢慢张开并轻轻接触零件内表面，用固定螺钉固定尺框后，轻轻取出卡尺来读数。取出量爪时，用力要均匀，并使卡尺沿着孔的中心线方向滑出，不可歪斜，免使量爪扭伤、变形和受到不必要的磨损，同时会使尺框走动，影响测量精度。

卡尺两测量刃应在孔的直径上，不能偏歪。图 7-2-6 为带有刀口形量爪和带有圆柱面形量爪的游标卡尺，在测量内孔时正确的和错误的位置。当量爪在错误位置时，其测量结果，将比实际孔径 D 要小。

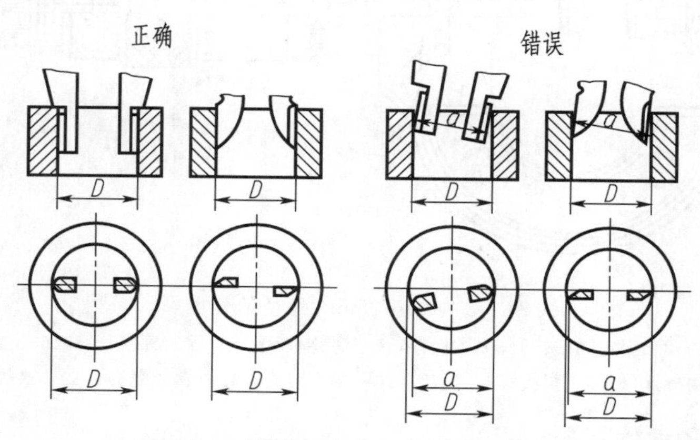

图 7-2-6　测量内孔时正确与错误的位置

（5）使用游标卡尺时应注意：

① 用游标卡尺测量零件时，不允许过分地施加压力，所用压力应使两个量爪刚好接触零件表面。如果测量压力过大，不但会使量爪弯曲或磨损，且量爪在压力作用下产生弹性变形，使测量的尺寸不准确（外尺寸小于实际尺寸，内尺寸大于实际尺寸）。

② 在游标卡尺上读数时，应把卡尺水平拿着，朝着亮光的方向，使人的视线尽可能和卡尺的刻线表面垂直，以免由于视线的歪斜造成读数误差。

③ 为了获得正确的测量结果，可以多测量几次。即在零件的同一截面上的不同方向进行测量。对于较长零件，则应当在全长的各个部位进行测量，以便获得一个比较正确的测量结果。

5. 游标卡尺的维护保养

（1）游标卡尺作为较精密测量器具不得随意乱用，造成损坏或降低精度。

（2）移动卡尺的尺框和微动装置时，不要忘记松开禁锢螺钉；但也不要过松，以免螺钉脱落丢失。

（3）测量结束要把卡尺平放，尤其是大尺寸的卡尺，否则会造成尺身弯曲变形。

（4）带深度尺的游标卡尺，用完后，要把量爪合拢，较细的深度尺露在外面，容易变形甚至折断。

（5）卡尺用完后，要擦净上油，放到卡尺盒内，注意不要锈蚀或弄脏。

二、外径千分尺的基本结构、读数方法与使用方法

外径千分尺是应用螺旋测微原理制成的量具，属于一种螺旋测微量具。它的测量精度比

游标卡尺高，并且测量比较灵活，因此，当加工精度要求较高时多被应用。机械加工现场经常使用的是分度值为 0.01mm 的千分尺，用以测量零件的外径。

1. 外径千分尺的基本结构

图 7-2-7 是测量范围为 0～25mm 的外径千分尺。尺架 1 的一端装着固定测砧 2，另一端装着测微头。固定测砧和测微螺杆的测量面上都镶有硬质合金，以提高测量面的使用寿命。尺架的两侧面覆盖着绝热板 12，使用千分尺时，手拿在绝热板上，防止人体的热量影响千分尺的测量精度。

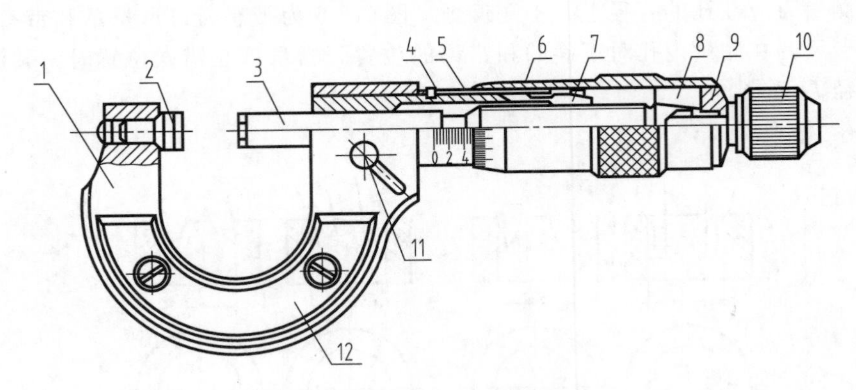

图 7-2-7　0～25mm 外径千分尺

1—尺架；2—固定测砧；3—测微螺杆；4—螺纹轴套；5—固定刻度套筒；6—微分筒；7—调节螺母；8—接头；9—垫片；10—测力装置；11—锁紧螺钉；12—绝热板

2. 外径千分尺的读数方法

千分尺的具体读数方法可分为三步：

(1) 读出固定套筒上露出的刻线尺寸，一定要注意不能遗漏应读出的 0.5mm 的刻线值。

(2) 读出微分筒上的尺寸，要看清微分筒圆周上哪一格与固定套筒的中线基准对齐，将格数乘 0.01mm 即得微分筒上的尺寸。

(3) 将上面两个数相加，即为外径千分尺上测得尺寸。

图 7-2-8 (a) 中，在固定套筒上读出的尺寸为 8mm，微分筒上读出的尺寸为 27（格）×0.01mm＝0.27mm，上两数相加即得被测零件的尺寸为 8.27mm；图 7-2-8 (b) 中，在固定套筒上读出的尺寸为 8.5mm，在微分筒上读出的尺寸为 27（格）×0.01mm＝0.27mm，上两数相加即得被测零件的尺寸为 8.77mm。

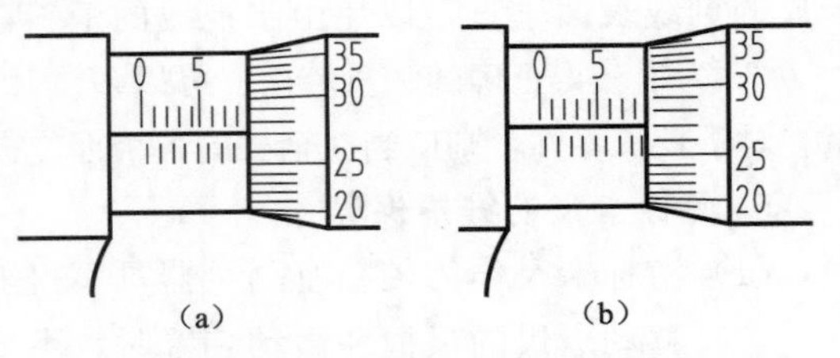

图 7-2-8　外径千分尺的读数

3. 外径千分尺的使用方法

外径千分尺的分度值为 0.01mm。常用的外径千分尺的测量范围有：0～25mm、25～50mm、50～75mm、75～100mm，以致几米以上，但测微螺杆的测量位移一般均为 25mm。依据被测工件的基本尺寸来选择不同测量范围的外径千分尺。如工件的基本尺寸为 40mm，则选择测量范围为 25～50mm 的外径千分尺进行测量。

使用外径千分尺测量零件尺寸时，必须注意下列几点：

（1）使用前，应把外径千分尺的两个测砧面擦干净，转动测力装置，使两测砧面接触（若测量上限大于25mm时，在两测砧面之间放入校对量杆或相应尺寸的量块），接触面上应没有间隙和漏光现象，同时微分筒和固定套筒要对准零位。

（2）转动测力装置时，微分筒应能自由灵活地沿着固定套筒活动，没有任何轧卡和不灵活的现象。如有活动不灵活的现象，应送计量站及时检修。

（3）测量前，应把零件的被测量表面擦干净，以免有脏物存在时影响测量精度。绝对不允许用外径千分尺测量带有研磨剂的表面，以免损伤测量面的精度。用外径千分尺测量表面粗糙的零件亦是错误的，这样易使测砧面过早磨损。

（4）用外径千分尺测量零件时，应当手握测力装置的转帽来转动测微螺杆，使测砧表面保持标准的测量压力，即听到嘎嘎的声音，表示压力合适，并可开始读数。要避免因测量压力不等而产生测量误差。

绝对不允许用力旋转微分筒来增加测量压力，使测微螺杆过分压紧零件表面，致使精密螺纹因受力过大而发生变形，损坏外径千分尺的精度。有时用力旋转微分筒后，虽因微分筒与测微螺杆间的连接不牢固，对精密螺纹的损坏不严重，但是微分筒打滑后，外径千分尺的零位走动了，就会造成质量事故。

（5）使用外径千分尺测量零件时（图7-2-9），要使测微螺杆与零件被测量的尺寸方向一致。如测量外径时，测微螺杆要与零件的轴线垂直，不要歪斜。测量时，可在旋转测力装置的同时，轻轻地晃动尺架，使测砧面与零件表面接触良好。

（6）用外径千分尺测量零件时，最好在零件上进行读数，放松后取出外径千分尺，这样可减少测砧面的磨损。如果必须取下读数时，应用制动器锁紧测微螺杆后，再轻轻滑出零件，把外径千分尺当卡规使用是错误的，因这样做不但易使测量面过早磨损，甚至会使测微螺杆或尺架发生变形而失去精度。

（7）在读取外径千分尺上的测量数值时，要特别留心不要读错0.5mm。

（8）为了获得正确的测量结果，可在同一位置上再测量一次。尤其是测量圆柱形零件时，应在同一圆周的不同方向测量几次，检查零件外圆有没有圆度误差，再在全长的各个部位测量几次，检查零件外圆有没有圆柱度误差等。

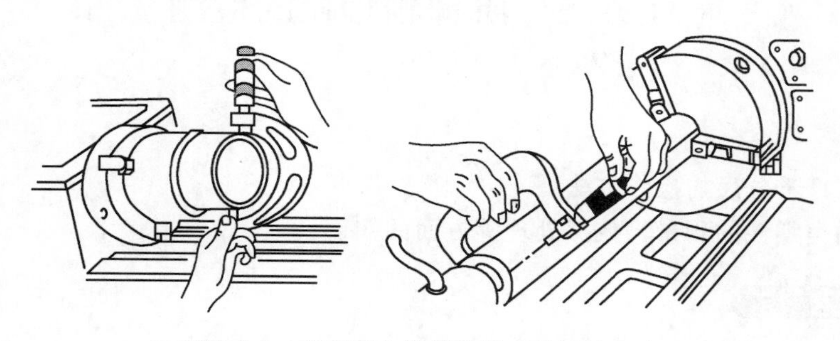

图7-2-9　在车床上使用外径千分尺的方法

（9）对于超常温的工件，不要进行测量，以免产生读数误差。

（10）用单手使用外径千分尺时，如图7-2-10（a）所示，可用大拇指和食指或中指捏住活动套筒，小指勾住尺架并压向手掌上，大拇指和食指转动测力装置就可测量。

用双手测量时，可按图7-2-10（b）所示的方法进行。

值得提出的是几种使用外径千分尺的错误方法，比如用外径千分尺测量旋转运动中的工件，很容易使外径千分尺磨损，而且测量也不准确；又如贪图快一点得出读数，握着微分筒来挥转（图 7-2-11）等，也会破坏外径千分尺的内部结构。

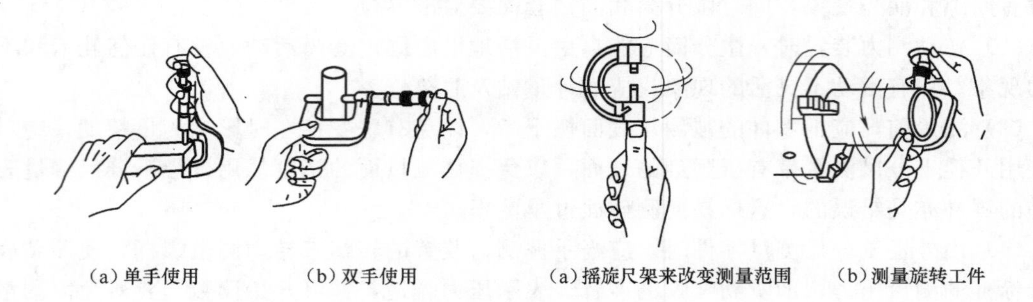

(a) 单手使用　(b) 双手使用　(a) 摇旋尺架来改变测量范围　(b) 测量旋转工件

图 7-2-10　正确使用　　图 7-2-11　错误使用

操作步骤：

本次任务选用测量范围为 0～125mm 的游标卡尺、0～25mm 的外径千分尺均可。

(1) 首先将选用的测量器具的测头，被测工件表面擦洗干净。

(2) 校准零位。直接合拢两测量面进行校正。若调零有困难，可先记录下零位时的误差，并注意误差的正负值，在测量结果中加以修正。

(3) 使两测量面之间的距离大于工件的被测尺寸。

(4) 将工件的被测表面放在两测头之间，开始进行测量，具体各测量器具的操作方法见前述的使用方法。

(5) 锁紧测量器具后，可读数，记录数据。

(6) 可进行多次测量，并将测量结果填入学习任务单。

(7) 进行数据处理，根据零件的尺寸精度要求判断尺寸是否合格。

任务三　阶梯轴轴径的检测

任务目标

① 掌握杠杆千分尺的操作方法。

② 掌握轴类零件的测量、数据处理等方面的知识。

任务内容与要求

根据如图 7-3-1 所示轴的尺寸精度要求，完成下列要求：

① 识读零件图上阶梯轴的尺寸精度要求。

② 测量阶梯轴的轴径，记录数据，填写任务单。

③ 判断阶梯轴的轴径是否合格。

④ 要求掌握杠杆千分尺的使用方法。

⑤ 要求掌握杠杆千分尺的读数方法。

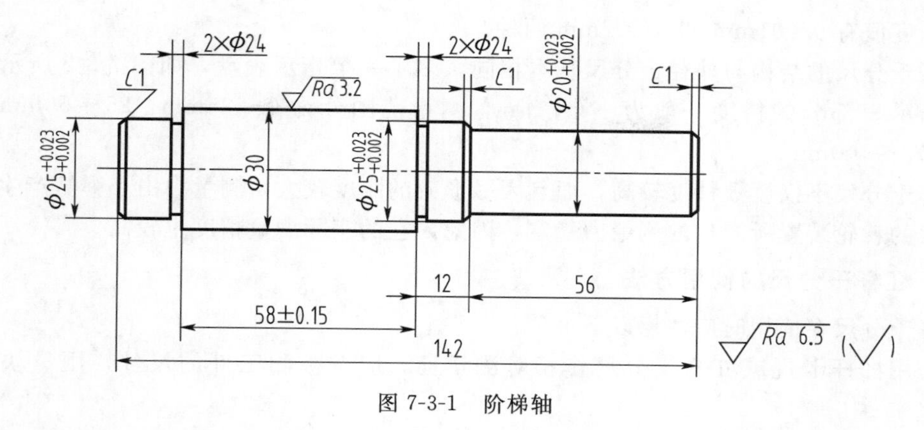

图 7-3-1　阶梯轴

学习任务单：

<table>
<tr><td colspan="7">任务三　阶梯轴轴径的检测</td></tr>
<tr><td>班级</td><td colspan="2"></td><td>姓名</td><td></td><td>学号</td><td></td></tr>
<tr><td rowspan="2">计量器具</td><td colspan="2">名称</td><td colspan="1">分度值/mm</td><td colspan="1">示值范围/mm</td><td colspan="2">测量范围/mm</td></tr>
<tr><td colspan="2"></td><td></td><td></td><td colspan="2"></td></tr>
<tr><td rowspan="4">被测工件</td><td>名称</td><td>尺寸标注</td><td>上偏差</td><td>下偏差</td><td>最大极限尺寸</td><td>最小极限尺寸</td></tr>
<tr><td rowspan="3"></td><td></td><td></td><td></td><td></td><td></td></tr>
<tr><td></td><td></td><td></td><td></td><td></td></tr>
<tr><td></td><td></td><td></td><td></td><td></td></tr>
<tr><td>被测零件图</td><td colspan="6"></td></tr>
<tr><td rowspan="3">测量记录</td><td colspan="6">局部实际尺寸/mm</td></tr>
<tr><td>1</td><td>2</td><td>3</td><td>4</td><td>5</td><td>6</td></tr>
<tr><td></td><td></td><td></td><td></td><td></td><td></td></tr>
<tr><td rowspan="4">数据处理</td><td>实际尺寸</td><td>判断合格性</td><td colspan="4">理由</td></tr>
<tr><td></td><td></td><td colspan="4"></td></tr>
<tr><td></td><td></td><td colspan="4"></td></tr>
<tr><td></td><td></td><td colspan="4"></td></tr>
</table>

相关知识

· 有关杠杆千分尺的介绍

一、杠杆千分尺的基本结构

杠杆千分尺又称指示千分尺，它是由外径千分尺的微分筒部分和杠杆测微机构组合而成的一种精密量具。杠杆千分尺既可以进行相对测量，也可以像外径千分尺那样用作绝对测量。其分度值有 0.001mm 和 0.002mm 两种。

杠杆千分尺的结构与外径千分尺基本相同，多了一个指示表盘，如图 7-3-2 所示。杠杆千分尺指示表部分的精度一般为+/−1μm，测量范围分为 0～25mm、25～50mm、50～75mm、75～100mm。

杠杆千分尺不仅读数精度较高，而且因弓形架的刚度较大，测量力由小弹簧产生，比普通千分尺的棘轮装置所产生的测量力稳定，因此，它的实际测量精度也较高。

二、杠杆千分尺的使用方法

杠杆千分尺在使用时应注意以下事项：

(1) 用杠杆卡规或杠杆千分尺作相对测量前，应按被测工件的尺寸，用量块调整好零位。

(2) 测量时，按动退让按钮，让测量杆面轻轻接触工件，不可硬卡，以免测量面磨损而影响精度。

(3) 测量工件直径时，应摆动量具，以指针的转折点读数为正确测量值。

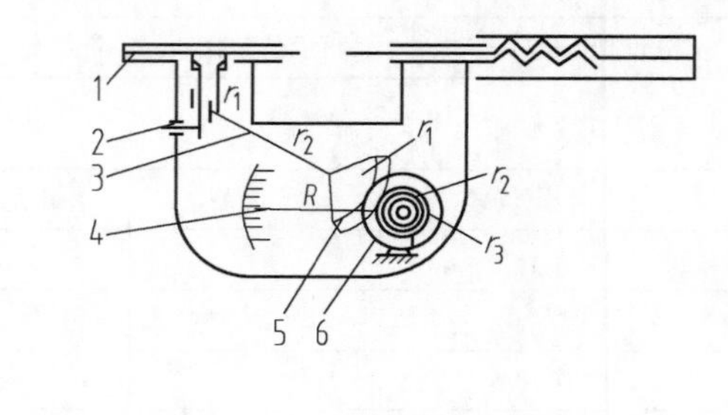

(a)

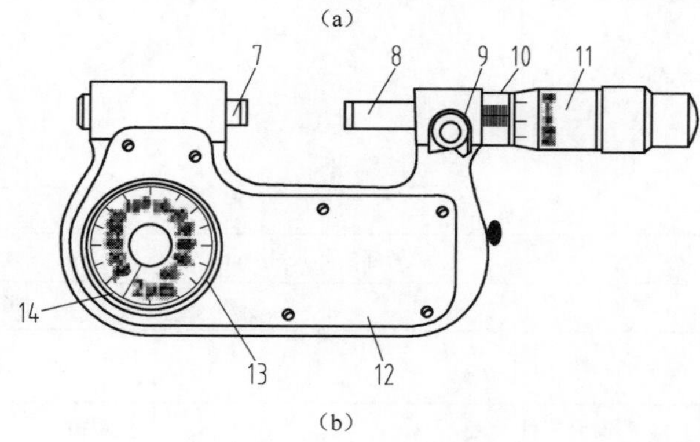

(b)

图 7-3-2 杠杆千分尺

1—压簧；2—拨叉；3—杠杆；4,14—指针；5—扇形齿轮（$z_1=312$）；6—小齿轮（$z_2=12$）；7—微动测杆；8—活动测杆；9—止动器；10—固定套筒；11—微分筒；12—盖板；13—表盘

任务指导

操作步骤：

(1) 首先将选用的测量器具的测头、被测工件表面擦洗干净。

(2) 校准零位。直接合拢两测量面进行校正。若调零有困难，可先记录下零位时的误差，并注意误差的正负值，在测量结果中加以修正。

（3）使两测量面之间的距离大于工件的被测尺寸。

（4）将工件的被测表面放在两测头之间，开始进行测量，具体操作方法见前述使用方法。

（5）锁紧测量器具后，可读数，记录数据。

（6）可进行多次测量，并将测量结果填入学习任务单。

（7）进行数据处理，根据零件的尺寸精度要求判断尺寸是否合格。

任务四　套筒孔径的检测

任务目标

① 熟悉内径百分表的结构和原理。

② 掌握内径百分表测量孔径的方法。

③ 掌握深孔类零件的测量、数据处理等方面的知识。

任务内容与要求

根据套筒的尺寸精度要求，完成下列要求：

① 识读零件图上套筒的尺寸精度要求（图 7-4-1）。

② 测量套筒的孔径，记录数据，填写任务单。

③ 判断套筒的孔径是否合格。

④ 要求掌握内径百分表的使用方法。

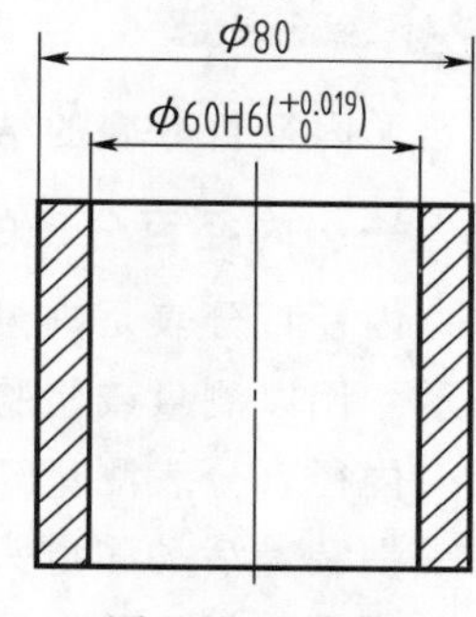

图 7-4-1　套筒

学习任务单：

<table>
<tr><th colspan="9">任务四　套筒孔径的检测</th></tr>
<tr><td>班级</td><td colspan="3"></td><td>姓名</td><td colspan="2"></td><td>学号</td><td></td></tr>
<tr><td rowspan="2">计量器具</td><td colspan="2">名称</td><td colspan="2">分度值/mm</td><td colspan="2">示值范围/mm</td><td colspan="2">测量范围/mm</td></tr>
<tr><td colspan="2"></td><td colspan="2"></td><td colspan="2"></td><td colspan="2"></td></tr>
<tr><td rowspan="2">被测工件</td><td>名称</td><td>公差带代号</td><td>上偏差</td><td>下偏差</td><td>最大极限尺寸</td><td>最小极限尺寸</td><td>上验收极限</td><td>下验收极限</td></tr>
<tr><td></td><td></td><td></td><td></td><td></td><td></td><td></td><td></td></tr>
<tr><td>被测零件图</td><td colspan="8"></td></tr>
<tr><td>测量示意图</td><td colspan="8"></td></tr>
</table>

续表

<table>
<tr><td colspan="9">任务四　套筒孔径的检测</td></tr>
<tr><td>班级</td><td colspan="3"></td><td>姓名</td><td colspan="2"></td><td>学号</td><td></td></tr>
<tr><td rowspan="4">测量记录</td><td colspan="2" rowspan="2">测量位置</td><td colspan="3">实际偏差</td><td colspan="3">实际尺寸</td></tr>
<tr><td>Ⅰ-Ⅰ</td><td>Ⅱ-Ⅱ</td><td>Ⅲ-Ⅲ</td><td>Ⅰ-Ⅰ</td><td>Ⅱ-Ⅱ</td><td>Ⅲ-Ⅲ</td></tr>
<tr><td rowspan="2">测量方向</td><td>A—A</td><td></td><td></td><td></td><td></td><td></td><td></td></tr>
<tr><td>B—B</td><td></td><td></td><td></td><td></td><td></td><td></td></tr>
<tr><td rowspan="2">数据处理</td><td colspan="3">判断合格性</td><td colspan="5">理由</td></tr>
<tr><td colspan="3"></td><td colspan="5"></td></tr>
</table>

相关知识

• 内径百分表的结构、原理和使用方法

一、内径百分表的结构与原理

内径百分表是内量杠杆式测量架和百分表的组合，如图 7-4-2 所示。用以测量或检验零件的内孔、深孔直径及其形状精度。

内径百分表测量架的内部结构，由图 7-4-2 可见，在三通管 3 的一端装着活动测量头 1，另一端装着可换测量头 2，垂直管口一端，通过连杆 4 装有百分表 5。活动测量头 1 的移动，使传动杠杆 7 回转，通过活动杆 6，推动百分表的测量杆，使百分表指针产生回转。由于传动杠杆 7 的两侧触点是等距离的，当活动测头移动 1mm 时，活动杆也移动 1mm，推动百分表指针回转一圈。所以，活动测量头的移动量，可以在百分表上读出来。

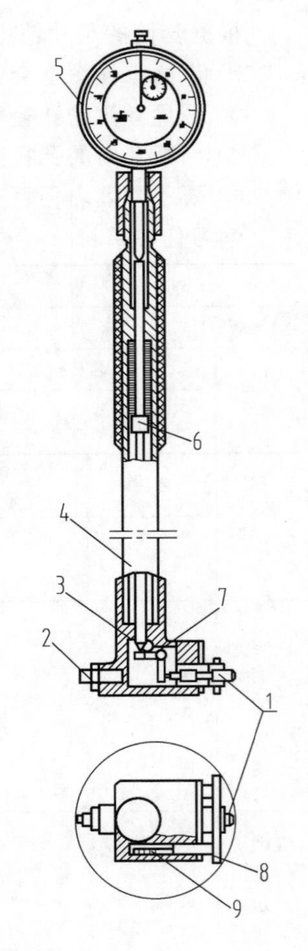

图 7-4-2　内径百分表

两触点量具在测量内径时，不容易找正孔的直径方向，定心护桥 8 和弹簧 9 就起了一个帮助找正直径位置的作用，使内径百分表的两个测量头正好在内孔直径的两端。活动测量头的测量压力由活动杆 6 上的弹簧控制，保证测量压力一致。

内径百分表的指针摆动读数，刻度盘上每一格为 0.01mm，盘上刻有 100 格，即指针每转一圈为 1mm。

二、内径百分表的使用方法

内径百分表用来测量圆柱孔，它附有成套的可调测量头，使用前必须先进行组合和校对零位。

用内径百分表测量内径是一种比较测量法，测量前应根据被测孔径的大小，在专用的环规或外径千分尺上调整好尺寸后才能使用，如图 7-4-3 所示。调整内径百分表的尺寸时，选用可换测量头的长度及其伸出的距离（大尺寸内径百分表的可换测量头，是用螺纹旋上去的，故可调整伸出的距离，小尺寸的不能调整），应使被测尺寸在活动测量头总移动量的中间位置。

组合时，将百分表装入连杆内，使小指针指在 0～1 的位置上，长针和连杆轴线重合，刻度盘上的字应垂直向下，以便于测量时观察，装好后应予紧固。

测量时，连杆中心线应与工件中心线平行，不得歪斜，同时应在圆周上多测几个点，找出孔径的实际尺寸，看是否在极限尺寸范围以内。如图 7-4-4 所示。

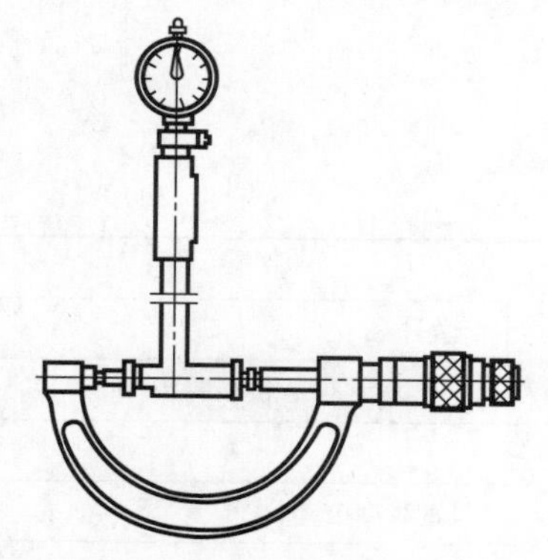

图 7-4-3　用外径千分尺调整尺寸

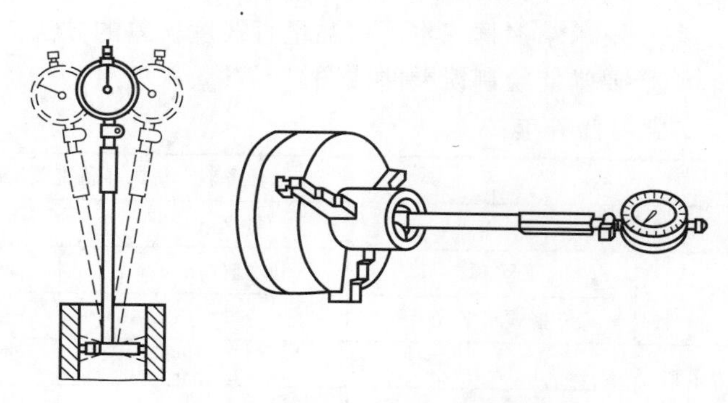

图 7-4-4　内径百分表的使用方法

任务指导

操作步骤：

(1) 根据被测孔径的基本尺寸，选取可换测量头 58～66mm 拧入内径百分表的螺丝中，扳紧锁紧。

(2) 按被测孔径的基本尺寸组合量块，放入量块夹内夹紧，以便仪器对零位。

(3) 将内径百分表调整零位。

用一只手拿着隔热手柄，另一只手的食指和中指轻轻按压定位板，将活动测量头压靠在测块上，使活动测量头内缩，以保证放入可换测量头时不与测块摩擦而避免磨损。然后松开定位板和活动测量头，使可换测量头与测块接触，就可在垂直和水平两个方向上摆动内径百分表找最小值。反复摆动几次，并相应地回转表盘，使百分表的零刻度正好对准示值变化的最小值。零位对好后，用手指轻压定位板使活动测量头内缩，当可换测量头脱离接触时，缓缓地将内径百分表从测块内取出。

(4) 测量内径。

将内径百分表放入被测孔中，沿被测孔的轴线方向测几个截面，每个截面要在相互垂直的两个部位上各测一次。测量时轻轻摆动内径百分表，记下示值变化的最小值。将读数与量块组尺寸的代数和作为孔径的测量值。

(5) 将测量结果填入学习任务单。

(6) 进行数据处理，根据套筒的尺寸精度要求判断尺寸是否合格。

任务五　机床导轨直线度的检测

任务目标

① 了解框式水平仪的结构和原理。

② 掌握框式水平仪测量直线度的方法。

③ 掌握直线度的测量、数据处理等方面的知识。

任务内容与要求

① 测量导轨的直线度误差，记录数据，填写任务单。

② 判断导轨的直线度是否合格。

③ 要求掌握框式水平仪测量直线度误差的方法。

④ 要求能绘制误差曲线图。

学习任务单：

<table>
<tr><td colspan="8">任务五　机床导轨直线度的检测</td></tr>
<tr><td>班级</td><td colspan="2"></td><td>姓名</td><td colspan="2"></td><td>学号</td><td></td></tr>
<tr><td rowspan="2">计量器具</td><td colspan="2">名称</td><td colspan="2">分度值/(mm/m)</td><td colspan="2">示值范围/mm</td><td>桥板跨距/mm</td></tr>
<tr><td colspan="2">框式水平仪</td><td colspan="2"></td><td colspan="2"></td><td></td></tr>
<tr><td rowspan="2">测量对象</td><td colspan="4">名称</td><td colspan="3">直线度公差</td></tr>
<tr><td colspan="4"></td><td colspan="3"></td></tr>
<tr><td rowspan="3">测量记录</td><td>测点序号</td><td>0</td><td>1</td><td>2</td><td>3</td><td>4</td><td>5</td></tr>
<tr><td>水平仪读数(格)</td><td></td><td></td><td></td><td></td><td></td><td></td></tr>
<tr><td>累积读数(格)</td><td></td><td></td><td></td><td></td><td></td><td></td></tr>
<tr><td>误差曲线图</td><td colspan="7"></td></tr>
<tr><td rowspan="2">数据处理</td><td>直线度误差</td><td colspan="2">判断合性格</td><td colspan="4">理由</td></tr>
<tr><td></td><td colspan="2"></td><td colspan="4"></td></tr>
</table>

相关知识

• 有关框式水平仪的介绍

一、框式水平仪的结构与原理

水平仪是测量角度变化的一种常用量具，主要用于测量机件相互位置的水平位置和设备安装时的平面度、直线度和垂直度，也可测量零件的微小倾角。

图 7-5-1 是常用的框式水平仪，主要由框架 1、主水准器 2 和调整水准 3 组成。利用水平仪上水准泡的移动来测量被测部位角度的变化。

框架的测量面有平面和 V 形槽，V 形槽便于在圆柱面上测量。弧形玻璃管的表面上有刻线，内装乙醚（或酒精），并留有一个水准泡，水准泡总是停留在玻璃管内的最高处。若水平仪倾斜一个角度，气泡就向左或向右移动，根据移动的距离（格数），直接或通过计算即可知道被测工件的直线度、平面度或垂直度误差。

框式水平仪玻璃管内壁是一个具有一定曲率半径的曲面，当水平仪发生倾斜时，气泡就向水平仪升高的一端移动，水平仪倾斜时，气泡便相对于玻璃管移动，根据气泡移动的方向和移过的格数可以测量出被测平面的倾斜方向和角度。水准泡内壁曲率半径越大分辨率越高，曲率半径越小，分辨率越低，因此水准泡的曲率半径决定了该产品的精度。

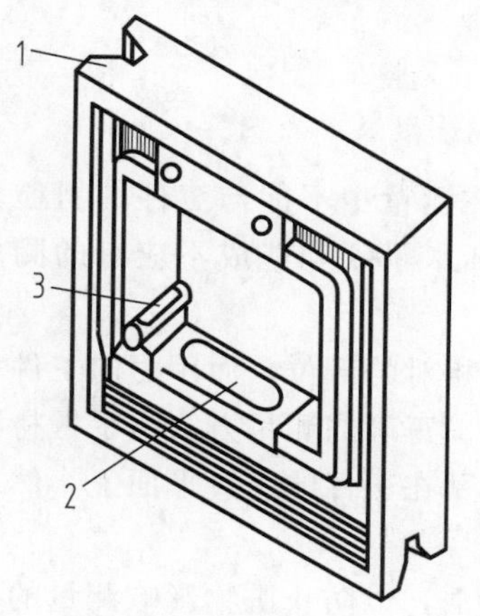

图 7-5-1　框式水平仪
1—框架；2—主水准器；3—调整水准

框式水平仪的分度值有 0.1mm/m、0.05mm/m、0.02mm/m 三种。如分度值为 0.02mm/m 的框式水平仪，则气泡每移动一格，表示导轨面在 1m 长度上两测量点高度差为 0.02mm。

二、框式水平仪的读数方法

水平仪的读数方法有直接读数法和平均读数法两种。

1. 直接读数法

以气泡两端的长刻线作为零线，气泡相对零线移动格数作为读数，这种读数方法最为常用，见图 7-5-2。

图 7-5-2（a）表示水平仪处于水平位置，气泡两端位于长线上，读数为“0”；图 7-5-2（b）表示水平仪逆时针方向倾斜，气泡向右移动，图示位置读数为“+2”；图 7-5-2（c）表示水平仪顺时针方向倾斜，气泡向左移动，图示位置读数为“−3”。

2. 平均读数法

由于环境温度变化较大，使气泡变长或缩短，引起读数误差而影响测量的正确性，可采用平均读数法，以消除读数误差。

平均读数法读数是分别从两条长刻线起，向气泡移动方向读至气泡端点止，然后取这两个读数的平均值作为这次测量的读数值。

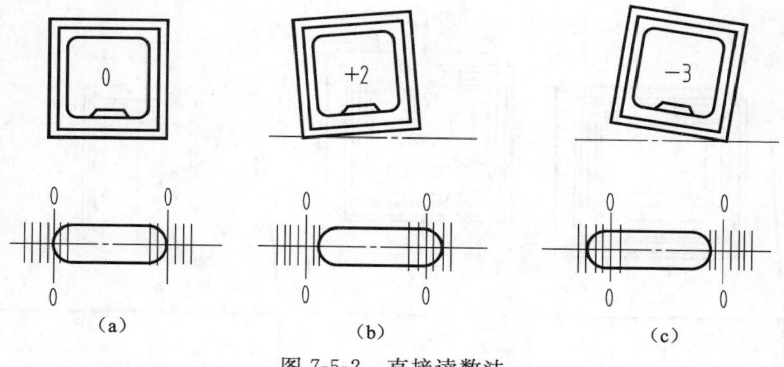

图 7-5-2　直接读数法

图 7-5-3（a）表示由于环境温度较高，气泡变长，测量位置使气泡左移。读数时，从左边长刻线起，向左读数“−3”；从右边长刻线起，向左读数“−2”。取这两个读数的平均值，作为这次测量的读数值：

$$\frac{(-3)+(-2)}{2}=-2.5$$

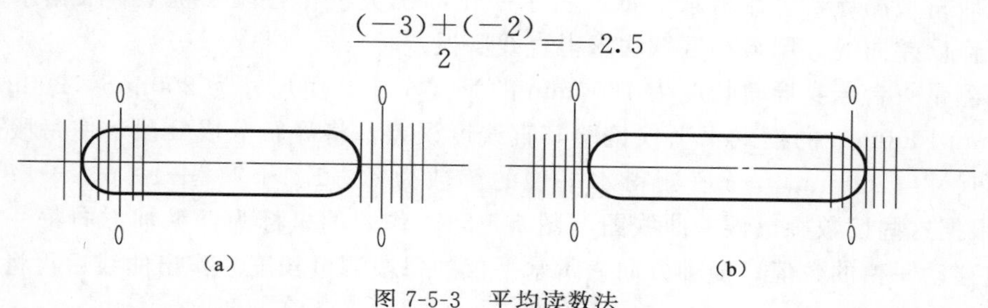

图 7-5-3　平均读数法

图 7-5-3（b）表示由于环境温度较低，气泡缩短，测量位置使气泡右移，按上述读数方法，读数分别为“＋2”和“＋1”，则测量的读数值是：

$$\frac{(+2)+(+1)}{2}=+1.5$$

三、框式水平仪的使用方法

（1）框式水平仪的两个V形测量面是测量精度的基准，在测量中不能与工件的粗糙面接触或摩擦。安放时必须小心轻放，避免因测量面划伤而损坏水平仪和造成不应有的测量误差。

（2）框式水平仪测量工件的垂直面时，不能握住与副测面相对的部位，而用力向工件垂直平面推压，这样会因水平仪的受力变形，影响测量的准确性。正确的测量方法是手握持副测面内侧，使水平仪平稳、垂直地（调整气泡位于中间位置）贴在工件的垂直平面上，然后从纵向水准读出气泡移动的格数。

（3）使用水平仪时，要保证水平仪工作面和工件表面的清洁，以防止脏物影响测量的准确性。测量水平面时，在同一个测量位置上，应将水平仪调过相反的方向再进行测量。当移动水平仪时，不允许水平仪工作面与工件表面发生摩擦，应该提起来放置。如图 7-5-4 所示。

（4）当测量长度较大工件时，可将工件平均分若干尺寸段，用分段测量法，然后根据各段的测量读数，绘出误差坐标图，以确定其误差的最大格数。框式水平仪的每一次测量都是桥板上跨距为 L 的两支点相对于大地水平线的高度差，它的测量基准线是大地水平线。

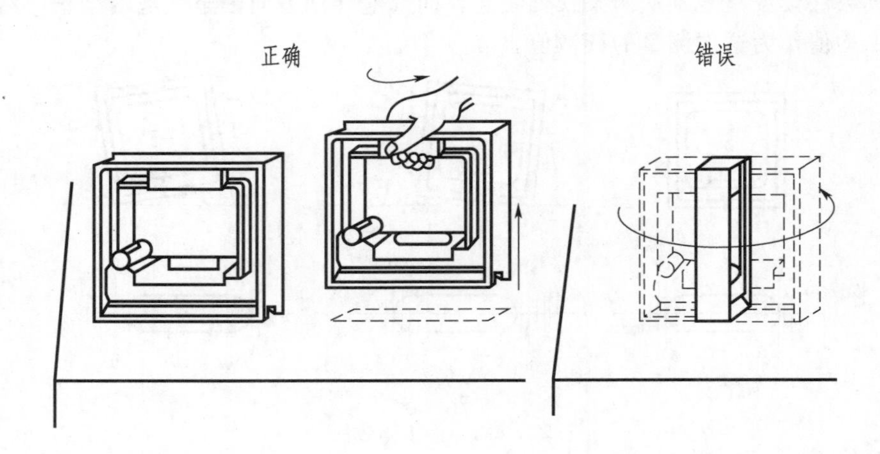

图 7-5-4　水平仪的使用方法

测量时将被测导轨等距分段，依次将水平仪和桥板放在各段导轨上。根据水平仪的读数，则可作误差曲线，用最小区域法求得直线度误差。

例如测量一台床身导轨长度为 1600mm 的卧式车床，用尺寸为 200mm×200mm、精度为 0.02mm/1000mm 的框式水平仪检验其直线度误差。将导轨分成 8 段，使每段长度为水平仪边框尺寸（200mm），分段测得水平仪的读数为：＋1、＋2、＋1、0、－1、0、－1、－0.5。根据这些读数画出误差曲线图（图 7-5-5）。作图的坐标为：纵轴方向每一格表示水平仪气泡移动一格的数值；横轴方向表示水平仪的每段测量长度。作出曲线后再将曲线的首尾（两端点）连线Ⅰ-Ⅰ。并经曲线的最高点作垂直于水平轴方向的垂线与连线相交的那段距离 n，即为导轨的直线度误差的格数，$n=3.5$ 格。从误差曲线图可以看到，导轨在全长范围内呈现出中间凸的状态，且凸起值最大在导轨 600～800mm 长度处。

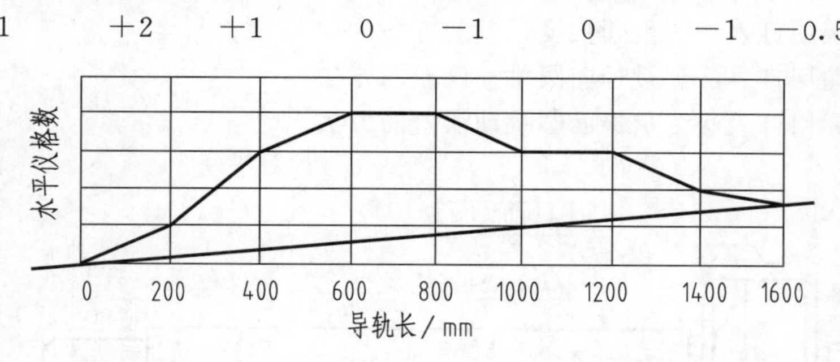

图 7-5-5　导轨在垂直平面内直线度误差曲线图

当桥板上跨距（节距）为 $L=200$mm，水平仪分度值为 0.02mm/1000mm 时，则直线度误差为：

$$f=3.5\times0.02\text{mm}/1000\text{mm}\times200\text{mm}=0.014\text{mm}$$

操作步骤：

（1）按桥板跨距及被测导轨长度建立测量点。

（2）列出每次测量桥板的位置。

（3）记下各次测量的读数。

（4）将测量结果填入学习任务单。

（5）计算各点对零点的累积高度差。

（6）绘制误差曲线图。

（7）进行数据处理，根据导轨的直线度精度要求判断导轨的直线度是否合格。

任务六　阶梯轴形位误差的检测

任务目标

① 掌握用打表法测量零件形位误差的方法。

② 掌握圆柱度误差的测量、数据处理等方面的知识。

③ 掌握径向圆跳动和端面圆跳动误差的测量、数据处理等方面的知识。

任务内容与要求

如图 7-6-1 所示，根据减速器输入轴的形位精度要求，完成下列要求：

① 识读零件图上的形位精度要求。

② 测量阶梯轴的圆柱度误差，记录数据，填写任务单。

③ 判断阶梯轴的圆柱度是否合格。

④ 测量阶梯轴的径向圆跳动误差，记录数据。

⑤ 判断阶梯轴的径向圆跳动是否合格。

⑥ 测量阶梯轴的端面圆跳动误差，记录数据。

⑦ 判断阶梯轴的端面圆跳动是否合格。

⑧ 要求掌握用打表法测量圆柱度误差的方法。

⑨ 要求掌握用打表法测量径向圆跳动误差的方法。

⑩ 要求掌握用打表法测量端面圆跳动误差的方法。

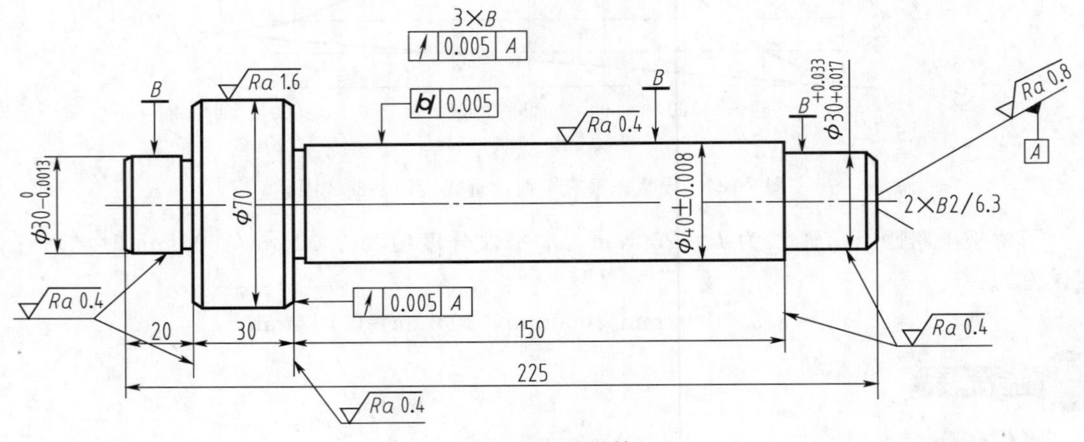

图 7-6-1 阶梯轴

学习任务单（一）：

任务六 阶梯轴形位误差的检测					
班级		姓名		学号	
计量器具	名称	分度值/mm		示值范围/mm	
被测工件	被测对象			圆柱度公差	
被测零件图					
测量示意图					

续表

任务六　阶梯轴形位误差的检测					
班级		姓名		学号	
测量记录	测量位置		Ⅰ-Ⅰ	Ⅱ-Ⅱ	Ⅲ-Ⅲ
	示表读数	最大值			
		最小值			
数据处理	圆柱度误差				
	判断合格性				
	理由				

学习任务单（二）：

任务六　阶梯轴形位误差的检测						
班级		姓名		学号		
计量器具	名称		分度值/mm		示值范围/mm	
被测工件	位置公差项目名称		被测要素		公差值	
	1	径向圆跳动				
	2	径向圆跳动				
	3	径向圆跳动				
	4	端面圆跳动				
被测零件图						
测量示意图						
测量记录	被测要素 1	测量位置	Ⅰ-Ⅰ	Ⅱ-Ⅱ	Ⅲ-Ⅲ	
		指针摆动值				
	被测要素 2	测量位置	Ⅰ-Ⅰ	Ⅱ-Ⅱ	Ⅲ-Ⅲ	
		指针摆动值				
	被测要素 3	测量位置	Ⅰ-Ⅰ	Ⅱ-Ⅱ	Ⅲ-Ⅲ	
		指针摆动值				
	被测要素 4	测量位置	A	B	C	
		指针摆动值				

续表

任务六　阶梯轴形位误差的检测

班级		姓名		学号	
数据处理	被测要素1	径向圆跳动误差	判断合格性	理由	
	被测要素2	径向圆跳动误差	判断合格性	理由	
	被测要素3	径向圆跳动误差	判断合格性	理由	
	被测要素4	端面圆跳动误差	判断合格性	理由	

相关知识

- 有关测量器具的介绍
- 有关形位误差测量方法的介绍

一、百分表

百分表主要用于校正零件的安装位置，检验零件的形状精度和相互位置精度，以及测量零件的内径等。

1. 百分表的结构

百分表的外形如图7-6-2所示。8为测量杆，6为指针，表盘3上刻有100个等分格，其分度值（即读数值）为0.01mm。当指针转一圈时，小指针即转动一小格，转数指示盘5的分度值为1mm。用手转动表圈4时，表盘3也跟着转动，可使指针对准任一刻线。测量杆8是沿着套筒7上下移动的，套筒7可作为安装百分表用。9是测量头。

2. 百分表的规格

百分表适用于尺寸精度为IT6～IT8级零件的校正和检验；国产百分表的测量范围（即测量杆百分表的最大移动量）有：0～3mm、0～5mm、0～10mm三种。百分表按其制造精度，可分为0、1和2级三种，0级精度较高。使用时，应按照零件的形状和精度要求，选用合适的百分表或千分表的精度等级和测量范围。

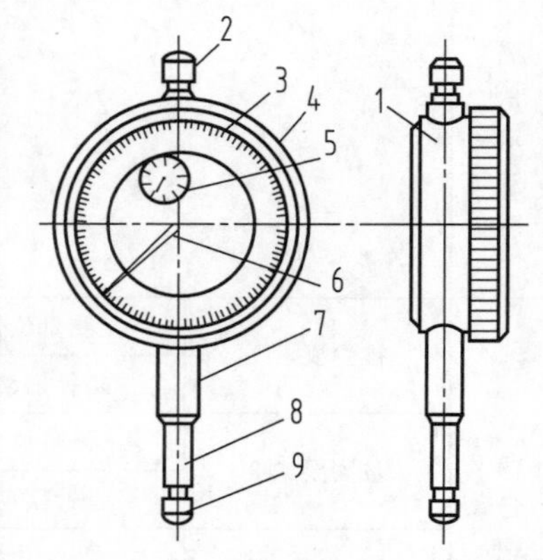

图7-6-2　百分表

1—表体；2—挡帽；3—表盘；4—表圈；5—转数指示盘；6—指针；7—套筒；8—测量杆；9—测量头

3. 百分表的使用方法

(1) 使用前，应检查测量杆活动的灵活性。即轻轻推动测量杆时，测量杆在套筒内的移动要灵活，没有任何轧卡现象，且每次放松后，指针能回复到原来的刻度位置。

(2) 使用百分表或千分表时，必须把它固定在可靠的夹持架上（如固定在万能表架或磁性表座上，如图7-6-3所示），夹持架要安放平稳，以免使测量结果不准确或摔坏百分表。用夹持百分表的套筒来固定百分表时，夹紧力不要过大，以免因套筒变形而使测量杆活动不灵活。

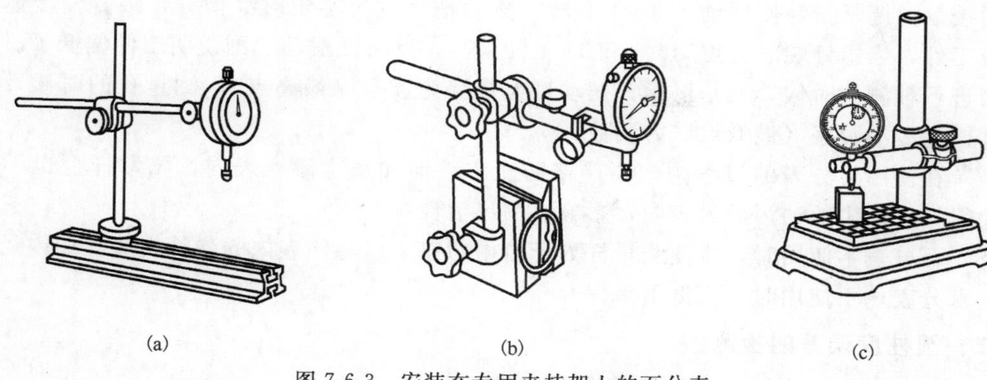

图 7-6-3　安装在专用夹持架上的百分表

（3）用百分表或千分表测量零件时，测量杆必须垂直于被测量表面，即使测量杆的轴线与被测量尺寸的方向一致，否则将使测量杆活动不灵活或使测量结果不准确。

（4）测量时，不要使测量杆的行程超过它的测量范围；不要使测量头突然撞在零件上；不要使百分表和千分表受到剧烈的振动和撞击，亦不要把零件强迫推入测量头下，免得损坏百分表和千分表的机件而失去精度。因此，用百分表测量表面粗糙或有显著凹凸不平的零件是错误的。

（5）用百分表校正或测量零件时，如图 7-6-4 所示，应当使测量杆有一定的初始测力。即在测量头与零件表面接触时，测量杆应有 0.3～1mm 的压缩量，使指针转过半圈左右，然后转动表圈，使表盘的零位刻线对准指针。轻轻地拉动手提测量杆的圆头，拉起和放松几次，检查指针所指的零位有无改变。当指针的零位稳定后，再开始测量或校正零件的工作。如果是校正零件，此时开始改变零件的相对位置，读出指针的偏摆值，就是零件安装的偏差数值。

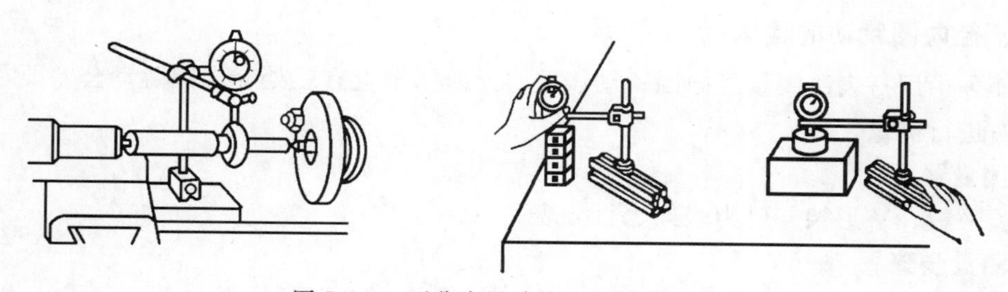

图 7-6-4　百分表尺寸校正与检验方法

（6）检查工件平整度或平行度时，如图 7-6-5 所示，将工件放在平台上，使测量头与工

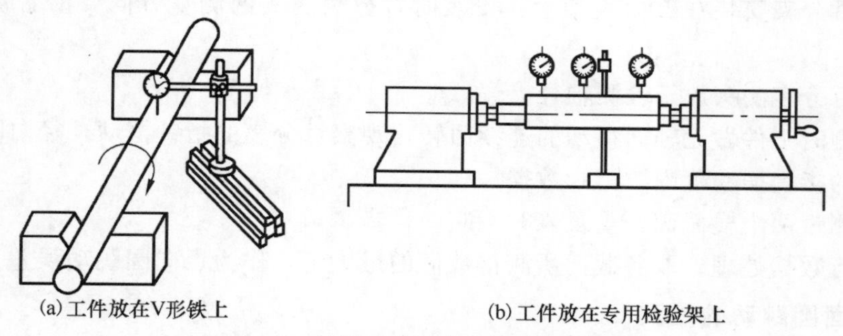

(a)工件放在V形铁上　(b)工件放在专用检验架上

图 7-6-5　轴类零件圆度、圆柱度及跳动

件表面接触，调整指针使摆动 1/3～1/2 转，然后把刻度盘零位对准指针，跟着慢慢地移动表座或工件，当指针顺时针摆动时，说明工件偏高，反时针摆动，则说明工件偏低了。

当进行轴测的时候，就是以指针摆动最大数字为读数（最高点），测量孔的时候，就是以指针摆动最小数字（最低点）为读数。

（7）在使用百分表的过程中，要严格防止水、油和灰尘渗入表内，测量杆上也不要加油，免得粘有灰尘的油污进入表内，影响表的灵活性。

（8）百分表不使用时，应使测量杆处于自由状态，以免使表内的弹簧失效。如内径百分表上的百分表，不使用时，应拆下来保存。

二、圆柱度误差的检测

本任务中用打表法测量圆柱度误差。

1. 测量器具

检验平板、V 形架、磁力表架、百分表。

2. 测量步骤

（1）将一对等高的 V 形架放在检验平板上，用它们将轴支在检验平板上。支撑部位是两端两个“$\phi30$”的轴段。

（2）将百分表安装在磁力表架上。

（3）将百分表测头放于被测轴径上。

（4）检测时工件做无轴向移动回转一周，测量一个横截面上的最大与最小读数，记录数据。

（5）再测量两个横截面，重复（3）和（4）步。

（6）进行数据处理。取各截面所测得的所有最大与最小读数的差值的 1/2，作为该圆柱面圆柱度误差。

三、径向圆跳动的检测

本任务中用打表法测量径向圆跳动误差。此阶梯轴上有三处径向圆跳动公差要求，依次由左至右进行测量。

1. 测量器具

检验平板、V 形架、磁力表架、百分表。

2. 测量步骤

（1）将一对等高的 V 形架放在检验平板上，用它们将轴支在检验平板上。支撑部位是两端两个“$\phi30$”的轴段。

（2）将百分表安装在磁力表架上，安装时百分表测头的测量方向要沿着被测点的法线方向。

（3）将百分表测头放于被测轴径上。

（4）检测时工件做无轴向移动的连续回转，观察百分表的指针摆动，径向圆跳动误差值就是百分表的指针摆动范围。记录数据。

（5）再测量两个横截面，重复（3）和（4）步。

（6）进行数据处理。取各截面所测得数值的最大值，作为径向圆跳动误差。

四、端面圆跳动的检测

本任务中用打表法测量端面圆跳动误差。

1. 测量器具

检验平板、V形架、磁力表架、百分表。

2. 测量步骤

(1) 将一对等高的V形架放在检验平板上，用它们将轴支在检验平板上。支撑部位是两端两个“$\phi30$”的轴段。

(2) 将百分表安装在磁力表架上，安装时百分表测头的测量方向要沿着被测点的轴线方向。

(3) 将百分表测头放于被测端面的被测点上。

(4) 检测时工件做无轴向移动的连续回转，观察百分表的指针摆动，径向圆跳动误差值就是百分表的指针摆动范围。记录数据。

(5) 再测量两个被测点，重复 (3) 和 (4) 步。

(6) 进行数据处理。取各截面所测得数值的最大值，作为径向圆跳动误差。

操作步骤：

(1) 测量零件的圆柱度误差，具体操作参见前面的“圆柱度误差的检测”。

(2) 将测量结果填入学习任务单。

(3) 进行处理数据。

(4) 测量零件的圆跳动误差，具体操作参见前面的“径向圆跳动误差的检测”和“端面圆跳动误差的检测”。

(5) 将测量结果填入学习任务单。

(6) 进行处理数据。

任务七　阶梯轴表面粗糙度的检测

任务目标

① 了解表面粗糙度测试仪结构和原理。

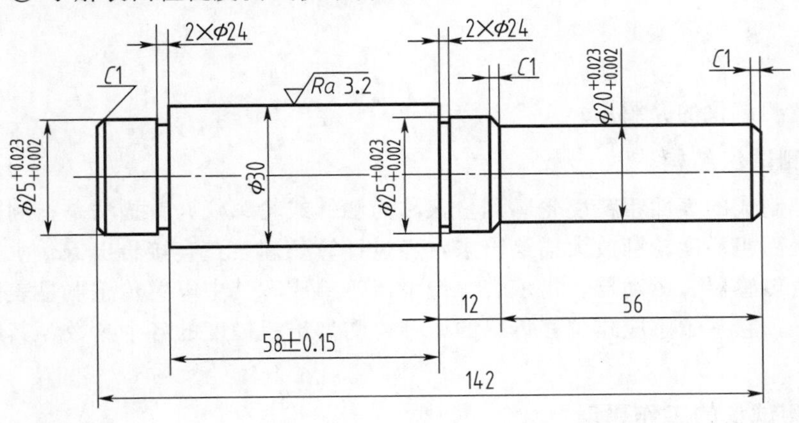

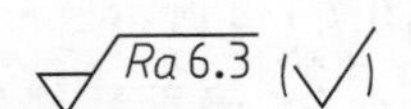

图 7-7-1　阶梯轴

② 掌握表面粗糙度测试仪的使用方法。

③ 加深对轮廓算术平均偏差 Ra 的理解。

④ 掌握表面粗糙度的测量、数据处理等方面的知识。

任务内容与要求

① 测量如图 7-7-1 所示轴的表面粗糙度参数，记录数据，填写任务单。

② 判断轴的表面粗糙度是否合格。

③ 要求掌握表面粗糙度测试仪测量表面粗糙度的方法。

学习任务单：

任务七　阶梯轴表面粗糙度的检测							
班级		姓名		学号			
计量器具	名称	分辨率/μm	测量范围/mm				
	表面粗糙度测试仪						
测量对象	名称	表面粗糙度允许值/μm	取样长度/mm	评定长度 L_n/mm			
被测零件图							
测量记录	测 $\phi30$ 轴径表面	序号	1	2	3	4	5
		$Ra/\mu m$					
	测其他表面	序号	1	2	3	4	5
		$Ra/\mu m$					
数据处理	测得 $Ra/\mu m$	判断合格性	理由				

相关知识

• 有关表面粗糙度测试仪的介绍

一、表面粗糙度测试仪结构

采用针描法的原理制成的表面粗糙度轮廓测量仪称为触针式轮廓仪。针描法是指利用触针划过被测表面，把表面粗糙度轮廓放大描绘出来，经过计算处理装置直接给出 Ra 值。

面粗糙度仪主要由传感器、驱动器、指示表、记录器等组成，其中电感传感器是表面粗糙度仪的主要部件之一，它基于感应式位移传感的原理，测量出粗糙度的各个参数，其结构如图 7-7-2 所示。

二、表面粗糙度测试仪的工作原理

当测量工件表面粗糙度时，将传感器放在工件被测表面上，由仪器内部的驱动机构带动传感器沿被测表面纹理垂直方向上作等速滑行，传感器通过内置的锐利触针感受被测表面的表面粗糙度。此时工件被测表面的表面粗糙度引起触针产生位移，该位移使传感器电感线圈的电感量发生变化，从而在相敏整流器的输出端产生与被测表面粗糙度成比例的模拟信号，该信号经过放大及电平转换之后进入数据采集系统。将采集的数据进行数字滤波和参数计算，测量结果在液晶屏上显示，并可在打印机上输出。

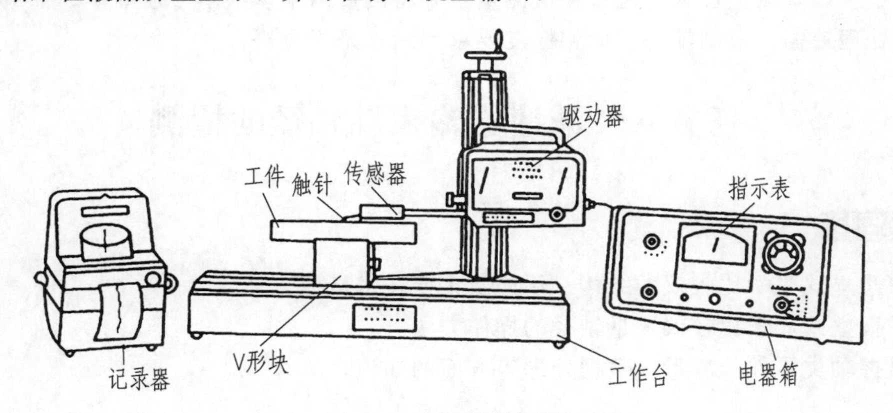

图 7-7-2　表面粗糙度仪

三、表面粗糙度测试仪的适用场合

适用于测量 Ra：0.025～12.5μm；Rz：0.02～160μm。

触针式测量不能用于软质材料、现场高速在线场合，这是因为用针测量轮廓时，针尖必须给表面施加一定的压力，使触针式测量方法易划破被测表面及测量速度低。因此，在测量高密表面、不允许有划伤表面及需要在线高速测量表面，触针式测量方法就显得力不从心了。另外，由于触针直径的限制，不宜测量超光滑表面。

四、表面粗糙度测试仪的使用方法

(1) 正确连接好电源线和电缆线之后，就可以开机了。按下电源开关，接通电源。仪器通电，液晶屏上也应有显示。

(2) 将被测工件放置在可调节工作台上并固定。

(3) 调整测量位置，即转动升降台手轮使金刚石触针与被测表面接触并垂直被测表面。转动升降手轮并旋动旋钮使液晶屏上的黑格最多，如不出现黑格可先将旋钮顺时针旋动至黑格出现，如果转动升降手轮黑格充满十格，可先将旋钮逆时针旋动使黑格数减少后，再移动升降。这样进行不断调整，直至找到黑格数的转折点（6～7 格）为止。

(4) 选择好取样长度（截止波长）的值后，按下启动键测量仪进行测量长度 Ln 的选择。选择好后，再按一次此键，测量仪开始进入测量状态。传感器在被测件表面上移动，测量结束后，液晶屏上自动显示出测量的测量数据。如需重复测量一次，可再按此键二次，仪器将进行第二次测量。

(5) 在测量结束后，如需打印输出测量数据，可先按一次启动键后，再按一次打印记录键，则打印机将打印输出所测量的数据结果，以及轮廓的部分图形（仅供参考）。

任务指导

操作步骤：

(1) 擦净轴，将其放置于 V 形块上，放在工作台上。

（2）接通电源。

（3）调整测量位置，使金刚石触针与轴表面垂直接触。

（4）按下启动键，测量仪进行测量长度 Ln 的选择。

（5）再按启动键，测量仪开始测量。

（6）重新调整测量位置，进行多次测量，并将测量结果填入学习任务单。

（7）处理数据，根据轴的表面粗糙度要求判断其是否合格。

任务八　减速器输入轴轴径的检测

任务目标

① 熟悉立式光学比较仪的结构、用途及主要技术指标。

② 掌握立式光学比较仪测量轴径的操作方法。

③ 掌握轴类零件的测量、数据处理等方面的知识。

任务内容与要求

如图 7-8-1 所示，根据减速器输入轴的尺寸精度要求，完成下列要求：

① 识读零件图上的尺寸精度要求。

② 测量减速器输入轴的各个轴径，记录数据，填写任务单。

③ 判断减速器输入轴的各个轴径是否合格。

④ 要求掌握立式光学比较仪的使用方法。

⑤ 要求能将测量的结果打印出来，并能进行数据分析和处理。

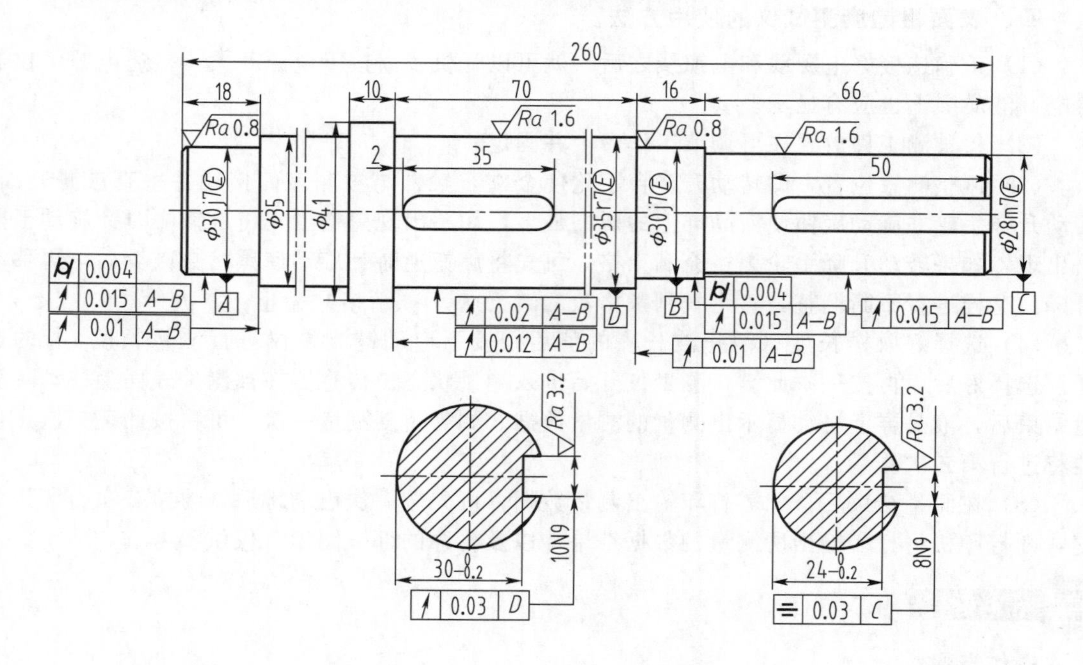

图 7-8-1　减速器输入轴

学习任务单：

<table>
<tr><td colspan="9">任务八　减速器输入轴轴径的检测</td></tr>
<tr><td>班级</td><td colspan="2"></td><td>姓名</td><td colspan="2"></td><td>学号</td><td colspan="2"></td></tr>
<tr><td rowspan="2">计量器具</td><td colspan="2">名称</td><td colspan="2">分度值/mm</td><td colspan="2">示值范围/mm</td><td colspan="2">测量范围/mm</td></tr>
<tr><td colspan="2">立式光学比较仪</td><td colspan="2"></td><td colspan="2"></td><td colspan="2"></td></tr>
<tr><td rowspan="5">被测工件</td><td>名称</td><td>公差带代号</td><td>上偏差</td><td>下偏差</td><td>最大极限尺寸</td><td>最小极限尺寸</td><td>上验收极限</td><td>下验收极限</td></tr>
<tr><td rowspan="4"></td><td></td><td></td><td></td><td></td><td></td><td></td><td></td></tr>
<tr><td></td><td></td><td></td><td></td><td></td><td></td><td></td></tr>
<tr><td></td><td></td><td></td><td></td><td></td><td></td><td></td></tr>
<tr><td></td><td></td><td></td><td></td><td></td><td></td><td></td></tr>
<tr><td>被测零件图</td><td colspan="8"></td></tr>
<tr><td>测量示意图</td><td colspan="8"></td></tr>
<tr><td rowspan="16">测量记录</td><td colspan="2" rowspan="2">测量位置</td><td colspan="3">实际偏差</td><td colspan="3">实际尺寸</td></tr>
<tr><td>Ⅰ-Ⅰ</td><td>Ⅱ-Ⅱ</td><td>Ⅲ-Ⅲ</td><td>Ⅰ-Ⅰ</td><td>Ⅱ-Ⅱ</td><td>Ⅲ-Ⅲ</td></tr>
<tr><td rowspan="2">测量方向</td><td>A—A</td><td></td><td></td><td></td><td></td><td></td><td></td></tr>
<tr><td>B—B</td><td></td><td></td><td></td><td></td><td></td><td></td></tr>
<tr><td colspan="2" rowspan="2">测量位置</td><td colspan="3">实际偏差</td><td colspan="3">实际尺寸</td></tr>
<tr><td>Ⅰ-Ⅰ</td><td>Ⅱ-Ⅱ</td><td>Ⅲ-Ⅲ</td><td>Ⅰ-Ⅰ</td><td>Ⅱ-Ⅱ</td><td>Ⅲ-Ⅲ</td></tr>
<tr><td rowspan="2">测量方向</td><td>A—A</td><td></td><td></td><td></td><td></td><td></td><td></td></tr>
<tr><td>B—B</td><td></td><td></td><td></td><td></td><td></td><td></td></tr>
<tr><td colspan="2" rowspan="2">测量位置</td><td colspan="3">实际偏差</td><td colspan="3">实际尺寸</td></tr>
<tr><td>Ⅰ-Ⅰ</td><td>Ⅱ-Ⅱ</td><td>Ⅲ-Ⅲ</td><td>Ⅰ-Ⅰ</td><td>Ⅱ-Ⅱ</td><td>Ⅲ-Ⅲ</td></tr>
<tr><td rowspan="2">测量方向</td><td>A—A</td><td></td><td></td><td></td><td></td><td></td><td></td></tr>
<tr><td>B—B</td><td></td><td></td><td></td><td></td><td></td><td></td></tr>
<tr><td colspan="2" rowspan="2">测量位置</td><td colspan="3">实际偏差</td><td colspan="3">实际尺寸</td></tr>
<tr><td>Ⅰ-Ⅰ</td><td>Ⅱ-Ⅱ</td><td>Ⅲ-Ⅲ</td><td>Ⅰ-Ⅰ</td><td>Ⅱ-Ⅱ</td><td>Ⅲ-Ⅲ</td></tr>
<tr><td rowspan="2">测量方向</td><td>A—A</td><td></td><td></td><td></td><td></td><td></td><td></td></tr>
<tr><td>B—B</td><td></td><td></td><td></td><td></td><td></td><td></td></tr>
<tr><td rowspan="5">数据处理</td><td colspan="3">判断尺寸合格性</td><td colspan="5">理由</td></tr>
<tr><td colspan="3"></td><td colspan="5"></td></tr>
<tr><td colspan="3"></td><td colspan="5"></td></tr>
<tr><td colspan="3"></td><td colspan="5"></td></tr>
<tr><td colspan="3"></td><td colspan="5"></td></tr>
</table>

相关知识

- 光滑工件的测量验收
- 有关立式光学比较仪的介绍

一、光滑工件的测量验收

光滑工件尺寸的检测验收应遵循 GB/T 3177—2009 之规定。

1. 验收原则

所用验收方法应只接受位于规定的尺寸极限之内的工件（即只允许误废，不允许误收）。

2. 安全裕度（A）

安全裕度（A）为验收极限从工件的极限尺寸分别向公差带内缩进的一个值。它是由被测工件的尺寸公差来确定，一般取工件尺寸公差的 1/10，其数值如表 7-8-1 所示。

表 7-8-1　安全裕度（A）与计量器具的测量不确定度允许值 u_1

公差等级		IT6					IT7					IT8					IT9				
基本尺寸/mm		T	A	u_1			T	A	u_1			T	A	u_1			T	A	u_1		
大于	至			Ⅰ	Ⅱ	Ⅲ			Ⅰ	Ⅱ	Ⅲ			Ⅰ	Ⅱ	Ⅲ			Ⅰ	Ⅱ	Ⅲ
—	3	6	0.6	0.54	0.9	1.4	10	1.0	0.9	1.5	2.3	14	1.4	1.3	2.1	3.2	25	2.5	2.3	3.8	5.6
3	6	8	0.8	0.72	1.2	1.8	12	1.2	1.1	1.8	2.7	18	1.8	1.6	2.7	4.1	30	3.0	2.7	4.5	6.8
6	10	9	0.9	0.81	1.4	2.0	15	1.5	1.4	2.3	3.4	22	22	2.0	3.3	5.0	36	3.6	3.3	5.4	8.1
10	18	11	1.1	1.0	1.7	2.5	18	1.8	1.7	2.7	4.1	27	2.7	2.4	4.1	6.1	43	4.3	3.9	6.5	9.7
18	30	13	1.3	1.2	2.0	2.9	21	2.1	1.9	3.2	4.7	33	3.3	3.0	5.0	7.4	52	5.2	4.7	7.8	12
30	50	16	1.6	1.4	2.4	3.6	25	2.5	2.3	3.8	5.6	39	3.9	3.5	5.9	8.8	62	6.2	5.6	9.3	14
50	80	19	1.9	1.7	2.9	4.3	30	3.0	2.7	4.5	6.8	46	4.6	4.1	6.9	10	74	7.4	6.7	11	17
80	120	22	2.2	2.0	3.3	5.0	35	3.5	3.2	5.3	7.9	54	5.4	4.9	8.1	12	87	8.7	7.8	13	20
120	180	25	2.5	2.3	3.8	5.6	40	4.0	3.6	6.0	9.0	63	6.3	5.7	9.5	14	100	10	9.0	15	23
180	250	29	2.9	2.6	4.4	6.5	46	4.6	4.1	6.9	10	72	7.2	6.5	11	16	115	12	10	17	26
250	315	32	3.2	2.9	4.8	7.2	52	5.2	4.7	7.8	12	81	8.1	7.3	12	18	130	13	12	19	29
315	400	36	3.6	3.2	5.4	8.1	57	5.7	5.1	8.4	13	89	8.9	8.0	13	20	140	14	13	21	32
400	500	40	4.0	3.6	6.0	9.0	63	6.3	5.7	9.5	14	97	9.7	8.7	15	22	155	16	14	23	35

注：u_1 分Ⅰ、Ⅱ、Ⅲ档，一般情况下应优先选用Ⅰ档，其次选用Ⅱ档、Ⅲ档。

3. 验收极限

检验极限是判断工件尺寸合格与否的尺寸界限。国标规定两种验收极限方式。

（1）方式一：内缩的验收极限

从工件规定的最大实体极限（MML）和最小实体极限（LML），分别向工件公差带内移动一个安全裕度（A）来确定，如图7-8-2所示。

（2）方式二：不内缩的验收极限

不内缩的验收极限等于规定的最大实体极限（MML）和最小实体极限（LML），即 A 值等于零。

4. 验收极限方式的选择

（1）遵守包容要求的尺寸和公差等级高的尺寸，验收极限按方式一确定。

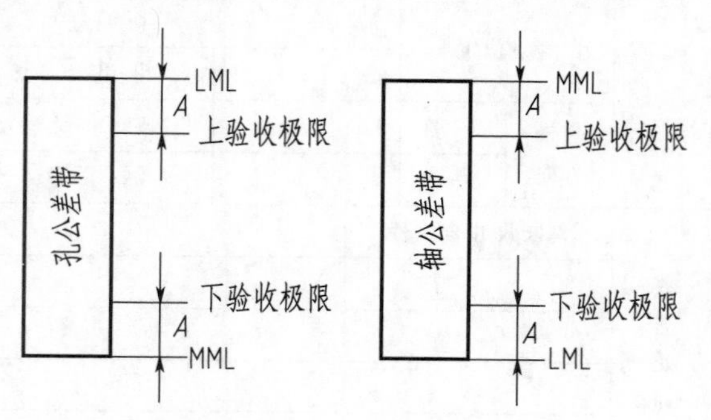

图 7-8-2　验收极限示意图

（2）工艺能力指数大于或等于1时、非配合尺寸和一般公差尺寸，验收极限按方式二确定，即$A=0$。

二、立式光学比较仪的基本结构、工作原理与使用方法

立式光学比较仪又称立式光学计，它是一种精度较高而结构简单的常用光学计量仪器。立式光学计主要用于相对法测量，在测量前先用量块或标准件对准零位，被测尺寸和量块（或标准件）的差值可在仪器的刻度尺上读得。用光学计在相应的测量条件下，以四等或五等量块为标准可对五等或六等量块进行检定，还可以测量圆柱形、球形、线形等工件的直径以及各种板形工件的厚度。

1. 立式光学比较仪的基本结构

图7-8-3所示为立式光学比较仪的外形结构。

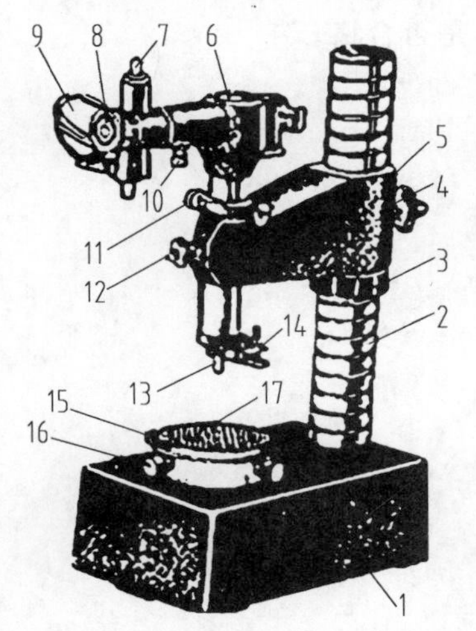

图7-8-3　立式光学比较仪

1—底座；2—立柱；3—螺母；4,11—紧固螺丝；5—横臂；6—三棱镜；7—极限偏差范围调整螺丝；8—目镜；9—反光镜；10—标尺位置微动螺丝；12—紧固螺钉；13—测量头；14—抬头杠杆；15,16—工作台调整螺丝；17—工作台

2. 立式光学比较仪的工作原理

立式光学比较仪是利用光学杠杆的放大原理，根据光的折射、反射及自动准直原理设计的，利用光学杠杆的放大作用，将微小的位移量转换为光学影像的移动，进行精密测量的仪器。立式光学计适宜在计量室使用，测量范围为0～180mm。

3. 立式光学比较仪的使用方法

立式光学比较仪主要用于相对法测量。

（1）量头的选择

光学比较仪有球面形、平面形、刀刃形三种测量头。测量时被测物与测帽间的接触面必须使其最小，即近于点或线，因此在测量平面或圆柱面时选用球面形量头；测量小于10mm的圆柱形工件时选用刀刃形量头；测量球面时用平面形量头。

（2）调整反射镜

调整反射镜并缓慢地拨动测头提升杠杆，从目镜中能看到标尺影像，若此影像不清楚可调整目镜视度环。松开横臂紧固螺钉，调整手柄，使光管上升至最高位置后固紧螺钉。

（3）工作台的调整

测量时是以工作台作为基准面，因此工作台的工作面必须与光管轴线垂直。调整时应选用平面形量头。选取10mm或20mm的块规放在工作台面上，下降悬臂，使量头与块规表面接触。在目镜中能看到标尺后，轻微移动块规，如果目镜内读数发生变化即表示工作台不与光管轴线垂直。此时可通过调节螺钉调整工作台，直到移动块规时目镜内的标尺读数不再变化为止。

（4）零点的调整

光学比较仪是用比较法进行测量的，其读数是相对某一标准尺寸的偏差。因此在测量前必须根据被测工件的公称尺寸调整零点。

操作步骤：

零件上有四个遵守包容要求的尺寸，依次从左至右进行测量。

（1）按零件的基本尺寸组合量块。

（2）将量块组适当放置在比较仪的工作台上，调节比较仪，使读数系统对零。

（3）取下量块组，将被测轴径置于工作台与测头之间进行测量，使轴在工作台上滚动，读数由小变大，到某一个数值时又由大变小，读取转折时的数值，即零件的实际偏差。将读数与量块组尺寸的代数和作为轴径的测量值。

（4）按同样的方法在轴向测量三个不同的截面，每个截面测相互垂直的两个方向。

（5）将测量结果填入学习任务单。

（6）进行数据处理，根据零件的尺寸精度要求判断尺寸是否合格。

附　录

一、螺纹

附表 1　普通螺纹直径与螺距（GB/T 193—2003，GB/T 196—2003）　　单位：mm

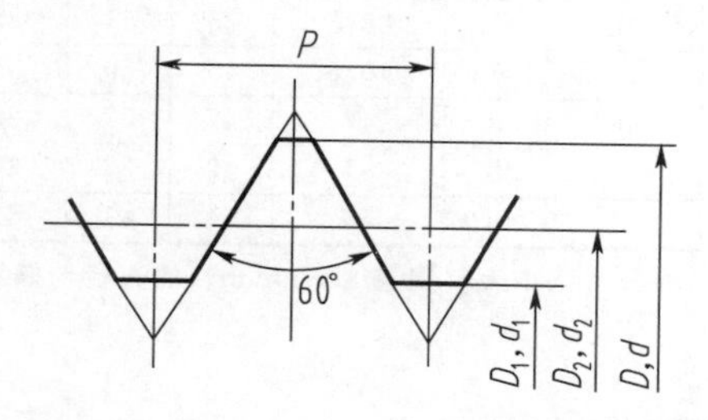

标 记 示 例

公称直径 24mm，螺距为 3mm 的粗牙右旋普通螺纹：M24

公称直径 24mm，螺距为 1.5mm 的细牙左旋普通螺纹：M24×1.5LH

公称直径 D、d		螺距 P		粗牙小径	公称直径 D、d		螺距 P		粗牙小径
第一系列	第二系列	粗牙	细牙	D_1、d_1	第一系列	第二系列	粗牙	细牙	D_1、d_1
3		0.5	0.35	2.459		22	2.5	2、1.5、1、(0.75)、(0.5)	19.294
	3.5	(0.6)		2.850	24		3	2、1.5、1、(0.75)	20.752
4		0.7	0.5	3.242		27	3	2、1.5、1、(0.75)	23.752
	4.5	(0.75)		3.688	30		3.5	(3)、2、1.5、1、(0.75)	26.211
5		0.8		4.134					
6		1	0.75、(0.5)	4.917		33	3.5	(3)、2、1.5、(1)、(0.75)	29.211
8		1.25	1、0.75、(0.5)	6.647					
10		1.5	1.25、1、0.75、(0.5)	8.376	36		4	3、2、1.5、(1)	31.670
12		1.75	1.5、1.25、1、(0.75)、(0.5)	10.106		39	4		34.670
					42		4.5	(4)、3、2、1.5、(1)	37.129
	14	2	1.5、(1.25)、1、(0.75)、(0.5)	11.835		45	4.5		40.129
					48		5		42.578
16		2	1.5、1、(0.75)、(0.5)	13.835		52	5		46.578
	18	2.5	2、1.5、1、(0.75)、(0.5)	15.294	56		5.5	4、3、2、1.5、(1)	50.046
20		2.5		17.294					

注：1. 优先选用第一系列，括号内尺寸尽可能不用。第三系列未列入。

2. M14×1.25 仅用于火花塞；M35×1.5 仅用于滚动轴承锁紧螺母。

附表 2　梯形螺纹直径与螺距（GB/T 5796.1～5796.4—2005）　　单位：mm

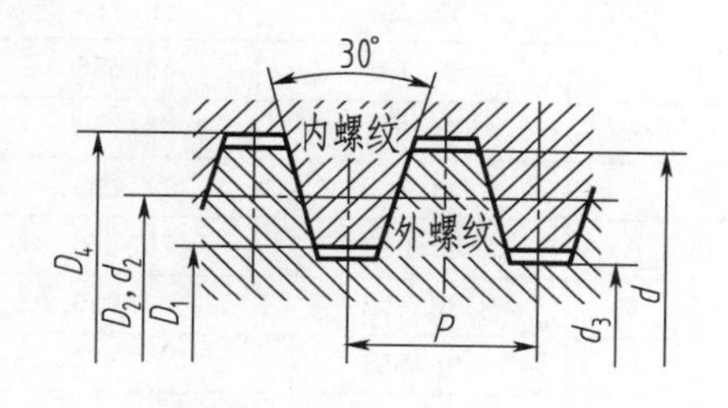

标 记 示 例

公称直径为 40mm、螺距为 7mm、右旋的单线梯形螺纹：Tr40×7

公称直径为 40mm，导程为 14mm，螺距为 7mm，左旋的双线梯形螺纹：

Tr40×14(P7)LH

续表

公称直径 d		螺距	中径	大径	小径		公称直径 d		螺距	中径	大径	小径	
第一系列	第二系列	P	$d_2=D_2$	D_4	d_3	D_1	第一系列	第二系列	P	$d_2=D_2$	D_4	d_3	D_1
8		1.5	7.25	8.3	6.2	6.5	28		5	25.5	28.5	22.5	23
	9	2	8	9.5	6.5	7		30	6	27	31	23	24
10		2	9	10.5	7.5	8	32		6	29	33	25	26
	11	2	10	11.5	8.5	9		34	6	31	35	27	28
12		3	10.5	12.5	8.5	9	36		6	33	37	29	30
	14	3	12.5	14.5	10.5	11		38	7	34.5	39	30	31
16		4	14	16.5	11.5	12	40		7	36.5	41	32	33
	18	4	16	18.5	13.5	14		42	7	38.5	43	34	35
20		4	18	20.5	15.5	16	44		7	40.5	45	36	37
	22	5	19.5	22.5	16.5	17		46	8	42	47	37	38
24		5	21.5	24.5	18.5	19	48		8	44	49	39	40
	26	5	23.5	26.5	20.5	21		50	8	46	51	41	42

注：1. 标准规定了一般用途梯形螺纹的基本牙型，公称直径为 8～300mm（本表仅摘录 8～50mm）的直径与螺距系列以及基本尺寸。

2. 应优先选用第一系列的直径。

3. 在每一个直径所对应的诸螺距中，本表仅摘录应优先选用的螺距和相应的基本尺寸。

附表 3 非螺纹密封的管螺纹（GB/T 7307—2001） 单位：mm

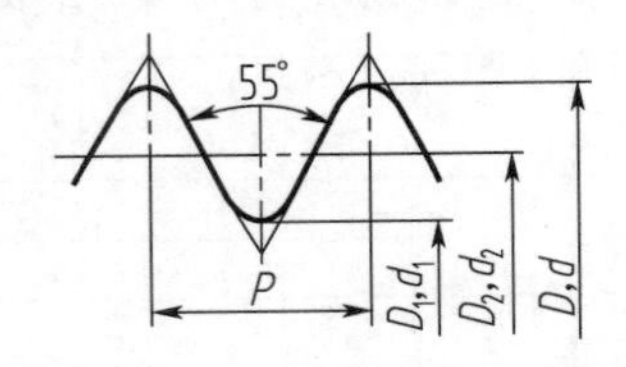

标记示例

尺寸代号 1½，内螺纹：G1½

尺寸代号 1½，A 级外螺纹：G1½A

尺寸代号 1½，B 级外螺纹，左旋：G1½B-LH

尺寸代号	每 25.4mm 内的牙数 n	螺距 P	基本直径		
			大径 $d=D$	中径 $d_2=D_2$	小径 $d_1=D_1$
1/8	28	0.907	9.728	9.147	8.566
1/4	19	1.337	13.157	12.301	11.445
3/8	19	1.337	16.662	15.806	14.950
1/2	14	1.814	20.955	19.793	18.613
5/8	14	1.814	22.911	21.749	20.587
3/4	14	1.814	26.441	25.279	24.117
7/8	14	1.814	30.201	29.039	27.877
1	11	2.309	33.249	31.770	30.291
1½	11	2.309	37.897	36.418	34.939
1½	11	2.309	41.910	40.431	38.952
1½	11	2.309	47.803	46.324	44.845
1½	11	2.309	53.746	52.267	50.788
2	11	2.309	59.614	58.135	56.656
2½	11	2.309	65.710	64.231	62.752
2½	11	2.309	75.184	73.705	72.226
2½	11	2.309	81.534	80.055	78.576
3	11	2.309	87.884	86.405	84.926
3½	11	2.309	100.330	98.851	97.372
4	11	2.309	113.030	111.551	110.072

二、常用标准件

附表 4　六角头螺栓　单位：mm

六角头螺栓—A 和 B 级(GB/T 5782—2000)　　六角头螺栓—全螺纹—A 和 B 级(GB/T 5783—2000)

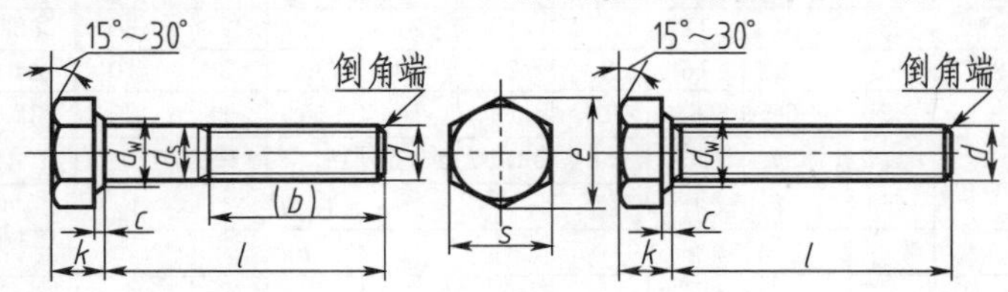

标 记 示 例

螺纹规格 d=M12、公称长度 l=80mm、性能等级为 8.8 级、表面氧化、产品等级为 A 级的六角头螺栓：

螺栓 GB/T 5782 M12×80

螺纹规格 d=M12、公称长度 l=80mm、性能等级为 8.8 级、表面氧化、全螺纹、产品等级为 A 级的六角头螺栓：

螺栓 GB/T 5782 M12×80

螺纹规格	d	M4	M5	M6	M8	M10	M12	M16	M20	M24	M30	M36	M42	M48
b 参考	l≤125	14	16	18	22	26	30	38	46	54	66	78	—	—
	125<l≤200	—	—	—	28	32	36	44	52	60	72	84	96	108
	l>200	—	—	—	—	—	—	57	65	73	85	97	109	121
c_{max}		0.4	0.5		0.6			0.8					1	
k		2.8	3.5	4	5.3	6.4	7.5	10	12.5	15	18.7	22.5	26	30
d_{smax}		4	5	6	8	10	12	16	20	24	30	36	42	48
s_{max}		7	8	10	13	16	18	24	30	36	46	55	65	75
e_{min}	A	7.66	8.79	11.05	14.38	17.77	20.03	26.75	33.53	39.98	—	—	—	—
	B	—	8.63	10.89	14.2	17.59	19.85	26.17	32.95	39.55	50.85	60.79	72.02	82.6
d_{wmin}	A	5.9	6.9	8.9	11.6	14.6	16.6	22.5	28.2	33.6	—	—	—	—
	B	—	6.7	8.7	11.4	14.4	16.4	22	27.7	33.2	42.7	51.1	60.6	69.4
l 范围	GB/T 5782	25~40	25~50	30~60	35~80	40~100	45~120	55~160	65~200	80~240	90~300	110~360	130~400	140~400
	GB/T 5783	8~40	10~50	12~60	16~80	20~100	25~100	35~100	40~100				80~500	100~500
l 系列	GB/T 5782	20~65(5 进位),70~160(10 进位),180~400(20 进位)												
	GB/T 5783	8,10,12,16,18,20~65(5 进位),70~160(10 进位),180~500(20 进位)												

注：1. 末端按 GB/T 2 规定。

2. 螺纹公差：6g；机械性能等级：8.8。

3. 产品等级：A 级用于 d=1.6~24mm 和 l≤10d 或 l≤150mm（按较小值）；B 级用于 d>24mm 或 l>10d 或>150mm（按较小值）的螺栓。

附表 5　双头螺柱（GB/T 897~900—1988）　单位：mm

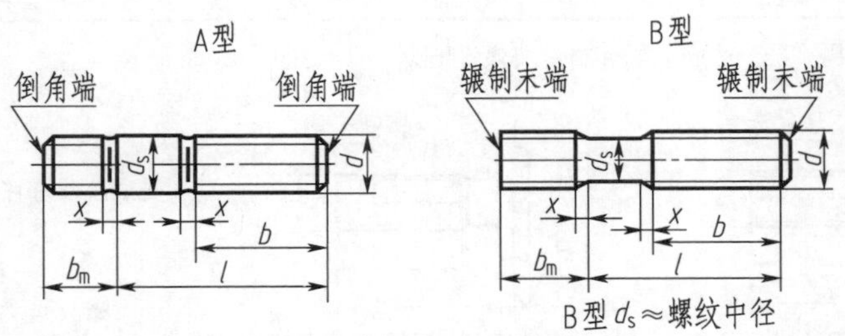

双头螺柱 b_m=1d(GB/T 897—1988)、b_m=1.25d（GB/T 898—1988)、b_m=1.25d（GB/T 899—1988)、b_m=2d（GB/T 900—1988)

标 记 示 例

两端均为粗牙螺纹，d=10mm、l=50mm、性能等级为 4.8 级、不经表面处理、B 型、b_m=1.25d 的双头螺柱：

螺柱 GB/T 898M10×50

旋入机体一端为粗牙普通螺纹，旋螺母一端为螺距 P=1mm 的细牙普通螺纹，d=10mm、l=50mm、性能等级为 4.8 级、不经表面处理、A 型、b_m=1.25d 的双头螺柱

螺柱 GB/T 898 AM10—M10×1×50

续表

螺纹规格 d		M5	M6	M8	M10	M12	(M14)	M16	(M18)	M20	(M22)	M24	(M27)	M30
b_m	GB/T 897—1988	5	6	8	10	12	14	16	18	20	22	24	27	30
	GB/T 898—1988	6	8	10	12	15	18	20	22	25	28	30	35	38
	GB/T 899—1988	8	10	12	15	18	21	24	27	30	33	36	40	45
	GB/T 900—1988	10	12	16	20	24	28	32	36	40	44	48	54	60
d_s	max	5	6	8	10	12	14	16	18	20	22	24	27	30
	min	4.7	5.7	7.64	9.64	11.57	13.57	15.57	17.57	19.48	21.48	23.48	26.48	29.48
x_{max}		1.5P												
l		b												
16														
(18)														
20		10												
(22)			10	12										
25														
(28)					14									
30			14	16		16								
(32)							18							
35		16			16			20						
(38)						20								
40							25		22	25				
45														
50			18					30			30			
(55)				22					35	35		30		
60													35	
(65)					26	30								
70							34				40	45		40
(75)								38	42				50	
80										46				50
(85)											50	54		
90														

注：1. 尽可能不用括号内的规格。
2. P—螺距。
3. 折线之间为通用规格。
4. GB/T 897—1988 M24、M30 有括号（M24）、（M30）。
5. GB/T 898—1988（M14）、（M18）、（M22）、（M27）均无括号。

附表 6 螺钉 单位：mm

开槽圆柱头螺钉(GB/T 65—2000)

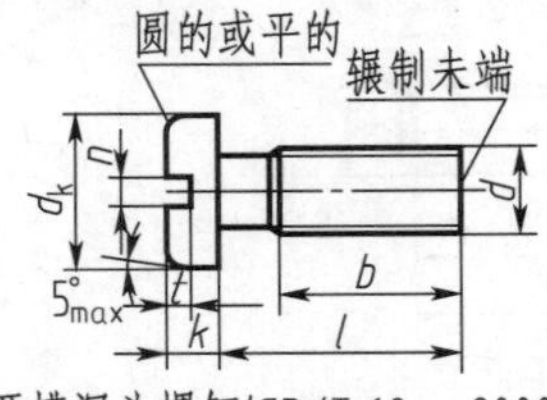

开槽盘头螺钉(GB/T 67—2000)

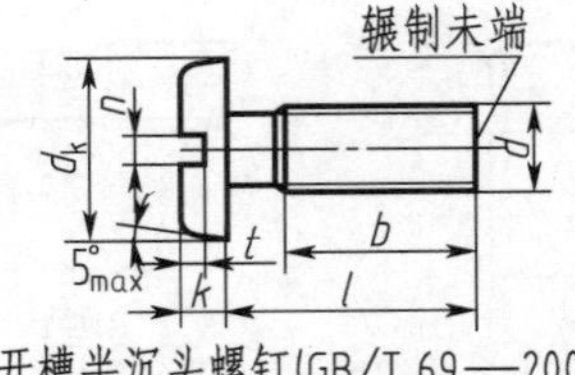

开槽沉头螺钉(GB/T 68—2000)

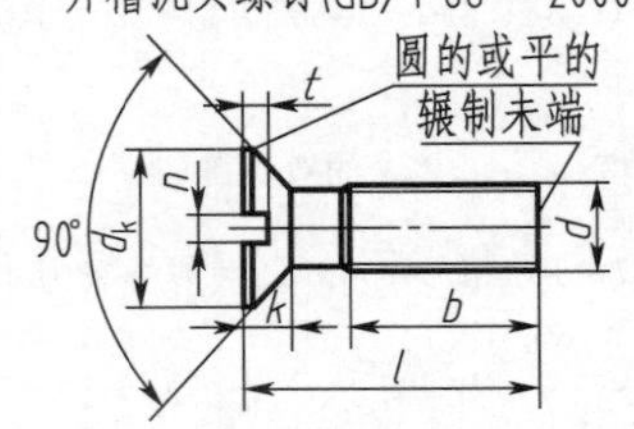

开槽半沉头螺钉(GB/T 69—2000)

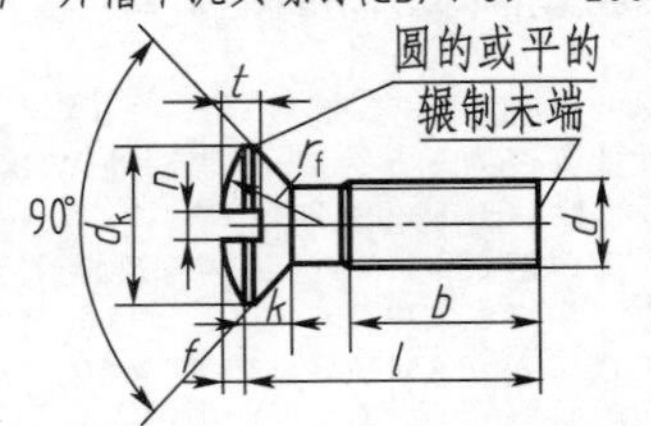

无螺纹部分杆径≈中径或=螺纹大径

标记示例

螺纹规格 d=M5、公称长度 l=20mm、性能等级为 4.8 级、不经表面处理的 A 级开槽圆柱头螺钉：螺钉 GB/T 65 M5×20

续表

螺纹规格 d	P	b_{min}	n 公称	f	r_f	k_{max}			d_{kmax}			t_{min}				l 范围
				GB/T 69	GB/T 69	GB/T 65	GB/T 67	GB/T 68 GB/T 69	GB/T 65	GB/T 67	GB/T 68 GB/T 69	GB/T 65	GB/T 67	GB/T 68	G/T 69	
M3	0.5	25	0.8	0.7	6	1.8	1.8	1.65	5.6	5.6	5.5	0.7	0.7	0.6	1.2	4～30
M4	0.7	38	1.2	1	9.5	2.6	2.4	2.7	7	8	8.4	1.1	1	1	1.6	5～40
M5	0.8	38	1.2	1.2	9.5	3.3	3.0	2.7	8.5	9.5	9.3	1.3	1.2	1.1	2	6～50
M6	1	38	1.6	1.4	12	3.9	3.6	3.3	10	12	11.3	1.6	1.4	1.2	2.4	8～60
M8	1.25	38	2	2	16.5	5	4.8	4.65	13	16	15.8	2	1.9	1.8	3.2	10～80
M10	1.5	38	2.5	2.3	19.5	6	6	5	16	20	18.3	2.4	2.4	2	3.8	12～80
l 系列			4,5,6,8,10,12,(14),16,20,25,30,35,40,50,(55),60,(65),70,(75),80													

附表 7 紧定螺钉 单位：mm

开槽锥端紧定螺钉(GB/T 71—2000)

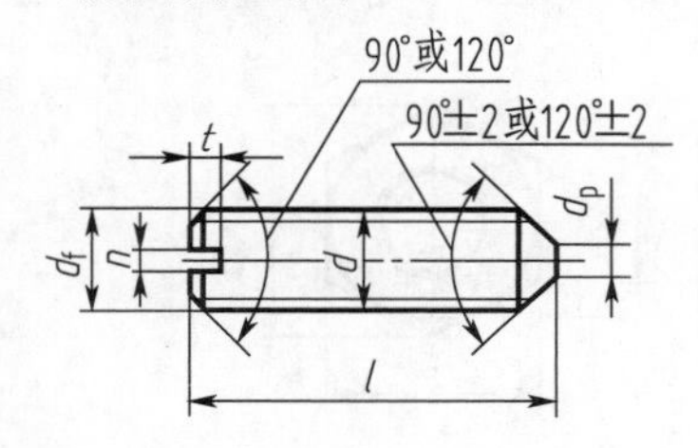

开槽平端紧定螺钉(GB/T 73—2000)

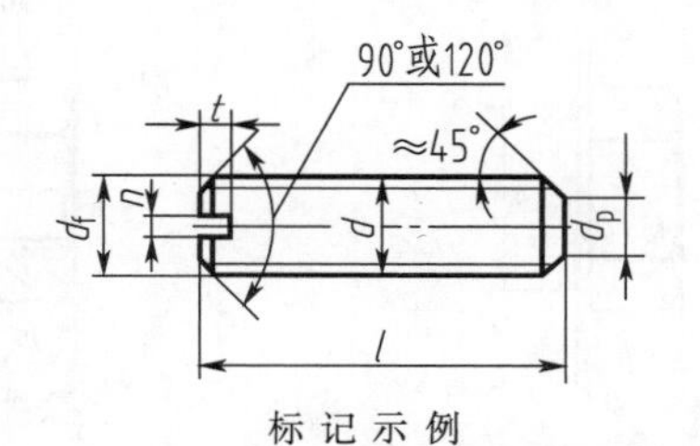

开槽长圆柱端紧定螺钉(GB/T 75—2000)

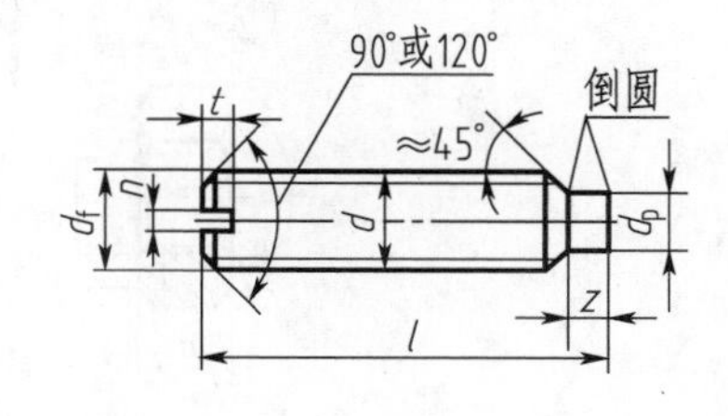

标 记 示 例

螺纹规格 d＝M10、公称长度 l＝20mm、性能等级为 14H 级、表面氧化的开槽锥端紧定螺钉

螺钉 GB/T 71 M10×20

螺纹规格 d	P	d_f≈	d_{max}	d_{pmax}	n 公称	t min	t max	Z_{min}	l 公称
M3	0.5		0.3	2	0.4	0.8	1.05	1.5	4～16
M4	0.7		0.4	2.5	0.6	1.12	1.42	2	6～20
M5	0.8		0.5	3.5	0.8	1.28	1.63	2.5	8～25
M6	1	螺纹小径	1.5	4	1	1.6	2	3	8～30
M8	1.25		2	5.5	1.2	2	2.5	4	10～40
M10	1.5		2.5	7	1.6	2.4	3	5	12～50
M12	1.75		3	8.5	2	2.8	3.6	6	14～60
l 系列	4,5,6,8,10,12,(14),16,20,25,30,40,45,50,(55),60								

附表 8 内六角圆柱头螺钉（GB/T 70.1—2000） 单位：mm

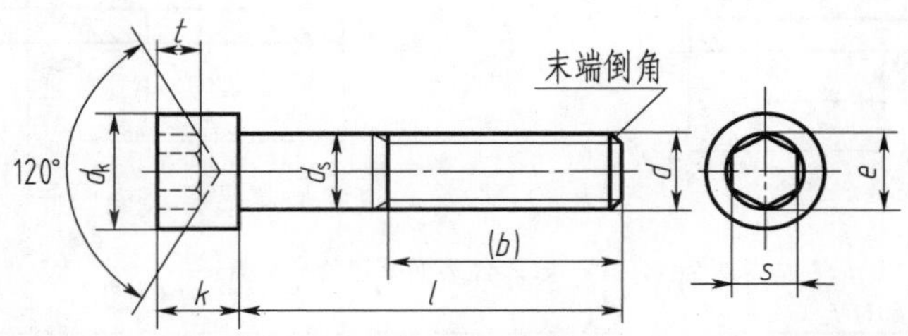

螺纹规格 d＝M5、公称长度 l＝20mm、性能等级为 8.8 级、表面氧化的 A 级内六角圆柱头螺钉

螺钉 GB/T 70.1 M5×20

续表

螺纹规格 d	M3	M4	M5	M6	M8	M10	M12	M14	M16	M20	M24
P(螺距)	0.5	0.7	0.8	1	1.25	1.5	1.75	2	2	2.5	3
b参考	18	20	22	24	28	32	36	40	44	52	60
d_{kmax}	5.5	7	8.5	10	13	16	18	21	24	30	36
T_{max}	3	4	5	6	8	10	12	14	16	20	24
t_{min}	1.3	2	2.5	3	4	5	6	7	8	10	12
s公称	2.5	3	4	5	6	8	10	12	14	17	19
e_{min}	2.87	3.44	4.58	5.72	6.86	9.15	11.43	13.72	16.00	19.44	21.73
d_{max}	$d_s=d$										
l范围	5~30	6~40	8~50	10~60	12~80	16~100	20~120	25~140	25~160	30~200	40~200
l≤表中数值时，制出全螺纹	20	25	25	30	35	40	45	55	55	65	80
l系列	5,6,8,10,12,(14),(16),20,25,30,35,40,45,50,(55),60,(65),70,80,90,100,110,120,130,140,150,160,180,200										

注：括号内规格尽可能不采用。

附表 9　六角螺母

单位：mm

Ⅰ型六角螺母—A 和 B 级(GB/T 6170—2000)

15°~30°

允许制造的形式

90°~120°

A和B级

六角螺母—C 级(GB/T 41—2000)

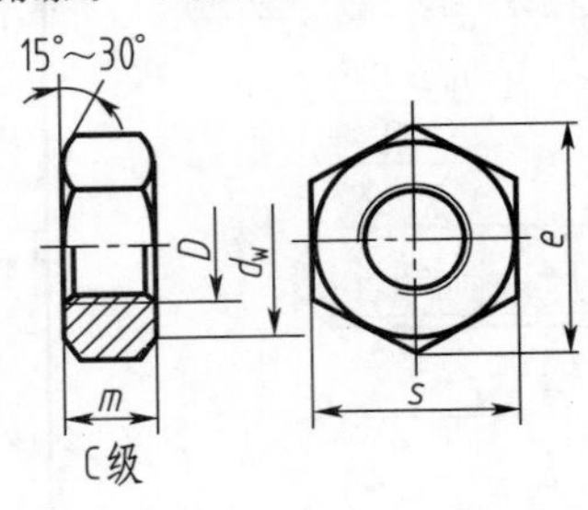

标 记 示 例

螺纹规格 D=M12、性能等级为 10 级、不经表面处理、产品等级为 A 级的Ⅰ型六角螺母：螺母 GB/T 6170　M12

螺纹规格 D=M12、性能等级为 5 级、不经表面处理、产品等级为 C 级的六角螺母：螺母 GB/T 41　M12

螺纹规格 D		M4	M5	M6	M8	M10	M12	M16	M20	M24	M30	M36	M42	M48
c		0.4	0.5		0.6			0.8					1	
s_{max}		7	8	10	13	16	18	24	30	36	46	55	65	75
e_{min}	A、B级	7.66	8.79	11.05	14.38	17.77	20.03	26.75	32.95	39.55	50.85	60.79	72.02	82.6
	C级		8.63	10.89	14.2	17.59	19.85	26.17	32.95	39.55	50.85	60.79	72.02	82.6
m_{max}	A、B级	3.2	4.7	5.2	6.8	8.4	10.8	14.8	18	21.5	25.6	31	34	38
	C级		5.6	6.1	7.9	9.5	12.2	15.9	18.7	22.3	26.4	31.5	34.9	38.9
d_{wmin}	A、B级	5.9	6.9	8.9	11.6	14.6	16.6	22.5	27.7	33.2	42.7	51.1	60.6	69.4
	C级		6.9	8.7	11.5	14.5	16.5	22	27.7	33.2	42.7	51.1	60.6	69.4

注：1. A 级用于 D≤16 的螺母；B 级用于 D>16 的螺母；C 级用于 D≥5 的螺母。

2. 螺纹公差：A、B 级为 6H，C 级为 7H；机械性能等级：A、B 级为 6、8、10 级，C 级为 4、5 级。

附表 10　平垫圈

单位：mm

平垫圈—A 级(GB/T 97.1—2002)

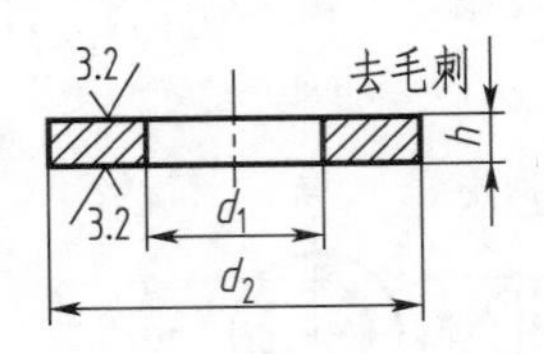

平垫圈　倒角型—A 级(GB/T 97.2—2002)

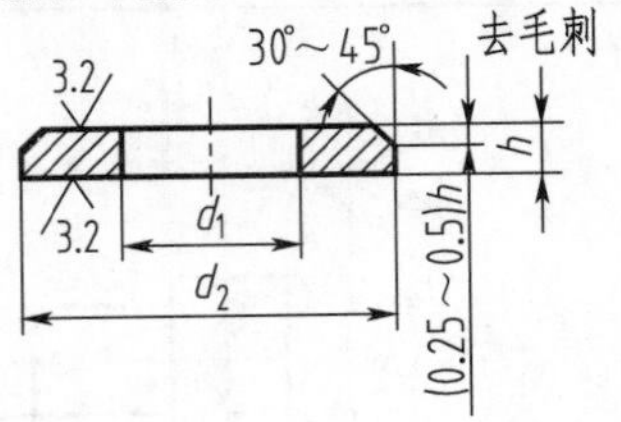

标 记 示 例

标准系列、公称尺寸 d=8mm、性能等级为 140HV 级、不经表面处理的平垫圈：

垫圈　GB/T 97.1 8—140HV

公称尺寸(螺纹规格)d	3	4	5	6	8	10	12	14	16	20	24	30	36
内径 d_1	3.2	4.3	5.3	6.4	8.4	10.5	13	15	17	21	25	31	37
外径 d_2	7	9	10	12	16	20	24	28	30	37	44	56	66
厚度 h	0.5	0.8	1	1.6	1.6	2	2.5	2.5	3	3	4	4	5

附表 11　标准型弹簧垫圈（GB/T 93—1987）　　　　单位：mm

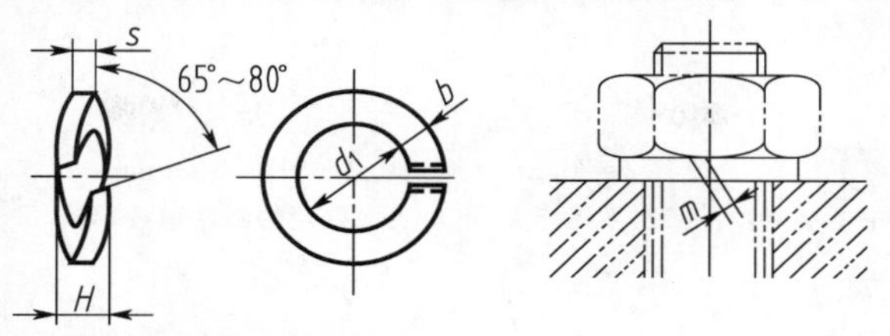

规格 16mm、材料为 65Mn、表面氧化的标准型弹簧垫圈

垫圈 GB/T 93 16

规格(螺纹大径)	4	5	6	8	10	12	16	20	24	30	36	42	48
d_{1min}	4.1	5.1	6.1	8.1	10.2	12.2	16.2	20.2	24.5	30.5	36.5	42.5	48.5
$s=b$ 公称	1.1	1.3	1.6	2.1	2.6	3.1	4.1	5	6	7.5	9	10.5	12
$m\leqslant$	0.55	0.65	0.8	1.05	1.3	1.55	2.05	2.5	3	3.75	4.5	5.25	6
H_{max}	2.75	3.25	4	5.25	6.5	7.75	10.25	12.5	15	18.75	22.5	26.25	30

附表 12　普通平键　　　　单位：mm

GB/T 1095—2003 平键及键槽的断面尺寸

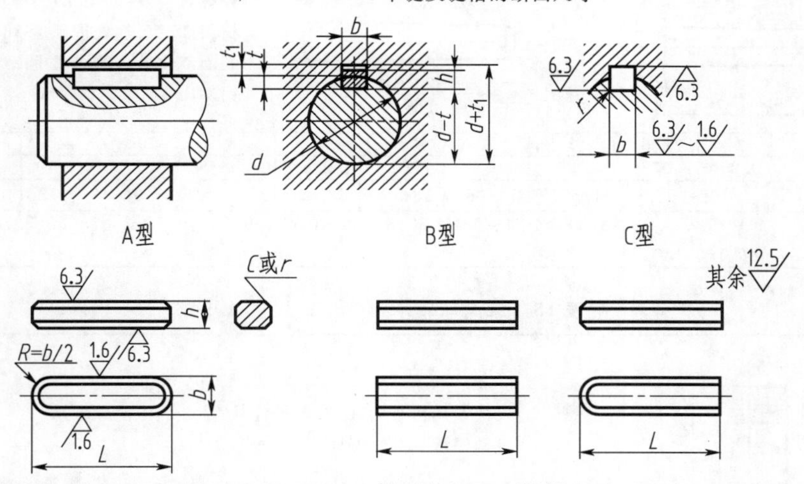

平头普通平键、B 型、$b=16$mm、$h=10$mm、$L=100$mm：键 B16×100　GB/T 1095—2003

轴径 d	键的公称尺寸			键槽										半径 r	
				宽　度 b						深　度					
					极限偏差					轴		毂			
					较松键连接		一般键连接		较紧键连接						
	b	h	L	b	轴 H9	毂 D10	轴 N9	毂 JS9	轴和毂 P9	t	极限偏差	t_1	极限偏差	最小	最大
6～8	2	2	6～20	2	+0.025	+0.060	−0.004	±0.0125	−0.006	2		1		0.08	0.16
>8～10	3	3	6～36	3	0	+0.020	−0.029		−0.031	1.8		1.4	+0.1		
>10～12	4	4	8～45	4	+0.030	+0.078	0	±0.015	−0.012	2.5	+0.1	1.8	0		
>12～17	5	5	10～56	5	0	+0.030	−0.030		−0.042	3.0	0	2.3			
>17～22	6	6	14～70	6						3.5		2.8		0.16	0.25
>22～30	8	7	18～90	8	+0.036	+0.098	0	±0.018	−0.015	4.0		3.3			
>30～38	10	8	22～110	10	0	+0.040	−0.036		−0.051	5.0		3.3		0.25	0.40
>38～44	12	8	28～140	12						5.0	+0.2	3.3	+0.2		
>44～50	14	9	36～160	14	+0.043	+0.120	0	±0.0215	−0.018	5.5		3.8	0		
>50～58	16	10	45～180	16	0	+0.050	−0.043		−0.061	6.0	0	4.3			
>58～65	18	11	50～200	18						7.0		4.4			
L 系列	6、8、10、12、14、16、18、20、22、25、28、32、36、40、45、50、56、63、70、80、90、100、110、125、140、160、180、200														

注：$(d-t)$ 和 $(d+t_1)$ 的极限偏差按相应的 t 和 t_1 的极限偏差选取，但 $(d-t)$ 的极限偏差值应取负号。

附表 13　圆柱销（GB/T 119.1—2000）　单位：mm

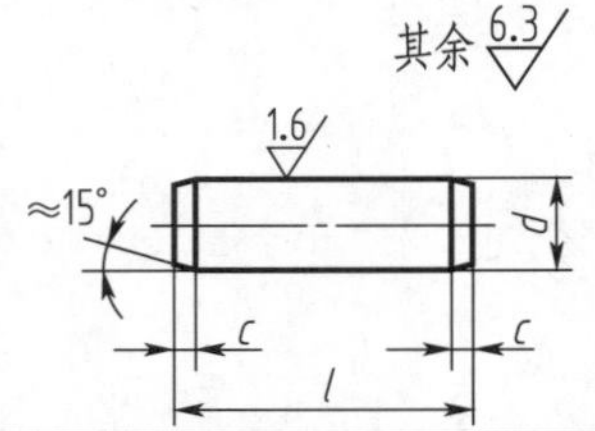

标记示例

公称直径 d=8mm、公差 m6、公称长度 l=30mm

材料为钢、不经淬火、不经表面处理的圆柱销：销 GB/T 119.1 8 m6×30

d m6/h8	2	2.5	3	4	5	6	8	10	12	16	20
c≈	0.35	0.40	0.50	0.63	0.80	1.2	1.6	2.0	2.5	3.0	3.5
l（商品范围）	6～20	6～24	8～30	8～30	10～50	12～60	14～80	16～95	22～140	26～180	35～200
l（系列）	6、8、10、12、14、16、18、20、22、24、26、28、30、32、35、40、45、50、55、60、65、70、75、80、85、90、95、100、120、140、160、180、200（公称长度大于 200mm，按 20mm 递增）										

附表 14　圆锥销（GB/T 117—2000）　单位：mm

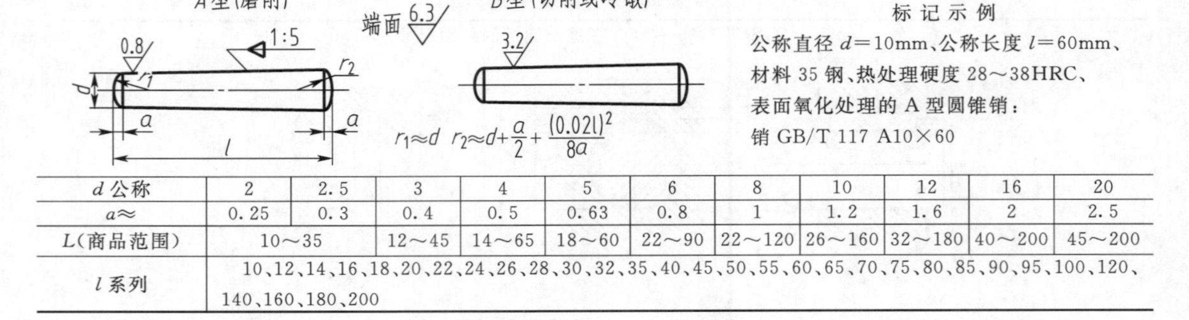

标记示例

公称直径 d=10mm、公称长度 l=60mm、材料 35 钢、热处理硬度 28～38HRC、表面氧化处理的 A 型圆锥销：

销 GB/T 117 A10×60

d 公称	2	2.5	3	4	5	6	8	10	12	16	20
a≈	0.25	0.3	0.4	0.5	0.63	0.8	1	1.2	1.6	2	2.5
L（商品范围）	10～35		12～45	14～65	18～60	22～90	22～120	26～160	32～180	40～200	45～200
l 系列	10、12、14、16、18、20、22、24、26、28、30、32、35、40、45、50、55、60、65、70、75、80、85、90、95、100、120、140、160、180、200										

附表 15　深沟球轴承（GB/T 276—1994）　单位：mm

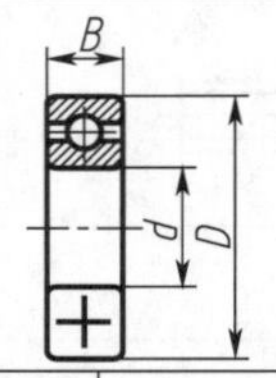

标记示例

尺寸系列代号为(0)2、内径代号为 06 的深沟球轴承；

滚动轴承 6206　GB/T 276—1994

轴承代号		外形尺寸			轴承代号		外形尺寸		
		d	D	B			d	D	B
(0)1系列	6004	20	42	12	(0)2系列	6204	20	47	14
	6005	25	47	12		6205	25	52	15
	6006	30	55	13		6206	30	62	16
	6007	35	62	14		6207	35	72	17
	6008	40	68	15		6208	40	80	18
	6009	45	75	16		6209	45	85	19
	6010	50	80	16		6210	50	90	20
	6011	55	90	18		6211	55	100	21
	6012	60	95	18		6212	60	110	22
	6013	65	100	18		6213	65	120	23
	6014	70	110	20		6214	70	125	24
	6015	75	115	20		6215	75	130	25
	6016	80	125	22		6216	80	140	26
	6017	85	130	22		6217	85	150	28
	6018	90	140	24		6218	90	160	30
	6019	95	145	24		6219	95	170	32
	6020	100	150	24		6220	100	180	34

续表

轴承代号		外形尺寸		
		d	D	B
(0)3系列	6304	20	52	15
	6305	25	62	17
	6306	30	72	19
	6307	35	80	21
	6308	40	90	23
	6309	45	100	25
	6310	50	110	27
	6311	55	120	29
	6312	60	130	31
	6313	65	140	33
	6314	70	150	35
	6315	75	160	37
	6316	80	170	39
	6317	85	180	41
	6318	90	190	43
	6319	95	200	45
	6320	100	215	47

轴承代号		外形尺寸		
		d	D	B
(0)4系列	6404	20	72	19
	6405	25	80	21
	6406	30	90	23
	6407	35	100	25
	6408	40	110	27
	6409	45	120	29
	6410	50	130	31
	6411	55	140	33
	6412	60	150	35
	6413	65	160	37
	6414	70	180	42
	6415	75	190	45
	6416	80	200	48
	6417	85	210	52
	6418	90	225	54
	6419	95	240	55
	6420	100	250	58

附表 16　圆锥滚子轴承（GB/T 297—1994）　　单位：mm

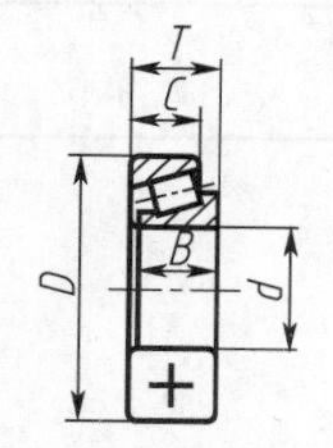

标记示例

尺寸系列代号为 03、内径代号为 12 的圆锥滚子轴承：

滚动轴承 30312 GB/T 297—1994

轴承代号		外形尺寸				
		d	D	T	B	C
02系列	30204	20	47	15.25	14	12
	30205	25	52	16.25	15	13
	30206	30	62	17.25	16	14
	30207	35	72	18.25	17	15
	30208	40	80	19.75	18	16
	30209	45	85	20.75	19	16
	30210	50	90	21.75	20	17
	30211	55	100	22.75	21	18
	30212	60	110	23.75	22	19
	30213	65	120	24.75	23	20
	30214	70	125	26.25	24	21
	30215	75	130	27.25	25	22
	30216	80	140	28.25	26	22
	30217	85	150	30.50	28	24
	30218	90	160	32.50	30	26
	30219	95	170	34.50	32	27
	30220	100	180	37	34	29

轴承代号		外形尺寸				
		d	D	T	B	C
03系列	30304	20	52	16.25	15	13
	30305	25	62	18.25	17	15
	30306	30	72	20.75	19	16
	30307	35	80	22.75	21	18
	30308	40	90	25.25	23	20
	30309	45	100	27.25	25	22
	30310	50	110	29.25	27	23
	30311	55	120	31.50	29	25
	30312	60	130	33.50	31	26
	30313	65	140	36	33	28
	30314	70	150	38	35	30
	30315	75	160	40	37	31
	30316	80	170	42.50	39	33
	30317	85	180	44.50	41	34
	30318	90	190	46.50	43	36
	30319	95	200	49.50	45	38
	30320	100	215	51.50	47	39

续表

轴承代号		外形尺寸					轴承代号		外形尺寸				
		d	D	T	B	C			d	D	T	B	C
22系列	32204	20	47	19.25	18	15	23系列	32304	20	52	22.25	21	18
	32205	25	52	19.25	18	16		32305	25	62	25.25	24	20
	32206	30	62	21.25	20	17		32306	30	72	28.75	27	23
	32207	35	72	24.25	23	19		32307	35	80	32.75	31	25
	32208	40	80	24.75	23	19		32308	40	90	35.25	33	27
	32209	45	85	24.75	23	19		32309	45	100	38.25	36	30
	32210	50	90	24.75	23	19		32310	50	110	42.25	40	33
	32211	55	100	26.75	25	21		32311	55	120	45.50	43	35
	32212	60	110	29.75	28	24		32312	60	130	48.50	46	37
	32213	65	120	32.75	31	27		32313	65	140	51	48	39
	32214	70	125	33.25	31	27		32314	70	150	54	51	42
	32215	75	130	33.25	31	27		32315	75	160	58	55	45
	32216	80	140	35.25	33	28		32316	80	170	61.50	58	48
	32217	85	150	38.50	36	30		32317	85	180	63.50	60	49
	32218	90	160	42.50	40	34		32318	90	190	67.50	64	53
	32219	95	170	45.50	43	37		32319	95	200	71.50	67	55
	32220	100	180	49	46	39		32320	100	215	77.50	73	60

附表 17 推力球轴承 单位：mm

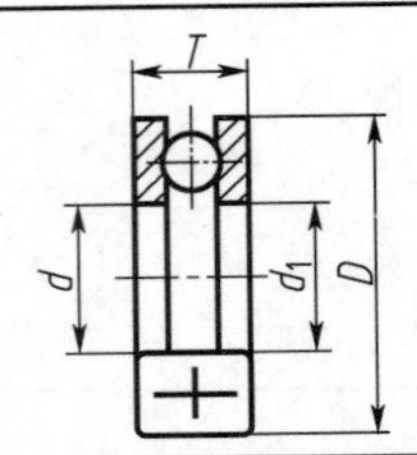

标记示例

尺寸系列代号为 13、内径代号为 10 的推力球轴承：

滚动轴承 51310 GB/T 301—1995

轴承代号		外形尺寸				轴承代号		外形尺寸			
		d	D	T	$d_{1\min}$			d	D	T	$d_{1\min}$
11系列	51104	20	35	10	21	12系列	51204	20	40	14	22
	51105	25	42	11	26		51205	25	47	15	27
	51106	30	47	11	32		51206	30	52	16	32
	51107	35	52	12	37		51207	35	62	18	37
	51108	40	60	13	42		51208	40	68	19	42
	51109	45	65	14	47		51209	45	73	20	47
	51110	50	70	14	52		51210	50	78	22	52
	51111	55	78	16	57		51211	55	90	25	57
	51112	60	85	17	62		51212	60	95	26	62
	51113	65	90	18	67		51213	65	100	27	67
	51114	70	95	18	72		51214	70	105	27	72
	51115	75	100	19	77		51215	75	110	27	77
	51116	80	105	19	82		51216	80	115	28	82
	51117	85	110	19	87		51217	85	125	31	88
	51118	90	120	22	92		51218	90	135	35	93
	51120	100	135	25	102		51220	100	150	38	103

续表

轴承代号		外形尺寸				轴承代号		外形尺寸			
		d	D	T	d_{1min}			d	D	T	d_{1min}
13系列	51304	20	47	18	22	14系列	51405	25	60	24	27
	51305	25	52	18	27		51406	30	70	28	32
	51306	30	60	21	32		51407	35	80	32	37
	51307	35	68	24	37		51408	40	90	36	42
	51308	40	78	26	42		51409	45	100	39	47
	51309	45	85	28	47		51410	50	110	43	52
	51310	50	95	31	52		51411	55	120	48	57
	51311	55	105	35	57		51412	60	130	51	62
	51312	60	110	35	62		51413	65	140	56	68
	51313	65	115	36	67		51414	70	150	60	73
	51314	70	125	40	72		51415	75	160	65	78
	51315	75	135	44	77		51416	80	170	68	83
	51316	80	140	44	82		51417	85	180	72	88
	51317	85	150	49	88		51418	90	190	77	93
	51318	90	155	50	93		51420	100	210	85	103
	51320	100	170	55	103		51422	110	230	95	113

三、常用零件结构要素

附表 18　倒角和倒圆（GB/T 6403.4—1999）　　单位：mm

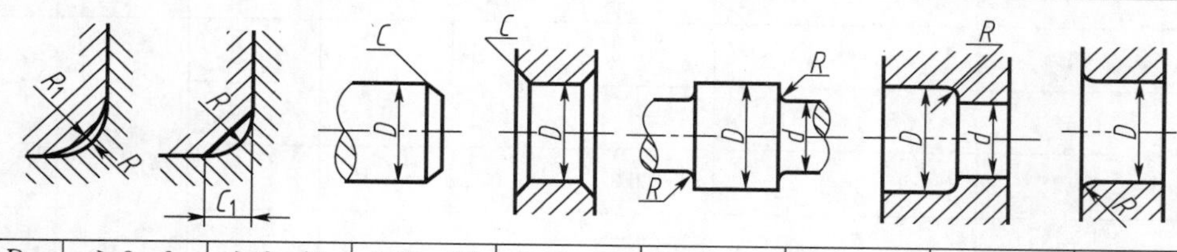

直径 D	>3～6	>6～10	>10～18	>18～30	>30～50	>50～80	>80～120	>120～180
R、C (max)	0.4	0.6	0.8	1	1.6	2.0	2.5	3
R_1、C_1 (max)	0.8	1.2	1.6	2	3	4	5	6
$D-d$	3	4	8	12	20	30	40	40

注：1. 倒角一般均用 45°，也允许用 30°、60°。

2. R_1、C_1 的偏差取正，R、C 的偏差取负。

附表 19　回转面及端面砂轮越程槽（GB/T 6403.5—1999）　　单位：mm

磨外圆	磨内圆	磨内端面	磨外端面	磨外圆及端面	磨内圆及端面

d	～10			10～50		50～100		>100	
b_1	0.6	1.0	1.6	2.0	3.0	4.0	5.0	8.0	10
b_2	2.0	3.0		4.0		5.0		8.0	10
h	0.1	0.2		0.3	0.4		0.6	0.8	11.2
r	0.2	0.5		0.8	1.0		1.6	2.0	3.0

附表 20 普通螺纹退刀槽和倒角 单位：mm

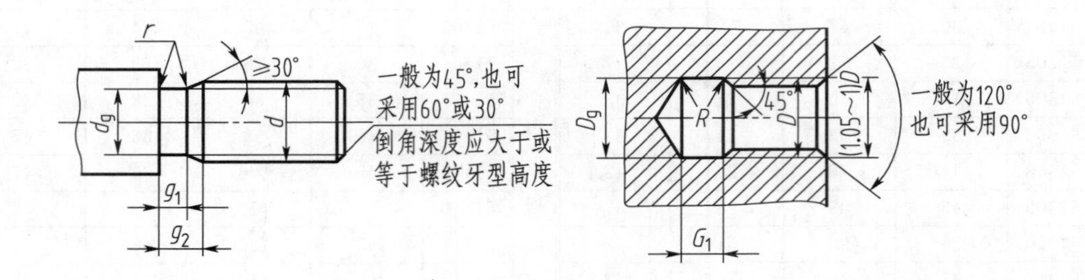

螺距 P	粗牙螺纹大径 d、D	外螺纹				内螺纹			
		g_2 max	g_1 min	d_g	$r\approx$	G_1 一般	G_1 短的	D_g	$R\approx$
0.5	3	1.5	0.8	d−0.8	0.2	2	1	D+0.3	0.2
0.6	3.5	1.8	0.9	d−1	0.4	2.4	1.2		0.3
0.7	4	2.1	1.1	d−1.1		2.8	1.4		0.4
0.75	4.5	2.25	1.2	d−1.2		3	1.5		
0.8	5	2.4	1.3	d−1.3		3.2	1.6		
1	6;7	3	1.6	d−1.6	0.6	4	2	D+0.5	0.5
1.25	8;9	3.75	2	d−2		5	2.5		0.6
1.5	10;11	4.5	2.5	d−2.3	0.8	6	3		0.8
1.75	12	5.25	3	d−2.6	1	7	3.5		0.9
2	14;16	6	3.4	d−3		8	4		1
2.5	18;20	7.5	4.4	d−3.6	1.2	10	5		1.2
3	24;27	9	5.2	d−4.4	1.6	12	6		1.5
3.5	30;33	10.5	6.2	d−5		14	7		1.8
4	36;39	12	7	d−5.7	2	16	8		2
4.5	42;45	13.5	8	d−6.4	2.5	18	9		2.2
5	48;52	15	9	d−7		20	10		2.5
5.5	56;60	17.5	11	d−7.7	3.2	22	11		2.8
6	64;68	18	11	d−8.3		24	12		3
参考值	—	≈3P	—	—	—	=4P	=2P	—	≈0.5P

注：1. d、D 为螺纹公称直径代号。

2. d_g 公差：d>3mm 时为 h13；d≤3mm 时为 h12。D_g 公差为 H13。

3. “短”退刀槽仅在结构受限制时采用。

附表 21　紧固件通孔及沉孔尺寸（GB/T 152.2～152.4—1988）　　单位：mm

螺纹规格 d			4	5	6	8	10	12	16	18	20	24	30	36
通孔尺寸 d_1			4.5	5.5	6.6	9.0	11.0	13.5	17.5	20.0	22.0	26	33	39
GB/T 152.2—1988	用于沉头及半沉头螺钉	d_2	9.6	10.6	12.8	17.6	20.3	24.4	32.4	—	40.4	—	—	—
		$t\approx$	2.7	2.7	3.3	4.6	5.0	6.0	8.0	—	10	—	—	—
		α	$90^{\circ}{}^{-2^{\circ}}_{-4^{\circ}}$											
GB/T 152.3—1988	用于内六角圆柱头螺钉	d_2	8.0	10.0	11.0	15.0	18.0	20.0	26.0	—	33.0	40.0	48.0	57.0
		t	4.6	5.7	6.8	9.0	11.0	13.0	17.5	—	21.5	25.5	32.0	38.0
		d_3	—	—	—	—	—	16	20	—	24	28	36	42
	用于开槽圆柱头螺钉	d_2	8	10	11.7	15	18	20	26	—	33	—	—	—
		t	3.2	4	4.7	6.0	7.0	8.0	10.5	—	12.5	—	—	—
		d_3	—	—	—	—	—	16	20	—	24	—	—	—
GB/T 152.4—1988	用于六角头螺栓及六角螺母	d_2	10	11	13	18	22	26	33	36	40	48	61	71
		d_3	—	—	—	—	—	16	20	22	24	28	36	42
		t	只要能制出与通孔 d_1 的轴线相垂直的圆平面即可											

四、极限与配合

附表 22 优先及常用配合轴

代号		a	b	c	d	e	f	g	h					
基本尺寸/mm		公 差												
大于	至	11	11	*11	*9	8	*7	*6	5	*6	*7	8	*9	10
—	3	−270 −330	−140 −200	−60 −120	−20 −45	−14 −28	−6 −16	−2 −8	0 −4	0 −6	0 −10	0 −14	0 −25	0 −40
3	6	−270 −345	−140 −215	−70 −145	−30 −60	−20 −38	−10 −22	−4 −12	0 −5	0 −8	0 −12	0 −18	0 −30	0 −48
6	10	−280 −338	−150 −240	−80 −170	−40 −76	−25 −47	−13 −28	−5 −14	0 −6	0 −9	0 −15	0 −22	0 −36	0 −58
10	14	−290 −400	−150 −260	−95 −205	−50 −93	−32 −59	−16 −34	−6 −17	0 −8	0 −11	0 −18	0 −27	0 −43	0 −70
14	18													
18	24	−300 −430	−160 −290	−110 −240	−65 −117	−40 −73	−20 −41	−7 −20	0 −9	0 −13	0 −21	0 −33	0 −52	0 −84
24	30													
30	40	−310 −470	−170 −330	−120 −280	−80 −142	−50 −89	−25 −50	−9 −25	0 −11	0 −16	0 −25	0 −39	0 −62	0 −100
40	50	−320 −480	−180 −340	−130 −290										
50	65	−340 −530	−190 −380	−140 −330	−100 −174	−60 −106	−30 −60	−10 −29	0 −13	0 −19	0 −30	0 −46	0 −74	0 −120
65	80	−360 −550	−200 −390	−150 −340										
80	100	−380 −600	−220 −440	−170 −390	−120 −207	−72 −126	−36 −71	−12 −34	0 −15	0 −22	0 −35	0 −54	0 −87	0 −140
100	120	−410 −630	−240 −460	−180 −400										
120	140	−460 −710	−260 −510	−200 −450	−145 −245	−85 −148	−43 −83	−14 −39	0 −18	0 −25	0 −40	0 −63	0 −100	0 −160
140	160	−520 −770	−280 −530	−210 −460										
160	180	−580 −830	−310 −560	−230 −480										
180	200	−660 −950	−340 −630	−240 −530	−170 −285	−100 −172	−50 −96	−15 −44	0 −20	0 −29	0 −46	0 −72	0 −115	0 −185
200	225	−740 −1030	−380 −670	−260 −550										
225	250	−820 −1110	−420 −710	−280 −570										
250	280	−920 −1240	−480 −800	−300 −620	−190 −320	−110 −191	−56 −108	−17 −49	0 −23	0 −32	0 −52	0 −81	0 −130	0 −210
280	315	−1050 −1370	−540 −860	−330 −650										
315	355	−1200 −1560	−600 −960	−360 −720	−210 −350	−125 −214	−62 −119	−18 −54	0 −25	0 −36	0 −57	0 −89	0 −140	0 −230
355	400	−1350 −1710	−680 −1040	−400 −760										
400	450	−1500 −1900	−760 −1160	−440 −840	−230 −385	−135 −232	−68 −131	−20 −60	0 −27	0 −40	0 −63	0 −97	0 −155	0 −250
450	−500	−1650 −2050	−840 −1240	−480 −880										

注：带“*”者为优先选用。

的极限偏差表

单位：μm

		js	k	m	n	p	r	s	t	u	v	x	y	z
等级														
*11	12	6	*6	6	*6	*6	6	*6	6	*6	6	6	6	6
0 −60	0 −100	±3	+6 0	+8 +2	+10 +4	+12 +6	+16 +10	+20 +14	—	+24 +18	—	+26 +20	—	+32 +26
0 −75	0 −120	±4	+9 +1	+12 +4	+16 +8	+20 +12	+23 +15	+27 +19	—	+31 +23	—	+36 +28	—	+43 +35
0 −90	0 −150	±4.5	+10 +1	+15 +6	+19 +10	+24 +15	+28 +19	+32 +23	—	+37 +28	—	+43 +34	—	+51 +42
0 −110	0 −180	±5.5	+12 +1	+18 +7	+23 +12	+29 +18	+34 +23	+39 +28	—	+44 +33	—	+51 +40	—	+61 +50
									—		+50 +39	+56 +45	—	+71 +60
0 −130	0 −210	±6.5	+15 +2	+21 +8	+28 +15	+35 +22	+41 +28	+48 +35	—	+54 +41	+60 +47	+67 +54	+76 +63	+86 +73
									+54 +41	+61 +48	+68 +55	+77 +64	+88 +75	+101 +88
0 −160	0 −250	±8	+18 +2	+25 +9	+33 +17	+42 +26	+50 +34	+59 +43	+64 +48	+76 +60	+84 +68	+96 +80	+110 +94	+128 +112
									+70 +54	+86 +70	+97 +81	+113 +97	+130 +114	+152 +136
0 −190	0 −300	±9.5	+21 +2	+30 +11	+39 +20	+51 +32	+60 +41	+72 +53	+85 +66	+106 +87	+121 +102	+141 +122	+163 +144	+191 +172
							+62 +43	+78 +59	+94 +75	+121 +102	+139 +120	+165 +146	+193 +174	+229 +210
0 −220	0 −350	±11	+25 +3	+35 +13	+45 +23	+59 +37	+73 +51	+93 +71	+113 +91	+146 +124	+168 +146	+200 +178	+236 +214	+280 +258
							+76 +54	+101 +79	+126 +104	+166 +144	+194 +172	+232 +210	+276 +254	+332 +310
0 −250	0 −400	±12.5	+28 +3	+40 +15	+52 +27	+68 +43	+88 +63	+117 +92	+147 +122	+195 +170	+227 +202	+273 +248	+325 +300	+390 +365
							+90 +65	+125 +100	+159 +134	+215 +190	+253 +228	+305 +280	+365 +340	+440 +415
							+93 +68	+133 +108	+171 +146	+235 +210	+277 +252	+335 +310	+405 +380	+490 +465
0 −290	0 −460	±14.5	+33 +4	+46 +17	+60 +31	+79 +50	+106 +77	+151 +122	+195 +166	+265 +236	+313 +284	+379 +350	+454 +425	+549 +520
							+109 +80	+159 +130	+209 +180	+287 +258	+339 +310	+414 +385	+499 +470	+604 +575
							+113 +84	+169 +140	+125 +196	+313 +284	+369 +340	+454 +425	+549 +520	+669 +640
0 −320	0 −520	±16	+36 +4	+52 +20	+66 +34	+88 +56	+126 +94	+190 +158	+250 +218	+347 +315	+417 +385	+507 +475	+612 +580	+742 +710
							+130 +98	+202 +170	+272 +240	+382 +350	+457 +425	+557 +525	+682 +650	+822 +790
0 −360	0 −570	±18	+40 +4	+57 +21	+73 +37	+98 +62	+144 +108	+226 +190	+304 +268	+426 +390	+511 +475	+626 +590	+766 +730	+936 +900
							+150 +114	+244 +208	+330 +294	+471 +435	+566 +530	+696 +660	+856 +820	+1036 +1000
0 −400	0 −630	±20	+45 +5	+63 +23	+80 +40	+108 +68	+166 +126	+272 +232	+370 +330	+530 +490	+635 +595	+780 +740	+960 +920	+1140 +1100
							+172 +132	+292 +252	+400 +360	+580 +540	+700 +660	+860 +820	+1040 +1000	+1290 +1250

附表 23　优先及常用配合

代号		A	B	C	D	E	F	G	H						
基本尺寸/mm															公　差
大于	至	11	11	*11	*9	8	*8	*7	6	*7	*8	*9	10	*11
—	3	+330 +270	+200 +140	+120 +60	+45 +20	+28 +14	+20 +6	+12 +2	+6 0	+10 0	+14 0	+25 0	+40 0	+60 0
3	6	+345 +270	+215 +140	+145 +70	+60 +30	+38 +20	+28 +10	+16 +4	+8 0	+12 0	+18 0	+30 0	+48 0	+75 0
6	10	+370 +280	+240 +150	+170 +80	+76 +40	+47 +25	+35 +13	+20 +5	+9 0	+15 0	+22 0	+36 0	+58 0	+90 0
10 14	14 18	+400 +290	+260 +150	+205 +95	+93 +50	+59 +32	+43 +16	+24 +6	+11 0	+18 0	+27 0	+43 0	+70 0	+110 0
18 24	24 30	+430 +300	+290 +160	+240 +110	+117 +65	+73 +40	+53 +20	+28 +7	+13 0	+21 0	+33 0	+52 0	+84 0	+130 0
30	40	+470 +310	+330 +170	+280 +120	+142 +80	+89 +50	+64 +25	+34 +9	+16 0	+25 0	+39 0	+62 0	+100 0	+160 0
40	50	+480 +320	+340 +180	+290 +130										
50	65	+530 +340	+380 +190	+330 +140	+174 +100	+106 +60	+76 +30	+40 +10	+19 0	+30 0	+46 0	+74 0	+120 0	+190 0
65	80	+550 +360	+390 +200	+340 +150										
80	100	+600 +380	+440 +220	+390 +170	+207 +120	+126 +72	+90 +36	+47 +12	+22 0	+35 0	+54 0	+87 0	+140 0	+220 0
100	120	+630 +410	+460 +240	+400 +180										
120	140	+710 +460	+510 +260	+450 +200	+245 +145	+148 +85	+106 +43	+54 +14	+25 0	+40 0	+63 0	+100 0	+160 0	+250 0
140	160	+770 +520	+530 +280	+460 +210										
160	180	+830 +580	+560 +310	+480 +230										
180	200	+950 +660	+630 +340	+530 +240	+285 +170	+172 +100	+122 +50	+61 +15	+29 0	+46 0	+72 0	+115 0	+185 0	+290 0
200	225	+1030 +740	+670 +380	+550 +260										
225	250	+1110 +820	+710 +420	+570 +280										
250	280	+1240 +920	+800 +480	+620 +300	+320 +190	+191 +110	+137 +56	+69 +17	+32 0	+52 0	+81 0	+130 0	+210 0	+320 0
280	315	+1370 +1050	+860 +540	+650 +330										
315	355	+1560 +1200	+960 +600	+720 +360	+350 +210	+214 +125	+151 +62	+75 +18	+36 0	+57 0	+89 0	+140 0	+230 0	+360 0
355	400	+1710 +1350	+1040 +680	+760 +400										
400	450	+1900 +1500	+1160 +760	+840 +440	+385 +230	+232 +135	+165 +68	+83 +20	+40 0	+63 0	+97 0	+155 0	+250 0	+400 0
450	500	+2050 +1650	+1240 +840	+880 +480										

注：带“*”者为优先选用。

孔的极限偏差表

单位：μm

等级	JS		K			M	N		P		R	S	T	U
12	6	7	6	*7	8	7	6	*7	6	*7	7	*7	7	*7
+100 0	±3	±5	0 −6	0 −10	0 −14	−2 −12	−4 −10	−4 −14	−6 −12	−6 −16	−10 −20	−14 −24	—	−18 −28
+120 0	±4	±6	+2 −6	+3 −9	+5 −13	0 −12	−5 −13	−4 −16	−9 −17	−8 −20	−11 −23	−15 −27	—	−19 −31
+150 0	±4.5	±7	+2 −7	+5 −10	+6 −16	0 −15	−7 −16	−4 −19	−12 −21	−9 −24	−13 −28	−17 −32	—	−22 −37
+180 0	±5.5	±9	+2 −9	+6 −12	+8 −19	0 −18	−9 −20	−5 −23	−15 −26	−11 −29	−16 −34	−21 −39	—	−26 −44
+210 0	±6.5	±10	+2 −11	+6 −15	+10 −23	0 −21	−11 −24	−7 −28	−18 −31	−14 −35	−20 −41	−27 −48	—	−33 −54
													−33 −54	−40 −61
+250 0	±8	±12	+3 −13	+7 −18	+12 −27	0 −25	−12 −28	−8 −33	−21 −37	−17 −42	−25 −50	−34 −59	−39 −64	−51 −76
													−45 −70	−61 −86
+300 0	±9.5	±15	+4 −15	+9 −21	+14 −32	0 −30	−14 −33	−9 −39	−26 −45	−21 −51	−30 −60	−42 −72	−55 −85	−76 −106
											−32 −62	−48 −78	−64 −94	−91 −121
+350 0	±11	±17	+4 −18	+10 −25	+16 −38	0 −35	−16 −38	−10 −45	−30 −52	−24 −59	−38 −73	−58 −93	−78 −113	−111 −146
											−41 −76	−66 −101	−91 −126	−131 −166
+400 0	±12.5	±20	+4 −21	+12 −28	+20 −43	0 −40	−20 −45	−12 −52	−36 −61	−28 −68	−48 −88	−77 −117	−107 −147	−155 −195
											−50 −90	−85 −125	−119 −159	−175 −215
											−53 −93	−93 −133	−131 −171	−195 −235
+460 0	±14.5	±23	+5 −24	+13 −33	+22 −50	0 −46	−22 −51	−14 −60	−41 −70	−33 −79	−60 −106	−105 −151	−149 −195	−219 −265
											−63 −109	−113 −159	−163 −209	−241 −287
											−67 −113	−123 −169	−179 −225	−267 −313
+520 0	±16	±26	+5 −27	+16 −36	+25 −56	0 −52	−25 −57	−14 −66	−47 −79	−36 −88	−74 −126	−138 −190	−198 −250	−295 −347
											−78 −130	−150 −202	−220 −272	−330 −382
+570 0	±18	±28	+7 −29	+17 −40	+28 −61	0 −57	−26 −62	−16 −73	−51 −87	−41 −98	−87 −144	−169 −226	−247 −304	−369 −426
											−93 −150	−187 −244	−273 −330	−414 −471
+630 0	±20	±31	+8 −32	+18 −45	+29 −68	0 −63	−27 −67	−17 −80	−55 −95	−45 −108	−103 −166	−209 −272	−307 −370	−467 −530
											−109 −172	−229 −292	−337 −400	−517 −580

附表 24 标准公差数值（摘自 GB/T 1800.3—2009） 单位：μm

基本尺寸/mm		标准公差等级																	
		IT1	IT2	IT3	IT4	IT5	IT6	IT7	IT8	IT9	IT10	IT11	IT12	IT13	IT14	IT15	IT16	IT17	IT18
大于	至	μm											mm						
	3	0.8	1.2	2	3	4	6	10	14	25	40	60	0.1	0.14	0.25	0.4	0.6	1	1.4
3	6	1	1.5	2.5	4	5	8	12	18	30	48	75	0.12	0.18	0.3	0.45	0.75	1.2	1.8
6	10	1	1.5	2.5	4	6	9	15	22	36	58	90	0.15	0.22	0.36	0.58	0.9	1.5	2.2
10	18	1.2	2	3	5	8	11	18	27	43	70	110	0.18	0.27	0.43	0.7	1.1	1.8	2.7
18	30	1.5	2.5	4	6	9	13	21	33	52	84	130	0.21	0.33	0.52	0.84	1.3	2.1	3.3
30	50	1.5	2.5	4	7	11	16	25	39	62	100	160	0.25	0.39	0.62	1	1.6	2.5	3.9
50	80	2	3	5	8	13	19	30	46	74	120	190	0.3	0.46	0.74	1.2	1.9	3	4.6
80	120	2.5	4	6	10	15	22	35	54	87	140	220	0.35	0.54	0.87	1.4	2.2	3.5	5.4
120	180	3.5	5	8	12	18	25	40	63	100	160	250	0.4	0.63	1	1.6	2.5	4	6.3
180	250	4.5	7	10	14	20	29	46	72	115	185	290	0.46	0.72	1.15	1.85	2.9	4.6	7.2
250	315	6	8	12	16	23	32	52	81	130	210	320	0.52	0.81	1.3	2.1	3.2	5.2	8.1
315	400	7	9	13	18	25	36	57	89	140	230	360	0.57	0.89	1.4	2.3	3.6	5.7	8.9
400	500	8	10	15	20	27	40	63	97	155	250	400	0.63	0.97	1.55	2.5	4	6.3	9.7

注：基本尺寸小于 1mm 时，无 IT14 至 IT18。

参 考 文 献

［1］ 金大鹰主编．机械制图．北京：机械工业出版社．2001.

［2］ 马立克，赵晓东主编．工程制图．北京：北京大学出版社．2008.

［3］ 刘小年，刘国庆主编．工程制图．北京：高等教育出版社．2004.

［4］ 张景耀主编．机械制图．北京：人民邮电出版社．2007.